Thomas Niehr

Schlagwörter im politisch-kulturellen Kontext

Thomas Niehr

Schlagwörter im politisch-kulturellen Kontext

Zum öffentlichen Diskurs in der BRD von 1966 bis 1974

DUV Springer Fachmedien Wiesbaden GmbH

Die Deutsche Bibliothek — CIP-Einheitsaufnahme

Niehr, Thomas:
Schlagwörter im politisch-kulturellen Kontext : zum öffentlichen Diskurs in der BRD von 1966 bis 1974 / Thomas Niehr. — Wiesbaden : Dt. Univ.-Verl., 1993
(DUV : Sprachwissenschaft)
Zugl.: Bonn, Univ., Diss., 1993

ISBN 978-3-8244-4145-7
ISBN 978-3-663-19799-7 (eBook)
DOI 10.1007/978-3-663-19799-7

Druck und Buchbinder: difo-druck, Bamberg
Gedruckt auf chlorarm gebleichtem und säurefreiem Papier

Inhalt

Vorwort

Große Teile dieser Arbeit sind in den Jahren 1988 bis 1990 entstanden, zu einer Zeit also, in der *Wiedervereinigung* noch im Gespräch war, an *Rostock, Mölln* und *Solingen* jedoch noch niemand dachte.

So kommt es, daß zahlreichen Schlagwörtern, die in den siebziger Jahren in die öffentliche Diskussion gekommen waren, am Anfang der neunziger Jahre "nur noch" historische Bedeutung zukommt, während andere immer noch und immer wieder neu diskutiert werden. Wieder andere hatten bereits am Ende der sechziger Jahre ihre Aktualität verloren.

Dem hier vorgelegten Schlagwörterbuch tut diese Entwicklung indes keinen Abbruch, da gerade die Darstellung historischer wie auch immer noch aktueller Schlagwörter seine Aufgabe darstellt.

Diese Arbeit hat der Philosophischen Fakultät der Rheinischen Friedrich-Wilhelms-Universität Bonn als Dissertation vorgelegen. Für den Buchdruck wurden einzelne Literaturangaben ergänzt und einige wenige Aktualisierungen vorgenommen.

Daß das Buch in dieser Form überhaupt zustande kommen konnte, dafür habe ich vielfachen Dank abzustatten. Neben zahlreichen "guten Geistern" in Bibliotheken und Archiven, die hier nicht namentlich genannt werden können, gilt mein Dank besonders

* Herrn Prof. Dr. Manfred Kaempfert, der mich zur Arbeit an diesem Thema ermutigte und mich über mehrere Jahre mit Ratschlägen, Anregungen und Wohlwollen unterstützte,

* Herrn Prof. Dr. Werner Besch, der freundlicherweise das Korreferat übernahm,

* Herrn Dr. Gerhard Strauß vom Institut für deutsche Sprache in Mannheim, der sich trotz großer Arbeitsbelastung die Mühe machte, das Manuskript kritisch zu lesen,

* Herrn Hajo Diekmannshenke, Bonn, der zahlreiche Hinweise und Ergänzungen beisteuerte,

* und nicht zuletzt meiner Frau, die durch ihr Verständnis und ihre Liebe wesentlichen Anteil an der Entstehung und Vollendung dieser Arbeit hat.

Thomas Niehr

Zum festen Bestand der Zeitkritik gehört die Klage, daß wir in Schlagwörtern ersticken, daß Schlagwörter die geistige Freiheit bedrohen, daß sie den Blick auf die wahren Zusammenhänge verstellen, daß sie ein Mittel der geistigen Versklavung sind, und was dergleichen mehr ist.

(Joachim Stave, 1965)

I. Einleitung

Wie Walther Dieckmann ausführt, ist es immer noch eine weit verbreitete Annahme, daß der Sprache als Aufgabe v. a. die Informationsübermittlung zukomme. Wo immer Sprache anderen Aufgaben diene, seien diese entweder als nebensächlich zu ignorieren oder aber als Mißbrauch zu verurteilen[1].

Unausgesprochen scheint hinter dieser Konzeption die schon von Plato her bekannte Auffassung zu stehen, daß einerseits allen Wörtern bestimmte Dinge (bei Plato: Ideen) entsprächen und daß andererseits durch diese feste Beziehung die wahre Bedeutung eines jeden Wortes zweifelsfrei ermittelt werden könne[2].

Immerhin geht man bei der Untersuchung politischer Sprache heute allgemein davon aus, daß sie es sich als 'werbende Sprache' zu einem wesentlichen Ziel gemacht hat, bestimmte Handlungsdispositionen zu schaffen, verstärken oder abzubauen.

Politische Sprache ist demnach ein Mittel gesellschaftlicher Kontrolle[3], das bestimmte Wertungen übermittelt und nicht zuletzt dadurch versucht, Entscheidungen vorzubereiten, zu Entscheidungen aufzurufen:

> Wörter, die bezeichnen sollen, werten zugleich und geben mit ihrer Werttönung Hinweise, wie der Sprecher sich dem Bezeichneten gegen-

---

1 Vgl. Dieckmann, S. 26 f.
[Die bibliographischen Angaben zu den zitierten Werken finden sich im Literaturverzeichnis auf S. 52 ff.]

2 Heute bedient man sich dazu gerne der Etymologie, die die historische und damit "ursprüngliche, wahre" Bedeutung von Wörtern ermitteln könne.

3 Vgl. auch Greiffenhagen, S. 12

über verhält oder der Hörer sich verhalten soll; Sätze, die scheinbar aus deskriptiven Aussagen bestehen, offenbaren sich bei näherem Zusehen als verdeckte Imperative oder Adhortative.[4]

Werden nun weiter systematisch Wörter nach ihrer Bewertungsfunktion in einer gesellschaftlichen Gruppe bevorzugt, so wird mit dem Wortschatz der Sprache auch die Wahrnehmung der Sprecher beeinflußt[5]. An einem Beispiel mag dies verdeutlicht werden: ob ich als Bezeichnung für eine bestimmte Position in der Industrie oder Wirtschaft das Wort *Arbeitgeber* oder *Kapitalist* wähle, macht einen wichtigen Unterschied[6]: da dem *Arbeitgeber* sprachlich der *Arbeitnehmer* zugeordnet wird, während dem *Kapitalisten* der *Proletarier* gegenübersteht, deutet sich ein Unterschied im jeweiligen Verhältnis an. Bei *Kapitalist* vs. *Proletarier* entsteht die Vorstellung der Ausbeutung des Proletariers durch den Kapitalisten, der sozialen Ungerechtigkeit, der Notwendigkeit des Klassenkampfes, der Revolution. In der Gegenüberstellung von *Proletarier* und *Kapitalist* wird also die Konnotation der Gegnerschaft und des Krieges aktuell.

Ganz anders bei *Arbeitgeber* vs. *Arbeitnehmer*. Hier scheint vielmehr ein Einvernehmen zwischen Gleichgesinnten, eine Gegenseitigkeit vorzuherrschen: der eine gibt dem anderen, was dieser nicht hat aber benötigt. Keinesfalls also Gegnerschaft, sondern so etwas wie Partnerschaft, gegenseitige Ergänzung ist hier die entstehende Konnotation.

An diesem Beispiel dürfte bereits deutlich geworden sein, daß Sprache, in diesem Falle Ideologiesprache, sehr wohl eine gesellschaftliche Kontrollfunktion haben kann. Wird einerseits durch einen speziellen Wortschatz und den ihm eigenen Bewertungen eine bestimmte Bewertung der Gesellschaft favorisiert, so wird eine gegensätzliche dadurch erschwert, daß sie sich gegen die meisten gebräuchlichen (und daher auch oft unbewußt angewandten) Sprachmuster expressis verbis durchsetzen muß:

> Jede soziale Gruppe, ob groß oder klein, kontrolliert sich selbst durch Tabuisierung von Wörtern und Ausdrucksweisen, durch Hochschätzung von Begriffen, Geltung von Modeworten. Wer dazugehören will, hält sich füglich an diese ungeschriebenen Regeln des Wortgebrauchs und der Redeweise.[7]

---

4 Dieckmann, S. 26.

5 In welchem Maße diese Beeinflussung erfolgen kann, ist jedoch in der Sprachwissenschaft durchaus umstritten.

6 Das Beispiel findet sich neben anderen bei Dieckmann, S. 31.

7 Greiffenhagen, S. 12.

Daß auch die Verwendung von Schlagwörtern[8] eine spezielle Art der emotionalisierten und wertenden Sprache ist[9], soll diese Arbeit an Beispielen aus den Jahren 1966 - 1974 aufzeigen. Dabei ist allerdings hervorzuheben, daß Schlagwörter nicht nur in der politischen Sprache auftreten: auch in anderen Lebensbereichen erfüllen Schlagwörter wichtige Funktionen.

Die Geschichte der Schlagwortforschung ist inzwischen umfassend erforscht und dargestellt worden[10] und soll deshalb hier nicht mehr referiert werden.

Bezeichnend ist immerhin, daß seit Ladendorfs Historischem Schlagwörterbuch aus dem Jahre 1906 keine epochenübergreifende Schlagwortarbeit in monographischer Form mehr vorgelegt wurde[11]. Es gibt jedoch eine Reihe von Arbeiten aus der zweiten Hälfte dieses Jahrhunderts, die sich mit Schlagwörtern beschäftigen; teils handelt es sich um sprachkritische, teils um politikwissenschaftliche, teils um linguistische[12] Arbeiten, die wir im folgenden kritisch untersuchen wollen[13]. Aus der Problematisierung dieser Ansätze sollen dann (ex negativo) Kriterien für eine linguistische Schlagwortforschung gewonnen werden, die gleichzeitig das methodische Vorgehen für den Wörterbuchteil dieser Arbeit verdeutlichen.

8 In dieser Arbeit wird der Terminus *Schlagwörter* der von anderen Autoren gewählten Form *Schlagworte* vorgezogen, da es sich um eine Untersuchung einzelner Wörter handelt.

9 Vgl. Dieckmann, S. 104 ff.

10 Vgl. Bahner, S. 397, Dieckmann, S. 21 f, Diekmannshenke, Freitag (1973), S. 39 ff, Freitag (1977), S. 88 ff, Wülfing, S. 12 ff sowie Kaempfert (in: Muttersprache), S. 192 ff, 197 f, Kaempfert (in: Wörterbücher), S. 1203 f.

11 Zu erwähnen sind jedoch Untersuchungen zu bestimmten Epochen und Teilgebieten; vgl. Bahner, Berning, Brackmann/Birkenhauer, Clason, Kinne/Strube-Edelmann, Wülfing. Für die aktuelle Schlagwortforschung sind jedoch nur die Arbeiten Bahners und Wülfings von Interesse, da die Zusammenstellungen von Berining, Brackmann/Birkenhauer und Kinne / Strube-Edelmann keine reinen Schlagwörterbücher sind, während Clasons Arbeit zur Theorie der Schlagwortforschung nichts beitragen kann.
Daß für das Schlagwort in der Forschung "von jeher das größte Interesse bestand" (Dieckmann, S. 101), darf im übrigen bezweifelt werden, zumindest hat sich dieses Interesse nicht in einer entsprechenden Anzahl von Publikationen niedergeschlagen.

12 Linguistik / linguistisch sei im folgenden immer als rein deskriptive Methode verstanden.

13 Nicht berücksichtigt werden dabei sprachkritische Arbeiten, die ausschließlich im Dienste politischer Auseinandersetzung stehen, wie die Sammelbände von Bergsdorf (1979), Fetscher/Richter und Kaltenbrunner sowie marginale Bemerkungen zum Schlagwort - wie sie sich etwa bei Betz (S. 56), Eppler (S. 128 ff), Mackensen (S. 102 ff) und Pörksen (S. 59 ff) finden. Ebenfalls werden Arbeiten nicht gesondert besprochen, die sich vorrangig anderen sprachlichen Phänomenen zuwenden - wie der Aufsatz von Knobloch, der sich mit Zeitungssprache beschäftigt, oder das Wörterbuch von Winzer, das ein (Sach-)Wörterbuch bzw. Lexikon zur Geschichte ist und kein Schlagwörterbuch.
Grundsätzlich geht es im folgenden nicht um eine vollständige Darstellung der zitierten Arbeiten. Vielmehr werden hier jeweils nur die für die Schlagwortforschung relevanten Aspekte berücksichtigt.

Wenn man Zeitungen nicht nur, wie das gewohnte Morgenblatt, noch halb verschlafen beim Kaffeetrinken überfliegt, sondern systematisch und vergleichend auswertet, dann liefert eine solche Analyse das Rückgrat jeder zeitgeschichtlichen Darstellung.

(Arnulf Baring, 1983)

II. Schlagwortforschung von den 60er Jahren bis heute

Da es im folgenden nicht in erster Linie um eine Geschichte der Schlagwortforschung im 20. Jahrhundert gehen soll, scheint eine chronologische Darstellung der vorliegenden Arbeiten wenig sinnvoll, da sie sich in Anspruch und Niveau zu sehr unterscheiden, um überhaupt ohne weiteres miteinander verglichen werden zu können. Als ergiebiger erweist es sich, die relevanten Arbeiten in drei Klassen zu unterteilen und diese nacheinander vorzustellen.

Bei einer Klassifizierung ergeben sich die folgenden Bereiche:
1) sprachkritische und polemische Arbeiten
2) historische und politologische Arbeiten
3) linguistische Arbeiten (auch lexikologische und lexikographische)[1].

1. Sprachkritische und polemische Arbeiten

Diese Gruppe von Schlagwortarbeiten hebt sich von den anderen insofern deutlich ab, als sie mehr oder minder offensichtlich neben (einer oft bereits auf Kritik ausgerichteten und daher z. T. willkürlichen) Deskription von Sprache Kritik an Sprache und Sachverhalten übt. Es handelt sich also nicht um Forschung im Sinne deskriptiver Linguistik, die sich die mög-

1 Daß diese Klassifizierung nicht als starre Einteilung verstanden werden will, sondern lediglich einer ersten Orientierung dienen soll, muß nicht besonders betont werden. Viele Arbeiten stellen Mischformen der hier idealisierten Kategorien 1) und 2) dar. Auch innerhalb dieser Kategorien läßt sich eine strikte Abgrenzung meist nicht aufrechterhalten: es hätte also auch heißen können: 1) sprachkritisch-polemische, 2) historisch-politologische Arbeiten. Lediglich die Kategorie 3) läßt sich von den anderen Kategorien relativ eindeutig abgrenzen. Zur Abgrenzung von Sprachwissenschaft und Sprachkritik vgl. aber auch Dieckmann, S. 24 f.

lichst genaue Beschreibung sprachlicher Phänomene zur Aufgabe macht, ohne jedoch durch Bewertungen oder Kommentare über die Deskription hinauszugehen. Hier steht dagegen die Deskription (sofern man sich überhaupt mit ihr aufhält) bereits im Dienste der Sache, und die Sache, um die es geht, ist meist nicht die Sprache. Vielmehr werden über den Umweg der Sprachkritik meistens Bewertungen und Einstellungen vermittelt.

Typische Vertreter dieser Spezies sind die Arbeiten von Traugott und Schau. Während das Schlagwörterbuch Traugotts durch grobe Polemik die rechtsextremen Auffassungen des Autors untermauern soll[2], liefert das "ABC aktueller Schlagwörter" Schaus das Gegenstück aus linker Position. Abgesehen von den diametral entgegengesetzten politischen Standpunkten jedoch verbindet die beiden Schlagwörterbücher ihr methodisches Defizit.

Weder Traugott noch Schau klären ihre Leser darüber auf, wie ihre Schlagwortauswahl zustande gekommen ist. Der kritische Leser muß also davon ausgehen, daß die jeweilige Liste der behandelten Schlagwörter entweder zufällig oder aber willkürlich, jedenfalls nicht durch sachliche Erwägungen begründet, aufgestellt wurde. Bestätigt wird dieser Verdacht durch die Tatsache, daß Schau nur Begriffe anführt, die seiner Meinung nach verdeutlichen, daß es der CDU vor allem darauf ankomme, wirtschafliche Interessen zu vertreten und zu diesem Zwecke bewußt Sachverhalte zu verschleiern[3].

Analog dazu kennt Traugotts "Schlagwörterbuch für Bürger und Zeitungsleser" nur Lemmata, die es dem Autor immer wieder ermöglichen, gegen alles zu polemisieren, was ihm als politisch suspekt oder aber modisch und unseriös erscheint: die Liste reicht hier von *Chancengleichheit*[4] über *Emanzipation*[5] und *Feminismus*[6] bis zu *Menschenrechte*[7] und *Toleranz*[8].

Darüber hinaus verbindet diese beiden Schlagwörterbücher eine weitere Gemeinsamkeit mit zahlreichen - auch seriösen - Schlagwortforschungen. Traugott wie Schau nämlich haben einen pejorativen Schlagwortbe-

---

2 Ebenfalls in diese Sparte gehört das "Schlag- und Schimpfwörterbuch" Schmalbrocks. Da es jedoch ausschließlich polemisch ist und zur Theorie des Schlagworts nichts beitragen kann, wird es hier nicht gesondert besprochen. Alles, was im folgenden zu Traugotts Wörterbuch gesagt wird, gilt auch für das Werk Schmalbrocks.

3 Vgl. Schau, S. 15.

4 Traugott, S. 25 f.

5 Ebd., S. 31 f.

6 Ebd., S. 41 f.

7 Ebd., S. 86 f.

8 Ebd., S. 114 f.

griff, der der überwiegenden Mehrzahl aller hier noch zu behandelnden Arbeiten zugrundeliegt[9]:

> In den Schlagwörtern wird Ideologie in der konzentriertesten Form auf den Markt gebracht. In ihnen schlägt das konservative Gedankengut voll durch. [...]
> Schlagwörter sind sprachliche Einzelgänger, die er-schlagen. [...] Wo sie nicht gleich er-schlagen, bedeuten sie Tiefschläge für das menschliche Bewußtsein.
> Schlagwörter verseuchen das Denken und Verhalten der Menschen mit der Ideologie der Herrschenden, bis die Beherrschten die Gedanken der Herrschenden sprechen.
> Schlagwörter klopfen Köpfe weich, lenken das Denken in Einbahnstraßen, programmieren auf Freund-Feind-Bilder, errichten Schranken, grenzen ein und grenzen aus. - Sie erzeugen Gefügigkeit, bringen eindimensionales Denken hervor und machen aus Herzen Folterkammern und Mördergruben.[10]

Besonders die Identifizierung von Schlagwörtern mit konservativem Gedankengut macht deutlich, daß Schau Schlagwörter nur beim politischen Gegner vermutet, dessen Hauptanliegen sich in der Frage konzentriere: "Wie verschleiert man am geschicktesten den wahren Sachverhalt?"[11]

Weniger grobschlächtig, aber mit vergleichbarer Tendenz wird das Schlagwort bei Roegele und Wannenmacher charakterisiert. Wannenmacher sieht in ihm "ein zum Schlagen, Breitschlagen, Totschlagen geeignetes Werkzeug"[12], während Roegele den Schlagwortbenutzern unterstellt, "eine Strategie mit doppeltem Boden"[13] zu verfolgen. Schlagwörter werden hier als gefährliche Waffen, Schlagwortbenutzer als potentielle Betrüger verstanden. Vor dem Hintergrund dieser Auffassung wird die Analyse von Schlagwörtern zur Verteidigung gegen unerlaubten "Waffen-"Gebrauch:

> Unbewaffnet wie die Logik ja nun einmal ist, bleibt ihr nichts anderes übrig als die Taktik des Wurms im Holz: die Keule, die irgendwelchen Köpfen zugedacht ist, zu zernagen. [...] Je besser die Schlagworte zersetzt werden, desto geringer wird die Möglichkeit, sich allein mit

9 Vgl. dazu auch Stave (1965), S. 333.

10 Schau, S. 16 f. Vgl. die weniger drastischen aber analogen Äußerungen bei Traugott, S. 7 ff.

11 Schau, S. 15.

12 Wannenmacher, S. 7.

13 Roegele, S. 10.

ihrem Gebrauch an die Macht zu spielen; desto größer wird die Notwendigkeit, den Verstand anstelle des Emotionstriebes anzusprechen.[14]

Von Interesse wäre es nun freilich zu erfahren, wie Wannenmacher und Roegele zu ihrer Schlagwortauswahl gekommen sind. Während Roegele nur unbestimmt von "Schlüsselbegriffen der gegenwärtigen Diskussion"[15] spricht, versucht Wannenmacher immerhin eine Art Deduktion möglicher Schlagwörter: da Schlagwörter, um erfolgreich zu sein, positive Emotionen wecken und "mit dem Bereich der unbewußten Sehnsüchte in der Brust des Menschen weitgehend übereinstimmen" müßten[16], ließen sie sich alle auf *Freiheit, Gleichheit, Brüderlichkeit* bzw. *Freiheit, Gerechtigkeit, Brüderlichkeit* zurückführen[17].

Daß Wannenmacher demzufolge auch eher perennierende, d. h. Epochen und Generationen überdauernde[18], Schlagwörter behandelt, wie z. B. *Demokratie, Freiheit, Sozialismus*, ist nicht weiter verwunderlich.

Prinzipiell ist gegen ein solches Vorgehen folgendes zu bemerken: mag auch die 'Deduktion' Wannenmachers auf den ersten Blick einer gewissen Plausibilität nicht enbehren, so bleibt die Auswahl der einzelnen von ihm behandelten Schlagwörter doch zufällig; auch wenn sie sich alle unter die Schlüsselbegriffe der Französischen Revolution einordnen lassen, so ist damit noch nichts über ihre Vollständigkeit ausgesagt. Ob es nicht auch Schlagwörter gibt, die im Gegenteil negative Emotionen wecken und daher sicherlich in keine von Wannenmachers Kategorien passen, sei hier zunächst nur als Vermutung ausgesprochen[19].

Dies alles gilt a fortiori für die Methode Roegeles[20]. Hier verstärkt sich bereits nach der Lektüre der "Einführung"[21] der Verdacht, daß die getroffene Auswahl vor allem die Schlagwörter der "Neuen Linken" oder der Linken überhaupt berücksichtigen wird; ein Verdacht, der indes auch prompt bestätigt wird: *Herrschaftslose Gesellschaft*[22], *Konsumterror*[23],

14 Wannenmacher, S. 7, 9 f; vgl. Roegele, S. 10.

15 Roegele, S. 20.

16 Wannenmacher, S. 16.

17 Vgl. ebd., S. 16 f.

18 Zum Begriff vgl. Kaempfert (in: Wörterbücher), S. 1202.

19 Für diese Vermutung spricht bereits, daß sich in Wannenmachers Schlagwort-Register (S. 93) die Begriffe *Ausbeutung, Dirigismus, Fehlendes Konzept* und *Meinungsmonopol* finden, die doch keinesfalls mit seiner Theorie der 'positiven Emotionen' harmonieren.

20 Dabei wird nicht übersehen, daß Roegele lediglich Herausgeber der Aufsatzsammlung ist und nur vier der insgesamt dreiundzwanzig Beiträge und die Einführung aus seiner Feder stammen; als Herausgeber dürfte Roegele jedoch für die Auswahl der Artikel verantwortlich sein.

21 Vgl. Roegele, S. 7 - 20.

22 Ebd., S. 24 ff.

faschistoid[24], *Lebens-Qualität*[25] und *Emanzipation*[26] sind typische Beispiele für Wortartikel, in denen linke Einstellungen und Meinungen kritisiert und diffamiert werden.

Nun ist gegen sprachkritische Bemerkungen zur Sprache der "Neuen Linken" wenig einzuwenden, problematisch erscheint hier nur, daß sie als Analyse von "Schlüsselbegriffen der gegenwärtigen Situation"[27] ausgegeben wird. Damit nämlich wird implizit ein Anspruch auf Vollständigkeit erhoben, den die Arbeit Roegeles nicht einlösen kann[28].

Festzuhalten bleibt bisher: keine der bis jetzt untersuchten Arbeiten gab eine befriedigende Antwort auf die Frage nach den Kriterien der Schlagwortauswahl, noch konnte deutlich gemacht werden, wieso die ausgewählten Schlagwörter repräsentativ für die öffentliche Diskussion[29] zu einer bestimmten Zeit sein sollten. Im Gegenteil: es erhärtete sich der Verdacht, daß die jeweilige Auswahl willkürlich, zum Zwecke einer politischen oder nur polemischen Auseinandersetzung getroffen wurde.

Etwas aus dem Rahmen der bisher vorgestellten Arbeiten fällt der Aufsatz von Golo Mann. Wie der Titel bereits nahelegt, handelt es sich zwar um eine sprachkritische Arbeit, die jedoch nicht den pejorativen Schlagwortbegriff anderer Autoren übernimmt. Mann betont demgegenüber, daß Schlagwörter immer ein Programm repräsentieren,

> eine Forderung ausdrücken, oder ein Bündel von Forderungen, eine Verneinung oder ein Bündel von Verneinungen, oder ein vages Ak-

---

23 Ebd., S. 37 ff.

24 Ebd., S. 39 ff.

25 Ebd., S. 64 ff.

26 Ebd., S. 71 ff.

27 Ebd., S. 20.

28 Dieser Anspruch wird zwar von Roegele an anderer Stelle (S. 11) bestritten, aber wenn es sich um eine Auswahl handeln soll, stellt sich die Frage nach den Auswahlkriterien erneut. Aufrichtiger gibt sich in diesem Punkt die Analyse Andreas von Weiss': er schränkt sein Untersuchungsgebiet von vornherein auf die Schlagwörter der Neuen Linken ein und tut dies zumindest auch gleich im Titel seiner Arbeit kund.

29 Bewußt wird in dieser Arbeit der Terminus *öffentliche Meinung* vermieden, da er wegen seiner zahlreichen Implikationen methodisch nicht unproblematisch ist. Auch um dem wenig fruchtbaren Streit darüber zu entgehen, was *öffentliche Meinung* und was lediglich *veröffentlichte Meinung* sei, ist hier von *öffentlicher Diskussion* die Rede. Diese sei verstanden als diejenige, die sich zwar in den Medien niederschlägt, aber auch von Individuen und Gruppen in direkter Auseinandersetzung geführt wird.
Zur Problematik und zur Geschichte des Begriffs *öffentliche Meinung* vgl. Bergsdorf (1982), S. 15 ff, v. Hentig, Labuhn sowie den Artikel 'Öffentliche Meinung', in: BHE XVI, S. 115 - 118. Zum Begriff *öffentlicher Sprachgebrauch* vgl. Hellmann (1976), S. 14 ff.

> tionsprogramm, immer mit dem Zwecke, möglichst viele Menschen in einer bestimmten Richtung zu mobilisieren[30].

Diese Art der Mobilisierung sieht Mann nicht als bloßen Manipulationsmechanismus, vielmehr als wesentlich zu einer Demokratie gehörig, in der die Wortführer die Massen der Bürger und Wähler erreichen und bewegen wollen: "Wesentlich sind Schlagwort und Demokratie voneinander nicht zu trennen."[31] Ein wichtiges Verdienst der Schlagwörter in der öffentlichen Diskussion sei ihre Fähigkeit, komplexe Sachverhalte zusammenzufassen[32]. Darin aber bestehe auch freilich die Gefahr der Schlagwortbenutzung: Schlagwörter seien zwar dazu geeignet, ein Bündel von Forderungen zusammenzufassen, gleichzeitig seien sie aber auch vage[33] und daher auch

> dazu geeignet, den Blick auf die Wirklichkeit zu verstellen, die harten und nüchternen Aufgaben, um die es geht, zu vernebeln. Wer sie zu etwas Besserem gebrauchen will, der müßte sie jeweils definieren, oder doch bereit sein, zu sagen, was er mit ihnen meint, falls man ihn dazu auffordert[34].

Mann versucht also, Nutzen und Gefahren von Schlagwörtern gegeneinander abzuwiegen. So kommt er zu einem Schlagwortbegriff, der einerseits positiv die ökonomischen Aspekte von Schlagwörtern in einer modernen Demokratie betont, andererseits aber auch die gerade in dieser Ökonomie liegenden Gefahren sieht: werden komplexe Sachverhalte oder Meinungen auf leicht verständliche Formeln reduziert, so erleichtert dies zwar die öffentliche Diskussion, sie wird aber zwangsläufig vager. Der Benutzer von Schlagwörtern kann immer weniger auf eine bestimmte Position festgelegt werden, insbesondere, wenn die Diskussion mit Schlagwörtern geführt wird, ohne daß die Schlagwortbenutzer willens oder fähig sind, diese zu definieren oder auch nur zu sagen, was sie jetzt gerade darunter verstehen.

Dieser ausgewogene, nicht-pejorative Schlagwortbegriff, wie er von Mann favorisiert wird, vereinigt gleich mehrere Vorteile. Zunächst öffnet er den Blick für ein wesentlich breiteres Spektrum von potentiellen Schlagwörtern: da Schlagwörter nicht nur einseitig als Manipulationsinstrumente sondern als zur demokratischen Öffentlichkeit gehörig aufge-

---

30 Mann, S. 385.

31 Ebd.

32 Vgl. ebd., S. 386.

33 Vgl. ebd.

34 Ebd., S. 401. Auch Pulver betont in ihrer kurzen Notiz die Vagheit von Schlagwörtern, die den "Zugang zur Wirklichkeit mehr [...] verstellen als [...] eröffnen" (S. 10). Ansonsten handelt es sich bei den Bemerkungen Pulvers vorwiegend um eine Auseinandersetzung mit dem Schlagwort *antiautoritär*.

faßt werden, wird es möglich, auch die Schlagwörter aus den eigenen Reihen zu untersuchen, nicht nur die des (politischen) Gegners[35]. Weiterhin hebt dieser Ansatz die Beschränkung auf "positive" Schlagwörter auf wie sie die Theorie Wannenmachers ergab[36]. Schlagwörter sollen nach Mann in eine bestimmte Richtung mobilisieren[37], das schließt die Mobilisierung gegen Mißstände natürlich nicht aus.

Dementsprechend finden sich neben *Verbesserung der Lebensqualität*[38] und *Emanzipation*[39] auch Schlagwörter wie *Bildungskrise*[40], *Spätkapitalismus*[41] und *Konsumterror*[42] in der Besprechung Manns.

Scheint die Auswahl und Besprechung von Schlagwörtern bei Mann auch nicht so überaus einseitig wie bei den vorher besprochenen Autoren[43], so bleibt doch festzuhalten, daß auch er keinerlei Hinweise darauf gibt, wie seine Auswahl zustande gekommen ist.

Bei der Analyse der sprachkritisch-polemischen Arbeiten ergab sich also folgendes Bild: bis auf die Arbeit Manns legen alle Schlagwortuntersuchungen einen pejorativen Schlagwortbegriff zugrunde, der von vornherein das Untersuchungsfeld auf die gegnerische Terminologie beschränkt. Die Schlagwortauswahl wird allein durch diese Einengung schon methodisch unsauber: keine der Arbeiten nämlich erwähnte eine solche Beschränkung, vielmehr sollte meist sogar der Eindruck einer repräsentativen Auswahl erweckt werden. Abgesehen von dieser ideologischen Schlagwortauswahl bleibt es dem Leser bei allen untersuchten Arbeiten überlassen, mögliche Auswahlkriterien zu finden: keiner der Autoren gibt darüber genaue Auskünfte, sieht man von Floskeln wie "Schlüsselbegriffe der aktuellen Diskussion" ab.

Wiederum macht der Aufsatz Golo Manns in einem anderen Punkt eine Ausnahme: Mann beschreibt zunächst, was er unter einem Schlagwort versteht, indem er Kriterien für Schlagwörter angibt, die weit über

35 Ob die Einteilung in nützliche vs. unnützliche Schlagwörter nicht schließlich doch zu ähnlichen Ergebnissen führt, ist hier zunächst von geringer Bedeutung, da einer sprachkritischen Arbeit sehr wohl zugestanden werden muß, auch eigene inhaltliche Standpunkte zu vermitteln.

36 Vgl. oben, S. 15.

37 Vgl. Mann, S. 385.

38 Ebd., S. 386.

39 Ebd., S. 398 ff.

40 Ebd., S. 387 f.

41 Ebd., S. 391 ff.

42 Ebd., S. 395 ff.

43 Mann betont zwar, daß Schlagwörter heute "überwiegend von der Linken und Ultralinken kommen" (S. 390), bemüht sich aber um eine sachliche Auseinandersetzung, die beispielsweise *Lebensqualität* zu den nützlichen, *Bildungskrise* zu den unnützlichen Schlagwörtern rechnet (vgl. S. 386 f).

die eher marginalen Bemerkungen der anderen Autoren hinausgehen[44]. Zwar ist es nicht unbedingt Aufgabe sprachkritischer Bemerkungen, linguistische Phänomene zu definieren, doch unterliegen deshalb sprachkritische Arbeiten auch in hohem Maße der Gefahr, daß das, worüber sie berichten wollen, kaum mehr greifbar wird. Wann - um nur zwei Beispiele zu nennen - ein Wort "zu dem Gewicht und der Gefährlichkeit einer Keule [herangewachsen ist]"[45], wann ein Wort "Ideologie in der konzentriertesten Form auf den Markt [bringt]"[46], wer wollte das wissenschaftlich haltbar beurteilen, ohne einen Kriterienkatalog, der nicht zumindest in Ansätzen operationalisierbar ist?

Für eine linguistische Arbeit ergeben sich daraus folgende Forderungen:

* Der Terminus *Schlagwort* ist von seiner pejorativen Bedeutung zu entlasten. *Schlagwort* muß als Deskriptionsbegriff verstanden werden.
* Dieser linguistische Schlagwortbegriff bedarf erst noch der Definition.
* Um zu einer repräsentativen Schlagwortliste zu kommen, die als Grundlage für ein Schlagwörterbuch dienen könnte, ist eine Methode anzuwenden, die sicherstellt, daß die Schlagwortauswahl nicht willkürlich oder zufällig bleibt.

2. Historische und politologische Arbeiten

Hier finden sich vier Arbeiten, von denen sich zwei explizit mit Schlagwörtern beschäftigen, während die beiden anderen eher allgemeine Beobachtungen zur Sprache in Politik und Geschichte bieten.

Brachers "Schlüsselwörter in der Geschichte" beschäftigt sich zwar mit bestimmten Begriffen wie *Sozialismus*[47], *Emanzipation*[48] und *Demokratisierung*[49], doch der Autor betont ausdrücklich: "Vor dem sprachwissenschaftlichen steht das politisch-historische Interesse."[50]. Dementsprechend geht es Bracher mehr um die perennierenden Begriffe und deren diachrone Analyse. Diese Analyse jedoch erschöpft sich vorwiegend in konservativer Sachkritik, die die Sprachkritik immer wieder überlagert. Auch bei dieser

44 Vgl. Mann, S. 385.

45 Wannenmacher, S. 7.

46 Schau, S. 16.

47 Vgl. Bracher, S. 66 f.

48 Vgl. ebd., S. 75.

49 Vgl. ebd., S. 85 f.

50 Ebd., S. 19.

Arbeit wird der Leser nicht darüber aufgeklärt, aus welchen Erwägungen gerade die hier behandelten Wörter ausgewählt wurden.

Für eine linguistische Schlagwortuntersuchung also erweist sich Brachers Arbeit als nicht hilfreich, da sie im wesentlichen[51] ähnliche Defizite wie die bereits vorgestellten sprachkritischen Arbeiten aufweist.

Auch "Herrschaft und Sprache" von Wolfgang Bergsdorf beschäftigt sich mit der Entwicklung von Sprache, und zwar mit der Entwicklung politischer Sprache in Deutschland von der Nachkriegszeit bis in die siebziger Jahre. Es handelt sich um eine politologische und kritische Studie, die jedoch auch weniger einzelne Begriffe untersucht, sondern "die Entwicklungslinien der Terminologie der Politik in der Bundesrepublik Deutschland"[52]. Dabei "gilt das Hauptaugenmerk dieser Studie den zentralen Begriffen, mit denen die Politik ihre Ziele darlegt und um Unterstützung wirbt"[53]. Bergsdorf stellt eher allgemeine Überlegungen an, die Zusammenhänge zwischen politischen und sprachlichen Entwicklungen aufzeigen sollen. Dabei macht er kein Hehl aus seinen (konservativen) politischen Überzeugungen, wenn er beispielsweise Verbindungen zwischen der Terminologie der Linken und dem Terrorismus konstruiert[54] oder seine Sicht der APO ausbreitet[55]. Doch all dies ist einer politologischen Arbeit kaum zum Vorwurf zu machen. Problematisch ist jedoch auch hier, daß Bergsdorf über seine Methode nur marginale Bemerkungen macht[56]; so spricht er zwar im Anschluß an Bracher von 'Schlüsselwörtern' bestimmter Zeitabschnitte[57], führt aber keine Quellen oder Belege an, die eine derartige Klassifizierung bestätigen könnten. Auf diese Weise kommt es zwar zu interessanten Detailbeobachtungen, von einer systematischen und allgemeinen Sprachuntersuchung - wie sie der Titel des Buches nahelegt - aber kann keine Rede sein. Eher handelt es sich um eine politologische Studie, die sprachkritische Bemerkungen zur Sprache der Politiker macht. Deut-

51 Daß Bracher freilich auf anderem intellektuellen Niveau argumentiert als etwa Traugott, soll nicht verschwiegen werden.

52 Bersgdorf (1983), S. 16.

53 Ebd., S. 18.

54 Vgl. ebd., S. 242 f.

55 Vgl. ebd., S. 177 ff.

56 Zwar geht Bergsdorf kurz auf seine Methode ein, doch sind seine Ausführungen wenig aufschlußreich: er gibt die "Texttypen" (S. 18) der untersuchten Quellen an, nämlich Veröffentlichungen von Parteien und ihren Vertretern sowie Regierungserklärungen und Erwiderungen der Oppositionsführer, doch macht er nicht hinreichend deutlich, aufgrund welcher Kriterien er das Prädikat "Schlüsselwort" vergeben möchte. Zwar nennt er eine Reihe von Eigenschaften, die Schlüsselwörtern zukommen sollen (vgl. S. 49 f), daß die von ihm getroffene Auswahl von Schlüsselwörtern sich aus ihrer "Gebrauchshäufigkeit" und "aus der strategischen Position, aus der heraus sie anderen Begriffen Bedeutungen zufließen lassen können" (S. 19) ergab, ist ohne nähere Erklärungen für den Leser jedoch wenig informativ.

57 Vgl. Bergsdorf (1983), S. 14, 17 ff et passim.

lich wird dies noch einmal in der zusammenfassenden Charakterisierung[58], in der Bergsdorf die politische Sprache - bzw. die Sprache der Politiker - in der BRD von der Nachkriegszeit bis zur Regierung Helmut Schmidts unter sechs Kategorien zusammenfaßt.

Für eine systematische linguistische Schlagwortarbeit kann auch Bergsdorfs Ansatz daher wenig Anregung geben, außer in dem Sinne, daß die Forderung nach der Angabe von Kriterien und einer *nachvollziehbaren* Auswertung von Quellen, aus denen die untersuchten Wörter stammen, sich immer deutlicher stellt.

Der Forderung nach Auswertung von Quellenmaterial kommt Andreas von Weiss mit seiner Untersuchung der "Schlagwörter der Neuen Linken" immerhin ansatzweise nach, wenn er ausführt, daß er seine Schlagwörter "bei der Durchsicht von Flugblättern, Wandzeitungen, Agitationsbroschüren, Zeitungen und Zeitschriften der Neuen Linken" gefunden habe[59]. Zudem klärt er seine Leser darüber auf, was er unter *Schlagwort* verstanden wissen will:

> Worte, die mit der Absicht gebraucht werden, politisch zu wirken, nennt man "Schlagworte". Ein Schlagwort soll daher einprägsam sein, es soll in kürzester Fassung eine Fülle von Nebenbedeutungen oder Vorstellungen anklingen lassen. Die Schlagwörter fassen häufig einen Komplex von Behauptungen in einer Proklamation zusammen, sie sind Behauptung und Begründung dieser Behauptung zugleich, sie sind Teil einer umfassenden Argumentation.[60]

Neben diesen wertfreien Bestimmungen schimmert aber auch bei von Weiss eine pejorative Bedeutungskomponente immer wieder durch, etwa wenn er feststellt:

> Das Schlag-Wort ist eine Waffe und wird als solche gebraucht.[61]
> Der Zweck des Schlagwortgebrauchs ist die agitatorische Wirkung.[62]

---

58 Vgl. ebd., S. 274 ff.

59 Von Weiss, S. 83. Er sieht die Bedeutung von Belegstellen jedoch zu einseitig, wenn er erklärt, daß sich die Anführung von Belegen erübrige, denn "jeder Kenner von dieser Art Schrifttum wird die Existenz und den Gebrauch der angeführten Schlagwörter bestätigen können" (ebd.). Belegstellen in einem Wörterbuch jedoch dienen nicht in erster Linie dazu, Nachweis qua Zitat zu sein. Vielmehr von Bedeutung ist ihre Funktion als Beispiel, das das behandelte Lemma in seinem Kontext zeigt. Vgl. dazu ausführlicher Hermanns (1988), S. 165, 186 f, Anm. 7.

60 Von Weiss, S. 68.

61 Ebd.

62 Ebd., S. 79.

Diese Wirkung zu zerstören, ist denn auch die Hauptaufgabe, die von Weiss sich vorgenommen hat: indem er zu Schlagwörtern eine Gegenargumentation aufbaut, will er

> denjenigen Männern und Frauen, die beruflich oder aus Neigung [!] viel mit der Jugend zu tun haben, also mit einer Bevölkerungsgruppe umgehen, die ganz besonders vom Gedankengut der Neuen Linken erfaßt ist, ein Hilfsmittel für die Auseinandersetzung an die Hand geben[63].

Diese ihrerseits agitatorischen und polemischen Gegenargumentationen sind hier weniger von Interesse; wichtiger sind die bei von Weiss verstreut[64] zu findenden Definitionsteile für Schlagwörter. Neben der bereits erwähnten Zusammenfassung von Behauptung und Begründung dieser Behauptung betont von Weiss die emotionelle Wirkung von Schlagwörtern, die eine "Fülle von Vorstellungen anklingen lassen" sollen[65], um dadurch bestimmte Gefühle und Stimmungen zu erzeugen[66]. Der Begriffsumfang von Schlagwörtern sei groß, der Begriffsinhalt dementsprechend klein; das ermögliche die Konnotation zahlreicher Nebenbedeutungen[67].

Das Schlagwort entstehe zwar "auf gefühlsbestimmter Grundlage"[68], sei jedoch "Kurzfassung eines Arguments, eines Beweises für die Richtigkeit der eigenen kritischen Meinung"[69], denn es sei keine spontane Gefühlsäußerung, vielmehr stehe die Prägung eines Schlagwortes "am Ende eines langen Denkvorganges"[70].

Von Weiss liefert also ähnlich wie Golo Mann eine Definition von Schlagwörtern, die prinzipiell keine Beschränkung auf Schlagwörter gegnerischer Positionen nötig macht[71]. Weiterhin von Bedeutung ist die Charakterisierung des Schlagwortes als Stellvertreter für eine ganze Argumentation, für ein Bündel von Behauptungen. Deutlicher noch als bei Mann wird bei von Weiss die emotionelle Komponente von Schlagwörtern

---

63 Ebd., S. 11.

64 Das ganze Buch ist äußerst unübersichtlich aufgebaut. Besonders störend macht sich bemerkbar, daß der Wörterbuchteil nicht alphabetisch, sondern nach inhaltlich bestimmten Schlagwortgruppen geordnet ist (vgl. S. 84 f). Ein Stichwort läßt sich deshalb immer nur über den Umweg des Wortregisters finden.

65 Von Weiss, S. 78.

66 Vgl. ebd., S. 68 f.

67 Vgl. ebd., S. 78.

68 Ebd., S. 69.

69 Ebd., S. 73.

70 Ebd., S. 68.

71 Daß er davon ausgeht, Schlagwörter seien immer politische Schlagwörter, mag durch sein spezifisches Interesse begründet sein. Die Beschränkung der Definition auf politische Schlagwörter ist jedoch nicht begründet.

herausgearbeitet: sie seien weniger dazu da zu informieren als Stimmungen und Gefühle zu erzeugen bzw. eine agitatorische Wirkung zu erzielen. Ähnlich wie Wannenmacher sieht von Weiss deshalb auch die Notwendigkeit einer Gegenargumentation, die allein es leisten könne, die Vernunft gegen das Gefühl wieder in ihr Recht zu setzen.

Dieser Ansatz bietet eine Bestimmung des Schlagwortes, die wichtige Merkmale von Schlagwörtern betont, v. a. die programmatische Komponente, d. h. die Stellvertreterfunktion für eine Argumentation oder ein Argument. Ebenfalls von Bedeutung ist zweifelsohne die emotionelle Wirkung von Schlagwörtern. Daß Schlagwörter Gefühle erzeugen sollen, scheint unbestreitbar, daß sie ihrerseits auch immer "aus einem Gefühl, einer Stimmung"[72] heraus entstanden sind, scheint eher zweifelhaft[73].

Die letzte unter dieser Rubrik zu besprechende Arbeit ist eine Analyse des Schlagwortes *Die gelbe Gefahr* von Heinz Gollwitzer aus dem Jahre 1962. Für die aktuelle Schlagwortforschung interessiert dabei lediglich der Teil der Einführung, der über die Methode und das zugrundegelegte Schlagwortverständnis Auskunft geben soll[74].

Gollwitzer betont zunächst die Notwendigkeit einer öffentlichen Meinung und emotionellen Ansprechbarkeit des öffentlichen Lebens. Nur wenn beide vorhanden seien, könne ein Schlagwort überhaupt Wirksamkeit entfalten[75]. Dazu müsse das Schlagwort wiederum "prägnant und allenthalben verständlich sein; es muß notwendigerweise verallgemeinern, vergröbern, verzerren"[76]. Dementsprechend ist es oft auch nur Mittel zur "Verdummung und Verhetzung, [...] Reizmittel zum Bösen [...] oder [...] rechtfertigende Entschuldigung"[77]. Trotz dieser Gefahren sei das Schlagwort notwendiger Teil der modernen komplexen Gesellschaft, in der der Mensch darauf angewiesen sei, "in Abbreviaturen"[78] zu denken.

> Um sich auch dem "letzten" Mann verständlich zu machen und ihn zu erfassen, können politische und andere Richtungen das Schlagwort kaum entbehren.[79]

---

72 Ebd., S. 69.

73 Gerade die oft an wissenschaftliche Termini anklingenden Schlagwörter der Neuen Linken sprechen dagegen. Genannt seien hier nur die bei von Weiss behandelten Lemmata *Kräfteverhältnis* (S. 149), *Projekt* (S. 175), *Rezession* (S. 124) und *Transformation* (S. 156 f).

74 Vgl. Gollwitzer, S. 7 ff.

75 Vgl. ebd., S. 8. Zur Kritik am Terminus *öffentliche Meinung* vgl. weiter oben, S. 16, Anm. 29.

76 Gollwitzer, S. 8.

77 Ebd., S. 9.

78 Ebd.

79 Ebd.

Für die Schlagwortforschung unabdingbar sei die Auswertung von Quellen, und zwar "hauptsächlich Veröffentlichungen der Tagesschriftstellerei"[80]. Das Forschungsrisiko sei dabei groß, insbesondere was das erste Vorkommen eines Schlagwortes betreffe. Erstbelege seien jedoch nicht überzubewerten, da sie nichts über einen Schlagwortcharakter aussagten[81].

An diesen eher beiläufigen Bemerkungen Gollwitzers fällt besonders auf, daß er keine Definition des Schlagwortes versucht, sondern lediglich charakteristische Eigenschaften von Schlagwörtern aufführt, ohne dabei einer erkennbaren Systematik zu folgen. Für eine Schlagwortdefinition also geben Gollwitzers Betrachtungen wenig her. Interessant dagegen scheint seine Forderung nach einem Quellenstudium. Tatsächlich scheint dies der einzige Weg zu sein, subjektiven Eindrücken und Einseitigkeiten bei der Auswahl zu entgehen: wird ein ausgewogenes Textkorpus auf Schlagwörter untersucht, so lassen sich derartige Zufälligkeiten ausschalten[82]. Dabei kann es auch nötig werden, nicht nur Zeitungen und Zeitschriften sondern auch Prospekte, Flugblätter und belletristische Schriften mit in die Untersuchung einzubeziehen:

> Unter dem Gesichtspunkt der wissenschaftlichen Ergiebigkeit läßt es sich durchaus empfehlen, auch historische Vulgärzonen zu betreten und sich mit einem Material zu befassen, das geschichtsästhetischer Eigenschaften großenteils entbehrt.[83]

Die soeben besprochenen historischen und politologischen Arbeiten lieferten Material für eine Definition des Schlagwortes und für die Methode der Schlagwortforschung. Eine eingehende Beschäftigung mit einer Definition des Schlagwortes soll der folgenden Besprechung linguistischer Arbeiten vorbehalten bleiben. Immerhin läßt sich schon jetzt die unter 1) aufgestellte Forderung nach einer brauchbaren Methode der Schlagwortauswahl folgendermaßen präsizieren:

* Um zu einer repräsentativen Schlagwortliste zu kommen, die als Grundlage für ein Schlagwörterbuch dienen könnte, ist ein Textkorpus auszuwerten.

80 Ebd., S. 8.

81 Vgl. ebd., S. 7.

82 Zur Zusammensetzung eines Korpus vgl. unten, S. 43, 45 ff.

83 Gollwitzer, S. 8.

3. Linguistische Arbeiten

Zwar nicht aus der zweiten Hälfte dieses Jahrhunderts stammend, aber dennoch in Kürze hier erwähnenswert, ist Ladendorfs "Historisches Schlagwörterbuch", weil es durch seine Methode eine Tradition begründete, die noch heute ihre Fortsetzung findet.

"Schlagworte" sind für Ladendorf gekennzeichnet durch "eine prägnante Form"[84] und einen 'gesteigerten Gefühlswert'[85]. Beide Eigenschaften werden von Ladendorf nur so vage beschrieben[86], daß eine praktikable Abgrenzung von Modewörtern und 'geflügelten Worten'[87] nicht gelingen kann, wie er selbst anmerkt[88]. Der gesteigerte Gefühlswert von Schlagwörtern zeigt sich nach Ladendorf dadurch, daß

> sie nämlich entweder einen bestimmten Standpunkt für oder wider ein Streben, eine Einrichtung, ein Geschehnis nachdrücklich betonen oder doch gewisse Untertöne des Scherzes, der Satire, des Hohnes und dergleichen deutlich mit erklingen lassen[89].

Der Gefühlswert von Schlagwörtern sei verantwortlich für ihre Wirkung, die darin bestehe, die Sinne gefangen zu nehmen[90]. Auch die prägnante Form von Schlagwörtern wird kaum näher erläutert. Es heißt lediglich: "Soll der Ausdruck wirklich einschlagen, so muß er kurz und treffend sein."[91]

So kommt Ladendorf zwangsläufig zu einer 'bunten Sammlung', die aus 'mannigfaltigen Zeugnissen'[92] besteht. Die Einträge reichen von *Biedermaier*[93] und *Blaue Blume*[94] über *Interview*[95] bis zu *Mietkasernen*[96], *Terrorismus*[97] und *Zickzackkurs*[98].

---

84 Ladendorf, S. VII.

85 Vgl. ebd.

86 Vgl. ebd., S. VII, X ff.

87 Vgl. ebd., S. XII.

88 Vgl. ebd. S. V.

89 Ebd., S. VII.

90 Vgl. ebd., S. XI.

91 Ebd., S. X.

92 Vgl. ebd., S. VII.

93 Ebd., S. 24 f.

94 Ebd., S. 26 f.

95 Ebd., S. 143 f.

96 Ebd., S. 203 f.

97 Ebd., S. 311.

98 Ebd., S. 351.

Interessant sind immerhin Ladendorfs Bemerkungen zu einem Textkorpus: während die üblichen Wörterbücher für die Schlagwortforschung meist wenig ertragreich seien, böten "Leitartikel der Tageszeitungen, die Parlamentsberichte, Wahlflugblätter und dergleichen Produkte"[99] reichhaltiges Material.

Wiewohl also die Methode Ladendorfs wenig differenziert ist und den Ansprüchen der heutigen Linguistik nicht genügen kann, muß sein Wörterbuch doch als dasjenige erwähnt werden, "das bis heute noch nicht durch ein besseres abgelöst worden ist"[100].

In der Tradition Ladendorfs steht die Arbeit von A. David Nunn[101]. Dies führt dazu, daß auch Nunn keine genaue Abgrenzung des Schlagworts zu anderen sprachlichen Erscheinungen wie dem Modewort vornimmt. Zwar erwähnt er die "relativierenden und oft subjektiven Faktoren"[102] in Ladendorfs Schlagwörterbuch, dennoch hält er sich an dessen weite Schlagwortdefinition. Nunns Wörterbuch enthält

> grundlegende politische Konzepte, wichtige Schlüsselbegriffe aus verschiedenen Fachbereichen, Modeworte, Slogans, journalistische und parlamentarische Klischees und allerlei farbenfrohen Jargon[103].

Nicht eine dieser Kategorien wird von Nunn jedoch näher erläutert. Auch die an anderer Stelle vorgenommene Kategorisierung in "maßgebliche Hauptbegriffe in der westdeutschen bzw. internationalen Politik und Zeitgeschichte [...] Modeworte und Redewendungen [...] gefühlsgeladene Worte und Redewendungen"[104] wird nicht weiter ausgeführt. Wie der Autor in der Einleitung seines Buches bereits andeutet, enthält das alphabetisch angelegte Wörterbuch[105] daher ein linguistisch recht unterschiedlich zu beurteilendes Sammelsurium von Einträgen:

> Vom puristischen Standpunkt aus mag es eigenartig anmuten, daß bei dieser Methode ein hochwertiges feststehendes Schlagwort möglicherweise auf der einen Seite von einem journalistischen Klischee und auf

---

99 Ebd., S. XVI.

100 Kaempfert (in: Wörterbücher), S. 1203. Zwar ist bereits seit 1968 ein "Historisch-politisches Schlagwörterbuch der Gegenwart" angekündigt, erschienen ist es bislang jedoch nicht; vgl. Schumann, S. XV, Anm. 15.

101 Nur aus diesem Grunde wird sie hier zu den linguistischen Arbeiten gezählt, wiewohl der Lexikonteil fast nur Sachinformationen liefert und kaum auf die Wortgeschichte eingeht.

102 Nunn, S. 13.

103 Ebd., S. 9.

104 Ebd., S. 15.

105 Nunn selbst bezeichnet es als "Glossar"; vgl. ebd., S. 9 et passim.

der anderen Seite von einem trivialen politischen Witzwort flankiert wird.[106]

Die Einträge reichen daher von *Anerkennung - de jure* und *de facto*[107] über *ausklammern*[108] bis zu *Deppen der Welt*[109], *Langer Eugen*[110] und *Salamitaktik*[111], um nur einige willkürlich ausgewählte Beispiele zu nennen. Sie beschränken sich meist auf eine knappe Erklärung des Lemmas und seiner zeitlichen Entwicklung und auf einige Belege, die häufig jedoch reine Vorkommensbelege sind[112].

Da Nunn von vornherein seinen Schlagwortbegriff nur äußerst vage bestimmt, ist es schwierig, seine Methode zu beurteilen. Sicherlich liefert die Arbeit keine grundlegenden neuen Erkenntnisse zur Theorie des Schlagwortes, die über die Ergebnisse Ladendorfs hinausgingen. Gerade eine möglichst präzise Abgrenzung des Schlagworts von anderen Erscheinungen aber wäre für eine konsequente Schlagworttheorie zu fordern.

Andererseits aber spricht für die Arbeit Nunns, daß ein äußerst umfassendes Textkorpus ausgewertet wurde: neben amtlichen Publikationen, Fachzeitschriften und Kommentaren wurden v. a. *Die Zeit* und *Der Spiegel* ab 1946/47 ausgewertet[113].

Der Eindruck, den Nunns Arbeit hinterläßt, bleibt daher zwiespältig: durch die sehr weite Schlagwortdefinition muß die Auswahl der Wörterbucheinträge zwangsläufig uneinheitlich und unsystematisch ausfallen. Dieses theoretische Defizit wird aber scheinbar durch das ausgewertete Textkorpus aufgewogen: allein die Auswertung von nahezu dreißig Jahrgängen *Zeit* und *Spiegel* stellt eine enorme Fleißarbeit dar. Leider wird diese wiederum durch das theoretische Defizit beeinträchtigt. Zwar ist nicht von jedem Lexikographen eine explizite Theorie des Beispiels zu erwarten, aber zumindest sollte die Auswahl der Beispiele auch nicht zufällig erfolgen. Dies scheint auch Nunn zu fordern, der angibt, jeder Eintrag werde "durch *einschlägige* Beispiele aus dem Sprachgebrauch

---

106 Ebd., S. 18. Nunn bezeichnet dies als 'ästhetische Einwände' (vgl. ebd.), selbst seine eigene Terminologie, die hier zwischen 'hochwertig' und 'trivial' unterscheidet, läßt jedoch auf über die Ästhetik hinausgehende Wertungen schließen und ist einer linguistischen Arbeit nicht angemessen.

107 Nunn, S. 30 f.

108 Ebd., S. 43.

109 Ebd., S. 64.

110 Ebd., S. 83 f.

111 Ebd., S. 172.

112 Zu den verschiedenen Belegarten vgl. weiter unten, S. 43 f.

113 Vgl. Nunn, S. 12. Leider gibt die "Bibliographie" (S. 205) keinen Aufschluß darüber, welche Jahrgänge der aufgeführten Zeitschriften und Zeitungen ausgewertet wurden.

ergänzt"[114]. Da ihm bei der großen Menge ausgewerteten Materials auch ein entsprechend großes Quantum an Belegen zur Verfügung gestanden haben muß, hätte er also mühelos auch Belege abdrucken können, die für das jeweilige Schlagwort charakteristisch sind, im besten Falle seinen Schlagwortcharakter verdeutlichen. Dies kann einerseits durch sprachreflexive Belege geschehen, andererseits schon allein durch die Aufführung mehrerer Belege, aus denen hervorgeht, daß das Wort öffentlich diskutiert wurde. Zwei Beispiele mögen dies verdeutlichen:

1) Nunn führt *Anerkennung - de jure* und *de facto*[115] als Schlagwort an und gibt einen Beleg des Jahres 1949 aus *Die Zeit* an. Zwar führt er dann aus, daß der Streit um Anerkennung bis in die frühen siebziger Jahre andauerte, gerade die interessanten Belege aus dieser Zeit, in der das Schlagwort besonders aktuell war, aber tauchen nicht auf.
2) Ähnlich verhält es sich mit den Belegen zu *außerparlamentarische Opposition*[116]. Nunn bemerkt zwar, daß das Schlagwort vornehmlich in den Jahren 1966 - 1969 aktuell war[117], führt aber lediglich zwei Belege aus der zweiten Hälfte des Jahres 1967 an. Auch hier hätte eine geschicktere Belegauswahl verdeutlichen können, wie das Schlagwort eine Entwicklung durchmachte und wie um es gestritten wurde.

Dies alles dürfte darauf zurückzuführen sein, daß Nunn kein klares Konzept von Schlagwörtern und ihren Merkmalen hat. Ihm gilt mit Ladendorf "als Schlagwort ein Begriff oder eine Redewendung mit 'prägnanter Form' und 'gesteigertem Gefühlswert' im weitesten Sinne dieser Attribute"[118]. Daß Belege für diese Art von Definition beliebig und zufällig wirken, kann dann kaum mehr erstaunen, da jedes Vorkommen eines Wortes, für dessen Aufnahme ins Wörterbuch der Lexikograph sich einmal entschieden hat, seine prägnante Form und seinen gesteigerten Gefühlswert "im weitesten Sinne dieser Attribute" belegen kann.

Für die neuere Schlagwortforschung also erweist sich die Arbeit Nunns, die sich immerhin zum Ziel gesetzt hat, den seit 1945 gebräuchlichen "Wortschatz aus Politik und Zeitgeschehen"[119] zu untersuchen, als wenig beispielhaft und hilfreich. Allein das Textkorpus verdient Beachtung, freilich mit der Prämisse, daß Belege erst *nach* einer fundier-

---

114 Nunn, S. 19; Hervorhebung von mir.

115 Ebd., S. 30 f.

116 Vgl. ebd., S. 43.

117 Vgl. ebd., S. 42.

118 Ebd., S. 13. Auch Bahner (S. 397 f) zählt "Gefühlswert" und "prägnante Form" zu den Merkmalen von Schlagwörtern, betont aber stärker als Nunn, daß Schlagwörter "ein ganzes Programm verkörpern" (S. 398).

119 Ebd., S. 9. Im "Vorwort des Verlages" (S. 5) heißt es sogar, Nunn mache den Versuch, "den in Deutschland gebräuchlichen Wortschatz seit 1945 systematisch zu erfassen, seine Herkunft zu belegen und seinen Gebrauch in der politischen Tagesliteratur zu dokumentieren".

ten Theorie des Schlagworts zu deren Unterstützung sinnvoll ausgewählt werden können.

Mit der Definition von Schlagwörtern und ihrer Abgrenzung von ähnlichen sprachlichen Erscheinungen hat sich Rainer Freitag in seiner Dissertation und einigen Aufsätzen beschäftigt[120].

Freitag zählt das Schlagwort zu den Erscheinungen der Massenkommunikation[121] und subsumiert es unter die sprachlichen "Prestigeformen"[122]. Es ist nach Freitag Teil der ideologisch markierten Lexik und verfügt darüber hinaus über eine besondere 'expressive Komponente'[123], die als Abweichung von einer Norm[124] aufzufassen ist. Die Wirkkraft von Schlagwörtern aber werde weniger durch eine auffallend-expressive als durch eine stabile Form bedingt. Das Schlagwort sei also keineswegs eine besonders eigenwillige Prägung, sondern eine "besonders stabile [...] Sprachform"[125], deren hervorragendes Kennzeichen "Synonymfeindlichkeit"[126] sei.

Wenig schwierig, da an formalen Kriterien festzumachen, sei die Unterscheidung von Losung bzw. Slogan und Schlagwort. Losungen/Slogans stünden auf einer höheren syntaktischen Stufe und erfüllten "auf der Ebene der Sätze bzw. satzähnlichen Konstruktionen die Funktion von Schlagworten"[127], die wiederum oft zu Losungen ausgebaut werden könnten. Als Beispiele für Schlagwörter führt Freitag *Frieden, Entspannung,*

---

120 Da die wesentlichen Ergebnisse der Dissertation auch in den Aufsätzen von 1974, 1975 und 1977 vorliegen, kann auf die Dissertation bei der folgenden Besprechung weitgehend verzichtet werden. Auch die Aufsätze Freitags sollen nicht in allen Einzelheiten referiert werden. Es werden nur die Teile behandelt, die für Definition und Abgrenzung des Terminus *Schlagwort* von Bedeutung sind.

121 Vgl. Freitag (1977), S. 101, 103 f.

122 Freitag (1974), S. 138.

123 Vgl. ebd. Während die 'expressive Komponente' in Freitags Dissertation und in seinem Aufsatz aus dem Jahre 1974 das unterscheidende Merkmal zwischen Terminus und Schlagwort ausmachte und also wohl jedem Schlagwort zukommen sollte (vgl. die Graphiken bei Freitag [1973], S. 85 und Freitag [1974], S. 138), betont er in seinem Aufsatz von 1977, daß nur einem geringen Teil von Schlagwörtern "ohne Bedenken eine bemerkenswerte expressive Komponente zugesprochen werden [kann]" (Freitag [1977], S. 121).

124 Vgl. Freitag (1977), S. 108 sowie Freitag (1975). In seiner Dissertation hatte Freitag jedoch darauf hingewiesen, daß Schlagwörter mit Hilfe dieser Kategorie nicht zu beschreiben seien; vgl. Freitag (1973), S. 93 f.

125 Freitag (1977), S. 121.

126 Ebd., S. 122. Dies kann jedoch so allgemein nicht behauptet werden: zumindest die Schlagwörter im Bearbeitungszeitraum dieses Wörterbuches wiesen durchweg mehrere Synonyme und Varianten auf.

127 Freitag (1974), S. 127.

Abrüstung an; die entsprechenden Losungen lauteten: *Wir wollen Frieden, fordern Abrüstung, brauchen Entspannug*[128].

Die besonders wichtige Abgrenzung des Schlagworts vom Modewort sei nicht durch formale Kriterien zu leisten. Der Unterschied liege darin, daß das Schlagwort ideologisch beeinflussen wolle, während das Modewort nicht zum ideologischen Wortschatz gehöre[129] und "nicht eine Veränderung der 'öffentlichen Meinung' bewirken will"[130].

Ebenfalls sei das Schlagwort auch vom Leitwort (Fahnenwort, Herzwort) abzugrenzen. Das Leitwort sei stets positiv wertend, während das Schlagwort positiv wie negativ wertend sein könne[131]. Leitworte, die sich stets auf die eigene Ideologie bezögen, seien "positiv wertende Schlagworte, die in besonderem Maße zentrale Ideen in einem bestimmten Abschnitt der gesellschaftlichen Entwicklung ausdrücken"[132].

Schließlich sei das Schlagwort vom Terminus abzugrenzen. Dieser habe in erster Linie deskriptiven Charakter; im Gegensatz zum Schlagwort, das vorwiegend präskriptiv sei:

> sein Anliegen ist es somit - in Übereinstimmung mit der Anwendung der Sprache in der Politik überhaupt - die Menschen zu bestimmten Handlungen zu veranlassen bzw. Impulse für Handlungsweisen zu geben[133].

Diese Abgrenzungen des Schlagwortes - man muß ihnen nicht in allen Einzelheiten folgen - haben zumindest für sich, daß sie klare Richtlinien für lexikographische Arbeiten abgeben - im Gegensatz etwa zu den diffusen Bestimmungen Nunns. Bis auf die Kategorie des Leitworts, das Freitag als eine spezielle Form des Schlagworts ansieht[134], ist Freitags Einteilung sinnvoll und praktikabel und kann als Grundlage einer Schlagwortdefinition dienen.

Zu einem Standardwerk der Schlagwortforschung hat sich die überarbeitete und erweiterte Dissertation Wulf Wülfings entwickelt. Zwar hat sie die Schlagwörter des "Jungen Deutschland" zum Thema, doch schickt Wülfing in einem ersten Teil eine "Einführung in die Schlagwortfor-

128 Vgl. ebd., S. 128.

129 Vgl. ebd., S. 130.

130 Ebd., S. 131.

131 Vgl. ebd., S. 122.

132 Ebd., S. 125 f.

133 Ebd., S. 134. Vgl. die Zusammenfassungen ebd., S. 138 f, Freitag (1977), S. 84 f, Freitag (1973), S. 48 ff, 85 f.

134 Zur Kritik der Untergliederung des Schlagworts in Leit-, Fahnen-, Kampf- und Stigmawörter vgl. unten S. 34 ff.

schung" voraus[135]. Neben einem Abriß der Schlagwortforschung von 1900 bis in die sechziger Jahre bietet sie eine "Einführung in die Schlagworttheorie"[136], in der ein sechs Punkte umfassender Merkmalskatalog für Schlagwörter angeführt wird, der die Ergebnisse zahlreicher älterer Untersuchungen zusammenfaßt und systematisiert.

Wülfing nennt als wesentliche Kriterien eines Schlagwortes:
1) Verkürzung
2) Emotionalisierung
3) Antirationalität
4) inhaltliche Unbestimmtheit
5) scheinbare Klarheit
6) Wiederholungszwang[137].

Zweifellos ist dies eine prägnante Zusammenfassung von Eigenschaften, die Schlagwörter auszeichnen. Wenn auch Unklarheiten bestehen bleiben - wie etwa der Unterschied von "Emotionalisierung" und "Antirationalität" - so bietet Wülfings Ansatz doch einen Schlagwortbegriff, der fruchtbare Grundlage für lexikographische Arbeiten sein kann.

Eine Schlagwortcharakterisierung, die Wülfings Kriterien zugrundelegt, könnte etwa folgendermaßen lauten:

> Das Schlagwort ist Teil der öffentlichen Rede. Es ist eine griffige emotionalisierte Verkürzung eines oft komplexen Sachverhalts oder Programms. Seine inhaltliche Unbestimmtheit kann durchaus im Sinne seines Benutzers sein. Trotz eben dieser Unbestimmtheit hat das Schlagwort eine scheinbare Klarheit. Bis auf die Verwendung von Zusammensetzungen finden sich fast keine Schlagwortvarianten.

Wülfings Ansatz besticht dadurch, daß er zahlreiche ältere Arbeiten mit einbezieht, deren Einseitigkeiten und z. T. unglückliche Formulierungen er jedoch zu vermeiden weiß. Andererseits könnte die isolierte Betrachtung eines solchen Merkmalskatalogs doch wieder zu der Annahme verleiten, es gebe Wörter, die sich per se als Schlagwörter charakterisieren ließen, ohne daß man ihren Gebrauch in einer Kommunikationsgemeinschaft zu berücksichtigen hätte[138]. Als Ergänzung bieten sich deshalb die Ausführungen Barners an, der in seinem Merkmalskatalog die Bedeutung der Öffentlichkeit stärker hervorhebt als Wülfing.

---

135 Wülfing, S. 11 ff.

136 Ebd., S. 29 ff.

137 Vgl. ebd., S. 33 - 48.

138 Zwar ist dies keinesfalls Wülfings Auffassung, doch leistet er diesem Mißverständnis dadurch Vorschub, daß er nur außerhalb seines Merkmalskatalogs darauf eingeht, daß Schlagwörter erst durch ihren Gebrauch als solche zu bestimmen sind; vgl. Wülfing, S. 29, 48 ff.

Barner betont zunächst, daß Schlagwörter "Publizität"[139] voraussetzen, also zum öffentlichen Sprachgebrauch gehören. Erst, wenn Wörter im öffentlichen Sprachgebrauch eine bestimmte Frequenz erreichten, würden sie überhaupt als Schlagwörter empfunden[140]. Charakteristisch für Schlagwörter sei ihre "Transitorik"[141], d. h. ihre zeitliche Begrenztheit:

> In der Regel - es gibt sehr verschiedene Ablauftypen - taucht ein Schlagwort zunächst normalhäufig auf, dann sehr häufig, um schließlich wieder in die Normalität zurückzutreten oder ganz und gar zu verschwinden. Dieses Merkmal hat das Schlagwort im übrigen mit dem bloßen Modewort gemeinsam.[142]

Des weiteren zeichne sich das Schlagwort durch Affektivität wie "logische Diffusität"[143] aus, die dem "situativen Interpretieren besonders weiten Raum läßt"[144]. Nur scheinbar widerspreche diese Diffusität dem Schlagenden und Treffenden, das dem Schlagwort schon seit jeher zugesprochen werde[145]. Beide Aspekte ließen sich unter dem Merkmal des "Symbolhaften"[146] zusammenfassen. Dieses umfasse "das Komprimierte sowohl wie das Verweisende"[147]. Das letzte Merkmal schließlich sei "das Tendenziöse"[148]:

> An ihm wird auch die Besonderheit gegenüber dem bloßen Modewort erkennbar, mit dem das Schlagwort etwa die Frequenz, die Transitorik, die Neigung zur Fremdwörterei gemeinsam hat.[149]

Diese Bemerkungen Barners, die ihrerseits nicht völlig unproblematisch sind[150], ergänzen den Katalog Wülfings insofern, als sie nachdrücklich die Voraussetzung einer Öffentlichkeit für den Schlagwortgebrauch betonen und gleichzeitig eine überzeugende Abgrenzung von Schlag- und Modewörtern leisten.

---

139 Barner, S. 107.

140 Vgl. ebd., S. 108.

141 Ebd., S. 109.

142 Ebd.

143 Ebd., S. 110.

144 Ebd., S. 111.

145 Vgl. dazu ausführlich: Kaempfert (in: Muttersprache), S. 192 ff.

146 Barner, S. 111.

147 Ebd.

148 Ebd.

149 Ebd.

150 Zumindest das Merkmal "logische Diffusität" scheint wenig glücklich benannt.

Eine sehr umfangreiche und bemerkenswerte Arbeit haben Strauß/Haß/Harras mit ihrem Lexikon der 'brisanten Wörter' vorgelegt. Zwar deckt sich der Bereich der brisanten Wörter nicht mit dem der Schlagwörter, doch bilden Schlagwörter einen wichtigen Teilbereich der brisanten Wörter[151], die sich ihrerseits dadurch charakterisieren lassen, daß ihre "Gebrauchsweisen die sprachliche Verständigung erschweren oder sogar stören können"[152], daß sie also Wörter seien, "die unter verschiedenen Gesichtspunkten erklärungsbedürftig sind"[153].

Der Lexikonteil des Buches umfaßt die drei Bereiche Politik, Umwelt und Kultur[154], die alle durch ein ausführliches Vorwort eingeleitet werden. Das Vorwort zum Bereich "Politik" - von Gerhard Strauß verfaßt - enthält ausführliche Bemerkungen zu Schlagwörtern, die als "auffälligste Erscheinung der politischen Meinungssprache"[155] charakterisiert werden. Schlagwörter seien Teil der öffentlichen Meinungssprache und ein Mittel "emotionsgeladenen oder stärker noch emotionsbewirkenden und -kalkulierenden Sprachgebrauchs"[156]. Sie seien "griffige Kürzel"[157] für Programme, Ideologien und Lehren. In enger Anlehnung an Dieckmann:

> Schlagwörter erheben Relatives zu Absolutem und reduzieren das Komplizierte auf das Typische, Überschaubare und Einfach-Gegensätzliche (z. B. Freund-Feind, links-rechts); sie bringen das Abstrakt-Ferne sprachlich nahe und verleihen der Meinungssprache ihre emotionalen Übertöne[158].

Ebenfalls mit Dieckmann betont Strauß, daß Schlagwort zu sein "keine systematische, konstante Eigenschaft von Wörtern"[159] sei, Wörter als

---

151 Vgl. Strauß, in: Strauß/Haß/Harras, S. 28 ff. [Im folgenden zitiert als "Strauß (Bris. Wörter)".] Auf die Problematik der Abgrenzung kann hier nicht weiter eingegangen werden.

152 Strauß/Haß/Harras, "Einleitung", S. 9.

153 Ebd. Es kann hier nicht diskutiert werden, ob die Kategorie der brisanten Wörter überhaupt handhabbar und wie die Auswahl der Lemmata zu beurteilen ist. Eine detaillierte Auseinandersetzung mit diesem Konzept würde den Rahmen dieser Arbeit sprengen; vgl. dazu die Rezensionen von Klein (1991) und Schaeder. Deshalb werden hier nur die Teile des Werkes berücksichtigt, die für die Schlagwortforschung von Bedeutung sind. Trotz aller folgenden Kritik sei nachdrücklich darauf hingewiesen, daß "Brisante Wörter" durchaus dem selbst gestellten Anspruch, exemplarisch zu sein (vgl. S. 10), gerecht wird: der Artikelaufbau ist vorbildlich, die Artikel sind sehr materialreich und informativ. "Brisante Wörter" gehört zu den erfreulichsten Publikationen auf diesem Gebiet überhaupt.

154 Ursprünglich war als vierter Bereich "Medizin" vorgesehen; vgl. Strauß (1988), S. 196.

155 Strauß (Bris. Wörter), S. 32.

156 Ebd., S. 32 f.

157 Ebd., S. 33.

158 Ebd; vgl. Dieckmann, S. 103.

159 Strauß (Bris. Wörter), S. 32; vgl. Dieckmann, S. 102.

solche seien nie Schlagwörter, sondern würden erst durch den Gebrauch in bestimmten Situationen und Texten dazu[160].

Problematischer als diese Definition ist allerdings die folgende Einteilung der Schlagwörter in Leit- oder Fahnen- sowie Feind- oder Stigmawörter[161], die sich an Hermanns orientiert aber in ähnlicher Form auch bei anderen Autoren vorliegt[162]. Zum einen scheint diese Einteilung unglücklich, weil Schlagwörter und die durch sie repräsentierten Programme fast immer umstritten sind[163]. Ist aber die "Deutung der Ausdrücke stark interpretationsbedingt"[164], dann auch ihre Klassifizierung als Leit- oder Stigmawort. Ebenso wie ein Wort erst durch seinen Gebrauch zum Schlagwort wird, so kann es - ebenfalls abhängig von seinem Benutzer und der konkreten Redesituation - zum Leit- *oder auch* zum Stigmawort werden[165]. Eine Charakterisierung eines Wortes als Leit- oder Stigmawort, heißt dies aber auch, ist nur sinnvoll, wenn man gleichzeitig angibt, für wen es Leit- bzw. Stigmawort ist, u. U. nämlich ist es beides gleichzeitig für verschiedene gesellschaftliche Gruppen:

> je nach ideologischer Bezüglichkeit können die beiden Funktionsklassen Fahnenwort und Stigmawort ihren Stellenwert in den jeweils antagonistisch aufeinander bezogenen Gesellschaftssystemen oder Gruppen und Parteien verändern und mit entsprechenden deskriptiven und/oder evaluativen Umdefinitionen/Abweichungen aus dem Sprachgebrauch einer Gruppe/Partei in den Sprachgebrauch einer anderen Gruppe/Partei übergehen[166].

---

160 Vgl. Strauß (Bris. Wörter), ebd.

161 Vgl. ebd., S. 33 sowie Strauß/Zifonun, S. 73 f.

162 Vgl. Hermanns (1980), S. 89 ff, Freitag (1973), S. 61, 85 f, Freitag (1974), S. 123 ff, 138 f sowie Dieckmann, S. 101 f und (differenzierter) Klein (1989), S. 23 ff. Der Terminus *Fahnenwort* taucht bereits in einer Veröffentlichung Gomberts aus dem Jahre 1902 auf und ist somit auch nicht ein Ausdruck Stammlers wie Barner (S. 111) vermutet; vgl. Wülfing, S. 50, Anm. 193.

163 Zugegeben sei dabei, daß es (meist perennierende) Schlagwörter gibt, die eindeutig nur negativ oder positiv werten und unumstritten sind. Für die Masse der Schlagwörter aber gilt dies eben nicht.

164 Strauß (Bris. Wörter), S. 34.

165 Als Beispiel kann das Schlagwort *Demokratischer Sozialismus* dienen. Während alles, was mit *Sozialismus* zusammenhängt, für Anhänger der CDU eher Feindwort sein dürfte, war *demokratischer Sozialismus* für Anhänger der SPD in der ersten Hälfte der siebziger Jahre sicherlich ein Leitwort, zumal es einen zentralen Platz im Godesberger Programm einnahm; vgl. auch Hermanns (1980), S. 95, Greiffenhagen, S. 20. Nachdem die Nachfolgeorganisation der SED sich nun "Partei des demokratischen Sozialismus (PDS)" nennt, dürften Anhänger der SPD sich genötigt sehen, entweder der PDS das Recht abzusprechen, sich auf diesen Begriff zu berufen, oder aber selbst von ihm Abstand zu nehmen.

166 Strauß/Zifonun, S. 73 f; vgl. Bahner, S. 112.

Damit aber verliert die Kategorie Fahnen- bzw. Stigmawort ihren Wert. Sinnvoller wäre es, stattdessen lediglich von der Umstrittenheit von Schlagwörtern zu sprechen, die fast allen Schlagwörtern eigen ist.

Eine weitere Schwierigkeit bei der Einteilung in Kampf-, Fahnen- und Feindwörter liegt darin, daß Strauß selbst sie nicht konsequent durchhält: in Anlehnung an Hermanns werden die Fahnenwörter zunächst als umstrittene Begriffe dargestellt:

> Mit solchen [Fahnen-]Wörtern zeigt man "Flagge" [,] und sie können tatsächlich, wenn man sie gezielt und ostentativ verwendet, wie eine Fahne wirken, die man hoch hält und ins Feld führt - oder auch wie ein rotes Tuch.[167]

Andererseits aber werden die Feindwörter als "negatives Pendant der Fahnenwörter" bezeichnet[168], das dazu diene, die gegnerische Partei negativ zu bewerten. In dieser Gegenüberstellung nun scheinen die Fahnenwörter nicht mehr mit umstrittenen Wörtern, sondern ausschließlich mit den positiv wertenden Leitwörtern gleichgesetzt zu werden. Noch deutlicher wird dies an anderer Stelle, wo es heißt:

> Deshalb ist es möglich, Schlagwörter z. B. nach ihrer Wertungsfunktion zu unterscheiden: etwa die Leit- oder Fahnenwörter mit positiver und die Feind- oder Stigmawörter mit negativer Wertung [...] [169]

Über die genaue Bedeutung des Begriffs *Fahnenwörter* wird der Leser also nicht aufgeklärt. Ein ähnliches Problem ergibt sich aus der Behandlung des Begriffes *Kampfwörter*. Einerseits dient er als Oberbegriff für Fahnen- und Feindwörter[170], wäre also gleichbedeutend mit *Schlagwort*, andererseits wird er zusammen mit *Feindwörter* dem Begriff *Fahnenwörter* gegenübergestellt[171]. Es wird daher nicht deutlich, ob Kampfwörter nun Fahnen- und Feindwörter unter sich enthalten sollen, oder ob Kampf- und Feindwörter als negativ wertende den positiv wertenden Fahnenwörtern gegenübergestellt werden sollen.

An dieser Stelle soll daher eine andere Klassifizierung von Schlagwörtern vorgeschlagen werden, die deren Umstrittenheit berücksichtigt und nicht in den Widerspruch führt, Wörter, deren entscheidendes Merkmal ihre Umstrittenheit ist, gerade unter Nichtberücksichtigung dieser Eigenschaft in Gruppen einteilen zu wollen.

167 Strauß (Bris. Wörter), S. 35; vgl. Hermanns (1980), S. 91.

168 Strauß (Bris. Wörter), S. 36.

169 Ebd., S. 33.

170 Vgl. ebd., S. 36.

171 Vgl. ebd., S. 35, Überschriften 2.2 und 2.3.

Geht man von der Umstrittenheit von Schlagwörtern aus und nimmt diese ernst, so ist eine Einteilung in positiv bzw. negativ wertende Schlagwörter nicht mehr praktikabel. Es bleibt allein, die jeweiligen Wort*prägungen* in drei Gruppen einzuordnen und gleichzeitig zu betonen, daß die hinter diesen Schlagwörtern stehenden Programme umstritten sind. Bei den Wortprägungen finden sich positive, negative und neutrale, die sich wie folgt beschreiben lassen[172]:

A) *Positive Wortprägung*: es handelt sich um Schlagwörter, gegen die sich niemand in der öffentlichen Diskussion aussprechen kann, ohne Sanktionen befürchten zu müssen. Da der programmatische Gehalt dieser Schlagwörter aber dennoch umstritten ist, muß auf anderem Wege (durch Neudefinition, Zusatz von Attributen etc.) die Distanz zum Schlagwort deutlich gemacht werden, ohne daß eine Festlegung gegen das Schlagwort erfolgt.
Beispiele: *Demokratisierung, Mitbestimmung, Soziale Symmetrie.*

B) *Negative Wortprägung*: auch hier gibt es in der öffentlichen Diskussion kein Pro und Contra. Mit der negativen Wortprägung wird gegen Mißstände protestiert, für die sich niemand aussprechen wird. Neben dem Zusatz von Attributen besteht hier die Möglichkeit, sich von einem solchen Schlagwort zu distanzieren, darin, zu leugnen, daß der mit dem Schlagwort bezeichnete Sachverhalt überhaupt existiert.
Beispiele: *Berufsverbot, Isolationsfolter.*

C) *Neutrale Wortprägung*: in der öffentlichen Diskussion spricht man sich eindeutig für oder gegen den Wortinhalt des Schlagwortes aus; seine Umstrittenheit kann durch Argumente pro und contra widergespiegelt werden, da die Wortprägung weder positiv noch negativ ist. Unter diese Kategorie fallen auch alle Schlagwortbildungen, die aus Eigennamen (ohne weitere Zusätze) oder offiziellen Namen von Vertragswerken und Gesetzen bestehen[173].
Beispiele: *Antiautoritäre Erziehung, Atomwaffensperrvertrag.*

Bevor es im nächsten Kapitel darum gehen soll, auch noch die zwei jüngsten Arbeiten zur Schlagwortforschung vorzustellen, hier noch einmal die wesentlichen Ergebnisse, die der Forschungsüberblick ergeben hat:

Neben der Forderung nach einer Definition des Schlagwortes, die auch die Abgrenzungsproblematik zum Modewort und anderen sprachlichen Phänomenen ermöglicht, hat sich ergeben, daß die bei einigen Autoren

172 Dabei wird hier keineswegs übersehen, daß eine derartige Klassifizierung auch historischem Wandel unterworfen ist: so können ehemals positive Wortprägungen durchaus im Laufe der Geschichte diskreditiert werden und zu negativen Prägungen werden. Gerade der Sprachgebrauch der Nationalsozialisten bietet dafür zahlreiche Beispiele. Für einen definierten Zeitraum jedoch läßt sich dieses Schema durchaus anwenden. Die im folgenden aufgeführten Beispiele stammen alle aus den Jahren 1966 bis 1974.

173 Für den Bearbeitungszeitraum sind zu nennen: *Atomwaffensperrvertrag, Dutschke, Ostverträge, Paragraph 218.*

versuchte Einteilung von Schlagwörtern in Fahnen-, Kampf- und Leitwörter wenig praktikabel ist. Weiterhin ist deutlich geworden, daß zwar Untersuchungen zu Schlagwörtern wie auch lexikographische Arbeiten vorliegen, die jedoch verschiedene methodische Defizite aufweisen.

Aus diesem Ergebnis läßt sich daher die Forderung nach einer Theorie des Schlagwörterbuchs ableiten, die in einer Arbeit Kaempferts jetzt vorliegt. Da der Ansatz Kaempferts auch als Resümee der bisherigen Schlagwortforschung gelten kann, soll er im folgenden Kapitel dargestellt werden, um gleichzeitig die Methode des hier vorliegenden Wörterbuches vorzustellen.

Man hat also nicht sowohl auf eine isolierte Wortbehandlung auszugehen als vielmehr auf prägnante Entwicklungsskizzen. Einzelne Artikel wachsen sich dabei von selbst zu kleinen Wortbiographien aus. Daher ist es von Vorteil, wenn zugleich mit dem Ausdrucke auch etwas Erdreich mit ausgehoben wird.

(Otto Ladendorf, 1906)

III. Die Konzeption des Schlagwörterbuches

In zwei Aufsätzen aus dem Jahre 1990 hat Manfred Kaempfert sich zum Problemkomplex der Schlagwortforschung geäußert. Dabei liefert er einerseits einen Forschungsüberblick zur Theorie des Schlagwortes[1], geht aber andererseits mit seinen Bemerkungen zur Definition des Schlagwortes[2], zu Postulaten für künftige Schlagwörterbücher[3] wie zu praktischen Problemen der Schlagwortforschung[4] über bisherige Ergebnisse der Forschung hinaus.

Da die theoretischen Erwägungen Kaempferts eine umfassende und ausgewogene Definition des Schlagwortes liefern, die die Einseitigkeiten zahlreicher bisher vorgestellter Arbeiten überwindet, wurde sie als Grundlage für dieses Wörterbuch gewählt.

1. Definition des Schlagwortes

Nach Kaempfert ist das Schlagwort durch Eigenschaften semantischer, pragmatischer wie morphologischer Art gekennzeichnet:

> 1. Semantisch: Unter *Schlagwort* verstehen wir solche Ausdrücke, in denen sich ein Programm konzentriert oder die eine Zielvorstellung benennen.

---

1 Vgl. Kaempfert (in: Muttersprache), S. 198 ff.

2 Vgl. Kaempfert (in: Wörterbücher), S. 1200. Erst später bekannt wurde mir der ähnliche Ansatz bei Klein (1989), S. 11 ff.

3 Vgl. Kaempfert (in: Wörterbücher), S. 1201 ff.

4 Vgl. Kaempfert (in: Muttersprache), S. 200 ff.

2. Pragmatisch: Ein Ausdruck mit dieser semantischen Eigenschaft wird erst dadurch zum Schlagwort, daß er in einer gegebenen Gesellschaft oder Gruppe (im Grenzfall auch für ein Individuum allein) besondere Aktualität und Bedeutung gewinnt.
3. Morphologisch: Schlagwörter sind Lexeme oder Syntagmen mit dem Status von Mehrwortlexemen.[5]

Diese Definition vereinigt gegenüber anderen bereits besprochenen einige Vorteile: sie macht deutlich, daß Schlagwörter nicht aufgrund von "Oberflächenmerkmalen"[6] zu erkennen sind, sondern aufgrund ihres Inhaltes und ihrer Verwendungsweise Schlagwörter sind. Gleichzeitig leistet sie eine klare Abgrenzung zum Modewort einerseits, zu Losungen, Parolen und Slogans andererseits.

Vom Modewort wird das Schlagwort durch seine semantischen und pragmatischen Eigenschaften unterschieden: während beide sich durch eine erhöhte Gebrauchsfrequenz zu einer bestimmten Zeit auszeichnen, kristallisiert sich in Schlagwörtern darüber hinaus ein Programm, eine Zielvorstellung[7], der besondere Aktualität und Bedeutung zukommt[8]. Folge davon ist meist eine starke Affektbesetzung, "und zwar in gegensätzlicher Weise, je nachdem [ob] die Programme oder Ziele solche der eigenen oder einer

---

5 Kaempfert (in: Wörterbücher), S. 1200.

6 Ebd.

7 Dabei wird hier keinesfalls übersehen, daß es scheinbar Schlagwörter gibt, für die eine Programmatik oder Zielvorstellung nicht ausgemacht werden kann. Zu nennen wären hier Schlagwörter, die ein Problem benennen (*Bildungskatastrophe, Isolationsfolter, Sex-Welle*), und solche, die zur Bezeichnung von Gruppen dienen (*Baader-Meinhof-Gruppe, Gammler, Gastarbeiter*).
Meine These jedoch lautet, daß sich auch bei derartigen Schlagwörtern eine Programmatik oder Zielvorstellung formulieren läßt: bei der ersten Gruppe nämlich, wird nicht nur ein Problem genannt, sondern gleichzeitig auch immer seine Überwindung gefordert. Wer also eine *Bildungskatastrophe* beklagt, ruft gleichzeitig zu ihrer Überwindung auf, wer *Isolationsfolter* zu erkennen glaubt, fordert auch ihre Abschaffung, und wer schließlich die Gesellschaft von einer *Sex-Welle* überflutet werden sieht, der hofft auf deren Abklingen. Analog gilt für die Schlagwörter der anderen Gruppe, daß hier nicht nur Gruppen benannt werden, sondern auch immer schon eine Bewertung vorgenommen wird: deutlich ist dies bei den Varianten *Baader-Meinhof-Gruppe* vs. *Baader-Meinhof-Bande* (vgl. dazu ausführlicher den Wortartikel); aber auch Schlagwörter wie *Gastarbeiter* und *Gammler* (die beide nicht als Eigenbezeichnungen vorkommen) implizieren eine Programmatik dergestalt, daß etwa ein Verbot des Gammlertums bzw. die Ausweisung oder aber Integration von Gastarbeitern gefordert wird (um hier nur die zwei extremen Pole der Diskussion zu nennen). Eine nichtprogrammatische, gewissermaßen nur bezeichnende, neutrale Verwendung dieser Schlagwörter, die nicht bloß zitierend ist, scheint mir undenkbar.

8 Vgl. Kaempfert (in: Muttersprache), S. 199. Daß Aktualität und Bedeutung auch bereits im privaten Bereich Schlagwörter etablieren können, sei hier nur am Rande vermerkt (vgl. ebd.), da für ein Schlagwörterbuch in der Tat nur diejenigen Schlagwörter von Interesse sind, "die zu irgendeiner Zeit in den Diskurszusammenhang 'Öffentlichkeit' geraten sind" (Kaempfert [in: Wörterbücher], S. 1200).

anderen, gegnerischen Gruppe sind"[9]. Schlagwörter, heißt dies aber auch, sind umstritten, gerade darum lassen sie sich nicht in positive Leit- oder Fahnen- und negative Kampfwörter unterteilen[10].

Von Losungen, Parolen und Slogans wiederum unterscheidet sich das Schlagwort dadurch, daß es im Satz den Status eines Lexems einnimmt, nicht aber selbst satzwertiger Ausdruck ist[11].

Weiterhin räumt diese Definition mit der irrigen Vorstellung auf, durch das "Abhaken" eines Kriterienkataloges ließen sich Schlagwörter zweifelsfrei ermitteln: da inhaltliche Kriterien unerläßlich für die Beurteilung potentieller Schlagwörter sind, bleibt es häufig eine "Ermessensfrage"[12], ob ein Wort die Bezeichnung Schlagwort verdient.

Bemerkenswert mag an dieser Definition erscheinen, daß "Vagheit" nicht als entscheidendes Bestimmungsstück genannt wird. Kaempfert betont mit Freitag, daß Vagheit kein wesentliches Definiens von Schlagwörtern sei, da sie nicht allen Schlagwörtern zukomme, andererseits aber auch für andere Lexeme charakteristisch sei[13]. Für das Schlagwort sei jedoch typisch, daß es eben nicht nur die Möglichkeit, "sondern geradezu eine Aufforderung zu inhaltlicher Interpretation"[14] sei. Grundlegend für ein Schlagwörterbuch bleibt dabei, daß die durch ein Schlagwort repräsentierten Programme oder Ziele prinzipiell immer formulierbar sind[15].

Aufgabe eines Schlagwörterbuches ist es dabei, den gedanklichen Horizont von Schlagwörtern darzustellen, die oft stellvertretend für ein Argument oder eine Argumentationssequenz stehen. Besonders historische Schlagwörterbücher können dem Benutzer auf diese Weise Appellcharakter, Polemik und andere emotive Komponenten und Konnotationen von Schlagwörtern aufzeigen, die sonst nur vom zeitgenössischen Rezipienten erfaßt werden könnten, dem die öffentliche Diskussion seiner Zeit vertraut ist[16].

Welche Kriterien ein Schlagwörterbuch erfüllen muß, um diesen Anforderungen zu genügen, wird deshalb im folgenden noch untersucht werden.

---

9 Kaempfert (in: Wörterbücher), S. 1200.

10 Vgl. ebd.

11 Vgl. ebd.

12 Ebd., S. 1203.

13 Vgl. ebd., S. 1200 sowie Kaempfert (in: Muttersprache), S. 200.

14 Kaempfert (in: Muttersprache), S. 200.

15 Vgl. Kaempfert (in: Wörterbücher), S. 1200.

16 Vgl. ebd., S. 1200 f.

2. Anforderungen an Schlagwörterbücher

Die in diesem Schlagwörterbuch vorliegenden Wortartikel sind so aufgebaut, daß sie neun Postulate erfüllen, die Kaempfert für Schlagwörterbücher aufstellt[17]:

1) Alle vorkommenden Varianten des Schlagwortes sind aufzuführen. Soweit möglich mit Angaben über die relative Gebrauchshäufigkeit.
   Als Lemma erscheint eine Normalform, die der Lexikograph nach eigenem Ermessen festsetzen muß, wenn sie sich nicht aus der Auswertung des Textkorpus ergibt.
2) Es ist anzugeben, wann ungefähr das Schlagwort in der öffentlichen Diskussion seine besondere Rolle gespielt hat.
   Auch gilt dies für die perennierenden Schlagwörter insofern, als begrenzte Zeiträume besonderer Aktualität, in denen der Begriff in den Mittelpunkt des öffentlichen Interesses rückt, anzugeben sind.
3) Falls möglich, ist der "Erstbeleg" anzugeben, d. h. der Text, in dem das betreffende Wort als Schlagwort geprägt wurde, von dem es gewissermaßen seinen Ausgang als Schlagwort nahm.
   Zumindest ist aber die Gruppe zu benennen, von der das Schlagwort als Schlagwort ausgegangen ist.
4) Der politische und ideelle Horizont, der mit dem Sinn des Schlagwortes verbunden ist, muß skizziert werden.
5) Eine Definition, die den gesamten inhaltlichen Spielraum des Schlagwortes abdeckt, muß aufgestellt werden.
6) Die Umstrittenheit der Gedanken und Themen, die sich im Schlagwort kristallisieren, ist aufzuzeigen.
7) Mit der Übernahme eines Schlagwortes in den öffentlichen Diskurs einher geht meistens die Tendenz, daß das Wort nicht mehr in seinem vollen Sinn, sondern nur noch plakativ als Bekenntnis zu (oder Abgrenzung von) einer Partei oder gesellschaftlichen Gruppierung verwendet wird.
   Auch diese Phase der "Sinnentleerung" ist zu dokumentieren.
8) Das Verschwinden eines Schlagwortes (sei es, indem es nicht mehr als Schlagwort verwendet wird, sei es, indem es überhaupt aus dem Sprachgebrauch verschwindet) ist durch Frequenzbeobachtungen anzugeben.
   Sofern ein vormaliges Schlagwort sich als Terminus fest etablieren kann, ist dies ebenfalls zu verzeichnen.
9) Bei der Darstellung der Themen, die in den Schlagwörtern ihren Niederschlag finden, wird nicht nur der sprachliche Aspekt behandelt. Selbstverständlich ist auch die Sache, auf die ein Schlagwort sich bezieht, darzustellen.

---

17 Vgl. ebd., S. 1201 ff.

Die dazu anzugebende Literatur wird hauptsächlich aus Titeln zum (meist umstrittenen) Sachverhalt bestehen, nicht jedoch aus lexikologischen Untersuchungen.
Zu ergänzen ist lediglich noch, daß zusätzliche Angaben über die Verbreitung eines Schlagwortes dann unabdingbar sind, wenn es international gebräuchlich ist.

Durch die Erfüllung dieser Postulate ist eine umfassende Darstellung des jeweiligen Schlagwortes gewährleistet, die sowohl die nötigen Informationen "zur Sache" wie auch zur Wortgeschichte liefert.

Dem Benutzer, dem die öffentliche Diskussion der Jahre 1966 bis 1974 nicht mehr vertraut ist, wird es durch Nachschlagen ermöglicht, überhaupt Schlagwörter als solche zu erkennen, zumal diese meist ohne Hinweis auf ihre Implikationen verwendet werden. Weiterhin wird er in die Lage versetzt, die meist kontroverse öffentliche Diskussion über sie nachzuvollziehen. Erst so erschließt sich oft die volle Bedeutung von Texten, in denen Schlagwörter verwendet werden.

Für eine Untersuchung der Schlagwörter des Zeitabschnitts, der den meisten vor allem durch Studentenunruhen und die Kanzlerschaft Willy Brandts und die durch ihn geprägte Ostpolitik in Erinnerung geblieben sein dürfte, bot sich die mit der Bildung einer Großen Koalition im Jahre 1966 beginnende und mit dem Rücktritt Brandts vom Amte des Bundeskanzlers im Jahre 1974 endende Periode an.

Die Untersuchung der folgenden "Ära Schmidt" bis zur "Wende" im Jahre 1982 wäre natürlich wünschenswert gewesen, erwies sich aber schon bald als wenig realistisch im Hinblick auf das zu untersuchende Textkorpus. So wurde der Untersuchung eines relativ kurzen Zeitabschnittes von neun Jahren hier der Vorzug vor einer mehr überblicksartigen Analyse gegeben. Der wesentliche Vorteil scheint indes darin zu bestehen, daß auf diese Weise auch Detailstudien durchgeführt werden können, die in den vorliegenden breiter angelegten Untersuchungen[18] nicht geleistet werden konnten.

Ebenfalls aus ökonomischen Gründen beschränkt sich diese Untersuchung auf die Schlagwörter der Bundesrepublik Deutschland. Interessant wäre sicherlich ein Vergleich vor allem mit den Schlagwörtern der DDR; aber auch eine Kontrastierung mit Schlagwörtern des deutschsprachigen Auslands wäre natürlich von Interesse. Entsprechende Untersuchungen, die ihrerseits die Auswertung von Textkorpora voraussetzen, konnten im Rahmen dieser Arbeit nicht geleistet werden und können hier nur als Desiderat der Schlagwortforschung festgehalten werden.

18 Vgl. etwa Bergsdorf (1983).

3. Materialgewinnung und -auswertung

Wie der Forschungsüberblick im vorigen Kapitel ergeben hat, ist es unerläßlich, ein Textkorpus auszuwerten, um zu einer Liste von Schlagwörtern zu kommen, die für einen bestimmten Zeitraum von Bedeutung waren. Eine Auswahl, die nicht auf einer solchen Auswertung beruhte, hinge zweifelsohne von Zufälligkeiten (Lesegewohnheiten etc.) ab. Besonders gilt dies natürlich für zurückliegende Perioden, deren Schlagwörter nicht mehr im heutigen Nachrichtengeschehen auftauchen.

Bei der Erstellung eines Textkorpus sind in erster Linie journalistische Texte von Bedeutung: sie behandeln vorwiegend das aktuelle Zeitgeschehen und kommentieren es. Auf die Aufnahme von Tageszeitungen in das Textkorpus wurde bei dieser Arbeit aus zwei Gründen verzichtet: einerseits ließ sich aus ökonomischen Gründen die Auswertung einer täglich erscheinenden Zeitung nicht rechtfertigen, da selbst eine kursorische Lektüre die Durchsicht nahezu unüberschaubarer Textmassen bedeutet hätte. Andererseits aber stünde dieser Aufwand vermutlich in keinem vernünftigen Verhältnis zu seinem Nutzen, da gerade die Wochen- und Monatspresse durch den größeren Abstand zum jeweiligen Tagesgeschehen oft Entwicklungen kultureller wie politischer Art diskutiert. Dabei werden nicht selten sprachliche Veränderungen und Besonderheiten vermerkt, die in der Tagespresse seltener Beachtung finden. Derartige sprachreflexive Belege aber sind von besonderem Interesse (Bsp.: "X ist zur Zeit in aller Munde." - "Y ist zum Schlagwort geworden."). Sie können Auskunft über den Stellenwert eines Begriffs in der öffentlichen Diskussion geben. Zu beachten ist selbstverständlich, daß eine derartige Klassifizierung eines Wortes als Schlagwort nicht unbedingt von den oben entwickelten Kriterien für den Schlagwortcharakter eines Wortes ausgeht. Vielmehr dürfte es sich dabei oft um eher intuitive Etikettierungen handeln. Immerhin können sie ein Indiz für das Vorliegen eines Schlagwortes sein.

Auch das gehäufte Vorkommen eines Wortes kann natürlich auf seinen Schlagwortcharakter hindeuten; eine Sammlung von Vorkommensbelegen indes ist wenig sinnvoll, da die Frequenzsteigerung eines Wortes auch lediglich ein (neues) Modewort anzeigen kann. Sie mag lediglich als Hinweis (unter anderen) auf die Existenz eines Schlagwortes dienen.

Weiterhin von Bedeutung sind die sogenannten Definitionsbelege. Hier wird ein Begriff definiert, entweder weil es zu einer Inhaltserweiterung des Begriffs gekommen ist, die seine Benutzung ohne gleichzeitige Definition mißverständlich (und damit angreifbar) macht, oder weil der Definierende dem Begriff eine besondere Bedeutung (vielleicht eine Akzentverschiebung zum bisherigen Gebrauch) geben möchte. Derartige Bemühungen deuten fast immer auf Vieldeutigkeit und Vagheit des jeweiligen Begriffs hin, die es dem Benutzer geraten scheinen lassen, sein Verständnis des Begriffs in einer Defintion zu verdeutlichen.

Über diese besonders ergiebigen Funde hinaus gibt es jedoch noch eine Reihe von "Indikatoren"[19], die (in entsprechender Häufung) Schlagwortgebrauch anzeigen. Zunächst sind hier Hervorhebungen im Text wie Anführungszeichen und/oder Verwendung als Überschrift zu nennen. Damit verwandt sind die Bemühungen eines Autors, sich von einem Schlagwort zu distanzieren, ohne seine Nennung jedoch vermeiden zu können. Typisch sind hier ein vorausgehendes "sogenannt" oder ebenfalls Anführungszeichen.

Neben diesen eher äußerlichen Merkmalen kann die Art der Verwendung eines Ausdrucks seinen Schlagwortcharakter signalisieren[20]. Gedacht ist hier vor allem an appellative, polemische und argumentative Verwendung.

Während die appellative Verwendung darin besteht, mit diesem Ausdruck zu Handlungen aufzurufen oder zumindest Zustimmung zu erlangen, besteht die polemische Verwendung darin, gegen den im Ausdruck enthaltenen Gedanken Stellung zu beziehen, während schließlich die argumentative Verwendung darin besteht, sich auf den Ausdruck wie auf ein gesamtes Argument zu berufen. Die einzelnen Verwendungsweisen freilich lassen sich erst im Zusammenhang des Kontextes identifizieren.

Treten in einem Textkorpus neben sprachreflexiven derartige Indikatoren im Zusammenhang mit einem Wort gehäuft auf, so indizieren sie fast immer einen umstrittenen programmatischen Gehalt und - als Folge davon - eine affektive Besetztheit, m. a. W. den Schlagwortcharakter dieses Wortes.

Die Sammlung sprachreflexiver und durch Indikatoren ausgezeichneter Belege ist also der erste Schritt für die Erstellung einer Schlagwortliste. Zunächst wurden derartige Belege auf Verdacht gesammelt, über die Aufnahme in die endgültige Schlagwortliste war damit noch nicht entschieden. Eine kritische Revision der Belege nach der vollständigen Auswertung des Textkorpus erwies sich als unerläßlich. Hier trat zunächst deutlich ein Unterschied in der Vorkommens-Frequenz der Schlagwort-Aspiranten zutage: während eine Gruppe durch eine große Fülle von Belegen (zwanzig und mehr) auffiel, gab es eine zweite Gruppe, die eine vergleichsweise spärliche Anzahl (fünf oder weniger) von Belegen aufwies. Erschienen die Indikatoren für einen Schlagwortgebrauch bei dieser zweiten Gruppe zusätzlich als eher schwach, so wurden diese Schlagwort-Kandidaten ganz ausgesondert, oder aber den "Zweifelsfällen" zugerechnet. Bei der Gruppe der sehr häufig vorkommenden Schlagwort-Kandidaten war die Qualität der (oder zumindest einiger) Belege so überzeugend, daß nichts gegen die Aufnahme ins Wörterbuch sprach. Bei dem verbleibenden Rest von potentiellen Schlagwörtern mußte die Anzahl und Deutlichkeit

---

19 Vgl. Kaempfert (in: Muttersprache), S. 201

20 Vgl. ebd.

der Indikatoren über die Aufnahme entscheiden. So kam es durchaus vor, daß ein Wort weniger als zehnmal mit Belegen vertreten war, aber dennoch aufgenommen wurde[21]. Die Anzahl der Belege also war ein eher äußerliches Kriterium für eine erste Auswahl, während die Untersuchung der semantischen und pragmatischen Eigenschaften der Schlagwort-Anwärter letztlich ausschlaggebend war. Wiesen die Belege übereinstimmend auf die Umstrittenheit eines Wortes und eine besondere Bedeutung für den öffentlichen Diskurs hin, so wurde davon ausgegangen, daß es sich hier um ein Schlagwort handelte.

Daß ein derartiges Verfahren nicht exakt im Sinne der Naturwissenschaft ist (und sein will), sondern immer auf Interpretation angewiesen bleibt, soll hier nicht in Abrede gestellt werden. Dieses hermeneutische Verfahren schließt selbstverständlich auch die Möglichkeit ein, daß ein anderer Bearbeiter des gleichen Textkorpus bestimmte Einzelfälle anders beurteilte und sich dabei doch auf die gleiche Methode beriefe. Solange jedoch die Methoden der Interpretation möglichst offengelegt werden und dadurch ihre kritische Überprüfung nicht nur ermöglichen, sondern sogar fordern, ist dies kein prinzipieller Einwand gegen die hier praktizierte "geisteswissenschaftliche" Methode.

In Anbetracht dieser Überlegungen war nicht davon auszugehen, daß schließlich Klarheit über alle verbleibenden Zweifelsfälle zu gewinnen wäre. Deshalb wurde im Anhang eine Rubrik "Zweifelsfälle" eingerichtet, in der sich bis zu 3 Belege zu potentiellen Schlagwörtern finden. Teilweise reichte die Quantität, teilweise die Qualität der Belege nicht aus, um das entsprechende Wort in das Wörterbuch aufzunehmen. Außerdem wurden diejenigen Schlagwörter nicht in das Wörterbuch aufgenommen, die gewissermaßen nur noch in den Bearbeitungszeitraum hineinragten und sehr bald an Bedeutung verloren. Dies sind Schlagwörter, die ihren Höhepunkt in der Ära Adenauer/Erhard hatten und im Textkorpus nur noch vereinzelt vorkamen, wie z. B. *Automation, Contergan, Formierte Gesellschaft, Maßhalten*[22].

Für das vorliegende Wörterbuch wurden die Jahrgänge 1966 bis 1970, 1972 und 1974 des auszuwertenden Textkorpus[23] auf Schlagwörter durchgesehen. Zu diesem Zwecke wurde das Material kursorisch gelesen. Dabei entwickelte sich im Laufe der Zeit eine Technik, die das relativ zielsichere Aufsuchen "schlagwortverdächtiger" Stellen ermöglichte, zumal sich auch herausstellte, daß alle Zeitschriften und Zeitungen ihre "Stellen" hatten, die besonders schlagwortträchtig zu sein pflegten. Letztlich läßt

---

21 Dies kann beispielsweise dadurch begründet sein, daß ein Schlagwort erst am Ende des Bearbeitungszeitraums aktuell wird (*Isolationsfolter*) und die Anzahl der Belege deshalb wenig aufschlußreich ist.

22 Vgl. zu diesen Schlagwörtern die entsprechenden Wortartikel bei Kruk-Heimbach.

23 Eine Ausnahme macht hier *Der Monat*, der im März 1971 sein Erscheinen einstellte. Nähere Angaben zum Textkorpus im folgenden Kapitel.

sich eine derartige Technik nicht operationalisieren, ihre Zuverlässigkeit wächst mit der Vertrautheit des Lesers mit "seinem" Blatt. Bewußt wurde dabei in Kauf genommen, daß Belege übersehen werden könnten, da eine deutliche Steigerung der Gebrauchshäufigkeit eines Wortes trotzdem zu erkennen sein mußte. Eine vollständige Sammlung aller Belege zu den Schlagwörtern des Bearbeitungszeitraumes war ohnehin nie vorgesehen, da dies ein illusorisches und zudem wenig sinnvolles Unterfangen gewesen wäre. Aus ökonomischen Gründen wurde auf die Auswertung der Jahrgänge 1971 und 1973 verzichtet, zumal sich bei der Analyse der Jahrgänge 1966 bis 1970 gezeigt hatte, daß kein Schlagwort auf nur ein Kalenderjahr beschränkt blieb. Bestätigt wurde diese Methode dadurch, daß die Hinweise im Jahr 1974 auf das Schlagwort *Watergate*, das seinen Höhepunkt 1973 hatte, noch so massiv waren, daß für den entsprechenden Wortartikel gezielt Material des Jahres 1973 ausgewertet werden konnte.

Sorgt die Auswertung eines ausgewogenen Textkorpus dafür, daß nicht der Zufall über die Aufnahme von Lemmata ins Wörterbuch entscheidet, so sorgte sie bei dieser Arbeit auch für einige handfeste Überraschungen. Dazu gehört, daß Wörter, die man intuitiv als Schlagwörter der späten sechziger Jahre ansehen würde wie *repressiv, kritisch, kritische Universität, Emanzipation*, im Wörterbuch nicht vorkommen, da entsprechende Belege bei der Auswertung des Textkorpus nicht gefunden wurden. Damit soll freilich keineswegs gesagt sein, daß nicht auch sie in bestimmten gesellschaftlichen Gruppen Schlagwörter waren; die Interpretation des hier gewählten Textkorpus allerdings schien nicht dafür zu sprechen.

4. Vorstellung des Textkorpus

Grundlage und ergiebigster Teil des Textkorpus war *Der Spiegel*. Das Hamburger Nachrichtenmagazin darf als bekannt vorausgesetzt werden, zumal es bereits mehrfach auf seine Eigenheiten hin untersucht worden ist[24]. Zu diesen Eigenheiten zählt indes auch, daß der *Spiegel* nicht nur für Sprachspielereien aller Art gut ist, sondern oft auch sprachliche Eigenheiten und Auffälligkeiten kommentiert. Hier mag deshalb der Hinweis genügen, daß der *Spiegel* insgesamt reich an Schlagwortbelegen war, wiewohl die Qualität der einzelnen Hefte diesbezüglich recht unterschiedlich war.

Als zweites - ebenfalls bekanntes - wöchentlich erscheinendes Organ wurde *Die Zeit* ausgewertet. Auch sie erwies sich als reich an sprachreflexiven Belegen, die sich z. T. durch ihr hohes analytisches Niveau auszeichneten.

---

24 Noch immer lesenswert ist die brillante Analyse Enzensbergers; vgl. auch Stave (1964) und Carstensen.

Zusätzlich wurden die monatlich erscheinenden Zeitschriften *Frankfurter Hefte, Merkur* und *Der Monat* ausgewertet, die im folgenden - da weniger verbreitet - kurz vorgestellt werden sollen.

Die *Frankfurter Hefte* verstehen sich als "Zeitschrift für Kultur und Politk" wie es ihr Untertitel ausweist. Herausgeber waren Eugen Kogon und Walter Dirks, die beide durch zahlreiche Artikel immer wieder vertreten waren. Aus der Reihe der Autoren, die im Bearbeitungszeitraum für die *Frankfurter Hefte* schrieben, seien hier nur Ossip K. Flechtheim, Peter Hamm und Gabriele Wohmann genannt. Die Ausrichtung dieser Zeitschrift kann als 'freiheitlich-humanistischer Sozialismus auf katholisch-christlicher Grundlage'[25] beschrieben werden. Immer wieder wurden hier Probleme der Zeit kontrovers diskutiert:

> Diese "Zeitschrift für Kultur und Politik" packte viele heiße Eisen an, sie wurde im Laufe der Jahre mit den Themen der Ost-West-Auseinandersetzung und der Forderung nach der Verwirklichung der Demokratie im Auftrag des Grundgesetzes[,] in ihrer Kritik an der unzureichenden Verfassungswirklichkeit zusehends fachlich-politischer.[26]

In der Tat aber macht das Heiße-Eisen-Anpacken die *Frankfurter Hefte* zu einer wertvollen Fundgrube für Schlagwortbelege.

Das gilt auch für den *Monat*, der von Hellmut Jaesrich, Peter Haertling sowie Klaus Harpprecht (ab 1967) herausgegeben wurde und sich ebenfalls als Zeitschrift für Kultur und Politik verstand. Die Liste der Autoren reicht im Bearbeitungszeitraum von Ernst Bloch, Herbert Marcuse und Theodor W. Adorno über Fritz J. Raddatz und Peter Szondi bis zu Golo Mann. *Der Monat* hat eine Affinität zu sozialdemokratischen Positionen[27], die jedoch sehr wohl kontrovers diskutiert wurden. Ingesamt zeichnet er sich durch ein hohes Niveau aus, auf dem auch immer wieder auf sprachliche Erscheinungen hingewiesen wird.

Ab 1969 wird in jedem Heft ein Thema besonders hervorgehoben, ähnlich der *Spiegel-"Titelgeschichte"*. Da die Auseinandersetzung mit diesem Thema häufig jedoch mehr als die Hälfte des ganzen Heftes beansprucht und die behandelten Themen im Hinblick auf Schlagwortbelege teilweise wenig ergiebig waren, geht die Quantität der Belege von diesem Zeitpunkt an deutlich zurück.

Als "Deutsche Zeitschrift für europäisches Denken" versteht sich der von Hans Paeschke herausgegebene *Merkur*. Hier werden neben geschichtlichen und aktuellen politischen Themen v. a. auch literarische Werke vorgestellt und diskutiert.

---

25 Vgl. Lattmann, S. 46.

26 Ebd.

27 Vgl. dazu auch Frenzel, S. 8.

Autoren des *Merkur* waren u. a. Iring Fetscher, Harald Weinrich, Hans Egon Holthusen, Wolfgang Hildesheimer wie auch Dorothee Sölle, Heinrich Böll, Erich Fried und Carl Friedrich von Weizsäcker.

Gerade die Kombination von *Merkur* und *Monat* sorgte dafür, daß nicht nur politische, sondern auch literarische und kulturelle Gesichtspunkte im Textkorpus berücksichtigt wurden. "Die Jahrgänge beider Zeitschriften waren für die geistige Substanz der Zeit hervorragend repräsentativ."[28]

Zusätzlich wurden die Reden und Interviews der beiden Bundeskanzler Kiesinger und Brandt auf sprachreflexive Belege durchgesehen. Dabei erwiesen sich lediglich die Reden und Interviews Brandts als eine reichhaltige Fundstelle. Die ausgewählte Lektüre von Memoiren einiger weniger Politiker dagegen war - im Hinblick auf Schlagwörter - wenig ergiebig: nennenswert sind hier vor allem die Memoiren von Brandt und Strauß.

So ist durch die Zusammenstellung des Textkorpus einerseits die aktuelle politische, andererseits aber auch die kulturelle und literarische öffentliche Diskussion mit ihren Schlagwörtern präsent. Die gewählte Zusammenstellung bietet weiterhin Gewähr dafür, daß ein annähernd repräsentatives Spiegelbild öffentlicher Diskussion der Jahre 1966 bis 1974 zustande kommt[29].

5. Benutzerhinweise

Zu unterscheiden sind in diesem Wörterbuch Einzel- und Gruppenartikel. Die Form des Gruppenartikels wurde immer dann gewählt, wenn im Bearbeitungszeitraum Schlagwörter auftauchten, die ein sehr ähnliches Implikationspotential aufwiesen. Eine Darstellung in Einzelartikeln hätte in diesen Fällen zahlreiche Wiederholungen und Querverweise erfordert, die der Übersicht abträglich gewesen wären. Gruppenartikel dagegen ermöglichen dem Benutzer, sich auf einen Blick über eng verwandte Schlagwörter zu informieren und doch ihre Bedeutungsunterschiede kennenzulernen. Diese Artikel sind äußerlich daran zu erkennen, daß in der Überschrift mehrere Schlagwörter auftauchen, die durch Schrägstrich voneinander

28 Lattmann, S. 49.

29 Dennoch ist nicht auszuschließen, daß die Auswertung eines anders gewichteten Textkorpus zu einer geringfügig abweichenden Schlagwortliste führen würde. Besonders die Auswertung politisch weniger ausgewogener Publikationen wie auch die stärkere Berücksichtigung konservativer Blätter könnte ein in Nuancen anderes Bild ergeben.
Hingewiesen sei in diesem Zusammenhang auf die Auswertung von Flugblättern, Plakaten und Parteienpublizistik. Die Untersuchung derartiger Veröffentlichungen, die jedoch eine eigene Forschungsarbeit erforderte und verdiente, böte zudem die Möglichkeit, Schlagwörter in ihrem typischen Kontext zu untersuchen und so vielleicht über das bisher noch weitgehend ungeklärte Verhältnis von textualen Merkmalen und Schlagwortverwendung Aufschluß zu erhalten.

getrennt sind. Verweise auf andere Artikel in diesem Wörterbuch werden durch einen waagerechten Pfeil gekennzeichnet.

Die erste Position eines jeden Artikels verzeichnet Synonyme und morphologische wie semantische Varianten des behandelten Schlagworts, sofern sie im Textkorpus oder der Sekundärliteratur nachweisbar sind. Synonyme und Varianten werden generell nicht unterschieden und in einem sehr großzügigen Sinne verstanden: auch inhaltlich verwandte Schlagwortprägungen (*Pornographie* bei *Sex-Welle*) (teilweise mit dem Zusatz "polemisch") werden hier genannt (etwa *Ausverkauf Deutschlands* bei *Oder-Neiße-Linie*). Nicht aufgenommen werden hier okkasionelle Bildungen, sondern nur solche, die tatsächlich ihrerseits als Schlagwort fungieren konnten, wenn sie auch teilweise nur einen inhaltlichen Teilbereich des im Artikel behandelten Schlagwortes abdecken (etwa *Stabilität* bei *Konzertierte Aktion*) und von gewisser Dauerhaftigkeit und Verbreitung waren.

Nach einer kurzen Bemerkung zum Zeitraum, in dem das Schlagwort besonders aktuell war[30], zum Zeitpunkt, zu dem es erstmals in der öffentlichen Diskussion auftauchte, oder zu seinem Urheber folgt eine Definition des Schlagworts[31], die optisch durch Einrückung und Fettdruck hervorgehoben wird. Diese Definition versteht sich als kleinster gemeinsamer Nenner aller Schlagwortverwendungen, wiewohl ein vager Schlagwortgebrauch denkbar ist, der nicht die volle Aktualisierung des semantischen Gehalts leistet. Dennoch soll hier noch einmal betont werden, daß eine Formulierung der programmatischen Komponenten von Schlagwörtern prinzipiell möglich ist.

Daran schließt sich die Darstellung der öffentlichen Diskussion des Schlagwortes an, die den größten Teil des Wortartikels ausmacht. Diese

---

30 Bewußt verzichtet wurde in diesem Zusammenhang auf genaue Frequenzangaben, da diese im Hinblick auf die hier angewandte und bereits oben näher charakterisierte Untersuchungsmethode von geringerem Interesse sind. Lediglich bei einem Vergleich verschiedener Textkorpora könnten genaue Frequenzangaben relevant und aufschlußreich sein.
Denkbar wäre hier ein Vergleich mit dem am Institut für deutsche Sprache unter der Leitung von Manfred W. Hellmann erarbeiteten Bonner Zeitungskorpus, das auf Microfiches eine statistische Auswahl aus "Die Welt" und "Neues Deutschland" von 1949 bis 1974 enthält. Die vorliegenden Frequenzlisten sind jedoch zu wenig aussagekräftig, um hier herangezogen werden zu können: es finden sich keine Angaben darüber, ob die Frequenzangaben zu einem Wort sich auf einen Artikel oder aber den ganzen Jahrgang der entsprechenden Zeitung beziehen; Mehrwortlexeme werden nur getrennt aufgeführt; die Varianten polysemer Wörter werden nicht getrennt ausgewiesen. Vgl. ausführlicher zum Bonner Zeitungskorpus und seinen Frequenzangaben Frein-Plischke, S. 45 ff, 50 f.
Auch das jetzt erschienene große Wörterbuch Hellmanns (Hellmann 1992) kann hier nicht weiterhelfen. Obwohl es sich nicht als Schlagwörterbuch versteht, ist es immerhin erstaunlich, daß nur zwei der in dieser Arbeit behandelten Wörter (*Anerkennung* und *Atomsperrvertrag*) mit je einem eigenen Artikel verzeichnet sind.

31 Diese entfällt bei einigen wenigen Artikeln, z. B. wenn ein Eigenname zum Schlagwort wurde (Bsp.: *Dutschke*) oder aber der Name eines Vertragswerkes oder Gesetzes, dessen Inhalt im Artikel referiert wird (Bsp.: *Atomwaffensperrvertrag, Paragraph 218*).

Darstellung schließt mit einer Bemerkung dazu, wann und ob das Schlagwort an Brisanz verlor und aus der öffentlichen Diskussion verschwand.

Am Ende des Wortartikels folgt eine kurze Kommentierung der im Anhang jeweils aufgeführten Belege.

Das sich anschließende Literaturverzeichnis nennt (in Auswahl) einschlägige Literatur zum Thema. Wann immer sprachreflexive Veröffentlichungen ermittelt werden konnten, werden diese genannt. Außerdem wurde besonderer Wert darauf gelegt, immer auch zeitgenössische Publikationen aufzuführen, da diese oft wertvolle Hinweise auf den Stellenwert des Schlagwortes in der öffentlichen Diskussion enthalten.

Ebenfalls in das Literaturverzeichnis aufgenommen wurde eine tabellarische Übersicht über das Vorkommen des Schlagwortes in den großen Wörterbüchern und Lexika sowie in einigen kleineren Sachwörterbüchern[32]. Wird ein Lemma gar nicht oder nicht als Schlagwort verzeichnet, wurden aus Platzgründen nur der Titel des Nachschlagewerkes und das Erscheinungsjahr des jeweiligen Bandes angegeben. Die volle Angabe von Band-, Jahres- und Seitenzahl dagegen erfolgt, wenn das Lemma als Schlagwort behandelt wird. Dabei kommt es nicht auf die explizite Bezeichnung *Schlagwort* an, sondern lediglich auf eine entsprechende Charakterisierung des Wortes, aus der seine Schlagworteigenschaften hervorgehen. Derartige Passagen werden häufig auszugsweise zitiert.

Den letzten Komplex der Artikel bildet eine Auswahl der Belege aus dem Textkorpus. Die Belege wurden chronologisch geordnet und durchnumeriert. Auszeichnungen wie Kursiv- und Fettdruck wurden nicht übernommen[33], dagegen wurde das jeweilige Schlagwort (meist in Abweichung vom Original) kursiviert. Notwendige Ergänzungen zum Verständnis und Erklärungen zu Personen, Sachverhalten und Abkürzungen wurden jeweils in eckigen Klammern in den Text eingefügt. Auslassungen wurden durch drei Punkte in eckigen Klammern gekennzeichnet. Bei längeren Textauszügen mit Auslassungen wurden die Seitenzahlen der zitierten Quelle in runden Klammern innerhalb des Zitates angegeben. Sofern die angeführte Quelle im Spaltendruck gesetzt ist, wurde zusätzlich zur Seitenzahl die Spaltenzahl durch Kleinbuchstaben angegeben; die Spalten wurden von links nach rechts gezählt und mit Buchstaben von "a" aufsteigend versehen. So lassen sich Zitate ohne größere Mühen im oft unübersichtlichen Quellenmaterial wiederfinden. Die Quellen selbst wurden jeweils wie folgt angegeben:

- *Der Spiegel:* "Spiegel, Heftnummer/Jahr, Erscheinungsdatum, Seitenzahl, Spaltenzahl"

32 Die dort verwendeten Abkürzungen und Siglen werden im Verzeichnis auf S. 420 f aufgelöst.

33 Einzelfälle, in denen Auszeichnungen der Deutlichkeit halber übernommen wurden, sind durch einen entsprechenden Zusatz in eckigen Klammern gekennzeichnet.

- *Die Zeit:* "Zeit, Nummer/Jahr, Erscheinungsdatum, Seitenzahl, Spaltenzahl"
- *Der Monat:* "Der Monat, Monat, Jahr, Heftnummer, Seitenzahl, Spaltenzahl"
- *Merkur:* "Merkur, Monat, Jahr, Heftnummer, Seitenzahl, Spaltenzahl"
- *Frankfurter Hefte:* "FH, Heftnummer [= Monatszahl]/Jahr, Seitenzahl, Spaltenzahl".

Wird keine Spaltenzahl angegeben, so ist die entsprechende Seite entweder nicht im Spaltendruck gesetzt, oder aber es gibt nur eine Textspalte auf dieser Seite, so daß sich eine Zählung erübrigt.

Sofern Belege namentlich gezeichnet waren, werden Autor und Überschrift am Ende des Belegs angegeben. Bei den recht häufig zitierten Spiegel-Interviews und Spiegel-Gesprächen wurden die Namen der Interviewten sinnvoll abgekürzt, der Spiegel mit "Sp." gekennzeichnet.

Belege, die nicht dem journalistischen Textkorpus, sondern der Sekundärliteratur oder aber den ausgewerteten Memoiren, Tagebüchern oder Reden von Politikern entnommen wurden, sind in die Chronologie eingereiht, aber durch Zusatz eines Kleinbuchstabens zur Belegnummer von den anderen Belegen abgehoben.

Im Anhang des Wörterbuches findet sich neben den Zweifelsfällen, die bereits oben beschrieben wurden, eine Zeittafel, die einen schnellen Überblick über die wesentlichen historischen Ereignisse im Bearbeitungszeitraum bietet. Hier mußte ein Kompromiß zwischen wünschenswerter ausführlicherer Darstellung und Übersichtlichkeit gefunden werden. Da eine breitere, fundierte Darstellung der Geschichte nicht nur den Rahmen dieser Arbeit gesprengt hätte, sondern auch die Möglichkeiten eines Germanisten leicht übersteigt, wurde eine tabellarische Übersicht gewählt, die auch Details verzeichnet.

Am Schluß folgt ein alphabetisches Wortregister, das das Auffinden aller behandelten Schlagwörter und ihrer wichtigsten Synonyme und Varianten ermöglicht, auch wenn sie lediglich innerhalb eines Gruppenartikels behandelt wurden. Auch auf die "Zweifelsfälle" wird in diesem Register verwiesen.

Literatur

Bahner, Werner: Zum Charakter des Schlagwortes in Sprache und Gesellschaft, in: Wiss. Zs. der Karl-Marx-Univ. Leipzig, Ges.-u. Sprachwiss. Reihe 10(1961), S. 397 - 401

Baring, Arnulf: Machtwechsel. Die Ära Brandt-Scheel, Stuttgart ^{4}1983

Barner, Wilfried: Rhetorische Aspekte der Schlagwortanalyse, an Texten der Aufklärung, in: Kopenhagener Beiträge zur germanistischen Linguistik 9(1977), S. 104 - 127

Bergsdorf, Wolfgang (Hrsg.): Wörter als Waffen. Sprache als Mittel der Politik, Stuttgart 1979

Ders.: Die vierte Gewalt, 2., verb. Aufl., Mainz 1982

Ders.: Herrschaft und Sprache. Studie zur politischen Terminologie der Bundesrepublik Deutschland, Pfullingen 1983

Berning, Cornelia: Vom "Abstammungsnachweis" zum "Zuchtwart". Vokabular des Nationalsozialismus, Berlin 1964

Betz, Werner: Verändert Sprache die Welt? Semantik, Politik und Manipulation, Zürich 1977 [Texte + Thesen, Bd. 97]

Bracher, Karl Dietrich: Schlüsselwörter in der Geschichte, Düsseldorf 1978

Brackmann, Karl-Heinz und Birkenhauer, Renate: NS-Deutsch. "Selbstverständliche" Begriffe und Schlagwörter aus der Zeit des Nationalsozialismus, Straelen/Niederrhein 1988 [Europäisches Übersetzer-Kollegium Straelen, Glossar Nr. 4]

Carstensen, Broder: Spiegel-Wörter. Spiegel-Worte. Zur Sprache eines deutschen Nachrichtenmagazins, München 1971

Clason, Synnöve: Schlagworte der "Konservativen Revolution". Studien zum polemischen Wortgebrauch des radikalen Konservatismus in Deutschland zwischen 1871 und 1933, Stockholm (o. J.) [1981] [Schriften des deutschen Instituts Univ. Stockholm 12]

Dieckmann, Walther: Sprache in der Politik. Einführung in die Pragmatik und Semantik der politischen Sprache, Heidelberg ^{2}1975

Diekmannshenke, Hans-Joachim: Die Schlagwörter der Radikalen der Reformationszeit (1520 - 1536). Spuren utopischen Bewußtseins, Bonn 1991 [Phil. Diss., unveröff. Typoskript]

Enzensberger, Hans Magnus: Die Sprache des Spiegel, in: Ders.: Einzelheiten, Frankfurt/M. 1962, S. 62 - 87

Eppler, Erhard: Kavalleriepferde beim Hornsignal. Die Krise der Politik im Spiegel der Sprache, Frankfurt/Main 1992

Fetscher, Iring / Richter, Horst E.: Worte machen keine Politik. Beiträge zu einem Kampf um politische Begriffe, Reinbek bei Hamburg 1976

Frein-Plischke, Marie-Luise: Wortschatz Bundesrepublik - DDR. Semantische Untersuchungen anhand von Personalkollektiva, Düsseldorf 1987 [Sprache der Gegenwart, Bd. LXXII]

Freitag, Rainer: Linguistische Untersuchungen zum Wesen des politischen Schlagwortes, (Diss.) [masch.] Leipzig 1973

Ders.: Zum Wesen des Schlagwortes und verwandter sprachlicher Erscheinungen, in: Wiss. Zs. d. Karl-Marx-Univ. Leipzig, Ges.- u. sprachwiss. Reihe 23, 1974, S. 119 - 139

Ders.: Zum Verhältnis von Expressivität, Gefühlswert und Wertungskomponente im aktuellen Sprachgebrauch, in: Sprachwissenschaft und Spracherziehung. Probleme der Grammatik-, speziell der Syntaxtheorie im Deutschen und Russischen und Probleme des Deutschunterrichts in der Oberstufe. Wissenschaftliche Konferenz an der Pädagogischen Hochschule "Liselotte Herrmann" Güstrow vom 13. - 15.05.74, Berlin/DDR 1975, S. 147 - 155 [Linguistische Studien, Reihe A, H. 14 - 16]

Ders.: Aktuelle Probleme einer synchronen Schlagwortforschung, in: Linguistische Untersuchungen zur Sprache der Gesellschaftswissenschaften, hg. von Wolfgang Fleischer, Leipzig 1977, S. 84 - 135

Frenzel, Ivo: Die erste Nummer der kulturpolitischen Zeitschrift "Der Monat" erscheint. 1. Oktober 1948. [Manuskript zur Hörfunksendung "Zeitzeichen", gesendet am 01.10.88 von 9.05 bis 9.20 Uhr in WDR II.]

Gollwitzer, Heinz: Die gelbe Gefahr. Geschichte eines Schlagworts. Studien zum imperialistischen Denken, Göttingen 1962

Greiffenhagen, Martin: Einleitung, in: Ders. (Hrsg.): Kampf um Wörter? Politische Begriffe im Meinungsstreit, Bonn 1980, S. 9 - 37 [Schriftenreihe der Bundeszentrale für politische Bildung, Band 163]

Hellmann, Manfred W.: Einleitung, in: Bibliographie zum öffentlichen Sprachgebrauch in der Bundesrepublik Deutschland und in der DDR. Zusammengestellt und kommentiert von einer Arbeitsgruppe unter Leitung von Manfred W. Hellmann, Düsseldorf 1976, S. 11 - 22 [Sprache der Gegenwart, Bd. XVI]

Ders.: Wörter und Wortgebrauch in Ost und West. Ein rechnergestütztes Korpus-Wörterbuch zu Zeitungstexten aus den beiden deutschen Staaten (3 Bde), Tübingen 1992

Hentig, Hartmut von: Öffentliche Meinung / öffentliche Erregung / öffentliche Neugier. Pädagogische Überlegungen zu einer politischen Fiktion, Göttingen 1969 [Kleine Vandenhoeck-Reihe 289/290]

Hermanns, Fritz: Das lexikographische Beispiel. Ein Beitrag zu seiner Theorie, in: Das Wörterbuch. Artikel und Verweisstrukturen. Jahrbuch 1987 des Instituts für deutsche Sprache, hg. von Gisela Harras, Düsseldorf 1988, S. 161 - 195 [Sprache der Gegenwart, Bd. LXXIV]

Ders.: Brisante Wörter. Zur lexikographischen Behandlung parteisprachlicher Wörter und Wendungen in Wörterbüchern der deutschen Gegenwartssprache, in: Germanistische Linguistik 11(1980), S. 87 - 108

Kaltenbrunner, Gerd-Klaus (Hrsg.): Sprache und Herrschaft. Die umfunktionierten Wörter, München 1975 [Herderbücherei Initiative 5]

Kaempfert, Manfred: Das Schlagwörterbuch, in: Wörterbücher. Ein internationales Handbuch zur Lexikographie, 2. Teilband, hg. von F. J. Hausmann [u. a.], Berlin, New York 1990, S. 1199 - 1206

Ders.: Die Schlagwörter. Noch einmal zur Wortgeschichte und zum lexikologischen Begriff, in: Muttersprache 100(1990), S. 192 - 203

Kinne, Michael und Strube-Edelmann, Birgit: Kleines Wörterbuch des DDR-Wortschatzes, Düsseldorf 1980

Klein, Josef: Wortschatz, Wortkampf, Wortfelder in der Politik, in: Ders. (Hrsg.): Politische Semantik. Beiträge zur politischen Sprachverwendung, Opladen 1989, S. 3 - 50

Ders.: Es ist möglich: pragmatisch orientierte Lexikographie, in: Zeitschrift für germanistische Linguistik 19(1991), S. 87 - 96

Knobloch, Johann: Donnerhall und Widerhall von Schlagwort und Schlagzeile, in: Sprachwandel und Sprachgeschichtsschreibung. Jahrbuch 1976 des Instituts für deutsche Sprache, Düsseldorf 1977, S. 311 - 331 [Sprache der Gegenwart, Bd. XLI]

Kruk-Heimbach, Veronika: Schlagwörter der Regierungszeit Konrad Adenauers und Ludwig Erhards (1957 - 1966), Bonn 1987 [Examensarbeit, unveröff. Typoskript]

Labuhn, Wolfgang: "Öffentliche Meinung". Zu ihrer Wort- u. Begriffsgeschichte im Deutschen, in: Zeitschrift für Deutsche Philologie 98(1979), Sonderheft, S. 209 - 217

Ladendorf, Otto: Historisches Schlagwörterbuch. Ein Versuch, Straßburg und Berlin 1906

Lattmann, Dieter: Stationen einer literarischen Republik, in: Kindlers Literaturgeschichte der Gegenwart. Autoren • Werke • Themen • Tendenzen seit 1945, Bd. 1: Die Literatur der Bundesrepublik Deutschland I, hg. von Dieter Lattmann, Aktualisierte Ausgabe, Frankfurt 1980, S. 3 - 166

Mackensen, Lutz: Verführung durch Sprache. Manipulation als Versuchung, München 1973

Mann, Golo: Nützliche und unnützliche neue Schlagwörter, in: Neue Rundschau 83(1972), S. 385 - 401

Nunn, A. David: politische schlagwörter in deutschland seit 1945. ein lexikographischer und kritischer beitrag zur politik, Gießen 1974

Öffentliche Meinung, in: Brockhaus Enzyklopädie, Bd. XVI (1991), S. 115 - 118

Pörksen, Uwe: Plastikwörter. Die Sprache einer internationalen Diktatur, Stuttgart 1988

Pulver, Elisabeth: Verstrickt in Schlagworte, in: Schweizer Monatshefte 51(1971/72), S. 10 - 11

Roegele, Otto B. (Hrsg.): Kleine Anatomie politischer Schlagworte, 2., erw. Aufl., Zürich 1976

Schaeder, Burkhard: Brisante Lexikographie. Oder: Der Versuch, Sprengkraft ins Wörterbuch zu bringen, in: Zeitschrift für germanistische Linguistik 19(1991), S. 97 - 111

Schau, Albrecht: Von AWACS bis Zwangsanleihe. ABC aktueller Schlagwörter, Göttingen 1985

Schmalbrock, Gerd: Schlag- und Schimpfwörterbuch. Vorurteile von heute kommentiert - glossiert, Gladbeck 1974

Schumann, Hans-Gerd: Einleitung, in: Ladendorf, Otto: Historisches Schlagwörterbuch, [Nachdruck] Hildesheim 1968, S. V - XVI

Stave, Joachim: Zweierlei Garn. Über den Spiegel und seine Sprache, in: Ders.: Wie die Leute reden. Betrachtungen über 15 Jahre Deutsch in der Bundesrepublik, Lüneburg 1964, S. 240 - 255

Ders.: Mit Schlagwörtern leben, in: Wirkendes Wort 15(1965), S. 333-342

Stieler, Kaspar: Der Teutschen Sprache Stammbaum und Fortwachs/ oder Teutscher Sprachschatz [...] Nürnberg 1691

Strauß, Gerhard: Artikelsorten und Artikelstrukturen im "Lexikon schwerer Wörter im Deutschen", in: Das Wörterbuch. Artikel und Verweisstrukturen. Jahrbuch 1987 des Instituts für deutsche Sprache, hg. von Gisela Harras, Düsseldorf 1988, S. 196 - 222 [Sprache der Gegenwart, Bd. LXXIV]

Strauß, Gerhard, Haß, Ulrike und Harras, Gisela: Brisante Wörter von Agitation bis Zeitgeist. Ein Lexikon zum öffentlichen Sprachgebrauch, Berlin, New York 1989 [Schriften des Instituts für deutsche Sprache, hg. von J. Erben, I. Reiffenstein, G. Stickel, Bd. 2]

Strauß, Gerhard/Zifonun, Gisela: Formen der Ideologiegebundenheit: Versuch einer Typologie der gesellschaftspolitischen Lexik, in: Strauß, Gerhard: Der politische Wortschatz. Zur Kommunikations- und Textsortenspezifik, Tübingen 1986, S. 67 - 147 [Forschungsberichte des Instituts für Deutsche Sprache Mannheim, hg. v. Rainer Wimmer und Gisela Zifonun, Bd. 60]

Traugott, Edgar: Schlagwörterbuch für Bürger und Zeitungsleser: Entzauberte Parolen von A(Aggression) bis Z (zeitgemäß), Freiburg 1980

Wannenmacher, Walter: Vivisektion der Schlagworte. Eine Zersetzungsarbeit, Stuttgart 1968

Weiss, Andreas von: Schlagwörter der neuen Linken. Die Agitation der Sozialrevolutionäre, München, Wien 1974 [Gesellschaft und Staat, Bd. 179/180]

Winzer, Fritz: Schlagwörter der Geschichte, Frankfurt/M. - Berlin - Wien 1982

Wülfing, Wulf: Schlagworte des Jungen Deutschland. Mit einer Einführung in die Schlagwortforschung, Berlin 1982 [Philol. Studien u. Quellen, Heft 106] [= erweiterte und überarbeitete Fassung der ursprgl. Phil. Diss. Bonn 1963, veröff. in Zs. f. dt. Sprache 21 - 26, 1965 - 1970]

Wen strengen Richters Spruch zur langen Qval verteilt/
sein Leben kümmerlich mit Ach und Weh zurädern:
Dem darf kein Zuchthaus nicht der Kräfte Mark entädern;
Nicht Schürfen/Steinschnitt nicht/ und/wenn er Eisen feilt.
Man laß' ein Wörterbuch nur den Verdamten schreiben.
Dies' Angst wird wol der Kern von allen Martern bleiben.

(Kaspar Stieler, 1691)

IV. Schlagwörterbuch 1966 - 1974

Anerkennung der DDR / Oder-Neiße-Linie / Ostverträge

Syn./Var. zu Anerkennung der DDR: De-facto-Anerkennung, De-jure-Anerkennung, völkerrechtliche Anerkennung, Nichtanerkennung, Anerkennungsgerede, Anerkennungspartei

Syn./Var. zu Oder-Neiße-Linie: Oder-Neiße-Grenze, Anerkennung der Oder-Neiße-Grenze,
polemisch: Ausverkauf Deutschlands

Syn./Var. zu Ostverträge: Verträge von Moskau, Warschau und Berlin,
polemisch: Verzichts- und Unterwerfungsverträge, Kapitulation

Anerkennung der DDR und *Anerkennung der Oder-Neiße-Linie* sowie *Ostverträge* werden zusammen in einem Artikel behandelt, da sie alle zum Themenkreis Ostpolitik gehören und zudem inhaltlich eng verwandte Schlagwörter sind, die in der öffentlichen Diskussion sehr häufig zusammen genannt wurden.

Die Argumente, die für und wider die Ostverträge geltend gemacht wurden, entsprachen dabei weitgehend den Argumenten, die bei der Diskussion um die Anerkennung der DDR und der Oder-Neiße-Linie ausgetauscht wurden. Dies erscheint verständlich vor dem Hintergrund, daß das Schlagwort *Ostverträge* sozusagen als Oberbegriff für die Probleme der Ostpolitik fungierte. Neu an der Diskussion um die Ostverträge, die im Jahre 1972 ihren Höhepunkt erreichte, war die vorher nicht in diesem Ausmaß gekannte Polemik, die eine sachliche Auseinandersetzung oft kaum zuließ.

Anerkennung der DDR und *Anerkennung der Oder-Neiße-Linie* beziehen sich auf Gegebenheiten, die aus der Situation nach dem 2. Weltkrieg resultieren: Deutschland ist geteilt und hat seine ehemaligen Ostgebiete jenseits von Oder und Neiße verloren.

Die Diskussion um diese Problempunkte deutscher Politik wird seit der Gründung der beiden deutschen Staaten geführt, lebt aber mit der -> Neuen Ostpolitik der -> Großen Koalition wieder auf und wird zur Zeit der sozialliberalen Koalition unter Willy Brandt besonders heftig weitergeführt:

> Seit den Auseinandersetzungen um die Wiederbewaffnung hatte kaum eine politische Frage die öffentliche Meinung in der Bundesrepublik derart polarisiert wie das Für und Wider der sozialliberalen Ost- und Deutschlandpolitik.[1]

Bei der Definition beider Schlagwörter treten Schwierigkeiten auf, da die Begriffe je nach politischer Anschauung durchaus unterschiedlich definiert werden:

> **Dementsprechend meint *Anerkennung der DDR* lediglich die Anerkennung der Existenz des Staates DDR, die De-facto-Anerkennung der DDR oder aber die De-jure-Anerkennung der DDR[2].**
>
> ***Anerkennung der Oder-Neiße-Linie* meint die Unantastbarkeit der Oder-Neiße-Linie als Westgrenze Polens. Je nach politischer Einstellung wird dabei besonders darauf verwiesen, daß diese Anerkennung der Oder-Neiße-Linie vorbehaltlich eines endgültigen Friedensvertrages erfolgt.**

Das Schlagwort *Anerkennung der DDR* bereitet in mehrfacher Hinsicht Schwierigkeiten: es wird ein auch in der Umgangssprache gebräuchlicher Begriff als juristischer Terminus verwendet. Neben Verwechslungen, die bereits daraus resultieren können, ist auch in der juristischen Diskussion keine Einigkeit über den Begriff und seine Bedeutung erzielt worden[3]:

1 Schmollinger / Müller, S. 185.

2 Zu den Unterschieden vgl. Frenzke, S. 43 ff.

3 Vgl. Frenzke, S. 12 ff, Bender (1968), S. 17 f.

> Mit einiger Übersteigerung könnte man daher sagen: Das einzige, was hinsichtlich der völkerrechtlichen Anerkennung nicht umstritten ist, ist die Tatsache, daß sie umstritten ist.[4]

Die Diskussion um das Schlagwort *Anerkennung der DDR* speist sich aus dieser Umstrittenheit wie aus der affektiven Besetztheit, die ostpolitischen Themen in der BRD eigen ist.

In dieser Diskussion wurden sowohl die Anerkennung der DDR wie auch die strikte Ablehnung eines solchen Schrittes vehement vertreten.

Die Gegner der Anerkennung der DDR führten für ihre Position ins Feld, daß eine Anerkennung der DDR die im Grundgesetz verankerte Forderung nach Vollendung der Einheit und Freiheit Deutschlands (-> Wiedervereinigung) desavouieren würde. Mit der Anerkennung der DDR würden BRD und DDR füreinander Ausland, eine Wiedervereinigung werde damit praktisch unmöglich[5]. Zudem werde es der BRD dann nicht mehr möglich sein, für die Menschen in der DDR einzutreten und Erleichterungen auszuhandeln, da derartige Bemühungen nach einer Anerkennung der DDR als Einmischung in die inneren Angelegenheiten eines fremden Staates gewertet würden[6].

Darüber hinaus sei die Anerkennung der DDR nicht angemessen, da in der DDR nicht eine frei gewählte Regierung, sondern ein diktatorisches Regime herrsche. Eine Anerkennung der DDR würde die dort herrschenden politischen und gesellschaftlichen Bedingungen billigen und moralisch unterstützen[7]. Des weiteren würden mit der Anerkennung der DDR die Gebiete östlich von Oder und Neiße aufgegeben, die aber im Rahmen der anzustrebenden Wiedervereinigung zu einem Deutschland in den Grenzen von 1937 noch von Bedeutung seien.

Die Befürworter der Anerkennung der DDR beriefen sich zumeist auf die Möglichkeit einer bloßen De-facto-Anerkennung, die im Unterschied zu einer De-jure-Anerkennung widerrufbar sei und einen eher provisorischen Charakter habe[8]. Sie erkenne die Realitäten an und sei die einzige vernünftige Möglichkeit, überhaupt zu einer Normalisierung zwischen der BRD und der DDR zu kommen[9]. Die strikte Ablehnung einer Anerkennung der DDR mache eine aktive Deutschland- und Ostpolitik unmöglich[10] und führe die BRD in die Isolation[11]. Mit einer De-facto-Anerkennung, die

4 Frenzke, S. 12.

5 Vgl. Schmollinger / Müller, S. 184 f.

6 Daß diese Argumente juristisch nicht stichhaltig sind, betont Frenzke, S. 78 f.

7 Vgl. Schmollinger / Müller, S. 194 f.

8 Vgl. Frenzke, S. 43 ff, Bettina Meissner, S. 10 f.

9 Vgl. Schmid (Politik des Ausverkaufs?), S. 51, Griffith, S. 189.

10 Vgl. Bracher, Jäger, Link S. 166.

11 Vgl. Zündorf, S. 211.

nicht einer völkerrechtlichen Anerkennung gleichkomme, sei das Wiedervereinigungsgebot durchaus vereinbar. Diese Art der Anerkennung der DDR entspreche der Realität der "zwei Staaten in Deutschland", die dennoch "nicht füreinander Ausland" seien[12].

Die öffentliche Diskussion um die Anerkennung der DDR zeichnete sich dadurch aus, daß die teilweise komplizierten Unterscheidungen von De-facto- und De-jure-Anerkennung wie der Unterschied einer politischen Anerkennung und einer Anerkennung im umgangssprachlichen Sinn, die einer Belobigung gleichkäme, oft nicht berücksichtigt wurden. Daraus lassen sich die Emotionalität und Affektivität erklären, die die Diskussion auf weiten Strecken bestimmten. Besonders die unter der Regierung Brandt/Scheel ausgehandelten Ostverträge, die auf eine Anerkennung der Realitäten hinausliefen, jedoch ohne einem Friedensvertrag vorzugreifen und ohne das Ziel einer friedlichen Wiedervereinigung aufzugeben[13], lösten heftige polemische Debatten aus.

War bereits 1967 von Kurt Georg Kiesinger das polemische Schlagwort *Anerkennungspartei* geprägt worden[14], das in den Medien heftig diskutiert wurde, so markiert die Formel vom *Ausverkauf Deutschlands*, die aus Kreisen der CSU über die Ostpolitik der Regierung Brandt/Scheel in Umlauf gesetzt wurde, einen neuen Höhepunkt der Diskussion. Diese Polemik dürfte speziell auf die Anerkennung der Oder-Neiße-Linie in den Moskauer und Warschauer Verträgen[15] gemünzt gewesen sein.

Deutlich wird in dieser emotionalen Wendung, daß auch die Anerkennung der Oder-Neiße-Linie äußerst umstritten war[16]. Wie in der Diskussion um die Anerkennung der DDR wurde auch hier der Unterschied zwischen einer völkerrechtlichen Anerkennung der Oder-Neiße-Linie und dem bloßen Verzicht auf territoriale Ansprüche vernachlässigt, der die Grenze zwar für unantastbar, nicht aber für unveränderbar ansieht (z. B. durch einen Friedensvertrag, den Gesamtdeutschland mit Polen abschließen würde)[17].

Dementsprechend argumentierten die Gegner einer Anerkennung der Oder-Neiße-Linie, die Bundesregierung verzichte auf deutsche Ostgebiete

---

12 Willy Brandt in seiner Regierungserklärung vom 28.10.69; abgedruckt in Boris Meissner, S. 380 ff, Zitat: S. 381; vgl. dazu auch Baring, S. 247, Bracher, Jäger, Link, S. 167.

13 Vgl. Bracher, Jäger, Link, S. 179 ff, bes. S. 183, 189 f.

14 Vgl. dazu Kiesinger, S. 122 ff, Bender (1968), S. 17.

15 Vgl. Zündorf, S. 39, 51 ff, 62 ff.

16 A. und M. Mitscherlich bezeichnen die Oder-Neiße-Linie mehrfach als ein "Tabu", vgl. Mitscherlich, S. 115, 122 et passim sowie Belege 15, 39.

17 Zu den Einzelheiten vgl. Zündorf, S. 39 f, 67 f, Haftendorn, S. 329, 331, Schmid (Politik d. Ausverkaufs?), S. 87 f.

und gebe damit Positionen auf, ohne Gegenleistungen zu erhalten[18]. Weiterhin rücke mit dieser Anerkennung die Wiedervereinigung zu einem Gesamtdeutschland in weite Ferne[19]. Die von der Regierung Brandt/Scheel ausgehandelten Ostverträge führten also nicht zu einer Normalisierung, sondern erfüllten lediglich Forderungen der Ostblockstaaten.

Die Befürworter der Ostverträge und einer Anerkennung der Oder-Neiße-Linie hingegen führten an, daß die durch den zweiten Weltkrieg geschaffenen Realitäten und damit auch der Verlust der ehemaligen deutschen Ostgebiete nicht auf friedlichem Wege zu revidieren seien[20]. Um überhaupt mit dem Osten ins Gespräch zu kommen, sei es notwendig, die friedlichen Absichten der BRD zu erklären, indem alle Gebietsforderungen von vornherein ausgeschlossen würden und die europäischen Grenzen für unantastbar erklärt würden[21]. Es gehe darum, einen modus vivendi zu finden, nicht darum, Forderungen zu stellen[22]. Eine Anerkennung des status quo in Europa sei also die einzig realistische und vernünftige Weise, eine Ostpolitik zu betreiben, die tatsächlich zu einer Entspannung zwischen West und Ost führen solle[23].

Die Belege zeigen allein durch ihre Zahl schon die herausragende Stellung, die das Thema in der öffentlichen Diskussion vom Anfang des Bearbeitungszeitraums an hatte. Neben zahlreichen anderen Indikatoren für das Vorliegen eines Schlagwortes zeigen sie, daß die Begriffe *Anerkennung* und *De-facto-Anerkennung* schon zu Formeln geworden sind, über deren Inhalt oft wenig Klarheit besteht (Belege 4, 5, 7, 18) und daß die Anerkennung der DDR und der Oder-Neiße-Linie heftig umstritten waren (Belege 6, 15, 19, 21, 24, 27). Weiterhin wird die Prägung Kiesingers von der *Anerkennungspartei* verzeichnet (Belege 10, 11, 12, 14, 20, 25); interessant ist dabei die Umwertung dieses pejorativen Begriffes, die Augstein in Beleg 12 vornimmt. Beleg 31 verdeutlicht, wie Mißverständnisse durch die Vermischung der umgangssprachlichen Bedeutung von *Anerkennung* und ihrer juristischen bzw. politischen Dimension entstehen und versucht eine Definition wie auch die Belege 13 und 26. Die Belege 35 - 38 verzeichnen polemische Formulierungen, die einerseits auf die Emotionalität der geführten Debatte hinweisen, andererseits aber auch verdeutlichen, daß die Meinungen quer durch die politischen Parteien verliefen (vgl. Belege 35, 38).

Die Belege 40 - 47 zeigen, daß auch *Ostverträge* zum Schlagwort wurde. Deutlich zeigt sich die Umstrittenheit des Programms (vgl. Belege

18 So etwa bei zu Guttenberg, S. 21 ff, bes. 24 f.

19 Ebd., S. 24.

20 Vgl. Bracher, Jäger, Link, S. 183.

21 Vgl. Griffith, S. 260 f.

22 Vgl. Baring, S. 249.

23 Vgl. Schmid (Politik d. Ausverkaufs?), S. 86.

40, 45) und die affektive Besetztheit des Themas (vgl. Belege 40, 41, 47).

Nach der Unterzeichnung der Verträge von Moskau (12.08.70) und Warschau (07.12.70) und ihrer Ratifizierung am 17.05.72 sowie nach dem Grundlagenvertrag mit der DDR (21.12.72) und der Bestätigung des Bundesverfassungsgerichtes vom 31.07.73, daß der Grundlagenvertrag mit der Verfassung der BRD in Einklang stehe[24], ließ die öffentliche Diskussion zwar nach: bis in die 80er Jahre allerdings kommt den Begriffen der Ostpolitik, insbesondere den Begriffen *Oder-Neiße-Linie* und dem mit ihm verbundenen Gedanken an die ehemaligen deutschen Ostgebiete ein gesteigerter Gefühlswert zu, insbesondere, da die Diskussion um sie immer wieder (etwa durch die Vertriebenenverbände und ihre Vertreter) neu entfacht wird.

Zuletzt wurde das Schlagwort *Oder-Neiße-Linie* noch im Jahre 1989 intensiv diskutiert: zum einen aufgrund der Behauptung des Historikers Kaiser, bereits Adenauer habe die Gebiete östlich von Oder und Neiße aufgegeben[25], zum anderen aufgrund von Äußerungen des Finanzministers Theo Waigel, die den friedensvertraglichen Vorbehalt in den Warschauer Verträgen besonders betonten. Gerade zum 50. Jahrestag des deutschen Überfalls auf Polen wurden die Äußerungen Waigels heftig diskutiert, meist mit dem Tenor, daß eine Grenzdiskussion mit Polen unter allen Umständen zu unterbleiben habe.

Nach der Vereinigung von DDR und BRD im Oktober 1990 und der Unterzeichnung des deutsch-polnischen Grenzvertrages im November 1990 kommt diesen Schlagwörtern nur noch historische Bedeutung zu.

---

24 Vgl. dazu Schmid (Politik d. Ausverkaufs?), S. 228 ff sowie Bracher, Jäger, Link, S. 214 ff.

25 Vgl. Süddeutsche Zeitung, vom 20.07.89, S. 5, Stern 31/1989 vom 27.07.89, S. 18 - 21 sowie Foschepoth.

Literatur

Baring, Arnulf: Machtwechsel. Die Ära Brandt-Scheel, Stuttgart [4]1983

Bender, Peter: Zehn Gründe für die Anerkennung der DDR, Frankfurt/M. 1968

Ders.: Die Ostpolitik Willy Brandts oder Die Kunst des Selbstverständlichen, Reinbek bei Hamburg 1972

Bracher, Karl Dietrich, Jäger, Wolfgang, Link, Werner: Republik im Wandel. 1969 - 1974. Die Ära Brandt, Stuttgart, Mannheim 1986 (Geschichte der Bundesrepublik Deutschland, hg. von K. D. Bracher [u. a.] Bd. 5/I)

Foschepoth, Josef: Adenauer hätte als Verräter gegolten, in: Stern 31/1989 vom 27.07.89, S. 21 f

Frenzke, Dietrich: Die Anerkennung der DDR. Völkerrechtliche Möglichkeiten und Folgen, Köln 1971

Füllenbach, Josef und Schulz, Eberhard (Hrsg.): Entspannung am Ende? Chancen und Risiken einer Politik des Modus vivendi, München, Wien 1980

Gradl, Johann Baptist: Ist Wiedervereinigung aktuell? in: Deutschland und die Welt, hg. v. H. A. Jacobsen und O. Stenzl, München 1964, S. 204 - 214

Griffith, William E.: Die Ostpolitik der Bundesrepublik Deutschland, Stuttgart 1981

Guttenberg, Karl Theodor Freiherr zu: Die neue Ostpolitik. Wege und Irrwege, Osnabrück [2]1971

Haftendorn, Helga: Abrüstungs- u. Entspannungspolitik zwischen Sicherheitsbefriedigung und Friedenssicherung. Zur Außenpolitik der BRD 1955 - 1973, Baden-Baden 1983

Hildebrand, Klaus: Von Erhard zur großen Koalition. 1963 - 1969, Stuttgart, Wiesbaden 1984 (Geschichte der Bundesrepublik Deutschland, hg. von K. D. Bracher [u. a.] Bd. 4)

Hillgruber, Andreas: Deutsche Geschichte 1945 - 1975. Die "deutsche Frage" in der Weltpolitik, Frankfurt [3]1978

Jäckel, Hartmut: Kontakte ohne Anerkennung? Der Briefwechsel Kiesinger - Stoph und seine Vorgeschichte, in: Der Monat, April 1968, H. 235, S. 37 - 45

Jaenecke, Heinrich: 30 Jahre und ein Tag. Die Geschichte der deutschen Teilung, Düsseldorf, Wien 1974

Jüttner, Alfred: Die deutsche Frage. Eine Bestandsaufnahme, Köln [u. a.] 1971

Kiesinger, Kurt Georg: Antwort an die Opposition. Rede vor dem Deutschen Bundestag [am 13.10.67], in: Ders.: Die Große Koalition 1966 - 1969. Reden und Erklärungen des Bundeskanzlers. Hg. von Dieter Oberndörfer, Stuttgart 1979, S. 120 - 132

Lehmann, Hans Georg: Der Oder-Neiße-Konflikt, München 1979

Meissner, Bettina: Formen stillschweigender Anerkennung im Völkerrecht, Köln [u. a.] 1966

Meissner, Boris (Hrsg.): Die deutsche Ostpolitik 1961 - 1970. Kontinuität und Wandel. Dokumentation, Köln 1970

Mitscherlich, Alexander und Margarete: Die Unfähigkeit zu trauern. Grundlagen kollektiven Verhaltens, München 1968

Niclauß, Karlheinz: Kontroverse Deutschlandpolitik. Die politische Auseinandersetzung in der Bundesrepublik Deutschland über den Grundlagenvertrag mit der DDR, Frankfurt/M. 1977 [Dokumente zur Deutschlandpolitik. Beihefte, Bd. 3, hg. vom Bundesministerium für innerdeutsche Beziehungen]

Presse- und Informationsamt der Bundesregierung (Hrsg.): Dokumentation zur Entspannungspolitik der Bundesregierung, (o. O.) ⁴1976

Roth, Margit: Zwei Staaten in Deutschland. Die sozialliberale Deutschlandpolitik und ihre Auswirkungen 1969 - 1978, Opladen 1981 [Studien zur Sozialwissenschaft, Bd. 50]

Schmid, Günther: Entscheidung in Bonn. Die Entstehung der Ost- und Deutschlandpolitik 1969/1970, Köln 1979

Ders.: Politik des Ausverkaufs? Die Deutschlandpolitik der Regierung Brandt/Scheel, München ²1979

Schmollinger, Horst W. und Müller, Peter: Zwischenbilanz. 10 Jahre sozialliberale Politik 1969 - 1979. Anspruch und Wirklichkeit, Hannover 1980

Stern 31/1989 vom 27.07.89

Süddeutsche Zeitung vom 20.07.89

Zündorf, Benno: Die Ostverträge. Die Verträge von Moskau, Warschau, Prag, das Berlin-Abkommen und die Verträge mit der DDR, München 1979

Lexikographische Erfassung

Anerkennung [der DDR]

DWB (1980), WDG (1964), WDS (1976): n.a.SchW

BHE (1966), (1975), (1986), GBH (1977), MEL (1971), MNL (1978), NBH (1984): n.a.SchW
NDL (1984): 00

BEC n.a.SchW
NUN 30 ff: SchW

Oder-Neiße-Linie

DWB (1982), WDG (1974), WDS (1980): 00

BHE (1971): n.a.SchW
XVI (1991) 95 f: "Trotz offizieller Bekräftigungen des Warschauer Vertrages kam es immer wieder zu Diskussionen über die O.-N.-L. bes. von seiten der Vertriebenenverbände."
GBH (1979), MEL (1976), MNL (1980), NBH (1985), NDL (1984): n.a.SchW

BEC n.a.SchW
NUN 00

Ostverträge

DWB (1982), WDG (1974), WDS (1980): 00

BHE (1972): 00, (1991): n.a.SchW
GBH (1979): n.a.SchW
MEL (1976), MNL (1980), NBH (1985), NDL (1984): 00

BEC, NUN: 00

Belege

(1)

Eine Politik, die noch länger alle Maßnahmen, die nicht zum Status quo ante führen, mit dem Argument zurückweist, sie liefen auf eine *Anerkennung* der Teilung Deutschlands hinaus, läßt Jahre in nur scheinbarem Nichtstun verstreichen, während sie in Wirklichkeit dazu beiträgt, die Spaltung so sehr zu vertiefen, daß zwei Länder entstehen, die in der Tat so verschiedenartig werden, daß eine Wiedervereinigung kaum noch vorstellbar ist. Diese Politik hat zu einer "*Anerkennungspsychose*" geführt, in deren Gefolge mannigfache Möglichkeiten unausgenutzt blieben, die Bindungen zwischen den beiden Teilen Deutschlands zu erhalten oder neuzubeleben [...]

Johann Gradls [Johann Baptist Gradl, CDU, Bundesvertriebenenminister 1965/66 im Kabinett Erhard] Wort aus dem Jahre 1963, daß die Teilung Deutschlands nicht dadurch überwunden werden könne, daß man sie anerkenne, ist nur noch dann überzeugend, wenn mit der "*Anerkennung*" ein endgültiger Verzicht auf Einheit gemeint ist. Dieses Wort ist jedoch bedenklich, wenn mit der "*Anerkennung*" Maßnahmen gemeint sind, welche die beiden Teile Deutschlands zusammenzuhalten suchen. (41) [...]
Das Problem der *Oder-Neiße-Linie* ist ein wesentlicher Bestandteil der deutschen Frage und damit von der Wiedervereinigung nicht zu trennen. Die Deutschlandpolitik der Bundesrepublik ist allerdings davon ausgegangen, daß es sich um zwei zwar miteinander verbundene, jedoch imgrunde verschiedenartige Probleme handelte. Für die Welt jedoch sind sie immer zwei Aspekte des gleichen Problems gewesen. (45)

Karl Kaiser: Die Deutsche Frage
III. Ansatzpunkte einer deutschen Wiedervereinigung,
in: FH 01/1966, S. 41, 45

(2)

W.: Es ist mir piepegal, ob sie das, was ich im Sinne habe, *De-facto-Anerkennung* oder was weiß ich nennen. Ich bin dagegen und werde dagegen bleiben, daß die Deutschen selber die Endgültigkeit ihrer Teilung unterschreiben, indem sie den von uns losgelösten Teil als eigenes Völkerrechtsgebiet anerkennen. [...]
Man kann zur *Anerkennung* weder überlistet noch gezwungen werden, weil dazu die Absicht, der Vorsatz gehören muß (34 b) [...]
Es ist meiner Ansicht nach mit der *Anerkennung* nicht so, daß man eines Morgens aufwacht und plötzlich von etwas *Anerkennung* schwanger gemacht worden ist, nur weil Fahnen und Embleme gezeigt wurden. (37 b, c)

Kommunisten in die Verantwortung ziehen
Spiegel-Gespräch mit dem Stellvertretenden Vorsitzenden der SPD, Herbert Wehner,
in: Spiegel 44/1966 v. 24.10.66, S. 34 b, 37 b, c

(3)

Würde diese neue Regierung die Subventionen zusammenstreichen, [...] würde sie die Beziehungen zu Warschau und Prag normalisieren, die *Oder-Neiße-Grenze* anerkennen und mit dem *Nichtanerkennungsgetue* gegenüber der DDR Schluß machen; würde sie all dies oder einen Teil davon verwirklichen, so wäre sie gleichwohl durch Taten gerechtfertigt.

Rudolf Augstein: Sieben Jahre Clinch?
in: Spiegel 50/1966 v. 05.12.66, S. 26 c

(4)

Augstein: [...] mit dem Wort *Anerkennung* ist nun schon soviel Mißbrauch getrieben worden, daß man sich schon scheut, diese Formel in den Mund zu nehmen. Wir haben ja nichts anzuerkennen, wir haben die Realität zu erkennen und danach zu handeln. Ob wir das nun *Anerkennung* nennen wollen oder wie, daran mögen sich Staatsrechtler den Kopf zerbrechen. Ich bin dazu gar nicht in der Lage.

Fragen nach Deutschland
Ein "literarisch-politisches Hearing", bei dem Rudolf Augstein über Deutschland-Politik befragt werden sollte, wurde im Dritten Programm des Norddeutschen Rundfunks und des Senders Freies Berlin übertragen [am 23.11.66, 20.05 - 21.10 Uhr]

Spiegel 3/1967 v. 09.01.67, S. 56 b

(5)

Sp.: Das Problem scheint uns zu sein, daß diese Art *De-facto-Anerkennung* manchen Leuten im Osten zu wenig, manchen Leuten im Westen zu viel ist.
Al.: Ich würde das überhaupt nicht unter der Vokabel *De-facto-Anerkennung* sehen. Das Lustige ist ja, daß jeder sich darunter etwas anderes vorstellt. Ich habe noch keine Umschreibung dieses Vorganges gehört, die mich überzeugt.

"Mit eigener Schuld am toten Punkt"
Spiegel-Gespräch mit dem Regierenden Bürgermeister von Berlin, Heinrich Albertz,
in: Spiegel 5/1967 v. 23.01.67, S. 24 a, b

(6)

Anerkennung der Oder-Neiße-Grenze - in diesem Schlagwort sammeln sich wie um eine Fahne, unter anderem auf dem Parteitag der FDP, diejenigen, die sich daraus eine Verbesserung der Beziehungen zum Osten versprechen. Es erweist sich wieder einmal die symbolhafte Kraft von Vorstellbarem. Irgendwelche Anzeichen für eine Honorierung eines solchen Schrittes gibt es leider nicht. [...]

Hamburg Dr. Emilie Kiep-Altenloh* [Leserbrief]

* FDP-MdB 1961 - 1965 und Senatorin in Hamburg von 1954 - 1961

Spiegel 18/1967 v. 24.04.67, S. 5 b

(7)

Der Begriff *Anerkennung* ist leider schier untauglich dafür, noch einen Gedanken auszudrücken, der die Tabus durchdringt.

Rolf Schroers: Herausforderungen eines Deutschen,
in: Merkur, April 1967, H. 229, S. 327

(8)

Die *Anerkennung der DDR* hingegen hält Menzel [Prof. Dr. Eberhard Menzel, Leiter des Instituts für Internationales Recht, Kiel] nicht für unbedingt notwendig. Er ist [...] der Meinung, daß die DDR heute die Frage der *Anerkennung* ebenso hochspielt wie Bonn die Frage der *Nichtanerkennung*.

Friedhelm Baukloh: Friedenspolitik als Friedenssicherung. Eine bemerkenswerte Veranstaltung der Gewerkschaft Erziehung und Wissenschaft,
in: FH 08/1967, S. 520 b, 521 a

(9)

Auch darin setzt sie [die Bundesrepublik Deutschland] die Tradition des früheren Deutschland fort, daß sie nicht bereit ist, die Veränderungen hinzunehmen, die von allen anderen Mächten als für Mitteleuropa bestimmend empfunden werden - Stichwort *Oder/Neiße* - und die 1945 mit der

Zerschlagung Deutschlands begonnen haben wie 1919 mit dem Versailler Vertrag.

Ist der Staat zu retten? Freie Wahlen als Politik-Ersatz.
Auf Einladung der "Freien Gesellschaft", Hamburg, sprach Rudolf Augstein am 7. September 1967 im Auditorium Maximum der Universität Hamburg

Spiegel 39/1967 v. 18.09.67, S. 20 b

(10)

In der Umgebung Kiesingers und in seiner Partei hat das Wort vom "*Anerkennungsgerede*" und der "*Anerkennungspartei*" wenig Beifall gefunden. Nicht, daß man den sachlichen Gehalt kritisierte, aber die Form erregte Bedenken. Sie weckt unangenehme Assoziationen an das Schlagwort von den "Erfüllungspolitikern".

Robert Strobel: Das "Anerkennungsgerede",
in: Zeit 41/1967 v. 13.10.67, S. 3 b

(11)

Den Zeitungen, so Brandt, habe er eine neue Wortschöpfung Kiesingers entnehmen müssen: die "*Anerkennungspartei*". Nun wollte er wissen: "Wen meinen sie eigentlich damit, Herr Bundeskanzler?"
Der Kanzler lenkte ein. [...] Durch mehrere handschriftliche Korrekturen in der Niederschrift [eines Interviews mit den "Stuttgarter Nachrichten"] hatte er zu verdeutlichen versucht, daß mit dem Wort von der *Anerkennungspartei* keine der drei Bundestagsparteien gemeint sei, sondern nur eine "außerparlamentarische, breite publizistische Opposition". Die Bezeichnung dieser Kräfte als "vierte Partei" hatte er eigens in Anführungszeichen gesetzt.

Spiegel 43/1967 v. 16.10.67, S. 29 b, c

(12)

Wir haben unseren Namen weg. Wir sind die "*Anerkennungs-Partei*". Und wir wollen uns diese Auszeichnung redlich verdienen [...] Wenn Kiesinger nicht als "Verzicht-Kanzler" in die Geschichte eingehen will, so steht er er in erlauchter Tradition [...]

Wir aber, die *Anerkennungspartei*, wollen den Teufelskreis kurzschließen. [..] wir erkennen an, daß Deutschland nicht mehr über die Grenze der DDR hinausreicht, daß es keinen Anspruch auf Gebiete hat, in denen Polen und Tschechen wohnen; daß auch die DDR auf ihrem Gebiet aufgrund der totalen Kapitulation Staatlichkeit entfalten mußte und entfaltet hat, daß sie ein zweiter deutscher Staat geworden ist [...]
Wir erkennen an, daß durch Atomwaffen keine Annäherung zwischen beiden Staatsgebilden bewirkt werden kann [...]

Rudolf Augstein: Anerkennungspartei,
in: Spiegel 43/1967 v. 16.10.67, S. 30 a, b

(13)

Sozialdemokratisch inspirierte AA-Juristen haben drei Kategorien einer *Anerkennung der DDR* ermittelt:

* *De-jure-Anerkennung* - die den zweiten deutschen Staat in aller Form und mit allen juristischen Konsequenzen akzeptieren würde;

* *De-facto-Anerkennung* - mit der die tatsächliche Existenz eines zweiten deutschen Staates hingenommen würde;

* *Anerkennung de facto* - die nur die vorhandenen politischen Realitäten im anderen Teil Deutschlands gelten lassen soll, nicht aber die Staatlichkeit der DDR.

Lösung eins und Lösung zwei gelten den schwarz-roten Planern der Bonner Ostpolitik als tabu; Brandt: "Wir werden uns nicht zumuten lassen, den anderen Teil Deutschlands als Ausland anzuerkennen."

Spiegel 47/1967 v. 13.11.67, S. 29 a, b

(14)

Sch.: [...] Ich halte sowohl "*Anerkennungspartei*" wie "*Nichtanerkennungspartei*" für Ausdrücke, die die deutsche Teilung begünstigen, denn *Anerkennung* wie *Nichtanerkennung* sind außenpolitische Begriffe.[...]

Sp.: Das Wort von der *Anerkennungspartei* hat der Bundeskanzler aber eigens erfunden.
Sch.: Ich glaube, er gebraucht solche Ausdrücke, ohne sie ganz durchdacht zu haben.

"Die DDR ist keine Kolonie mehr"
Spiegel-Interview mit dem geschäftsführenden Vorsitzenden des Kuratoriums Unteilbares Deutschland, Dr. Wilhlem Wolfgang Schütz,
in: Spiegel 51/1967 v. 11.12.67, S. 28 a

(15)

Sie [die Bundesregierung] muß sich auf Mittel der Politik beschränken, die ohne viel Aufsehen vorwärtsbringen: auf die wirtschaftlichen und kulturellen Kontakte. Gleichzeitig muß sie natürlich immer wieder die Berechtigung und die Zweckmäßigkeit der gegenwärtigen Tabus der Ostpolitik überdenken: Alleinvertretungsanspruch, West-Berlin, *Anerkennung der DDR, Oder-Neiße-Grenze.*

Ulrich Spinnarke/Friedrich Mager: Kunst zwischen Ost und West
I. Kulturaustauch mit der Tschechoslowakei,
in: FH 01/1968, S. 40

(16)

Die Christdemokraten von Eckardt, Majonica und Gradl sind im Gegensatz zum SPD-Außenminister der Ansicht, daß ein Austausch von Gewaltverzichtserklärungen zwischen Bonn und Ostblockstaaten einschließlich der DDR die Gefahr heraufbeschwört, in eine *Anerkennung der DDR* hineinzuschlittern.

Spiegel 8/1968 v. 19.02.68, S. 18 b

(17)

Junge Leute nennen ja als Beispiele dafür, daß die Wahrheit nicht gesagt wird, *Oder-Neiße*, Wiedervereinigung, Vietnam.
Joachim Raffert, SPD, in der Bundestagsdebatte am 14. März 1968

[zitiert von Martin Walser in einem Bericht über die Vietnam-Debatte des Bundestages]

Spiegel 12/1968 v. 18.03.68, S. 185

(18)

Man mag hier von *de-facto-Anerkennung* sprechen - oder mag es nicht tun: weder dieser noch irgend ein anderer Begriff kann die erklärte Absicht, keine *de-jure-Anerkennung* vorzunehmen, in ihr Gegenteil verkehren und die Verbindlichkeit einer solchen Erklärung beeinträchtigen. Abgesehen davon sind infolge einer notorisch uneinheitlichen Staatenpraxis Voraussetzungen und Konsequenzen der *de-facto-Anerkennung* in der Völkerrechtslehre derart umstritten, daß schlechterdings niemand von sich behaupten darf, er wisse, was darunter zu verstehen sei. Das weiß und erklärt, im konkreten Fall, nur der Anerkennende selbst. Er, der Form und Inhalt der *Anerkennung* bestimmt, bestimmt zugleich die Grenzen ihrer Wirksamkeit.

Hartmut Jäckel: Kontakte ohne Anerkennung? Der Briefwechsel Kiesinger-Stoph und seine Vorgeschichte,
in: Der Monat, April 1968, H. 235, S. 38 b, 39 a

(19)

St.: Eine der Lebensfragen der Nation ist das Verhältnis zur DDR. Und die Antwort: *Anerkennung* der durch den Zweiten Weltkrieg geschaffenen Tatsachen.
Sp.: Auch *Anerkennung der DDR*?
St.: Ja.

"Endlich Tacheles reden"
Spiegel-Interview mit dem Kieler SPD-Chef Jochen Steffen,
in: Spiegel 22/1968 v. 27.05.68, S. 26 b

(20)

Der Bundeskanzler hat diejenigen, die den andern Staat auf dem Boden des ehemaligen Deutschen Reiches für mehr als ein "Phänomen" ansehen, "*Anerkennungspartei*" genannt. Nicht nur seine Partner in der Großen Koalition, sondern auch seine freidemokratische Opposition im Parlament wagten es nicht, das Etikett auf sich sitzen zu lassen [...] Denn das Wort "*Anerkennung*" - und so wollte der Kanzler als Bestimmer der "Richtlinien der Politik" es auch verstanden haben - gilt als diskriminierend. Wer "*Anerkennung*" fordert, ist nach der Meinung derjenigen, die sich in Bonn als wohlanständig respektieren, nicht "national", nicht "europäisch", nicht "atlantisch", und nicht "abendländisch". Was macht es schon, daß vor zwei Jahren noch vieles, was heute auch für Kabinettsmitglieder selbstverständlich ist - wie zum Beispiel die Annahme und Beant-

wortung von Briefen, die Minister jenes "Phänomens" zu Absendern haben -, noch als ebenso des Teufels galt wie heute die "*Anerkennung*"? (299 a) [...]
Mögen diejenigen, die das Verhängnis der Tradition des Wunschdenkens durchbrechen und deshalb die Realität des anderen deutschen Staates als Voraussetzung friedlicher Bereinigung der Probleme anerkennen wollen, sich wirklich zu einer "*Anerkennungspartei*" zusammenfinden, zur Partei der Vernunft. Sie hat im Volk der Bundesrepublik bereits mehr Anhänger, als man zugibt. (302 b)

Wolfgang Abendroth: "Anerkennungspartei",
in: FH 05/1968, S. 299 a, 302 b

(21)

Für Kanzler Kurt Georg Kiesinger bedeutet *Anerkennung der DDR* "Verrat an unserer Vergangenheit und an der Zukunft unseres Volkes".
Für die Hälfte aller Bundesdeutschen hingegen steht, nach dem Ergebnis einer Allensbach-Umfrage fest, "daß uns eines Tages gar nichts anderes übrigbleibt, als die DDR als zweiten deutschen Staat anzuerkennen".

Spiegel 27/1968 v. 01.07.68, S. 28 a

(22)

Man weiß wohl, die Herrschaft der DDR kann durch *Nichtanerkennung* nicht erschüttert und durch *Anerkennung* nicht garantiert werden; man weiß, man wird keinen Quadratmeter der Gebiete östlich von *Oder und Neiße* jemals zurückbekommen. (22 b) [...]
Hört man deutsche Politiker, beinahe aller Farben, so ist die *Anerkennung der DDR* erstens unmöglich und zweitens ein Bonus, den Ulbricht für Wohlverhalten der SED allenfalls gewährt bekäme. (22c)

Rudolf Augstein: Was wir damit zu tun haben,
in: Spiegel 37/1968 v. 09.09.68, S. 22 b, c

(23)

Die Frage der *Anerkennung der DDR* wird von Gegnern und Befürwortern völlig überschätzt. Wenn ein Nebeneinander unterhalb der juristischen *Anerkennung* möglich ist, umso besser, wenn nicht, ist wenig verloren.

Waldemar Besson: Bonn auf dem Prüfstand. Chancen westdeutscher Außenpolitik,
in: Der Monat, Januar 1969, H. 244, S. 47 a, b

(24)

Unzählige Gruppen und Zirkel haben in den letzten Jahren gute Gründe für eine *Anerkennung der DDR* diskutiert, haben sich die innen- und außenpolitischen Folgen, die psychologischen Wirkungen ausgemalt. Ergebnis, Niederschlag in der öffentlichen Diskussion: gleich Null. [...]
Die Frage der *DDR-Anerkennung* ist für die politische Führung der Bundesrepublik kein ernsthaft interessierender Gegenstand, - wohl immer für die Opposition.

[Buchbesprechung von Konrad Franke]

FH 02/1969, S. 142 a

(25)

Fast alle sagen DDR. Doch sie wollen sich nicht beim Wort nehmen lassen.
Kurt Goerg Kiesinger, Richtlinien-Kanzler, sagte es nicht einmal. Ihm erscheint ein "Phänomen", und die "*Anerkennungpartei*" zeiht er des "Verrats an unserer Vergangenheit und an der Zukunft unseres Volkes".

Spiegel 15/1969 v. 07.04.69, S. 27 a

(26)

Der Begriff der *Anerkennung* eines Staates ist völkerrechtlicher Natur und beinhaltet die Bereitschaft, auf der Grundlage souveräner Gleichheit mit diesem Staat ein bestimmte Art von zwischenstaatlichen Beziehungen aufzunehmen. [...]
Das heißt, mit der *Anerkennung* nimmt ein Staat lediglich offiziell von der Existenz des anderen Staates Kenntnis und bekundet seine Bereitschaft zur gleichberechtigten Gestaltung der völkerrechtlichen Beziehungen. Eine

staatsrechtliche *Anerkennung* gibt es gar nicht. Der vom Gegner häufig gebrauchte Begriff ist eine reine Zweckkonstruktion, die darauf hinausläuft, die DDR zu einer Art westdeutschen Bundeslandes zu degradieren. Das heißt, die geplante Annexion der DDR soll juristisch vorbereitet werden. Das ist die reale Lage.

[Aus einer Rede Walter Ulbrichts auf der 10. Tagung des Zentralkomitees der SED im April 1969]

Anerkennung gibt es gar nicht. Walter Ulbricht über die Beziehungen zwischen Bonn und der DDR,
in: Spiegel 20/1969 v. 12.05.69, S. 52 b, c

(27)

Nun fallen sie wieder übereinander her, *Anerkennungsapostel* und Besitzstandswahrer. Realismus lobt es hüben, Illusion schilt es drüben. (496 a)
[...]
Es geht hier lediglich um einen Versuch [...], das Thema "*Anerkennung*" zu entketzern und für eine sachliche Diskussion aufzubereiten. (497 a)

Jürgen Schilling: Anerkennung der DDR - ein Streit ohne Koordinaten,
in: Merkur, Mai 1969, H. 253, S. 496 a, 497 a

(28)

In den Wohngebieten der Vertriebenen soll die SPD jeden zweiten Wähler zugunsten der NPD und der Christen-Union verloren haben. Die Abwanderung wurde auf Brandts Nürnberger Formel - "*Anerkennung* beziehungsweise *Respektierung der Oder-Neiße-Linie* bis zur friedensvertraglichen Regelung" - und auf die Haltung der SPD zum Münchner Abkommen zurückgeführt.

Rudolf Augstein: Wahlen (III) Dein Land, das unbekannte Wesen,
in: Spiegel 26/1969 v. 23.06.69, S. 22 a

(29)

Und für den Kieler Völkerrechtler Menzel bedeutet auch heute "*Anerkennung* keineswegs Verzicht auf Wiedervereinigung. [...]"
Professor Menzel: "Die *Anerkennung* ist heute unbestritten ein Akt des politischen Ermessens jedes Staates. Damit ist sie zu einem Instrument im politischen Kampf geworden."

Spiegel 52/1969 v. 22.12.69, S. 25 b,c

(30)

Sp.: Gibt es eine Möglichkeit für die Bundesrepublik, die DDR völkerrechtlich anzuerkennen und dennoch zu vermeiden, daß die DDR Ausland wird [...]
M.: Zunächst kann es sich nicht nur um eine *Anerkennung* durch die Bundesrepublik handeln, sondern es müßte auch ein Ermessensakt der Westmächte sein, da die *Anerkennung* der Konsultationspflicht des Deutschland-Vertrages unterliegt. Käme es auf diese Weise zu einer völkerrechtlichen *Anerkennung*, so bliebe immer noch die Möglichkeit, das Verhältnis zwischen den beiden deutschen Staaten im einzelnen zu regeln.

"Man kann nicht hineinschlittern"
Spiegel-Interview mit dem Kieler Völkerrechtler Eberhard Menzel über DDR-Anerkennung,
in: Spiegel 9/1970 v. 23.02.70, S. 29

(31)

Die *Anerkennungsfrage* ist ja so schillernd, wissen Sie. Ich stelle fest: Bei uns in der Bundesrepublik denken manche Leute, *Anerkennung* habe was damit zu tun, daß man Moralatteste ausstellt und sich äußert über die Art, in der eine Regierung zustande gekommen ist, in der ein Staat sich konstituiert hat oder konstituiert worden ist, ob eine Regierung vom Willen des Volkes getragen wird und was weiß ich. In der DDR glauben wiederum manche Bürger, es gehe bei der *Anerkennung* darum, daß ihre Existenz und ihre reale Leistung in der Wirtschaft und auf anderen Gebieten anerkannt werden sollte.
In Wirklichkeit geht es doch darum, daß rechtswirksame Verträge abgeschlossen werden sollen; Verträge also, die denselben rechtlichen Gehalt haben sollen wie solche, die einer der beiden deutschen Staaten mit ande-

ren abschließt, die sich aber auszeichnen sollen dadurch, daß dem besonderen spezifischen Charakter des Verhältnisses zwischen den beiden gleichwohl Rechnung getragen wird.

"Die Anerkennungsfrage ist ja so schillernd"
Spiegel-Gespräch mit Bundeskanzler Willy Brandt,
in: Spiegel 17/1970 v. 20.04.70, S. 44 a

(32)

An vielen Stammtischen aller Schichten raunt man sich heute das zu, was auf einem der abwegigen Plakate der Bonner Vertriebenen-Demonstration zu lesen stand: "Heute *Anerkennung*, morgen Ulbricht Kanzler."

Marion Gräfin Dönhoff: Die Grenzen der Polemik. Polarisierung aus Wahltaktik - ein gefährliches Spiel,
in: Zeit 24/1970 v. 12.06.70, S. 1 a

(33)

Sp.: Ist die Kontroverse um *Anerkennung* oder *Nichtanerkennung* heute nicht nur noch ein Streit um Worte?
Gu.: Gewiß nicht. Wir reden hier nicht über abstrakte Begriffe. Wir reden hier nicht nur über irgendwelche juristische Positionen. Wir reden ganz im Gegenteil über konkrete Politik, zu der allerdings juristische Positionen gehören.

"Kommunisten sind immer Reaktionäre"
Spiegel-Gespräch mit dem früheren Kanzleramts-Staatssekretär Karl Theodor Freiherr von und zu Guttenberg (CSU),
in: Spiegel 25/1970 v. 15.06.70, S. 30 b

(34)

Sp.: Die Opposition spricht von *Kapitulation*...
Br.: Niemand wird nach Abschluß unserer Verhandlungen von *Kapitulation* sprechen können, es sei denn, aus bösartiger, vergiftender Absicht. Vor solchen Elementen darf man nun gerade nicht kapitulieren.

"Ich habe keine Angst vor Neuwahlen"
Spiegel-Interview mit Bundeskanzler Willy Brandt,
in: Spiegel 26/1970 v. 22.06.70, S. 27 a

(35)

Sp.: Herr Blüm, Sie haben als Mitglied des CDU-Bundesvorstands eine Erklärung progressiver Katholiken und Protestanten unterschrieben, in der die Ostpolitik der SPD/FDP-Regierung unterstützt wird. Sie mißbilligen also die *Ausverkaufs-Parolen* Ihrer Parteiführung?
Bl.: Von Begriffen wie "*zweite Kapitulation*" und "*Ausverkauf*" distanziere ich mich. Denn wenn man sich mal genau überlegt, was mit der *zweiten Kapitulation* gemeint ist, dann können das nur Leute sagen, die die erste Kapitulation bedauern. Und das wäre in der Tat fatal.

"Ich bin kein einsamer Rufer"
Spiegel-Interview mit dem CDU-Vorstandsmitglied Norbert Blüm,
in: Spiegel 32/1970 v. 03.08.70, S. 28 a

(36)

"Hier und heute beginnt der *Ausverkauf Deutschlands*, und die FDP kann sagen, sie sei dabeigewesen." (11.10.1969)
"Die Bundesrepublik kapituliert in Raten. Wir haben also das Vergnügen, die Kröten, die wir nach dem zweiten Weltkrieg schlucken mußten, erneut, diesmal aber freiwillig schlucken zu dürfen." (14.3. 1970) [...]
"Je intensiver die *Kapitulation* Scheels in Moskau vorbereitet wird, um so mehr Mühe investiert unsere Hofpresse in ihre Aufgabe, den Bürgern der Bundesrepublik einzureden, daß man sich vor der Sowjet-Union nicht zu fürchten brauche ... [...]" (25.7.1970)

"Kapitulation in Raten". Das CSU-Organ "Bayernkurier über Brandts Ostpolitik",
in: Spiegel 34/1970 v. 17.08.70, S. 14 a

(37)

Sp.: Führende CDU/CSU-Politiker, allen voran Franz Josef Strauß, haben der Bundesregierung vor der Unterzeichnung vorgeworfen, sie betreibe "*Kapitulation*" und "*Ausverkauf*", sie verrate die Lebensinteressen des deutschen Volkes.

"Fundamental die Landschaft verändert"
Spiegel-Gespräch mit dem CDU/CSU-Fraktionsvorsitzenden Rainer Barzel,
in: Spiegel 34/1970 v. 17.08.70, S. 31 a

(38)

Schließlich ist auch für manchen CDU-Abgeordneten das provozierende Verhalten von Strauß und die permanente Polemik mit Schlagworten wie dem vom "*Ausverkauf Deutschlands*" [...] kaum noch vertretbare Politik, sondern kennzeichnen sich selbst als Demagogie.

Marian Podkowinski: "Das Dilemma des Willy Brandt"

[Kommentar in der polnischen Illustrierten "Pespektywy" vom 26.06.70, übersetzt von Armin Th. Dross],

in: FH 08/1970, S. 537 b, 538

(39)

Vereinzelte mahnende Stimmen, die eine nüchterne Beurteilung des deutsch-polnischen Verhältnisses, eine Entkrampfung und Verständigung forderten, haben sich gegen die Tabuisierung der *Oder-Neiße-Grenze*, und das hieß letztlich auch immer: eine formelle *Anerkennung der DDR*, nicht durchgesetzt.

Hans Ulrich Wehler: Nachbar Polen. Das deutsch-polnische Verhältnis im 19. und 20. Jahrhundert,
in: Der Monat, September 1970, H. 264, S. 26 a

(40)

Die Schlachtordnung liegt fest, das Feldgeschrei ist angestimmt. Diese Woche beginnt im Bundesrat die parlamentarische Behandlung der *Ostverträge*. Bis zur Schlußabstimmung [...] wird das Kampfgetöse mächtig anschwellen und polemischer Pulverdampf das Gefechtsfeld in immer dichteren Nebel hüllen. Bald wird kaum einer noch erkennen, worum es im Grunde geht. Es geht nicht um den *Ausverkauf deutscher Rechte* ; [...] und schon gar nicht darum, auf dem Umweg über die Ostpolitik unsere Demokratie zur Volksdemokratie umzufunktionieren und Westeuropa der sowjetischen "Penetration" (Barzel) zu öffnen.
All dies behauptet die Opposition, im Stil vornehmer Unterstellung, ihr Vorsitzender, in krachlederner Vergröberung das Zentralorgan der CSU.

Theo Sommer: Trommelfeuer mit Platzpatronen. Das letzte Gefecht um die Ostverträge,
in: Zeit 2/1972 v. 14.01.72, S. 1 a

(41)

Noch nie hat der Bundestag ein Thema, das so viel emotionalen Sprengstoff birgt, wie die *Ostverträge*, so sachbezogen diskutiert.

Rolf Zundel: War es eine große Debatte? Die Ostverträge im Bundestag - Ein Resümee der ersten Runde,
in: Zeit 9/1972 v. 03.03.72, S. 3 a

(42)

Um was geht es in den *Ostverträgen*? Um "Gewaltverzicht". Sind Gewaltverzicht, die Vorstellung von Anwendung oder Nichtanwendung von Gewalt nicht so einfach elementare menschliche Begriffe, daß sie der einfachste Hottentotte oder Indianer versteht? In den *Ostverträgen* wird doch nicht deutsches Land vergeben, sondern die Garantie, ehemals deutsches Land nicht mit Gewalt zurückzuholen, um den Ostblockländern die Furcht vor deutscher Aggression zu nehmen.

Ebrach (Bayern) Dieter Bock [Leserbrief]

Spiegel 14/1972 v. 27.03.72, S. 7 a

(43)

Ob die *Ostverträge* ratifiziert werden oder nicht, ist für die Realitäten in Europa letztlich nicht so sehr interessant, sie sind bereits Ausdruck dieser Realitäten.

Rudolf Augstein: Der unnützliche Idiot,
in: Spiegel 14/1972 v. 27.03.72, S. 22 c

(44)

Am Donnerstag letzter Woche unterzeichneten Kirchenführer Kurt Scharf aus Berlin und der Tübinger Jurist Ludwig Raiser, Präses der evangelischen Synode, gemeinsam mit 23 anderen prominenten Protestanten eine Erklärung, die Willy Brandts Ostpolitik den Segen erteilt. Die Polit-Laien fanden, "daß die *Verträge von Moskau, Warschau und Berlin* jenen Beitrag zum Frieden ermöglichen, den nur die Deutschen in der Bundesrepublik Deutschland leisten können und den unsere Nachbarn in Ost und West von uns erwarten dürfen."

Spiegel 15/1972 v. 03.04.72, S. 23 c

(45)

[...] die *Verträge* finden die notwendige Zustimmung [...] Als faßbarer Streitpunkt werden sie dann auch schnell aus dem Bewußtsein der westdeutschen Öffentlichkeit verschwinden.
Aber eines wird bleiben, da hatte die "Welt" recht, als sie [...] schrieb, es gehe nicht so sehr um die *Verträge*, sondern um die Gesamtpolitik der sozialliberalen Regierung. Das heißt, die Polarisierung der westdeutschen Gesellschaft wird sich noch steigern.
Dabei ist die Bundesrepublik schon jetzt weit genug gekommen auf dieser Bahn. Kiesinger und Strauß zum Beispiel haben im vertrauten Kreis die Notwendigkeit der Vertragsratifizierung betont; dies hindert sie nicht, eben diese *Verträge* als einen ersten Schritt des Kanzlers zur sogenannten Finnlandisierung Westdeutschlands zu diffamieren. Die Grenze zwischen rüdem Parteienstreit und der schieren Demagogie ist überschritten.

Günter Gaus: Achtung, Kurve,
in: Spiegel 16/1972 v. 10.04.72, S. 22 b

(46)

Die Nachkriegszeit, oft schon totgesagt, geht nun wirklich auch formal zu Ende, wenn der Bundestag, wie nicht mehr anders zu erwarten, noch in dieser Woche die *Verträge mit Polen und der Sowjet-Union* ratifiziert.

Rudolf Augstein: Ende schlecht, alles gut?
in: Spiegel 21/1972 v. 15.05.72, S. 22 a

(47)

Barzel weiß doch ganz genau, daß die "gemeinsame" Resolutions-Augenwischerei in den *Verzichts- und Unterwerfungsverträgen von Warschau und Moskau* kein einziges Komma an den Vertragstexten ändert!

Würzburg Günther Just [Leserbrief]

Spiegel 22/1972 v. 22.05.72, S. 7 b, c

(48)

Zwar wurde allen Nato-Mitgliedern freigestellt, diplomatische Beziehungen zu Ost-Berlin aufzunehmen, aber die ausdrückliche Erklärung, daß dies die *Anerkennung des zweiten deutschen Staates* sei, sollte vermieden werden. Denn dazu, so trug Scheel seinen Kollegen im Nato-Rat vor, bestehe "keine rechtliche Notwendigkeit".
Selbst seine Beamten wußten freilich nicht recht zu deuten, wie der politische oder juristische Unterschied zu definieren sei, wenn die offizielle *Anerkennung* eines Staates nicht als *völkerrechtliche Anerkennung* bezeichnet wird.

Spiegel 51/1972 v. 11.12.72, S. 31 b

Antiautoritäre Erziehung

Syn./Var.: emanzipatorische Erziehung, proletarische Erziehung[1]

In der zweiten Hälfte der sechziger Jahre wird *antiautoritäre Erziehung* zum Schlagwort. Zwei Faktoren sind es, die die Diskussion um antiautoritäre Erziehung in der Öffentlichkeit auslösen: zunächst A. S. Neills Buch "theorie und praxis der antiautoritären erziehung", das bereits 1965 unter anderem Titel erschienen war[2], ohne jedoch besonderes Aufsehen zu erregen. Die Neuauflage vom Dezember 1969 indes wurde zu einem Bestseller des Jahres 1970[3]. Weiterhin ist hier die Gründung zahlreicher Kinderläden durch Vertreter der Studentenbewegung (-> APO) zu nennen.

Diese zwei Faktoren markieren zugleich zwei unterschiedliche Auffassungen antiautoritärer Erziehung: die Kinderladenbewegung, die sich als sozialistische Erziehung, als Erziehung zum Klassenkampf[4] versteht und das Programm Neills, das nicht politisches, sondern pädagogisches Konzept sein will[5].

Eine Definition von *antiautoritäre Erziehung* muß allgemein bleiben, da unterschiedliche Konzepte unter diesem Begriff gefaßt werden: "Fast jeder meint oder intendiert mit antiautoritärer Erziehung etwas Unterschiedliches."[6]

Antiautoritäre Erziehung wendet sich gegen nicht legitimierte Autorität, die sich weigert, ihren Anspruch argumentativ zu vertreten, sondern sich lediglich auf Machtbefugnisse stützt[7]. Antiautoritäre Erziehung fordert, "daß Autorität niemals ungeprüft, unkontrolliert akzeptiert werden darf, sondern in jedem Fall erneut auf Begründungen, Zusammenhänge, Sinn und Konsequenzen hin befragt werden muß"[8].

A. S. Neill betont in seinem Buch, das keineswegs eine vollständige Theorie antiautoritärer Erziehung darstellt, sondern zahlreiche erläuternde

---

1 Weitere Synonyme und Varianten, die jedoch eher der internen pädagogischen Diskussion vorbehalten blieben, finden sich bei Masthoff, S. 38 f. Vgl. auch Friedrich W. Kron: Begriff und Definition antiautoritärer Erziehung, in: Kron, S. 7 - 15, bes. S. 8 ff.

2 Der Titel lautete: Erziehung in Summerhill, das revolutionäre Beispiel einer freien Schule.

3 Vgl. Masthoff, S. 42 f, Paffrath, S. 9, Pulver, S. 10, Weber, S. 42, Schilling, S. 143. Bei Schilling finden sich ausführliche Hinweise zur Etymologie des Wortes *antiautoritär*.

4 Vgl. Paffrath, S. 15 und Reinhart Wolff: Erziehung ohne Zwang? in: Kron, S. 16 - 26.

5 Vgl. Paffrath, S. 22, Weber, S. 49.

6 Paffrath, S. 14.

7 Vgl. Masthoff, S. 35.

8 Ebd.

Beispiele für Neills Konzept aufführt, das Recht eines jeden Kindes auf Selbstbestimmung, Freiheit und Glück[9]. Dies sei nur durch Aufhebung aller autoritären Strukturen und Verzicht auf jegliche Reglementierungen zu erreichen. Weiterhin müßte es den Kindern auch ermöglicht werden, ihre sexuellen Bedürfnisse auszuleben[10]. Die Erzieher sollten als gleichberechtigte Partner der Kinder agieren und deren Kreativität wecken statt reglementieren. Auftretende Konflikte seien von den Kindern selbst zu regulieren[11].

Gegen die Konzeption Neills wurde eingewendet, daß hier das persönliche Glück der Schüler zum wichtigsten Erziehungsziel werde. Neills Glücksbegriff sei individualistisch und berücksichtige nicht die gesellschaftlichen Bedingungen. Den Kindern in Summerhill würde gleichsam auf einer Insel privates Glück ermöglicht. Der sie erwartenden Gesellschaft mit ihren Mechanismen seien diese Kinder später hilflos ausgeliefert[12].

Innerhalb der -> Neuen Linken führte diese Kritik schließlich zur Entwicklung einer neuen Erziehungspraxis, die in den Kinderläden[13] stattfinden sollte. Nachdem auch die Kinderläden zunächst Inseln einer repressionsfreien Erziehung sein sollten, trat mehr und mehr eine politische Komponente der Erziehung in den Vordergrund[14]. Antiautoritäre Erziehung bedeutete für die Vertreter der Neuen Linken neben einer Kritik an nicht legitimierter Autorität demnach immer auch Gesellschaftskritik (-> Establishment). Antiautoritäre Erziehung sollte dazu beitragen, kapitalistische Gesellschaftsstrukturen abzubauen. Dies könne nur dadurch geschehen, daß der massiven politischen Beeinflussung in der bürgerlichen Erziehung eine sozialistische Erziehung entgegengesetzt werde, die die Kinder zu sozialistischen Intellektuellen heranziehe, die später einmal für die Ziele der Arbeiterklasse einzutreten bereit seien[15].

Dieser Position wurde von Kritikern wiederum vorgehalten, daß sie zwar alte Autoritäten ablehne, gleichzeitig aber neue errichte. Das sozialistische Gesellschaftssystem sei für die Kinder eine "Normvorgabe"[16], die nicht zur Diskussion stehe. Dies aber sei undemokratisch und verlange ebenfalls die kritiklose Anerkennung eines vorgegebenen Wertesystems[17].

---

9 Vgl. Neill (1969), S. 41, 105 ff.

10 Vgl. ebd., S. 197 ff.

11 Vgl. ebd., S. 60 ff.

12 Vgl. Masthoff, S. 56 ff, Paffrath, S. 20 ff, Weber, S. 52, 64 f.

13 Zur Geschichte der Kinderläden vgl. Masthoff, S. 67 ff, Paffrath, S. 33 ff.

14 Vgl. Paffrath, S. 35 f, Auchter, S. 47 f.

15 Vgl. Paffrath, S. 41.

16 Masthoff, S. 89.

17 Vgl. ebd., S. 88 ff, Auchter, S. 50.

Daß in der öffentlichen Diskussion um antiautoritäre Erziehung die Positionen Neills und der Kinderladenbewegung nicht immer auseinandergehalten wurden, darf als ausgemacht gelten. Dies dürfte auch gerade darauf zurückzuführen sein, daß *antiautoritäre Erziehung* sich zum Reizwort[18] entwickelte, das äußerst vage verwendet wurde:

> Gerade der Leerformelcharakter ermöglicht es, der antiautoritären Devise geradezu Beliebiges zuzuordnen, das [...] teilweise noch nicht einmal die negativ formulierten Implikationen antiautoritärer Erziehung respektiert.[19]
>
> In Diskussionen und Gesprächen zeigt sich in letzter Zeit immer deutlicher - abgesehen von den damit zugleich implizierten oder geweckten Emotionen - eine heillose Verständigungsschwierigkeit und Begriffsverwirrung.[20]

So wurde das Schlagwort *antiautoritäre Erziehung* von Gegnern dieses pädagogischen Konzepts häufig mit der völligen Ablehnung jeglicher Autorität gleichgesetzt[21]. Werde aber jegliche Autorität negiert, so folgten daraus zwangsläufig chaotische Verhältnisse: "Die Alternative zur Autorität heißt Chaos oder Diktatur."[22] Antiautoritäre Erziehung wird also mit einer Laissez-faire-Haltung[23] gleichgesetzt und soll so gleichzeitig ad absurdum geführt werden. Weiterhin sorgte das von Befürwortern antiautoritärer Erziehung betonte Recht auf sexuelle Bedürfnisbefriedigung aller Altersstufen für eine emotionsgeladene Debatte: die Beurteilungen des Internats Summerhill und der Schriften Neills sind teilweise polemisch und aggressiv, teilweise voll enthusiastischer Zustimmung:

> Die Aussage, die ich im folgenden mache, dürfte das Understatement des Jahrzehnts sein. Ich spreche völlig leidenschaftslos und absolut aufrichtig, wenn ich sage: Ich könnte eines meiner Kinder ebensogut in einem Bordell anmelden wie in Summerhill.[24]

---

18 Vgl. Masthoff, S. 38.

19 Ebd.

20 Paffrath, S. 14.

21 Vgl. ebd., S. 16.

22 Huntemann, S. 7.

23 Daß diese pauschale Gleichsetzung nicht zu Recht erfolgt, vermerkt Paffrath, S. 36. Vgl. auch Auchter, S. 50. Masthoff, S. 36, erwähnt, daß eine Laissez-faire-Haltung im Gegensatz zur antiautoritären Erziehung den Begriff 'Erziehung' nicht für sich in Anspruch nehmen dürfe.

24 Max Rafferty, in: summerhill: pro und contra, S. 19.

> Das Buch Summerhill ist eine heilige Schrift, voller Weisheit, Liebe und allem, was zur Liebe gehört [...][25]

Die Belege zeigen durch unterschiedliche Indikatoren die Existenz eines Schlagwortes an: die Belege 2 und 8 bezeichnen *antiautoritäre Erziehung* ausdrücklich als Schlagwort, Beleg 1 spricht vom "magischen Zauberklang des Wörtchens antiautoritär", während die emotionelle Komponente der Debatte in den Belegen 2, 4, 5, 7, 8 deutlich wird. Beleg 1 erläutert zudem die Mehrdeutigkeit des Schlagworts, auf das sich zumindest zwei unterschiedliche Konzepte von Erziehung berufen.

1971 erreicht die Diskussion um antiautoritäre Erziehung mit der Veröffentlichung des Buches "summerhill: pro und contra" auch in Deutschland einen zweiten Höhepunkt[26]. Mitte der siebziger Jahre verliert *antiautoritäre Erziehung* allmählich an Brisanz, weckt kaum noch Emotionen und verliert seinen Schlagwortcharakter:

> War es Ende der sechziger Jahre und auch noch zu Beginn der siebziger Jahre geradezu unmöglich, in einer Diskussion um Erziehungsfragen in Elternhaus, Vorschule und Schule sich einer dezisiven Stellungnahme zum Thema antiautoritäre Erziehung zu enthalten, so wird heute dem einstigen agitatorischen Reizwort nur noch mit müder Ignoranz begegnet - es ist eben nicht mehr "in".[27]

25 John M. Cullin, in: ebd., S. 28.

26 Vgl. Paffrath, S. 11.

27 Masthoff, S. 1.

Literatur

Auchter, Thomas: Zur Kritik der antiautoritären Erziehung. Informationen, Überlegungen, Konsequenzen, Freiburg i.Br. 1973

Autorenkollektiv: Revolutionäre Erziehung im Kapitalismus und Sozialismus. Kritik der antiautoritären Erziehung, Köln 1973

Classen, Johannes (Hrsg.): Antiautoritäre Erziehung in der wissenschaftlichen Diskussion, Heidelberg 1973

Engelmayer, Otto (Hrsg.): Die Antiautoritätsdiskussion in der Pädagogik, Neuburgweier/Karlsruhe 1973

Erhardt, Johannes: Antiautoritäre Erziehung. Versuch einer kritischen Darstellung und Analyse am Beispiel der Kinderläden, (o.O.) 1973 [Schriftenreihe der Niedersächsischen Landeszentrale für Politische Bildung; Das Autoritätsproblem - 2]

Huntemann, Georg: Autorität oder Chaos, Wuppertal 1971

Kron, Friedrich W. (Hrsg.): Antiautoritäre Erziehung, Bad Heilbrunn 1973

Masthoff, Regine: Antiautoritäre Erziehung, Darmstadt 1981 [Wissenschaftl. Buchgesellschaft; Erträge der Forschung Band 162]

Neill, Alexander Sutherland: theorie und praxis der antiautoritären erziehung. das beispiel summerhill, Reinbek bei Hamburg 1969

Ders.: Das Prinzip Summerhill: Fragen und Antworten. Argumente, Erfahrungen, Ratschläge, Reinbek bei Hamburg 1971

Paffrath, Hartmut F.: Das Ende der antiautoritären Erziehung? Eine Konfrontation mit der Schulwirklichkeit, Bad Heilbrun [!] 1972

Pulver, Elisabeth: Verstrickt in Schlagworte, in: Schweizer Monatshefte 51 (1971/72), S. 10 f

Ruthe, Reinhold: Pro und Contra zur nichtautoritären Erziehung, München 1972 [Claudius Thesen, Heft 2]

Schilling, Helmut: "antiautoritär" - Analyse eines Schlagwortes, in: Muttersprache 82 (1972), S. 143 - 149

summerhill: pro und contra. 15 ansichten zu A. S. Neills theorie und praxis, Reinbek bei Hamburg 1971

Weber, Erich: Autorität im Wandel. Autoritäre, antiautoritäre und emanzipatorische Erziehung, Donauwörth 1974

Lexikographische Erfassung

DWB (1980), WDS (1976): n.a.SchW
WDG (1964): 00

BHE XXII (1975) 77: "programmatisches Schlagwort"
I (1986) 635: "programmatisches Schlagwort"
GBH I (1977) 280: "programmatisches Schlagwort"
MEL I (1978) 318: "v.a. von Vetretern der Neuen Linken gebraucht, dient jedoch (selten) auch als wissenschaftlichter Fachausdruck"
MNL I (1978) 242:"in den 60ern v.a. von Vertretern der Neuen Linken gebraucht; selten als wissenschaftlicher Fachausdruck"
NBH I (1984) 105: "programmatisches Schlagwort"
NDL (1984): n.a.SchW

AVW 169: SchW
KOP, WEI: 00

Belege

(1)

Es mag an einem allgemeinen Wandel des öffentlichen Klimas liegen, daß die Diskussion neuer, freierer Erziehungsformen günstiger geworden ist, vielleicht aber auch spezieller an dem magischen Zauberklang des Wörtchens "antiautoritär", wenn ein Buch, das vor fünf Jahren [...] keinen Hund hinter dem Ofen vorlockte, nun plötzlich im Handumdrehen zum Sensationserfolg wird und binnen sechs Monaten eine Auflage von 325000 erreicht [...] Die Doppelsinnigkeit des Begriffs "*antiautoritäre Erziehung*" (im Buchtitel verdeckt durch die Wahl des bestimmten Artikels) bereitet hier Schwierigkeiten, die auch die öffentliche Diskussion über die antiautoritären Kindergärten belasten und daher vorweg geklärt werden müssen.
Für die eine Richtung ist *antiautoritäre Erziehung* Teil eines politischen Kampfes und ihr Ziel der künftige sozialistische Revolutionär [...]
Neben dieser etwa vom Zentralrat der sozialistischen Kinderläden vertretenen Richtung gibt es eine zweite, die - bei fließenden Übergängen - doch deutlich von ihr abgrenzbar ist: Für sie, die sozialistische Gesinnung der sie Praktizierenden nicht fordert, sich mit ihr aber nicht minder gut verträgt, richtet das "Anti" sich nicht gegen die äußerlich gegebene, sondern die verinnerlichte Autorität.
Die an der Erhaltung des bestehenden Zustands Interessierten haben Grund, diese ideologisch weniger festgelegte *antiautoritäre Erziehung* nicht minder zu fürchten als die auf Klassenkampf fixierte, und die Unklarheit des Sprachgebrauchs kommt ihnen dabei zupaß. Es wäre an der

Zeit, hier einen neuen Terminus einzuführen - nicht nur, weil das affektgeladene Wort "*antiautoritär*" Ängste wachruft und damit rationale Diskussion unnötig erschwert, sondern auch, weil es die Sache nicht trifft.

Hans Krieger: Das Beispiel Summerhill. Bücher von Alexander S. Neill und Siegfried Bernfield zur antiautoritären Erziehung,
in: Zeit 32/1970 v. 07.08.70, S. 15 a

(2)

Antiautoritäre Erziehung ist zum Schlagwort geworden, das die einen lockt und die anderen schockt. (62 c) [...] Das Thema beschäftigt die Nation, als sollte das Jahrhundert des Kindes gerade jetzt beginnen. (63 a) [...] Kaum eine Organisation gibt es in der Bundesrepublik, die zur Vorschulerziehung schweigt. Das Zentralkommitee der deutschen Katholiken meldet sich ebenso zu Wort wie das Rote Kollektiv Proletarische Erziehung, das auch als "Rotkol" firmiert. (63 b) [...]
Für die Bonner Staatssekretärin Hildegard Hamm-Brücher ist "vielleicht das heißeste aller heißen pädagogischen Probleme die Auseinandersetzung um autoritäre und *antiautoritäre Erziehung* und die babylonische Begriffsverwirrung in ihrem Gefolge". (66 b)

Spiegel 44/1970 v. 26.10.70, S. 62 f, 66

(3)

Weil das linke Feld inzwischen so breit geworden ist, hat sich auch ein linkes Establishment gebildet, ein Club der wirklich feinen Leute. [...] Die noch immer ungestillte Sehnsucht nach einer freieren Geschlechtsmoral und das offenbar unwiderstehliche Bedürfnis nach *antiautoritärer Erziehung* sind in diesem Kreis die beliebtesten Gesprächsgegenstände.

Waldemar Besson: Um einen deutschen Edmund Burke bittend,
in: Der Monat 10/1970, H. 265, S. 82 a

(4)

Als der NDR-Redakteur Gerhard Bott vor zwei Jahren über die antiautoritären Kinderläden berichtete, empfanden viele Zuschauer die zwanglose "Erziehung zum Ungehorsam" (Sendungstitel) als "anarchistisch, ekelerregend und pornographisch".

Die *antiautoritäre Erziehung*, so fürchteten damals auch die CDU, der Caritasverband und der Kinderschutzbund, führe zur "systematischen Bolschewisierung" der Kinder und zu "sexueller Libertinage".
Nun hat sich der Hamburger "Panorama"-Reporter wieder mit den antiautoritären Gören beschäftigt - doch diesmal brauchen sich ordnungsliebende Bürger nicht um "die armen, erbarmungswürdigen Kinder" (so eine Zuschrift zu Botts erstem Film) zu sorgen. Die Dokumentation "Terror aus dem Kinderladen?" lehrt vielmehr, daß eher die auf Gehorsam, Ruhe und Sauberkeit abgerichteten Bürgerkinder zu bedauern sind.

Spiegel 3/1972 v. 10.01.72, S. 103 a

(5)

Lehrer wird mit Plakat empfangen, dessen Text noch mehr als anzüglich ist. An Asthma erkrankte Lehrer müssen ihre Schüler um frische Luft bitten. Lehrer, deren Zeugnisnoten dem Schüler nicht genehm sind, werden verprügelt. Amerika, wir kommen! Schüler erschießen ihre Lehrer. Es lebe die *antiautoritäre Erziehung*!!

Dortmund Norbert Stoll [Leserbrief]

Spiegel 16/1972 v. 10.04.72, S. 7 b

(6)

Die Situation in der Berliner Schülerschaft, die einst das Signal für bundesweite Pennäler-Proteste gesetzt hatte, ist symptomatisch für das, was viele Lehrer in allen Bundesländern behaupten: Die *antiautoritäre Phase* ist endgültig vorüber.

Spiegel 14/1972 v. 27.03.72, S. 65 a

(7)

Kaum jemand hat A. S. Neills Buch "Theorie und Praxis der antiautoritären Erziehung" gelesen und verstanden. Das Wissen um einige "antiautoritäre rote Kinderläden" bringt kein Licht in die Problematik.

Diskussionen um dieses Thema basieren daher verstärkt auf Klischees und Emotionen, was keine positiven Auswirkungen auf das Leben haben kann.

Werner Mordstein, 18 Jahre [Leserbrief]

Zeit 5/1974 v. 25.01.74, S. 54 a

(8)

Die Wirkung des Schlagwortes "*antiautoritäre Erziehung*" auf die Masse der Bevölkerung ist so negativ, daß sich automatisch eine Art Abwehrreaktion einstellt gegen alles, was auch nur im entferntesten daran erinnert.

Andreas Meyer, 15 Jahre [Leserbrief]

Zeit 5/1974 v. 25.01.74, S. 54 e

APO (sprich:[a:po:]) (Außerparlamentarische Opposition)

<u>Syn./Var.:</u> Studentenbewegung, Studentenunruhen

-> Neue Linke

Ab 1966/67 ist in den Medien der BRD ein neues Schlagwort anzutreffen, das für ca. drei Jahre nichts an Aktualität verlieren wird.

Wahrscheinlich wurde der Begriff *außerparlamentarische Opposition* am 10.12.66 von -> Rudi Dutschke zuerst benutzt[1].

Obwohl außerparlamentarisch arbeitende Gruppen (wie die Ostermarschbewegung und die Aktion 'Kampf dem Atomtod') schon in den fünfziger Jahren auftraten[2], taucht der Begriff *APO* erst in Zusammenhang mit den großen Demonstrationen gegen das Schah-Regime in Persien, den -> Vietnamkrieg, die -> Notstandsgesetze, und die -> Große Koalition auf. Das Schlagwort *APO* bezieht sich also auf Aktivitäten der sechziger Jahre, die zunächst von Berliner Studenten ausgingen, nicht auf außerparlamentarische Aktionen[3] des vorherigen Jahrzehnts.

Für das Schlagwort *APO* ist eine Definition schwierig, zumal der Begriff sehr vage gebraucht wurde. Als erste Abgrenzung ist anzumerken, daß *APO* ausschließlich für politisch links oder linksliberal orientierte Gruppen stand, nicht etwa auch für die außerparlamentarischen Aktivitäten der NPD.

> Der Begriff "Außerparlamentarische Opposition" wird so vieldeutig und vage gebraucht, daß es beinah beliebig möglich ist, zu entscheiden, welche Phänomene außerparlamentarischer Unmutsäußerung noch darunter fallen oder nicht, wenn sie nur irgendwie "links" sind.[4]

Bemerkenswert ist die Bildung des Schlagwortes *APO* auch gerade aus diesem Grunde: obwohl der Begriff sehr vage benutzt wird und keine feste Organisation im Sinne einer Partei oder Bürgerinitiative bezeichnet, erweckt gerade das Kürzel *APO* den Eindruck einer strukturierten Organisation, ähnlich einer Partei[5]. Die vielfältigen, oft nur lose durch ihre

---

1 Vgl. Dollinger, S. 7, Dutschke, S. 8 sowie Beleg 15.

2 Vgl. Otto (1977), S. 21 f sowie Linde, S. 62; Porträts diverser Gruppen bei Seeliger, S. 89 ff.

3 Zum Begriff *Aktion* vgl. Jäger, S. 91 f.

4 Otto (1977), S. 16.

5 Vgl. auch Seeliger, S. 23 f sowie Winkler, S. 7 ff.

politischen Anschauungen verbundenen Gruppen werden durch dieses Kürzel "sozusagen organisatorisch verdinglicht"[6].

Als Definition soll hier die von Weigt gegebene Erklärung zugrunde gelegt werden:

> **Sammelbezeichnung für eine Anzahl politischer Gruppen, die in Opposition zu den regierenden Parteien der Bundesrepublik und in der Regel auch zum gesamten Gesellschaftssystem stehen und nicht im Parlament (Bundestag) vertreten sind. Die APO entstand im heutigen Wortsinne erst nach der Bildung der Großen Koalition (Dezember 1966), durch welche die parlamentarische Opposition (FDP) wegen ihrer geringen Stimmenzahl zur Bedeutungslosigkeit verurteilt wurde. [...] Es handelt sich [...] ausschließlich um liberale, linksliberale und sozialistische Gruppen, während die ebenfalls - noch - nicht im Bundestag vertretene äußerste Rechte (*NPD) zu den schärfsten Gegnern der APO zählt.**[7]

Damit ist formal eine Definition gegeben, die jedoch kaum das wiedergibt, was der Begriff *APO* umgangssprachlich zur Zeit der Großen Koalition bezeichnete: vor allem 'Studenten-Rebellion', 'Jugend-Revolte', 'sozialistische Opposition' sind Begriffe, die mit der APO assoziiert wurden[8] (vgl. auch Belege 2, 3, 5, 30). Die Springer-Presse, die gegen die APO und ihre Repräsentanten zahlreiche Hetzkampagnen startete, benutzte abwertende bis diffamierende Begriffe wie 'Polit-Gammler', 'Krawallmacher', 'Terror der Jung-Roten', 'kriminelle Minderheiten' etc[9]. Derartige Hetzparolen finden sich jedoch nicht nur in Springer-Erzeugnissen, der Bundesfinanzminister der Großen Koalition bewegte sich auf dem gleichen Niveau[10].

In der Tat läßt sich eine große Diskrepanz zwischen den Zielen der APO und den Reaktionen der Bevölkerung nicht leugnen: Ablehnung und Unverständnis[11] sind die Emotionen, die der APO und teilweise auch Studenten überhaupt entgegengebracht werden[12].

Dies dürfte vor allem daran liegen, daß die Bevölkerung nicht so sehr die theoretischen Begründungen für die Aktionen der APO kannte, sondern fast nur diese Aktionen selbst, die auf ihrem Höhepunkt zu Polizeieinsätzen in bisher nicht gekanntem Ausmaß führten, die schließlich eine

---

6 Linde, S. 62.

7 Weigt, S. 4, Art. 'APO'.

8 Vgl. Otto (1977), S. 15 sowie Linde, S. 62.

9 Vgl. Otto (1977), S. 15 sowie Hermann, S. 123 ff.

10 Vgl. Belege 9, 19.

11 Vgl. Mager/Spinnarke, S. 13.

12 S. auch Beleg 25.

Hysterie (nicht zuletzt geschürt durch die Springer-Presse) hervorriefen, die sogar Menschenleben forderte.

Auch das Schlagwort *APO* spiegelt diese unterschiedlichen Bedeutungen wieder: für die Anhänger der APO bedeuten deren Demonstrationen einen legitimen, ja notwendigen Protest gegen Mißstände im In- und Ausland. Im Inland sind es zunächst die Ausschaltung einer funktionierenden Opposition durch die Bildung der Großen Koalition[13] und die geplanten Notstandsgesetze, gegen die Front gemacht wird. Auch das Meinungsmonopol Axel Springers wird zum bevorzugten Protestobjekt, besonders nach dem Attentat auf Rudi Dutschke durch einen fanatisierten BILD-Leser[14]. Weiterhin protestiert die APO gegen den Vietnamkrieg und andere Mißstände in der Dritten Welt. Ihren Höhepunkt erreichen diese Proteste nach der Erschießung des Studenten Benno Ohnesorg am 02.06.67 während einer Demonstration gegen das Regime des Schah Reza Pahlewi und nach dem Attentat auf Rudi Dutschke am 11.04.68.

Den Anhängern der APO steht das Schlagwort weiterhin für eine direkte Demokratie (vgl. Beleg 4), die es ermögliche, die Erstarrung zu vermeiden, der alle parlamentarischen Parteien zwangsläufig unterliegen (vgl. Beleg 11).

Die Öffentlichkeit steht dem Phänomen APO zumeist ablehnend gegenüber: die im Bundestag vertretenen Parteien und Vertreter der Medien sprechen von einer 'antiparlamentarischen' (und damit wohl undemokratischen) oder wohlwollend von einer 'präparlamentarischen' Opposition, die eine vollkommen unrealistische "Pastoraldemokratie"[15] fordere.

In der breiten Öffentlichkeit findet eine inhaltliche Auseinandersetzung mit der APO nicht statt, ihre Proteste bleiben weitgehend unverstanden. Krawall und Aufruhr werden als Zielvorstellungen der APO, insbesondere der Studenten angesehen (vgl. auch Beleg 25).

Zu Recht bezeichnet Otto *APO* als ein "Emotionssymbol"[16], das für alle negativen Auswirkungen steht, die die Protestaktionen der APO unmittelbar oder auch nur mittelbar hervorgerufen haben. Daß diese Auswirkungen, wie etwa der Tod des Studenten Benno Ohnesorg oder das Attentat auf Rudi Dutschke, kaum der APO zuzurechnen sind, wird bei der emotionsgeladenen Auseinandersetzung mit der APO leicht vergessen[17].

Wenn in den aufgeführten Belegen dennoch in Ansätzen eine inhaltliche und nicht ausschließlich polemische Auseinandersetzung mit der APO und ihren Zielen stattfindet, so liegt dies am hohen journalistischen Niveau der ausgewerteten Zeitschriften und Zeitungen.

---

13 Vgl. Seeliger, S. 23 ff.

14 Vgl. Chaussy, S. 226, Hildebrand, S. 381.

15 Sontheimer, S. 708.

16 Otto (1977), S. 9.

17 Vgl. Meyer, S. 55 f.

Etwa 1969/70 verliert *APO* an Bedeutung, dies dürfte an der Verabschiedung der Notstandsgesetze im Mai 1968 wie auch an der Bildung der sozialliberalen Koalition im September/Oktober 1969 liegen. Damit hatten sich zwei wesentliche Programmpunkte der APO erledigt. In die Wahl Willy Brandts setzten zudem auch viele 'Linke' Hoffnungen, da durch ihn die Adenauer-Ära nun endgültig ihr Ende gefunden hatte.

Die Belege geben deutliche Hinweise auf die Existenz des Schlagwortes. Zunächst ist ihre Zahl recht hoch: für die Jahre 1967 - 1969 gibt es kaum eine Ausgabe des Spiegel, in der die APO nicht durch einen oder mehrere Artikel vertreten ist (vgl. auch Beleg 23).

Die ersten Belege zeigen, daß der Name *außerparlamentarische Opposition* sich noch nicht überall durchgesetzt hatte (Belege 1 - 3). Es gibt sprachreflexive Belege, die sich mit dem Terminus auseinandersetzen (Belege 7, 15, 16, 20, 24, 27, 30), Definitionsbelege (Belege 4, 11, 16, 26) sowie emotionsgeladene Stellungnahmen (Belege 9, 19, 30). Teilweise wird indirekt oder direkt auf den Schlagwort-Charakter von *APO* und *Studentenunruhen* hingewiesen (Belege 21, 31). Die Umstrittenheit des Begriffs wird in zahlreichen Belegen z. T. auch durch Anführungszeichen und ein vorausgehendes 'sogenannte' (Belege 6, 7, 9, 16, 21, 24, 27, 30, 31, 32, 34) deutlich.

Literatur

Backes, Uwe und Jesse, Eckhard: Totalitarismus - Extremismus - Terrorismus. Ein Literaturführer und Wegweiser zur Extremismusforschung in der Bundesrepublik Deutschland, 2., aktualisierte u. erw. Aufl., Opladen 1985

Dies.: Politischer Extremismus in der Bundesrepublik Deutschland (3 Bde), Köln 1989

Baier, Lothar [u.a.]: Die Früchte der Revolte. Über die Veränderung der politischen Kultur durch die Studentenbewegung, Berlin 1988

Bergmann, Uwe [u.a.]: Rebellion der Studenten oder Die neue Opposition, Reinbek bei Hamburg 1968

Bieling, Rainer: Die Tränen der Revolution. Die 68er zwanzig Jahre danach, Berlin 1988

Brunotte, Barbara: Rebellion im Wort. Eine zeitgeschichtliche Dokumentation. Flugblatt und Flugschrift als Ausdruck jüngster Studentenunruhen, Frankfurt 1973

Chaussy, Ulrich: Jugend, in: Benz, Wolfgang (Hrsg.): Die Geschichte der Bundesrepublik Deutschland, Band 3: Gesellschaft, S. 207 - 244, Aktualisierte u. erw. Neuausg., Frankfurt 1989

Cohn-Bendit, Dany und Mohr, Reinhard: 1968. Die letzte Revolution, die noch nichts vom Ozonloch wußte, Berlin 1988

Dollinger, Hans (Hrsg.): Revolution gegen den Staat? Die außerparlamentarische Opposition - die neue Linke, Bern, München, Wien (o.J.) [1968]

Dutschke, Rudi: Mein langer Marsch. Reden, Schriften und Tagebücher aus zwanzig Jahren. Hg. von Gretchen Dutschke-Klotz, Helmut Gollwitzer und Jürgen Miermeister, Reinbek bei Hamburg 1980

Habermas, Jürgen: Protestbewegung und Hochschulreform, Frankfurt 1969

Hager, Jens: Die Rebellen von Berlin, Köln, Berlin ^{2}1967

Hermann, Kai: Die Revolte der Studenten, Hamburg 1967

Hildebrand, Klaus: Von Erhard zur Großen Koalition. 1963 - 1969, Stuttgart, Wiesbaden 1984 (Geschichte der Bundesrepublik Deutschland, hg. v. K. D. Bracher [u. a.], Bd. 4)

Hollstein, Walter: Der Untergrund. Zur Soziologie jugendlicher Protestbewegungen, Neuwied und Berlin 1969

Jäger, Siegfried: Linke Wörter. Einige Bemerkungen zur Sprache der APO, in: Muttersprache 80(1970), S. 85 - 107

Koplin, Raimund: Sprachführer durch die Revolution, München 1968

Kukuck, Margareth: Student und Klassenkampf. Studentenbewegung in der BRD seit 1967, Hamburg [2]1977

Linde, Erdmann: SPD und APO, in: Der Monat, August 1968, H. 239, S. 62 - 67

Linne, Gerhard: Jugend in Deutschland. Vom Sturm und Drang zur APO, Gütersloh 1970

Mager, Friedrich und Spinnarke, Ulrich: Was wollen die Studenten? Frankfurt 1967, Neuausgabe 1968

Meyer, Thomas: Am Ende der Gewalt? Der deutsche Terrorismus - Protokoll eines Jahrzehnts, Frankfurt/M., Berlin, Wien 1980

Miermeister, Jürgen und Staadt, Jochen (Hrsg.): Provokationen. Die Studenten- und Jugendrevolte in ihren Flugblättern 1965 - 1971, Darmstadt und Neuwied 1980

Mosler, Peter: Was wir wollten, was wir wurden. Studentenrevolte - zehn Jahre danach, Reinbek bei Hamburg 1977

Mündemann, Tobias: Die 68er .... und was aus ihnen geworden ist, München 1988

Nevermann, Knut: der 2. juni 1967. Studenten zwischen Notstand und Demokratie. Dokumente zu den Ereignissen anläßlich des Schah-Besuchs [hg.vom Verband deutscher Studentenschaften (vds)], Köln 1967

Otto, Karl A.: Vom Ostermarsch zur Apo. Geschichte der außerparlamentarischen Opposition in der Bundesrepublik 1960 - 1970, Frankfurt, New York 1977

Ders.: APO. Außerparlamentarische Opposition in Quellen und Dokumenten (1960 - 1970), Köln 1989

Ruetz, Michael: "Ihr müßt diesen Typen nur ins Gesicht sehen" (Klaus Schütz, SPD). APO Berlin 1966 - 1969, Frankfurt 1980

Rupp, Hans Karl: Außerparlamentarische Opposition in der Ära Adenauer. Der Kampf gegen die Atombewaffnung in den fünfziger Jahren. Eine Studie zur innenpolitischen Entwicklung der BRD, Köln [2]1980

Seeliger, Rolf: Die Außerparlamentarische Opposition, München 1968

Sontheimer, Kurt: Studenten auf Kollisionskurs, in: Merkur, August 1967, H. 233, S. 701 - 711

Tschirch, Fritz: Sit-in, Go-in, Teach-in. Beispiele jüngster Pejorisierung, in: Zeitschrift für deutsche Sprache 26(1970), S. 37 - 41

Weigt, Peter: Revolutionslexikon. Taschenbuch der außerparlamentarischen Opposition, Frankfurt 1968

Weiss, Andreas von: Schlagwörter der Neuen Linken. Die Agitation der Sozialrevolutionäre, München, Wien 1974 [Gesellschaft und Staat, Bd. 179/180]

Winkler, Hans-Joachim (Hrsg.): Das Establishment antwortet der Apo, Opladen 1968

Lexikographische Erfassung

DWB (1980), WDG (1974), WDS (1976): n.a.SchW

BHE (1967): 00; (1975), (1987): n.a.SchW
GBH (1977), MEL (1971), MNL (1978), NBH (1984), NDL (1984): n.a.SchW

AVW 00
BEC, KOP, WEI: n.a.SchW
NUN 42: SchW

Belege

(1)

Die Studenten der Freien Universität Berlin haben in den letzten Monaten viel von sich reden gemacht, fast genauso viel wie die der University of California in Berkeley kurze Zeit zuvor, und aus sehr ähnlichen Anlässen. Dort wie hier ging es hauptsächlich um den ungehinderten Ausdruck politischer Meinungen auf dem Universitätsgelände.

H. J. [= Hellmut Jaesrich]: Freie Studenten,
in: Der Monat, April 1966, H. 211, S. 4 a

(2)

Berliner Studenten buhen, pfeifen, provozieren. Sie lehnen sich auf gegen "professorale Fachidioten" und die "Restauration des deutschen Bildungswesens". Sie verdammen die Große Koalition in Bonn, den Krieg in Vietnam und die Diktatur in Athen. (46 a) [...]
Er [FU-Rektor Hans-Joachim Lieber] sieht die Studenten-Rebellion an als Teil "einer ziemlich weltweiten Protestbewegung gegen die konformistische Gesellschaft, gegen die Autoritäten, gegen die Mächtigen". (48 c)

Spiegel 24/1967 v. 05.06.67, S. 46 a, 48 c

(3)

Die akademische Jugend nimmt politisch Stellung. Sie tut es bei uns auch zu Anlässen wie Studentenselbstverwaltung, Kongo-Krise, Große Koalition, Bildungsnotstand, Notstandsgesetzgebung, Maßnahmen der Universitätsverwaltungen oder der Polizei.

Günter Herburger: Bankrott der Väter,
in: Der Monat, Juli 1967, H. 226, S. 5 a

(4)

D.: [...] Ich denke, daß wir uns nicht zu Unrecht als *außerparlamentarische Opposition* begreifen, im Gegensatz zum Beispiel zu Habermas...
Sp.: ... dem Frankfurter Philosophie-Professor Habermas...
D.: ... der von der *prä*parlamentarischen* Opposition spricht. Wenn wir sagen *außer*parlamentarisch*, soll das heißen, daß wir ein System von direkter Demokratie anzielen - und zwar von Rätedemokratie, die es den Menschen erlaubt, ihre zeitweiligen Vertreter direkt zu wählen und abzuwählen [...]

[* Hervorhebungen des Spiegel]

"Wir fordern die Enteignung Axel Springers",
Spiegel-Gespräch mit dem Berliner FU-Studenten Rudi Dutschke (SDS),
in: Spiegel 29/1967 v. 10.07.67, S. 29 c

(5)

Es ist unruhig geworden an den Universitäten Westdeutschlands. [...] Diese Unruhe ist Ausdruck eines dynamischen Ungenügens, eines aggressiven Mißvergnügens am Gegebenen und Überkommenen, an der Last der statischen Jahre.

Peter Wapnewski: Die Alte Germanistik und die jungen Studenten [...] , in: Zeit 34/1967 v. 25.08.67, S. 9 b

(6)

Die Lähmung der Opposition unter der Großen Koalition hatte jene Atmosphäre des Unbehagens erzeugt, in welcher das Reden eingeschüchterter Zuschauer von "*außerparlamentarischer Opposition*" dem Treiben ein politisches Scheingewicht geben konnte.

Helmut Kuhn: Studentenrevolten diesseits und jenseits des Ozeans, in: Merkur, November 1967, H. 236, S. 1009

(7)

In einer parlamentarischen Opposition kann es ex definitione keine *außerparlamentarische Opposition* geben, es sei denn, die betreffende Gruppe sänne auf Umsturz und gewaltsame Veränderung der Verhältnisse. [...]
In der politischen Publizistik unserer Tage aber wird in zunehmendem Maße die Existenz einer "*außerparlamentarischen Opposition*" behauptet, was stets, gleich ob von Rechts oder Links darüber räsoniert wird, in kritischem, wenn nicht anklägerischem Sinn gemeint ist.

Peter Coulmas: "Außerparlamentarische Opposition", in: Der Monat, November 1967, H. 230, S. 31 a

(8)

Wo immer heute über "die Studenten" gesprochen wird, meint man im wesentlichen die Studenten der Freien Universität Berlin [...]
Kritische Universität, *außerparlamentarische Opposition*, paritätische Beteiligung der Studenten an den entscheidenden Universitätsgremien - das wurde, wo nicht in Berlin erfunden, so doch von Berlin aus am wirkungsvollsten propagiert.

Rudolf Walter Leonhardt: Die Revolution der Studenten, in: Zeit 45/1967 v. 10.11.67, S. 17 a

(9)

Und Franz-Josef Strauß kann für Dutschke nur so und nicht anders sprechen: "Die radikalen Gruppen verdienen nicht mehr den Namen Student. Sie sind primitive Hetzer, die in erbärmlicher Weise von der geschmähten Gesellschaft Geld nehmen und dafür aus der Freiheit zuerst Narrenfreiheit und dann Unfreiheit machen wollen. Ich weigere mich, sie als '*außerparlamentarische Opposition*' anzuerkennen. Das ist keine Opposition mehr, sondern allenfalls ein moderner zoologischer Garten, in dem man sich von Rauschgift, Maoismus und freier Liebe ernährt." (60 a) [...]
Seine [Dutschkes] Stunde wurde von der Großen Koalition eingeläutet. [...] Zwei Wochen danach führte er bereits eine Studentengruppe von einer polizeilich genehmigten Marschroute hinweg zur City, rief die Demonstranten zu einer "gewaltigen *außerparlamentarischen Opposition*" auf und erreichte prompt, daß die Polizei zum Knüppel griff. (60 c)

Spiegel 51/1967 v. 11.12.67, S. 60 a, c

(10)

Dr. Hans Friderichs (FDP)
Findet auch im Parlament noch immer kein "Aufstand der Enkel" statt, draußen im "vorparlamentarischen Raum", wie es so schön heißt, stehen die Zeichen auf Sturm.

Der Aufstand der Enkel findet nicht statt. Eine Umfrage unter jungen Abgeordneten des Deutschen Bundestages,
in: FH 12/1967, S. 826

(11)

Es ist also der Wille der *außerparlamentarischen Opposition*, nicht integriert zu werden. [...] Gründung einer Partei bedeutet Integration und Integration bedeutet Erstarrung, die ja gerade vermieden werden soll. [...] Die *außerparlamentarische Opposition* ist also keine vorparlamentarische Opposition, da sie nicht vornehmlich auf das Parlament einwirken will, sondern direkt auf die Gesellschaft.

Kehlheim (Taunus) Florian Coulmas [Leserbrief]

Der Monat, Januar 1968, H. 232, S. 95 a

(12)

Neuerdings aber gibt es Deutsche, die haben etwas gegen Professoren. Es sind diejenigen, die den Meistern stets zu Füßen saßen: die Studenten. [...] Sie bedenken die Professoren mit Schimpf und Schande, nennen sie "autoritäre Scheißer" und "Fachidioten", die "unter den Talaren Muff von tausend Jahren" tragen. An der Herrschaft der deutschen Professoren innerhalb der Universitäten, an der Struktur der Hochschulen hat sich die jugendliche Unrast entzündet, die seit Monaten durch Berlin und die Bundesrepublik wogt.

Spiegel 8/1968 v. 19.02.68, S. 34 b

(13)

Sp.: Ist der VDS, obschon Zwangsorganisation für alle Studenten, Teil oder sogar Kern der *außerparlamentarischen Opposition* geworden?
VDS: In den Fragen, die Sie angesprochen haben [Vietnam, Anerkennung der DDR, Abbruch der Beziehungen zum Militärregime in Griechenland, Notstandsgesetze, Rücktritt des Bundespräsidenten Lübke] hat sich die Mitgliederversammlung ganz bewußt als ein Teil der *außerparlamentarischen Opposition* verstanden.

"Nichts geht uns nichts an"
Spiegel-Gespräch mit Christoph Ehmann, Vorsitzender des Verbandes Deutscher Studentenschaften (VDS),
in: Spiegel 12/1968 v. 18.03.68, S. 82 c

(14)

Das Hauptziel der "*Studentenrevolte*" in Deutschland ist die Errichtung einer weniger herrschsüchtigen, weniger autoritären und dirigistischen Gesellschaft.

Vaterlose Gesellen.
Alexander Mitscherlich über den Frankfurter SDS-Kongreß und die Studenten-Rebellion,
in: Spiegel 15/1968 v. 08.04.68, S. 81 a

(15)

Die Partei, seit 1966 unter der Firma "SED-Westberlin" formell unabhängig von Ost-Berlin, blieb, wider Willen, *außerparlamentarische Opposition.*
Aber nicht einmal dieser Begriff stammt von ihr. Es war der DDR-Flüchtling Rudi Dutschke, der am 10. Dezember 1966 zum erstenmal zur "*außerparlamentarischen Opposition*" gegen die bürgerliche Gesellschaft aufrief.

Spiegel 22/1968 v. 27.05.68, S. 41 a

(16)

Das Wort "*Außerparlamentarische Opposition*" ist mehrdeutig. "Außerhalb des Parlaments" sind selbst die Gewerkschaften "Opposition". Zwischen diesem formalen und politisch entschärften Begriff und jener revolutionären, eher "antiparlamentarischen" Opposition, die das Parlament beseitigen oder unterminieren will, gibt es etwas Drittes: die Absicht, in der Breite der Gesellschaft alle Möglichkeiten der Kritik [...] zu mobilisieren, ohne doch das Parlament grundsätzlich zu bekämpfen oder zu ignorieren [...]

WD [Walter Dirks]: Die Fortsetzung der Geschichte,
in: FH 05/1968, S. 298 b

(17)

Es ist zu einer öffentlichen Nötigung geworden, sich für oder gegen die rebellierenden Studenten zu entscheiden, jedermann beeilt sich, "schärfstens zu verurteilen" oder "sich solidarisch zu erklären". Alles andere ist Feigheit.

Hartmut v. Hentig: Die große Beschwichtigung
Zum Aufstand der Studenten u. Schüler,
in: Merkur, Mai 1968, H. 241, S. 385

(18)

[Matthias Walden, Kolumnist der 'Welt' und Kommentator des SFB]:
[...] Die *außer- und antiparlamentarische Opposition* bestreitet, daß der Staat der Bundesrepublik genügend Freiheitsspielraum hat. Aber die radikalen Rebellen engen die Freiheiten ihrer Meinungsgegner gewaltsam ein.

Die extreme Minderheit der Opponierenden bezeichnet sich überall dort als unterdrückt, wo sie nicht herrscht. Das ist ein Mißverständnis der Demokratie. (454) [...]
Die antiparlamentarische Rebellion verhindert daher, was sie zu betreiben vorgibt: die kritische Verbesserung des Bestehenden. (456) [...]

[Jens Litten, 2. Bundesvorsitzender des Sozialdemokratischen Hochschulbundes, 2. Vorsitzender des Asta der Universität Hamburg, Mitglied der SPD]:
[...] Die *außerparlamentarische Opposition* der kritischen Linken wird als antiparlamentarisch diffamiert. Ihren Protest gegen das Meinungsmonopol Springers und den verfassungswidrigen Charakter der Notstandsgesetze nennt der Bundestag pauschal "Krawall". Argumente werden hierzulande durch Polizeiknüppel ersetzt. (459)

Rebellion der Jugend. Dokumentation einer Fernsehsendung

Am 29. Mai befaßte sich das Erste des Deutschen Fernsehens in einer Sendung von Hamburg aus mit den Ursachen und Erscheinungsformen der Rebellion der Jugend. Die Sendung erfolgte in Form eines Hearings und trug den Untertitel "Bestandsaufnahme".

FH 07/1968, S.454, 456, 459

(19)

Franz-Josef Strauß, 52, Finanzminister, definierte in München vor CSU-Abgeordneten *Apo-Mitglieder* als "diese verdreckten Vietcong-Anhänger, die da öffentlich Geschlechtsverkehr treiben".

Spiegel 31/1968 v. 29.07.68, S. 94 b

(20)

Spätestens seit dem Frühjahr 1968 scheint die politische Landschaft der Bundesrepublik um eine neue Erscheinung bereichert, nämlich um die *Außerparlamentarische Opposition*, inzwischen durch die Abkürzung "*APO*" sozusagen organisatorisch verdinglicht. Die Popularität, die diese Erscheinung in der politischen Debatte in erstaunlich kurzer Frist gewonnen hat, schließt freilich mancherlei Mißverständnisse und Fehlinformationen ein. [...]
Außerparlamentarische Opposition wird weithin als ein gesellschaftspolitischer Aufstand der jungen Generation interpretiert, als Revolte einer bestimmten Generation und sozialen Schicht, nämlich der Studenten und

Schüler. Im Zusammenhang damit gilt die *Außerparlamentarische Opposition* als eine Bewegung, die insgesamt dem politischen Leitbild des Sozialistischen Deutschen Studentenbundes (SDS) folgt.

Erdmann Linde: SPD und APO,
in: Der Monat, August 1968, H. 239, S. 62 a

(21)

Der Begriff "*Studentenunruhen*" ist zu einem gängigen Schlagwort geworden, das nicht zuletzt nach eifrigen Bemühungen bestimmter Monopol-Asphaltblätter, keineswegs nur in Berlin, einen negativen Inhalt umreißen soll.

Der Monat, August 1968, H. 239, S. 5 a

(22)

Bevor man sich angesichts des "weltweiten" studentischen Protestes damit beruhigt, ihn im Rahmen allgemeiner Generationskonflikte als eine neue Spielart retardierter Pubertät abzutun, sollte man sich darauf besinnen, daß Bedingungen, Intensität, Zielrichtung und vor allem Wirkung dieses Protests von Land zu Land sehr verschieden sind.

Lutz Niethammer: Koalition ohne Konzept - Protest ohne Praxis.
Die Große Koalition und die Studentenbewegung,
in: Der Monat, August 1968, H. 239, S. 47 a

(23)

Daß aber die Enzyklika "Humanae vitae" des Papstes Paul VI. und wie sie die Öffentlichkeit beschäftigt, ist sicherlich auch in den Zuschriften an den Spiegel abzulesen. In der vergangenen Woche haben sie an Zahl sogar die Briefe zum Thema *Studentenunruhen* übertroffen, das in diesem Jahr bis dahin die Spitze hielt [...]

Spiegel 37/1968 v. 09.09.68, S. 5

(24)

Alles, was Berlins Protestbewegung aus ihrer Gründerzeit blieb, ist der Name, den Rudi Dutschke ihr gab: "*Außerparlamentarische Opposition*". Doch selbst dieser Begriff ist heute umstritten. SDS-Mann Tilman Fichter: "Die *Apo*? Die *Apo* hat es nie gegeben."

Spiegel 46/1968 v. 11.11.68, S. 68 c

(25)

Glinz [Hans Glinz, Schweizer Sprachwissenschaftler] analysierte Sprachstrukturen als Leerformeln, die beliebig gefüllt werden könnten. Wortinhalte seien Ergebnisse sozialer Erfahrungen. So hätten Befragungen von Volksschülern ergeben, das Wort "*Student*" habe innerhalb weniger Monate eine neue Hauptbedeutung gewonnen: "Jemand der demonstriert."

[Bericht über den deutschen Germanistentag 1968 in Berlin]

Spiegel 42/1968 v. 14.10.68, S. 202

(26)

Der Inhalt und der der Begriff der *außerparlamentarischen Opposition* hat nichts mit "linken" Börsenversuchen (= "hinein" ins "Parlament") zu tun. Der Name Rätedemokratie kann temporär integriert werden. Zerschlagbar ist diese revolutionäre Grundidee für die Zeit vor, während und nach dem Aufstand des Volkes gegen die Herrschenden nicht. Immer wieder wird sie praktiziert.

"Es kracht an allen Ecken und Enden"
Brief für die Herren der anderen Seite / Von Rudi Dutschke,
in: Spiegel 50/1968 v. 09.12.68, S. 185

(27)

Da das, was sich etwas pompös "*Außer-Parlamentarische Opposition*" nennt, durch gemeinschaftliche und keineswegs immer angenehm verlaufende Aktionen eine ganze Reihe von Strafverfahren heraufbeschworen hat

[...], liegt es nahe, daß die Beobachter der Prozesse kritisch die Einstellung und die Urteile der einzelnen Richter unter die Lupe nehmen.

Alexander Besser: Justizkrise und Krise der Kritik,
in: Der Monat, Januar 1969, H. 244, S. 10 b

(28)

Im Wintersemester 1968/69 haben die studentischen Rebellen, in der letzten Woche vielerorts so aktiv wie kaum zuvor, die deutsche Universität so weit gebracht, daß sie kaum mehr ein noch aus weiß (60 b) [...] Tatsache ist, daß die Unruhe im Laufe des Wintersemesters die meisten Hochschulen erfaßt hat [...] (60 c)

Spiegel 4/1969 v. 20.01.69, S. 60 b, c

(29)

Für die Stimmung, die sich im Laufe des letzten Jahres eines großen Teils des deutschen Volkes, insbesondere der studentischen Jugend, bemächtigt hat, hat sich der Begriff der *Unruhe* ohne nähere Befragung eingebürgert. Aber kann man bestreiten, daß jene so benannte Stimmung, für die die Große Koalition, die Studienverhältnisse an unseren Universitäten, unterbliebene Reformen unserer Gesellschaft etc. als Verursachung benannt werden, von völlig anderer Art und innerer Begründung ist als jene *Unruhe*, die wohl jeden, der sich nicht gern etwas vormacht, als Folge der Ereignisse in der Tschechoslowakei in den letzten Monaten ergriffen hatte? In diesem zweiten Fall war der Begriff *Unruhe* m. E. vollkommen richtig am Platze. [...] Aber gilt das auch für die studentische Bewegtheit und ihre in aller Regel fast uneingeschränkt positive Kommentierung in der liberalen Publizistik unseres Landes? Im Laufe der letzten Monate sind Ströme von Tinte geflossen, um die Ursache der *Unruhe*, die unser Land erfaßt hat, zu ergründen.

Wilhelm Hennis: Die deutsche Unruhe. Definitionen,
in: Merkur, Februar 1969, H. 250, S. 103

(30)

Wenn es nach Worten ginge, müßten "bürgerkriegsähnliche Vorkommnisse" (Bundeskanzler Kiesinger) zu verzeichnen sein - brennende Stadtviertel etwa wie in amererikanischen Großstädten während der Rassenunruhen; dann müßte "der Vietcong unter uns" sein (so der Frankfurter

CDU-Kreisvorsitzende Ernst Gerhardt) - und aus dem Hinterhalt auf Feinde feuern.
Tatsache ist, daß die Unruhen an den Hochschulen anhalten und vom Campus hier und dort in die Stadt getragen werden. [...]
Hinter diesem Zaun von Worten und Ereignissen, die sich registrieren lassen, von Abläufen, die sich nachzeichnen lassen, wuchert ein schwer durchdringliches Dickicht von unterschiedlichsten Motiven, Frustrationen, Anlässen, Zielen. (23 b, c) [...]
Wie die Studentenschaft nicht nur aus Rebellen, sondern aus Desinteressierten, Engagierten und Überengagierten besteht, besagt die Abkürzung *Apo* mehr, als der gemeinsame Nenner "*Außerparlamentarische Opposition*" verrät. [...] Zur *Apo* rechnen sich manche Liberale und Anarchisten, manche linken Sozialdemokraten sowie Marxisten aller Schattierungen. (24 a, b)

Spiegel 7/1969 v. 10.02.69, S. 23 b, c, 24 a, b

(31)

Was also blieb, war die magische Formel von der *außerparlamentarischen Opposition*, deren Schlagwort-Charakter Reiche [Reimut Reiche, 1967 SDS-Bundesvorsitzender] damals und auch später nicht durch konkrete Formulierungen aufzuheben vermochte.

Jens Litten: Deprimierte Repression,
in: Der Monat, März 1969, H. 246, S. 21

(32)

Wenn eins die sogenannte *Apo* ruiniert hat, so das Abhandenkommen jeglicher Bereitschaft, die eigenen Positionen kritisch zu befragen und von Dritten diskutieren zu lassen. Es ist nicht Zufall, daß die *Außerparlamentarischen* nicht nur den Nixon-Besuch, sondern auch die Wahl dieses Gustav Heinemann, trotz aller laut tönenden Ankündigungen, ohne nennenswerte Aktion passieren lassen mußten: Sie sind an ihrer Verachtung für die banalen Tatsächlichkeiten unserer politischen Umwelt irre geworden.

Rudolf Augstein: Statt Karten,
in: Spiegel 11/1969 v. 10.03.69, S. 24 b

(33)

Die Protestbewegung entsteht gerade daraus, daß den Studenten die überalterte Universitätsstruktur, an der verbissen festgehalten wird, als Modell dient, um die autoritäre Struktur der Gesellschaft insgesamt klarzumachen. Insofern ist der *Protest der Studenten* nicht die Ursache, sondern der Ausdruck einer Grundlagenkrise der Bundesrepublik [...]

Spiegel 18/1969 v. 28.04.69, S. 49 a

(34)

Gründungszweck [des Sozialistischen Zentrums] ist "die Entwicklung der sogenannten *außerparlamentarischen Opposition* von einer bloßen antiautoritären, bestenfalls radikal-demokratischen Studentenrevolte zu einer Bewegung mit sozialistischem Ziel".

Spiegel 32/1969 v. 04.08.69, S. 51 b

(35)

Seit gut zwei Jahren müssen wir Bundesdeutsche nun mit dieser Protestjugend leben. (883 a) [...]
Das, was Anfang der sechziger Jahre als inneruniversitäre Auseinandersetzung an der Freien Universität Berlin begann, ist über die Phasen der "*außerparlamentarischen Opposition*" und des "Antiautoritären Lagers" längst aus den Kinderschuhen einer fälligen Universitätsreform herausgewachsen. (883 b) [...]
Es spricht vieles dafür, daß diese Protestbewegung, die tiefer geht, als es das billige Schlagwort von der "unruhigen Jugend" wahrhaben will, die auch breiter wirksam wurde, als konservatives Denken es uns verhieß, in ihre entscheidende Krise getreten ist. (884 a) [...]
Gegenüber dem Sommer 68, der mit dem Kampf um die Notstandsgesetze einen öffentlichen Höhepunkt der Protestbewegung brachte, herrschte diesmal [im Sommersemester 69] eher eine Phase der Regression [...] (884 a)

Horst Krüger: Wohin treibt die Protestbewegung?
in: Merkur, September 1969, H. 257, S. 883 f

Atomwaffensperrvertrag

Syn./Var.: Atomsperrvertrag, Kernwaffensperrvertrag, Nonproliferation, Sperrvertrag

Atomwaffensperrvertrag ist ein Schlagwort, das in den sechziger Jahren geprägt wurde[1] und in der BRD von 1967 - 1969 in der öffentlichen Diskussion war.

Schon drei Monate nach den Atombombenabwürfen der USA auf Hiroshima und Nagasaki im August 1945 wurde die Bildung einer UN-Atomenergie-Kommission vorgeschlagen, die eine ausschließlich friedliche Nutzung der Atomenergie gewährleisten sollte[2]. Bereits vom Jahre 1945 an wurde also die Diskussion um die Gefahren der neuen nuklearen Massenvernichtungsmittel geführt. Den Anstoß für ein Nonproliferationsabkommen gab die irische UN-Delegation am 17.11.61. Ihr Vorschlag, eine Weitergabe von Atomwaffen zu verhindern, wurde am 04.12.61 einstimmig von der UN-Vollversammlung angenommen[3].

Die Konkretisierung dieses Vorschlags durch ein Vertragswerk stellte sich jedoch als äußerst diffizil heraus: einerseits gab es vielfältige Differenzen zwischen den Atommächten USA und Sowjetunion, andererseits meldeten die Nichtkernwaffenstaaten zahlreiche Bedenken gegenüber den von den Atommächten gemachten Vorschlägen an[4]. Erst am 01.07.68 konnte der Atomwaffensperrvertrag von den Vertretern der USA, Großbritanniens und der Sowjetunion unterzeichnet werden[5]. Er trat am 05.03.70 in Kraft, nachdem weitere 40 Unterzeichnerstaaten die Ratifikationsurkunden hinterlegt hatten.

Zur Jahreswende 1966/67 begann sich eine Einigung zwischen den USA und der Sowjetunion abzuzeichnen[6]. Dies war der Zeitpunkt, zu dem die Diskussion um den Atomwaffensperrvertrag in der BRD einen ersten Höhepunkt erreichte[7]. Es wurde immer offenkundiger, daß die USA auch gegen die Bedenken ihrer Bündnispartner zu einem Vertragsabschluß mit der Sowjetunion kommen wollten[8].

---

1 Vgl. Heberth, Bd. 1, S. 14.

2 Vgl. Baumann, S. 11, Kimminich, S. 121 ff.

3 Vgl. Baumann, S. 12.

4 Vgl. Kohler, S. 35 ff. Eine ausführliche Darstellung der Verhandlungen bis zur Unterzeichnung des Atomwaffensperrvertrages bietet Kimminich, S. 121 ff.

5 Der Vertragstext ist u. a. abgedruckt bei Fischerhof, S. 44 f, Kohler, S. 174 ff.

6 Vgl. Kimminich, S. 204 ff.

7 Vgl. Kohler, S. 124.

8 Vgl. ebd., S. 68 ff, 119, Baumann, S. 28.

Vor diesem Hintergrund führten die Kritiker des Atomwaffensperrvertrages an, daß dieser einem 'Unterwerfungsvertrag'[9] gleichkomme, der die "atomaren Habenichtse"[10] diskriminiere: die Klauseln des Vertrages

> griffen in die Sicherheit und Unabhängigkeit aller nichtnuklearen Staaten ein, forderten von ihnen eine Askese ohne Gegenleistung und monopolisierten die auf der Atomenergie basierende industrielle Zukunft aller Länder in den Händen Washingtons und Moskaus[11].

Besonders aus den Reihen der CDU/CSU wurde der Atomwaffensperrvertrag mit emotionsgeladenen Polemiken attackiert: Adenauer sprach von einem "Morgenthau-Plan im Quadrat" (vgl. Beleg 5), Strauß von einem 'neuen Versailles, und zwar von kosmischen Ausmaßen' (vgl. Beleg 4) sowie von einem "Super-Jalta" (Beleg 10)[12]. Diese Bezeichnungen spielen alle auf die Befürchtung an, daß mit dem Atomwaffensperrvertrag die Möglichkeit eines europäischen Bundesstaates mit eigenen Atomwaffen von vornherein unmöglich gemacht werde. Diese sogenannte 'europäische Option', die besonders von der CSU verfochten wurde[13], wurde zu einem gravierenden Einwand gegen den Atomwaffensperrvertrag, zumal die USA nicht bereit waren, im Rahmen des Atomwaffensperrvertrages - für den Fall einer Auflösung der NATO - der BRD Sicherheitsgarantien zu geben[14], die über allgemeine Absichtserklärungen hinausgingen[15]. Weiterhin schien die weitreichende Einigkeit der Großmächte USA und Sowjetunion den Kritikern des Atomwaffensperrvertrages suspekt[16]: sie fürchteten eine Monopolisierung auch der friedlichen Kernforschung durch die beiden Atomgroßmächte, zumal diese sich anscheinend auch keinerlei Beschränkungen hinsichtlich ihrer eigenen Atomrüstung aufzuerlegen gedachten[17]. Kurt Georg Kiesinger sprach in diesem Zusammenhang gar von 'atomarem Komplizentum' (vgl. Beleg 8), das die USA und die Sowjetunion immer näher zusammenzwinge[18].

---

9 Vgl. Hepp, S. 18.

10 Ebd., S. 19.

11 Baumann, S. 28.

12 In seinen Memoiren taucht bei Strauß auch noch die Variante "Super-Versailles" auf; vgl. Strauß, S. 266.

13 Vgl. Kohler, S. 129 f, 137 f.

14 Vgl. ebd., S. 142, Kimminich, S. 232 ff.

15 Vgl. Kohler, S. 90 ff, Kimminich, S. 220 ff

16 Vgl. Kimminich, S. 221, Hepp, S. 34 f.

17 Vgl. Kohler, S. 79 f.

18 Das Zitat entstammt einer Rede Kiesingers vom 27.02.67 vor dem Verein der Union-Presse in Bonn. Vgl. Kiesinger, S. 36 sowie Hildebrand, S. 310 f.

Recht deutlich werden in dieser Wendung die Emotionen, die durch die Problematik des Atomwaffensperrvertrages geweckt wurden; leicht verständlich werden diese vor dem Hintergrund, daß die USA ohne Rücksicht auf ihre westlichen Verbündeten zu einem Vertragsabschluß mit der Sowjetunion kommen wollten und dabei selbst eine "Erosion der NATO"[19] in Kauf nahmen.

Positiver standen die Anhänger der SPD der Idee des Atomwaffensperrvertrages gegenüber: sie sahen die deutschen Interessen im Vertrag weitgehend vertreten, Detailfragen seien zwar noch offen, doch seien diese durch weitere Verhandlungen mit den USA zu lösen[20]. Die von der CDU/CSU lautstark vorgetragene Kritik diene nicht deutschen Interessen, sondern führe die BRD lediglich in eine internationale Isolation. Wolle die BRD dieser Isolation und einer Mißdeutung ihrer tatsächlichen Interessen entgehen, so habe sie den Atomwaffensperrvertrag zu unterzeichnen. Anderenfalls könne sie leicht von der Sowjetunion in die Rolle eines "internationalen Störenfrieds"[21] gedrängt werden. Der Atomwaffensperrvertrag sei außerdem als Teil der Entspannungspolitik zu sehen, die zu einer europäischen Friedensordnung und damit zur Sicherung des Friedens überhaupt beitrage[22]. Die Sicherung des Friedens sei aber nicht durch eine Politik der (vermeintlichen) Stärke, sondern durch konkrete Abrüstungsschritte zu erreichen[23]. Ein kernwaffenfreies Europa sei daher ein Schritt in die richtige Richtung[24].

Gerade diese Argumentation aber, die den Atomsperrvertrag als Teil einer -> Neuen Ostpolitik kenntlich machte, mobilisierte jene Teile der Öffentlichkeit, die in der Entspannungspolitik Willy Brandts ohnehin einen 'Ausverkauf' deutscher Interessen sahen[25]:

> Obwohl der Nichtverbreitungsvertrag im Mittelpunkt stand, war letzten Endes nicht er, sondern die Ziele und Methoden der Entspannungspolitik der eigentliche Hauptstreitpunkt. Er eignete sich jedoch als taktisches Mittel, um die Ostpolitik zu blockieren und die Haltung der Sozialdemokraten zu diskreditieren.[26]

---

19 Hildebrand, S. 310.

20 Vgl. Kohler, S. 125 ff.

21 Ebd. S. 125.

22 Vgl. Brandt, S. 25.

23 Vgl. ebd., S. 11.

24 Vgl. ebd., S. 14 f.

25 Für ausführlichere Informationen -> Neue Ostpolitik/Entspannung und Anerkennung der DDR/Oder-Neiße-Linie/Ostverträge.

26 Kohler, S. 127.

Mit dem Herannahen der Bundestagswahl 1969 erreichte die öffentliche Diskussion um den Atomwaffensperrvertrag ihren zweiten Höhepunkt[27]. Offen wurden jetzt auch die Differenzen zwischen den Koalitionsparteien CDU und SPD ausgesprochen.

Mit der Bildung der sozialliberalen Koalition am 21.10.69 schließlich wird der Weg zum Beitritt der BRD zum Atomwaffensperrvertrag frei: dieser erfolgt bereits am 28.11.69. Damit kann auch die öffentliche Diskussion um dieses Thema als weitgehend abgeschlossen betrachtet werden: die Frequenz des Wortes *Atomwaffensperrvertrag* geht wieder zurück.

Die Belege weisen deutlich auf die Existenz eines Schlagwortes hin[28]: während die Belege 1 und 4 - 9 die emotionsgeladene öffentliche Diskussion dokumentieren, zeigen die Belege 2, 9 und 11, daß mit dem Wort *Atom(waffen-)sperrvertrag* die Befürchtung verknüpft wurde, auch die friedliche Atomforschung solle nun auf Betreiben der Großmächte eingeschränkt oder gar beendet werden. Besonders die auch häufig anzutreffende Variante *Atomsperrvertrag* verlieh diesen Befürchtungen Ausdruck.

27 Vgl. ebd., S. 129.

28 Erstaunlich in diesem Zusammenhang, daß Nunn, S. 41, *Atomwaffensperrvertrag* zwar als "Stichwort" aufnimmt, jedoch nicht als Schlagwort verstanden wissen möchte.

Literatur

Atomwaffensperrvertrag. Textausgabe englisch und deutsch mit einer Einführung von Prof. Dr. jur. Hans Fischerhof, Baden-Baden 1969

Baumann, Gerhard: Der Atomsperrvertrag. Eine Dokumentation, Pfaffenhofen/Ilm 1968

Börner, Bodo: Rechtsfolgen des Atomsperrvertrages für die Bundesrepublik Deutschland, Düsseldorf 1968 [Veröffentlichungen des Instituts für Energierecht an der Universität zu Köln Bd. 22, hg. von Bodo Börner]

Brandt, Willy: Zum Atomsperrvertrag. Reden und Erklärungen sowie Dokumente zur Genfer Konferenz, zum NV-Vertrag und zum europäischen Sicherungssystem, Berlin 1969

Harlaß, G.: Nonproliferation, in: Der Sprachdienst 9(1965) H. 12, S. 179

Heberth, Alfred: Neue Wörter. Neologismen in der deutschen Sprache seit 1945 (2 Bde), Wien 1977, 1982

Hepp, Marcel: Der Atomsperrvertrag. Die Supermächte verteilen die Welt, Stuttgart-Degerloch 1968

Hildebrand, Klaus: Von Erhard zur Großen Koalition. 1963 - 1969, Stuttgart, Wiesbaden 1984 (Geschichte der Bundesrepublik Deutschland, hg. v. K. D. Bracher [u. a.], Bd. 4)

Kiesinger, Kurt Georg: Das Verhältnis zu den Vereinigten Staaten. Rede vor dem Verein der Union-Presse, Bonn [am 27.02.67], in: Ders.: Die Große Koalition 1966 - 1969. Reden und Erklärungen des Bundeskanzlers. Hg. von Dieter Oberndörfer, Stuttgart 1979, S. 36 - 38

Kimminich, Otto: Völkerrecht im Atomzeitalter. Der Atomsperrvertrag und seine Folgen, Freiburg i.Br. 1969

Kohler, Beate: Der Vertrag über die Nichtverbreitung von Kernwaffen und das Problem der Sicherheitsgarantien, (Diss. Köln 1970) (o.O., o.J.) [Rüstungsbeschränkung und Sicherheit. Schriften des Forschungsinstituts der Deutschen Gesellschaft für Auswärtige Politik e.V. Bonn, Bd. 9]

Nunn, A. David: politische schlagwörter in deutschland seit 1945. ein lexikographischer und kritischer beitrag zur politik, Gießen 1974

Strauß, Franz Josef: Die Erinnerungen, Berlin [2]1989

Lexikographische Erfassung

DWB (1980), WDS (1976): n.a.SchW
WDG (1964): 00

BHE (1970), (1976), (1981), (1990), GBH (1979), MEL (1971), (^{2}1984), MNL (1978), NBH (1985), NDL (1984): n.a.SchW

BEC n.a.SchW
NUN 41: "kein Schlagwort"

Belege

(1)

Kein außenpolitisches Thema wird gegenwärtig in Bonn so leidenschaftlich diskutiert wie der *Atomsperrvertrag*.

Theo Sommer: "Ja - aber" zur Atomsperre
Bonn wider das Diktat der Nukleargiganten,
in: Zeit 05/1967 v. 03.02.67, S. 3 a

(2)

"*Nonproliferation*" ist, wie wenn ein Club notorischer Säufer von Abstinenzlern eine schriftliche Bestätigung verlangt, daß sie nie Alkohol zu sich nehmen (was sie sowieso nicht wollen) und außerdem auch dann keinen Tropfen anrühren, wenn ihnen ein Glas angeboten wird. Und wenn sich diese Trinker nach Unterzeichnung des Vertrages nicht nur zusammensetzen und weitersaufen, sondern auch noch mit den leeren Flaschen nach den Abstinenzlern werfen." (CDU-MdB Felix von Eckardt)

Spiegel 7/1967 v. 06.02.67, S. 12 c

(3)

Es ist kaum möglich, aus der deutschen Diskussion über den *Atomsperrvertrag* noch ein Wort der Zustimmung oder der vorbehaltlosen Bereitschaft zur Unterschrift herauszuhören.
Der Stimmungsumschwung ist unüberhörbar.

Kurt Becker: Skepsis beim Sperrvertrag. Das technologische Problem hat den Vorrang,
in: Zeit 07/1967 v. 17.02.67, S. 1 c

(4)

Strauß beim Empfang für Briten-Premier Wilson im Palais Schaumburg:
"Das ist ein neues Versailles, und zwar eines von kosmischen Ausmaßen."

Spiegel 10/1967 v. 27.02.67, S. 18 c

(5)

Sp.: Finden Sie, daß die Bundesregierung sich richtig verhält, wenn sie sich bemüht, den *Atom-Sperrvertrag* für Deutschland annehmbar zu machen?
A.: [...] Ich finde diese ganze Sache ungeheuerlich. Das ist wirklich der Morgenthau-Plan im Quadrat.

Spiegel-Interview mit Konrad Adenauer über den Atom-Sperrvertrag

Spiegel 10/1967 v. 27.02.67, S. 21 b

(6)

Innerhalb von vier Wochen eskalierte sich die öffentliche Meinung unter Führung der Springer-Presse in eine *Atomsperr-Hysterie*, die keinen Superlativ, keinen Rückgriff auf die finstersten Stunden der Geschichte, keinen Bezug auf Versailles, Morgenthau und Jalta scheute [...] (17 c)
Im Nebel dieser verschwommenen Grenzen und sich überschneidenden Definitionen wurde der mit Nationalismen angereicherte Schlagzeilen-Wirbel um den *Sperrvertrag* entfacht. Mit Gewißheit konnte dabei niemand sagen, daß es zu Diskriminierungen der deutschen Wirtschaft und Forschung kommen würde. Nicht nur, daß der genaue Wortlaut des umstrittenen Vertrages im unklaren blieb; nicht nur, daß viele der Diskus-

sionsteilnehmer, wie die Hamburger "Zeit" formulierte, "U 235 kaum von U-2 zu unterscheiden vermögen". (24 c, 27 a) [...]
Vor der Gesamtfraktion machte Kiesinger dann am Dienstagnachmittag klar: Die öffentliche Diskussion sei "gut und nützlich" gewesen, müsse aber jetzt heruntergeschraubt werden. [...]
Allein, die bundesrepublikanische Selbstbesinnung kam zu spät. Am letzten Freitag erhielten die Deutschen die Quittung für ihr Versailles-Geschrei. (30 a, b)

Spiegel 10/1967 v. 27.02.67, S. 17 c, 24 c, 27 a, 30 a, b

(7)

Sp.: Herr Minister, bedeutet der *Atom-Sperrvertrag,* wie Altkanzler Adenauer meinte, ein "Todesurteil für die Bundesrepublik"? Droht uns, wie Ihr Kollege Strauß formulierte, "ein neues Versailles"? [...] (32a)
Sp.: Wir halten es nicht für ausgeschlossen, daß die erregten Debatten in der bundesdeutschen Öffentlichkeit den kühlen, sachlichen Verhandlungen, wie sie Ihnen offenbar vorschweben, abträglich waren. (40 c)

Droht Deutschland die Atom-Apartheid?
Spiegel-Gespräch mit Wissenschaftsminister Dr. Gerhard Stoltenberg über den Atom-Sperrvertrag,
in: Spiegel 10/1967 v. 27.02.67, S. 32 a, 40 c

(8)

Noch drei Wochen zuvor hatte der Kanzler vor CDU-Journalisten in Bonn die Motive der US-Nachkriegspolitik in Europa beargwöhnt [...] und von "atomarem Komplicentum" [!] zwischen Amerikanern und Russen gesprochen.

Spiegel 14/1967 v. 27.03.67, S.17 b

(9)

Das falsche Wort vom "*Atomsperrvertrag*", das zu der Annahme verleitet, es solle auch der wissenschaftlichen atomaren Forschung ein Stop gesetzt werden - was nicht zutrifft -, ist gewiß nicht zufällig verwendet worden;

in letzter Zeit war es auch in der Presse und in Illustrierten üblich geworden, von einem "*Atomsperrvertrag*" statt vom *Atomwaffen-Sperrvertrag* zu sprechen.

Thilo Werthern-Beichlingen: "Die neue Ostpolitik",
in: FH 09/1967, S. 592 a

(10)

Angesichts der Sowjet-Invasion in der CSSR bekräftigte der CSU-Boß mit Nachdruck, daß weder die Abgeordneten noch die Minister seiner Partei dem *Sperrvertrag*, diesem "Super-Jalta", jemals zustimmen würden.

Spiegel 36/1968 v. 02.09.68, S. 23 a

(11)

Es wäre verfehlt, anzunehmen, daß der am 1. Juli 1968 unterzeichnete *Atomsperrvertrag* den nichtatomaren Nationen verböte, eine eigene Kernbewaffnung als Antwort auf die Gefahren der nächsten Zeitspanne in Erwägung zu ziehen. Der Vertrag wurde nur von einem Teil der Nationen unterzeichnet. [...] Zudem sieht der Vertrag auf Wunsch der Nichtatomaren Revisions- und Rücktrittsklauseln vor.

Johannes Wilhelm Klefisch: Brauchen wir Atomwaffen?
Deutschland und die Strategie der siebziger Jahre (II),
in: FH 09/1968, S. 614

(12)

In der Bundesrepublik hat der herannahende Wahlkampf die Debatte über die Bonner Unterschrift unter den *Atomsperrvertrag* neu entflammt. Befürworter und Gegner verwenden dabei gelegentlich Argumente aus dem Ausland, die den Vorzug haben, nicht nachprüfbar zu sein, aber gewichtig zu erscheinen, weil sie angeblich aus einflußreichen Kreisen stammen, auf die Rücksicht genommen werden müsse - besonders in Washington.

Joachim Schwelien: Druck von draußen? Tauziehen um die Bonner Unterschrift,
in: Zeit 16/1969 v. 18.04.69, S. 7 b

Baader-Meinhof-Bande / Baader-Meinhof-Gruppe

Syn./Var.: Baader-Meinhof, Rote Armee Fraktion, Abk.: RAF (Eigenbezeichnung)

In den Jahren 1971/1972 wird *Baader-Meinhof-Gruppe* bzw. *-Bande* zu einem äußerst brisanten Schlagwort in der Bundesrepublik Deutschland.

> ***Baader-Meinhof-Gruppe*[1] steht für die Vereinigung einer Anzahl von Terroristen unter der Führung von Andreas Baader, Gudrun Ensslin und Ulrike Meinhof[2]. Zum sog. harten Kern dieser Gruppe gehörten weiterhin Horst Mahler, Jan-Carl Raspe und Holger Meins[3].**

In das Interesse einer breiteren Öffentlichkeit gerät die Baader-Meinhof-Gruppe nach der gewaltsamen Entführung Andreas Baaders aus Justizgewahrsam, bei der ein Mann schwer verletzt wird. Der Tag der Befreiung Baaders, der 14.05.70, gilt als "Geburtsstunde der RAF"[4], die von diesem Zeitpunkt an durch eine nicht abreißende Serie von Banküberfällen und Bombenanschlägen (u. a. auf Einrichtungen der US-Armee sowie auf mit Ermittlungen gegen die Baader-Meinhof-Gruppe befaßten Richter), die zahlreiche Menschenleben fordert, von sich reden macht[5].

In der öffentlichen Diskussion um die Baader-Meinhof-Gruppe geht es nicht um eine Bewertung ihrer Ziele, um ein Für oder Wider. Gerade das vorrangige Ziel der Baader-Meinhof-Gruppe, durch ihre Anschläge einen staatlichen Unterdrückungsapparat zu decouvrieren und dadurch die Gesellschaft zu befreien und zur Revolution zu befähigen[6], wurde in der Öffentlichkeit nie ernsthaft diskutiert: hier wurden die zahlreichen Morde und Anschläge mehr als brutale Gewaltkriminalität, denn als politische Akte gewertet:

---

1 Auf die programmatischen Unterschiede zwischen *Baader-Meinhof-Gruppe* und *-Bande* wird weiter unten ausführlich eingegangen. Im folgenden wird der weniger pejorisierenden Variante *Baader-Meinhof-Gruppe* der Vorzug gegeben.

2 Der Einfluß Ulrike Meinhofs scheint jedoch vergleichsweise gering gewesen zu sein, "sehr viel geringer jedenfalls als das Schlagwort Baader-Meinhof-Gruppe nach außen hin signalisierte" (Aust, S. 121).

3 Biographische Angaben zu diesen und weiteren Mitgliedern der Gruppe bei Aust sowie in: Die Baader-Meinhof-Bande. dpa-Hintergrund (Archiv- und Informationsmaterial) vom 6. Juni 1972, in: Rauball, S. 29 - 83, bes. S. 49 ff.

4 Aust, S. 19.

5 Eine Chronik der politischen Gewalttaten 1967 - 1977 bei Fetscher, S. 104 ff. In diesem Zusammenhang sei auch auf das Standardwerk Austs hingewiesen, das eine minutiöse Darstellung der Fakten und Hintergründe zur Geschichte der Baader-Meinhof-Gruppe bis zum Tode der Häftlinge in Stammheim liefert.

6 Zur Argumentation der RAF vgl. Fetscher, S. 32 ff.

> Spektakuläre Verbrechen [...] lösten in der Bevölkerung keineswegs die von der RAF erwarteten Reaktionen aus. [...] Die Befriedigung des elementaren Bedürfnisses danach, ungehindert und unverletzt leben zu können, schien bedroht. Eine wesentliche Funktion jeden Staates [...] ist ja unter anderem auch der Schutz der Individuen vor Gewaltakten [...] Diese Staatsfunktion wird von der Bevölkerung anerkannt und unterstützt.[7]

In der Tat wurde der von der Baader-Meinhof-Gruppe verübte Terror in der Öffentlichkeit einhellig abgelehnt, auch von führenden Vertretern der außerparlamentarischen Linken (-> APO), die einem -> (langen) Marsch durch die Institutionen, wie ihn etwa -> Rudi Dutschke[8] propagierte, den Vorzug gaben. Vielmehr drehte sich die öffentliche Diskussion um die Begriffe *Baader-Meinhof-Gruppe* und *Baader-Meinhof-Bande*[9].

Die Variante *Baader-Meinhof-Bande* sollte in bewußtem Gegensatz zum Programm der RAF stehen: durch den pejorisierenden Zusatz *Bande* sollte v. a. auf die Kriminalität der RAF hingewiesen werden, der gegenüber ihr politischer Anspruch sekundär sei. Bundesinnenminister Genscher erläuterte dazu, daß zwar im Strafrecht *Bande* für eine ganz bestimmte Form gemeinschaftlich begangenen Raubes und Diebstahls stehe, in der Öffentlichkeit aber darunter pauschal gemeinsam handelnde Straftäter verstanden würden. Das Bundesinnenministerium bevorzuge die Bezeichnung *Baader-Meinhof-Bande*, obwohl sie die Gefahr berge, Zweifel an der gebotenen Unvoreingenommenheit aufkommen zu lassen. Dies müsse jedoch in Kauf genommen werden, da die Variante *Baader-Meinhof-Gruppe* eine Verharmlosung der Terroristen und ihrer Taten bedeute. Der Ausdruck *Gruppe* sei zu neutral, um eine kriminelle Vereinigung wie die Baader-Meinhof-Bande angemessen zu bezeichnen[10].

Genscher liefert hier bereits die Argumente, die die Verfechter von *Baader-Meinhof-Bande* für sich geltend machten: bei den Baader-Meinhof-Leuten handele es sich nicht nur um eine Gruppe, sondern um eine Ban-

---

7 Ebd., S. 34.

8 Vgl. Aust, S. 299 ff, Heigert, S. 40, Meyer, S. 21, 50 ff. Die Anwendung von Gewalt gegen Sachen und Personen muß auch als die radikale Trennung von der APO bzw. Studentenbewegung, die inzwischen bei zahlreichen Linken ohnehin als gescheitert angesehen wurde, verstanden werden (vgl. Meyer, S. 51 ff).

9 Die Eigenbezeichnung *RAF*, die zum ersten Mal in "Das Konzept Stadtguerilla" von Ulrike Meinhof auftaucht (vgl. Aust, S. 160), gewann erst später bei der sog. zweiten und dritten Generation von Terroristen an Bedeutung und wurde erst nach der Verhaftung Baaders, Meinhofs und Ensslins in den öffentlichen Sprachgebrauch aufgenommen.
Daß die Bezeichnung wenig glücklich gewählt war, fiel den Baader-Meinhof-Leuten erst später auf: zum einen war die Abkürzung *RAF* mißverständlich, da sie auch für "Royal Air Force" stand, zum anderen konnte auch *Rote Armee* bei den meisten Bundesbürgern kaum auf Sympathien stoßen (vgl. ebd.).
Zum Namen *RAF* vgl. auch: Die Baader-Meinhof-Bande. dpa-Hintergrund, a.a.O., S. 30.

10 Vgl. Die Baader-Meinhof-Bande. dpa-Hintergrund, a.a.O., S. 29 f.

de, die gemeinsam brutalste Verbrechen begehe. Wer diese Leute lediglich als Gruppe bezeichne, mache sich der Verharmlosung schuldig bzw. des Sympathisantentums verdächtig[11].

Die Auseinandersetzung um *Gruppe* oder *Bande* wurde äußerst emotional, ja teilweise sogar hysterisch[12] geführt. Sie gipfelte darin, daß den Befürwortern des Begriffes *Baader-Meinhof-Gruppe* eine Identifikation mit den Zielen der RAF oder sogar eine Mitgliedschaft unterstellt wurde (vgl. Belege 3, 8).

Demgegenüber gaben die Verfechter von *Baader-Meinhof-Gruppe*, insbesondere Heinrich Böll in seinem Artikel "Will Ulrike Gnade oder freies Geleit?", folgendes zu bedenken: durch eine kleine Gruppe politischer Extremisten habe sich in der Bundesrepublik eine bisher unvorstellbare Hysterie ausgebreitet, die rationalen Argumenten überhaupt nicht mehr zugänglich sei. Durch eine systematische Hetzkampagne (v.a. der Springer-Presse) würden existentielle rechtsstaatliche Prinzipien außer Kraft gesetzt. Die Mitglieder der Baader-Meinhof-Gruppe hätten wie alle anderern einer Straftat Verdächtigten bis zum Beweis des Gegenteiles ein Recht auf die Unschuldsvermutung[13] (vgl. Beleg 20). In der Bundesrepublik herrsche stattdessen ein Maß an Hysterie und Demagogie, das eines Rechtsstaates nicht würdig sei:

---

11 In diese Richtung argumentiert auch W. Betz in seinem Aufsatz "Gruppe" oder "Bande"? (in: Heringer, S. 198 - 202) Seine Analyse jedoch ignoriert völlig den Schlagwortcharakter und damit auch den programmatischen Gehalt von *Baader-Meinhof-Bande*.
Trotz seiner Bemerkung, er argumentiere als "Germanist und Sprachwissenschaftler" und somit "jenseits aller Politik" (Betz, a.a.O., S. 200) verläßt Betz endgültig den Boden einer jeden sich als deskriptiv verstehenden Linguistik, wenn er polemisch über die Motive derjenigen spekuliert, "die alles für ihre Leute tun wollen, um selbst durch falschen Sprachgebrauch sie noch als harmlos erscheinen zu lassen" (ebd., S. 201).
Selbst aber wenn man konzediert, Betz argumentiere hier lediglich als Sprachkritiker, (für den nicht die strengen Maßstäbe eines Sprachwissenschaftlers gelten), kann seine Argumentation nicht überzeugen, da sie nur eine "richtige" Variante gelten lassen will, ohne überhaupt die den Wortvarianten zugrundeliegenden unterschiedlichen Auffassungen der Sache zu berücksichtigen (vgl. dazu die Kritik H. J. Heringers: Sprachkritik - die Fortsetzung der Politik mit besseren Mitteln, in: Heringer, S. 3 - 34, bes. S. 17 f).

12 Vgl. Bracher, Jäger, Link, S. 81, Meyer, S. 119 f sowie die Dokumente bei Böll (Ein Artikel und seine Folgen).
Erschreckend und zugleich aufschlußreich ist in diesem Zusammenhang auch die Diktion offizieller Strafverfolgungsbehörden: Im "Baader-Meinhof-Report", der sich aus Akten des Bundeskriminalamtes, der Sonderkommission Bonn und des Bundesamtes für Verfassungsschutz zusammensetzt, werden Horst Mahler als 'Psychopath' und "seelischer Exhibitionist" (S. 20), Ulrike Meinhof als "Killer-Girl" (S. 90), Heinrich Böll als "ein scheinbarer Schöngeist, von guten Geistern verlassen, Sympathisant einer Mördergruppe" (S. 92), Gudrun Ensslin als "abartige Frau" (S. 110) beschrieben. Schließlich heißt es: "Es ist nur noch eine Frage der Zeit, wann die letzten Mitglieder der Baader-Mahler-Meinhof-Bande tot oder lebendig in die Hände der Polizei fallen." (S. 111).

13 Vgl. Böll (Freies Geleit), S. 55 b.

> Haben alle, die einmal verfolgt waren, von denen einige im Parlament sitzen, der eine oder andere in der Regierung, haben sie alle vergessen, was es bedeutet, verfolgt und gehetzt zu sein. Wer von ihnen weiß schon, was es bedeutet, in einem Rechtsstaat gehetzt zu werden von "Bild", das eine weitaus höhere Auflage hat als der "Stürmer" sie gehabt hat? [...] Weiß keiner mehr, was es bedeutet, einer gnadenlosen Gesellschaft gegenüberzustehen?[14]

Die Gesellschaft werde inzwischen von Teilen der Presse zur Lynchjustiz aufgerufen und die "gesamte Öffentlichkeit mit ihren zumindest unkontrollierbaren Instinkten in die Exekutive [einbezogen]"[15].

> Das ist nicht mehr kryptofaschistisch, nicht mehr faschistoid, das ist nackter Faschismus, Verhetzung, Lüge, Dreck.[16]

So wendet sich das Schlagwort *Baader-Meinhof-Gruppe* bewußt gegen das Programm seines Pendants *Baader-Meinhof-Bande*, da es auch den Terroristen gegenüber gelte, rechtsstaatliches Handeln aufrechtzuerhalten, gerade um deren Argumentation nicht noch im nachhinein zu bestätigen[17].

Die Bezeichnung *Baader-Meinhof-Gruppe* sollte also insgesamt zur Besonnenheit gegenüber der RAF und zur Bewahrung rechtsstaatlichen Handelns auch und gerade unter außergewöhnlichen Belastungen des Rechtsstaates wie seiner Vertreter und Institutionen aufrufen, ohne die Taten der RAF zu bagatellisieren oder gar zu rechtfertigen. Der auch zu diesem Zweck verfaßte Artikel Heinrich Bölls bewirkte jedoch das Gegenteil: er löste Entrüstung aus und schürte die Emotionen weiter, so daß Böll in einer Antwort auf einen Artikel Diether Possers[18] selbst bemerkte:

> Die Wirkung meines Artikels entspricht nicht andeutungsweise dem, was mir vorschwebte: eine Art Entspannung herbeizuführen und die Gruppe, wenn auch versteckt, zur Aufgabe aufzufordern. Ich gebe zu, daß ich das Ausmaß der Demagogie, die ich heraufbeschwören würde, nicht ermessen habe.[19]

Eine Versachlichung der Diskussion war also weiterhin nicht in Sicht. Bis zum Ende der öffentlichen Debatte, die mit der Verhaftung Baaders, Meins' und Raspes (01.06.72), Ensslins (07.06.72) und Meinhofs (15.06.72) ihrem Ende zugeht bzw. sich auf die Haftbedingungen der Terroristen verschiebt (-> Isolationsfolter), behalten die Schlagwörter

---

14 Ebd., S. 56 c.

15 Ebd., S. 55 b.

16 Ebd.

17 Vgl. Fetscher, S. 35, 46.

18 Posser, Diether: "Diese Praxis ist verheerend", in: Spiegel 5/1972 v. 24.01.72, S. 40 f, Wiederabdruck bei Rauball, S. 221 - 225.

19 Böll (Paulus), S. 60.

Baader-Meinhof-Gruppe und *Baader-Meinhof-Bande* ihre gegensätzliche Bewertung und werden emtionsgeladen kontrovers diskutiert.

Auch die Belege zeigen unzweifelhaft ein Schlagwort an: vor allem die gesteigerte Emotionalisierung bzw. Hysterie wird häufig erwähnt (vgl. Belege 7, 10, 11, 18); weiterhin findet sich die Diskussion um *Gruppe* vs. *Bande* in den Belegen wieder (vgl. Belege 1, 3, 4, 8, 16, 18). Deutlich wird in den Belegen ebenfalls die Verkürzungs- bzw. Vereinfachungsfunktion des Schlagwortes: Fachleute von den Strafverfolgungsbehörden können das Schlagwort nicht definieren, da sie keine exakten Kriterien haben bzw. nicht sicher sind, ob es die Gruppe noch gibt (vgl. Beleg 2), dennoch wird das Schlagwort im öffentlichen Diskurs seiner Griffigkeit wegen verwendet (vgl. Beleg 9).

Schließlich zu erwähnen bleiben noch die Belege, die für die Variante *Baader-Meinhof-Gruppe* plädieren: Böll vergleicht *Bulle* und *Bande* als in etwa gleichwertige Beleidigungen (Beleg 1), und in zwei Leserbriefen wird auf die scheinheilige Selbstgerechtigkeit einer Gesellschaft hingewiesen, die zu einer gnadenlosen Verfolgung der Baader-Meinhof-Leute aufruft (vgl. Belege 16 u. 17), während ein Beleg auf die Vorverurteilung durch den Begriff *Bande* hinweist (vgl. Beleg 20).

Literatur

Analysen zum Terrorismus. Herausgegeben vom Bundesministerium des Innern (4 Bde), Opladen 1981 ff

Aust, Stefan: Der Baader-Meinhof-Komplex, München 1989

Die Baader-Meinhof-Gruppe. Zusammengestellt von Reinhard Rauball, Berlin, New York 1973

Der Baader-Meinhof-Report. Dokumente - Analysen - Zusammenhänge. Aus den Akten des Bundeskriminalamtes, der "Sonderkommission, Bonn" und dem Bundesamt für Verfassungsschutz, Mainz 1972

Backes, Uwe und Jesse, Eckhard: Totalitarismus - Extremismus - Terrorismus. Ein Literaturführer und Wegweiser zur Extremismusforschung in der Bundesrepublik Deutschland, 2., aktualisierte u. erw. Aufl., Opladen 1985

Dies.: Politischer Extremismus in der Bundesrepublik Deutschland (3 Bde), Köln 1989

Böll, Heinrich: Freies Geleit für Ulrike Meinhof. Ein Artikel und seine Folgen. Zusammengestellt von Frank Grützbach, Köln 1972

Ders.: "Will Ulrike Gnade oder freies Geleit?" in: Spiegel 3/1972 v. 10.01.72, S. 54 - 57, (Wiederabdruck in Rauball, S. 212 - 221)

Ders.: "Verfolgt war nicht nur Paulus", in: Spiegel 6/1972 v. 31.01.72, S. 60, (Wiederabdruck in Rauball, S. 225 - 228)

Bracher, Karl Dietrich, Jäger, Wolfgang, Link, Werner: Republik im Wandel 1969 - 1974. Die Ära Brandt, Stuttgart, Mannheim 1986 (Geschichte der Bundesrepublik Deutschland, hg. von K. D. Bracher [u. a.], Bd. 5/I)

Fetscher, Iring: Terrorismus und Reaktion, Köln, Frankfurt/M. 1977

Funke, Manfred (Hrsg.): Terrorismus. Untersuchungen zur Struktur und Strategie revolutionärer Gewaltpolitik, Düsseldorf 1977

Heigert, Hans: Die Baader-Meinhof-Gruppe, in: Schröder, Dieter (Hrsg.): Terrorismus. Gewalt mit politischem Motiv, München 1986, S. 39 - 49

Heringer, Hans-Jürgen (Hrsg.): Holzfeuer im hölzernen Ofen. Aufsätze zur politischen Sprachkritik, Tübingen 1982

Krebs, Mario: Ulrike Meinhof. Ein Leben im Widerspruch, Reinbek 1988

Meyer, Thomas: Am Ende der Gewalt? Der deutsche Terrorismus - Protokoll eines Jahrzehnts, Frankfurt/M., Berlin, Wien 1980

Peters, Butz: RAF. Terrorismus in Deutschland, Stuttgart 1991

Rote Armee Fraktion (RAF): Das Konzept Stadtguerilla, in: Die Neue Linke. Zusammengestellt von Peter Pulte, Berlin, New York 1973, S. 36 - 63

Lexikographische Erfassung

DWB (1980), WDG (1964), WDS (1976): 00

BHE (1967): 00, (1975), (1981): n.a. SchW
II (1987) 442: "in der Öffentlichkeit der 1970er Jahre vieldiskutierte und politisch umstrittene Bezeichnungen für die Rote-Armee- Fraktion"

GBH (1977), MEL (1971), ([2]1984), MNL (1978), NBH (1984), NDL (1984): n.a.SchW

AVW, NUN: 00

Belege

(1)

Hebt man die Kränkung, die in der Bezeichnung "Bulle" liegt, gegen das Wort "*Bande*" auf, zieht man den zahlreichen vermuteten die bisher nachgewiesenen Taten ab und vergleicht man diese Passage mit dem wilden Schluß des Manifests Den bewaffneten Kampf unterstützen. Sieg im Volkskrieg, so klingt das nicht ganz so wahnwitzig wild und schießlustig, wie die Gruppe bisher dargestellt worden ist (54 b) [...]
Die Bundesrepublik Deutschland hat 60 000 000 Einwohner. Die Gruppe um Ulrike Meinhof mag zur Zeit ihrer größten Ausdehnung 30 Mitglieder gehabt haben. Das war ein Verhältnis von 1 : 2 000 000. Nimmt man an, daß die Gruppe inzwischen auf 6 Mitglieder geschrumpft ist, wird das Verhältnis noch gespenstischer 1 : 10 000 000. (55 c)

Heinrich Böll: Will Ulrike Gnade oder freies Geleit?
in: Spiegel 3/1972 v. 10.01.72, S. 54 b, 55 c

(2)

Was immer der Minister wissen mag, den Kriminalisten waren bis zur letzten Woche offenbar keine Belege dafür zugänglich, daß "die" *Baader-Meinhof-Gruppe* [bei einem Banküberfall am 22.12.72 in Kaiserslautern, bei dem ein Polizist erschossen wurde] am Werk war - unter anderem schon deshalb, weil es unter Strafverfolgern keine einheitliche Auffassung darüber gibt, was als *Baader-Meinhof-Gruppe* zu definieren wäre. (55 b) [...]

[Der Karlsruher Oberstaatsanwalt] Bruns, der "nicht einmal sicher" ist, ob es "überhaupt noch eine *Baader-Meinhof-Gruppe* gibt": "Möglicherweise machen ehemalige Kernleute mit Versprengten von anderen anarchistischen Gruppen getrennt voneinander weiter." (56 c)

Spiegel 4/1972 v. 17.01.72, S. 55 b, 56 c

(3)

Herr Böll irrt. Die *Baader-Meinhof-Bande* (*Gruppe* ist wohl nicht das richtige Wort) hat nicht sechs, sondern sieben Mitglieder. Herr Böll hat vergessen, sich selbst mitzurechnen.

z.Z. Frankfurt Friedrich Ebermann [Leserbrief]

Spiegel 5/1972 v. 24.01.72, S. 12 b

(4)

Die Bundesanwaltschaft, die im Prozeß-Saal in Düsseldorf die Anklage gegen Ruhland vertritt, spricht, wenn nicht von einer "kriminellen Vereinigung" (nach Paragraph 129 StGB), schlicht von einer "*Gruppe*", obschon, so Bundesanwalt Felix Kaul, "man natürlich vom Sprachlichen und von der Wertigkeit her '*Bande*' sagen könnte".

Spiegel 5/1972 v. 24.01.72, S. 28 c

(5)

Bald wird wohl keiner keinen mehr verstehen. Die Verwirrung der Begriffe hat in der Praxis einen Grad erreicht, der in der Theorie einfach unvorstellbar gewesen wäre. Gemeinsame Maßstäbe gibt es offenbar überhaupt nicht mehr, und auch die Sprache als Verständigungsmittel versagt: Es ist, als sprächen wir alle in verschiedenen Zungen.
Sehr deutlich wird dieser Zustand jetzt, wo die Aktionen der *Baader-Meinhof-Gruppe* vor Gericht verhandelt werden und der Bürger von den dort berichteten Irrungen und Wirrungen aufs äußerste konsterniert, nun überhaupt nicht mehr weiß, was Rechtens ist.

Marion Gräfin Dönhoff: Revolution und Rechtsstaat. Das Baader-Meinhof-Syndrom - Ausdruck politischer Verwirrung,
in: Zeit 4/1972 v. 28.01.72, S. 1 a

(6)

Man muß für möglich halten, daß Baader, Meinhof und Mahler den politischen Verhältnissen dieses Landes und der ganzen Welt auch dann den Krieg erklärt hätten, wenn es keine Globke, Fränkel, Kiesinger, Schrübbers je gegeben hätte. Aber ihre Predigt, diese politische Herrschaft drapiere sich mit Heuchelei, wäre zumindest auf diesem Feld nicht durch Beweise erhärtet worden.

Rudolf Augstein: So einer war er auch,
in: Spiegel 6/1972 v. 31.01.72, S. 28 b

(7)

[...] die Fahndung ging auch letzte Woche weiter, die Baader-Meinhof-Hysterie ging auch letzte Woche um. [...]
Vier Wochen nach den Banküberfällen in Berlin war das, was sich anfangs als *Mahler-Baader-Meinhof-Gruppe* hätte bezeichnen lassen, eine *Baader-Meinhof-Gruppe*. Mahler saß in U-Haft [...]

Spiegel 6/1972 v. 31.01.72, S. 59 a

(8)

Soweit die Westdeutschen an ihrer politischen Öffentlichkeit teilhaben und sich artikulieren, reagieren sie zunehmend und weit über das herkömmliche Maß hinaus nur noch auf die simpelsten Klischees und Reizworte.
Viele sind so weit, daß sie ihre Meinung über andere für gesichert halten, je nachdem, ob die anderen den Kreis um Ulrike Meinhof eine *Gruppe* oder eine *Bande* nennen.

Günter Gaus: Ruhland und was man lernen könnte,
in: Spiegel 8/1972 v. 14.02.72, S. 24 a

(9)

Die Wildwest-Regel, daß die beste Chance habe, wer am schnellsten zieht und dann noch trifft - sie gilt tatsächlich für die Auseinandersetzung zwischen deutschen Polizisten und deutschen Anarchisten, die in populärer und unzureichender Verallgemeinerung das Stichwort "*Baader-Meinhof*" führt. (83 a) [...]
Die Staatsanwaltschaften sind mittlerweile zu der Erkenntnis gelangt, daß man es generell mit anarchistischen Gewaltverbrechern in der Bundesrepu-

blik zu tun habe - die überstrapazierte "*Baader-Meinhof-Gruppe*" erscheint nur noch als Teil der Anarcho-Szene. (83 c)

Spiegel 11/1972 v. 06.03.82, S. 83 a, c

(10)

Mit seinem "Spiegel"-Artikel wollte Heinrich Böll der verbreiteten Hysterisierung entgegentreten, die sich mit den Reizworten *Baader-Meinhof* und deren politischen, pseudopolitischen und kriminellen Aspekten verbindet.

Hans Schwab-Felisch: Im Drahtverhau,
in: Merkur, März 1972, H. 287, S. 307 a, b

(11)

Ulrike Meinhof, zumal unter der Moralisten-Feder eines Mannes wie Böll, ist für die saturierte und doch ihrer selbst tief unsichere bundesdeutsche Gesellschaft zu einem explosiven Reizwort geworden - zu einem hysterischen Syndrom, einem Komplex von Reizbarkeiten, gemischt aus honorigen Traditionalismen, verdunkelten Schuldgefühlen, aufrichtigen Sorgen um die Sicherheit des Staates, der die Integrität der Rechtsgemeinschaft zu bewahren hat, aber wohl auch einer verschwiegenen Abneigung gegen die totale Emanzipation der Frau. Gleichwohl, man möchte dies alles nicht zu ausgiebig und nicht aus tiefem Grunde erörtert sehen; die meisten möchten es durch die Polizei endlich erledigt wissen [...] Nur nicht daran denken, wie sich das alles erklärt.

Jürgen Tern: Heinrich Böll und seine Kritiker,
in: FH 03/1972, S. 159

(12)

Kein Zweifel: Der Krieg "6 gegen 60 Millionen", den Heinrich Böll schon im Gange sah, ist nun wirklich ausgebrochen. Angezettelt hat ihn, davon sind Volk und Fahnder in der Bundesrepublik überzeugt, die *Baader-Meinhof-Gruppe*, die ihn auch lenkt - mal nach dem Guerilla-Leitfaden des brasilianischen Revolutionärs Carlos Marighela, mal nach Mao, Che Guevara, Giap [...]
Was einst an Deutschlands Hochschulen als Massenaufstand gegen überkommene Autoritäten und für eine bessere Welt begonnen, die "Außerparlamentarische Opposition" (Apo) auf den langen Marsch durch

die Institutionen gebracht, Tausende zu Knüppelorgien und Steinschlachten auf die Straße getrieben hatte, mündet endgültig im kriminellen Untergrund. (25 a, b) [...]
Während große Teile der Apo zum langen Marsch durch die Insitutionen oder zum Rückzug ins Privatleben aufbrachen, andere sich in die Traumwelt der Drogen stahlen, suchte eine Fraktion - die kleinste - fortan das Heil in der als "Gegengewalt" apostrophierten Gewalt. (27 b) [...]
So gibt es denn auch nach den jüngsten Bombenanschlägen, die laut "Welt am Sonntag" von Westdeutschlands Linken vielfach "als Kavaliersdelikte" betrachtet und nur "mit einem herzigen Du-Du" bedacht wurden - in Wahrheit keinen Zweifel daran, daß die anarchistischen Gewaltakte den Rechten nutzen. Die Bomben-Attentäter arbeiten, so Genscher, hauptsächlich der CDU/CSU in die Hände. (33 c, 34 a)

Spiegel 23/1972 v. 29.05.72, S. 25 a, b, 27 b, 33 c, 34 a

(13)

Die Terroristen werden als Linksradikale und Kommunisten bezeichnet, und es ist geradezu erschreckend, daß sich die Bürger der Stadt Stuttgart in einer Fernsehumfrage leidenschaftlich für ein "Verbot aller Linken" und für die Wiedereinführung der Todestrafe ausgesprochen haben. Darüber hinaus wurde sogar die Meinung vertreten, man solle die Terroristen durch ihre eigenen Bomben exekutieren. Daß man sich allerdings dadurch selbst auf die moralische Stufe der Attentäter stellt, nimmt man nicht wahr.

Oberursel (Hessen) Peter Biqué [Leserbrief]

Spiegel 25/1972 v. 12.06.72, S. 9

(14)

Seit Bomben barsten, denunziert eine publizistische "Volksfront von rechts" (SPD-Vize Herbert Wehner) die gesamte Linke, linde [!] Liberale und überhaupt alles, was sie so dafür hält, als Wegbereiter des Anarchismus. Allerorten wittern Journalisten Helfershelfer der Terroristen, die auf Einigkeit und Recht und Freiheit pfeifen. Und weil das so ist, suggerieren Leitartikler, kann nur mehr Staat noch den wieder einmal an einen Abgrund gekommenen Staat beschützen - auch, wenn Recht und Freiheit dabei ein bißchen hintangestellt werden.

Spiegel 25/1972 v. 12.06.72, S. 73 a

(15)

Der Baader war gefaßt, die Ensslin und die Meinhof schließlich auch - was konnte der bombenbangen Republik letzte Woche noch passieren? Erleichterung, Gelassenheit, Augenmaß schienen angemessen. Das Gegenteil geschah.
Nun hob das Gezeter um "die Sympathisanten" an [...]

Spiegel 27/1972 v. 26.06.72, S. 60 a

(16)

Wer die etablierte Gesellschaft in unserer "Bundesrepublik Deutschland" kennen und am eigenen Leibe zu spüren bekommen hat, kann sich ein gerechtes Urteil über die *Baader-Meinhof-Gruppe* erlauben. Was hier als "*Bande*" apostrophiert wird, trifft auf die zu, die die Verfolgungsjagd gegen sie betrieben.

Hannover Karl-Heinz von Mellenthin [Leserbrief]

Spiegel 28/1972 v. 03.07.72, S. 10

(17)

Ehemalige Mitglieder der Hitler/Himmler-Bande, der "harte Kern" von bundesdeutschen Ordnungshütern in hohen Polizei-Staatsstellen, beim Verfassungsschutz, in der Justiz, bei der Bundeswehr und im Journalismus tätig, die Hauptschuldigen an der herrschenden politischen Umweltverschmutzung, feiern besonders laut [...] den Endsieg über den "harten Kern" der *Baader/Meinhof-Bande* und salbadern über Funk und Fernsehen von der freiheitlichen Grundordnung, zu deren Verteidigern sie sich aufplustern, nachdem sie sie einst gründlich zur Sau gemacht hatten. [...] benutzen sie mit gelernter Demagogie die verzweifelten Aktionen der von ihnen in den Untergrund getriebenen politischen Desperados als Alibi, um kräftig in des deutschen Spießers Wunderhorn zu stoßen und zur Treibjagd auf die gesamte politische Linke und auf diejenigen, die sie dafür halten, zu blasen.

Rombach (Schweiz) Dr. Gerhard Zeyer [Leserbrief]

Spiegel 28/1972 v. 03.07.72, S. 11

(18)

Wir Deutschen, immer wieder in unserer Geschichte eher dazu geschaffen, "Ordnungen" herzustellen als bestehende Ordnungen den Erfordernissen der Zeit anzupassen, noch immer geprägt von dem Grundsatz "cuius regio, ejus [!] religio", als dessen Erbe wir eine nach außen gestülpte Servilität mit uns herumschleppen - die sich nun, mutatis mutandis, nicht zuletzt auch darin äußert, daß jeder, der auf *Baader-Meinhof* zu sprechen kommt, erst einmal die absurde confessio ablegen muß, auch er sei gegen Mord, Totschlag und Bombenwerfen -, wir sind nicht ganz zufällig in so erschreckendem Maße durch *BM* ("*-Bande*" oder "*-Gruppe*") hysterisiert.

Hans Schwab Felisch: Das "rasende Glück" oder die totale Taktik,
in: Merkur, Juli 1972, H. 291, S. 721 b

(19)

Alle Welt fragt, wie der *Baader-Meinhof-Wahnsinn* überhaupt möglich war, - ob er sich etwa wiederholen könnte, da doch Achtzehn- und Neunzehnjährige von neuem, trotz allem "anarchistisch" sich gebärden.

Eugen Kogon: Der Rechtsstaatsschutz für Ulrike Meinhof und ihresgleichen,
in: FH 08/1972, S. 546

(20)

Die Gesellschaft hat das Bedürfnis, die ihren Daseinssinn negierenden Ausbrecher vorbehaltlos zu kriminalisieren und schimpft sie deshalb "*Bande*", ehe auch nur ein gerichtlicher Schuldbeweis angetreten ist.

Jürgen Tern: Der Tod eines politischen Überzeugungstäters,
in: FH 12/1974, S. 856 a

Bildungskatastrophe

Syn./Var.: deutsche Bildungskatastrophe, Bildungsnotstand

Bildungskatastrophe ist ein Schlagwort, das durch eine Artikelserie "Die deutsche Bildungskatastrophe" von Georg Picht in *Christ und Welt* im Februar 1964 eine breite öffentliche Diskussion entfachte.

Die Variante *Bildungsnotstand* ist keine Prägung der sechziger Jahre[1], sondern findet sich bereits in einem Aufsatz von Heinrich Weinstock aus dem Jahre 1958[2]. Nach Pichts Artikelserie und seinem Buch "Die deutsche Bildungskatastrophe" (1964), in dem die Artikel aus *Christ und Welt* noch einmal abgedruckt und durch eine Dokumentation erweitert wurden, geriet das Thema erneut in die öffentliche Diskussion. Die Medien nahmen sich des Themas ebenfalls an[3], so daß *Bildungskatastrophe* ab 1964/65 in aller Munde war.

> ***Bildungskatastrophe*** **bezeichnete die sich abzeichnenden und schon bestehenden Schwierigkeiten im Bildungsbereich, verursacht durch wachsende Schülerzahlen, Lehrermangel, Mangel an Abiturienten und Lehramtskandidaten.**
> **Das Schlagwort stand allerdings nicht allein für die Diagnose dieser Probleme, sondern implizierte auch die Aufforderung, geeignete Maßnahmen gegen diese Mißstände zu ergreifen.**

Gerade durch die Wortwahl (*Katastrophe, Notstand*) wurde ein unaufschiebbarer Handlungsbedarf deutlich gemacht. Picht selbst bezeichnet das Wort *Notstand* noch als 'bescheidenen Ausdruck' zur Kennzeichnung der gegebenen Situation[4]. Die Defizite im Bildungsbereich machten sich bereits in zahlreichen anderen gesellschaftlichen Bereichen bemerkbar, da das geistige Potential eines Volkes in direktem Zusammenhang mit der Konkurrenzfähigkeit seiner Wirtschaft und der Höhe seines Sozialproduktes stehe[5]. Die Versäumnisse, die unsere Gesellschaft im Bildungswesen zu verschulden habe, führten zu einem Qualitätsschwund in allen gesellschaftlichen Bereichen:

---

1 Heberth bezeichnet *Bildungsnotstand* als "Neubildung aus der Mitte der sechziger Jahre" (Bd. 1, S. 26).

2 Heinrich Weinstock: Der Bildungsnotstand der höheren Schule, in: FH 11/1958, S. 765 - 777. MEL IV, S. 197, bezeichnet *Bildungsnotstand* als "Schlagwort seit Mitte der 50er Jahre".

3 Vgl. Walter Dederich: Bildungsprobleme in unserer Zeit, in: Beiträge zur Schulpolitik, S. 7 -17, bes. S. 7 und Belege 6, 11.

4 Vgl. Picht, S. 40.

5 Vgl. ebd., S. 26.

> Notstand des Bildungswesens heißt Notstand der ganzen Gesellschaft. Niemand wird sich den Folgen entziehen können. Wir brauchen deshalb sofort ein Notstandsprogramm.[6]
> Bildungsnotstand heißt wirtschaftlicher Notstand.[7]

Wesentliche Faktoren für die Entstehung der Bildungskatastrophe seien die mangelnde Bildungsplanung und -finanzierung. Hier sei ein Zusammenwirken von Bund und Ländern erforderlich, das bisher unter Vorwänden unterblieben sei[8].

In der öffentlichen Diskussion wurde die auf statistischem Material beruhende Analyse Pichts kaum infrage gestellt. Dementsprechend finden sich im Textkorpus auch keine Belege, die das Vorhandensein einer Bildungskatastrophe leugnen. Das Programm freilich, das in *Bildungskatastrophe* auch immer angesprochen wird, war durchaus umstritten. Die Auseinandersetzung um konkrete Maßnahmen zur Behebung der Bildungskatastrophe wurde jedoch eher von Fachleuten als in der breiten Öffentlichkeit geführt.

Picht schlug vor, die Bildungskatastrophe durch folgende Maßnahmen zu beheben:
- Verdoppelung der Abiturientenzahl,
- Modernisierung des ländlichen Schulwesens,
- Optimierung der Lehrerausbildung,
- Neuordnung der Kulturverwaltung[9].

Besonders engagiert wandte sich der Philologen-Verband gegen vorschnelle Lösungsversuche, die nicht alle Konsequenzen berücksichtigten:

> Das Interesse wird durch Sensationen stärker geweckt als durch sachliche Berichte: "Die Abiturientenzahlen müssen verdoppelt werden!" Wer sie unterrichtet, welche Universität sie aufnehmen soll, wird weniger erörtert.
> "Hunderttausende Lehrer werden 1970 oder 1980 fehlen." Der Kultusminister von NRW gibt an, daß 1970 in seinem Land kein Lehrermangel bestehen wird.[10]

Besonders die "sensationelle Übersteigerung"[11] der anstehenden Aufgaben durch die Massenmedien wurde kritisiert. Weiterhin seien die angesprochenen Probleme nicht allein durch Planung zu lösen. Weder "eschatologi-

---

6 Ebd., S. 43 und vgl. S. 28 f.

7 Ebd., S. 17.

8 Vgl. ebd., S. 54 ff.

9 Vgl. ebd., S. 65 ff.

10 Dederich, a.a.O., S. 16 f.

11 Ebd., S. 17. Vgl. auch: Hans Heckel: Kritische Bemerkungen zu der Artikelserie von Georg Picht, in: Picht, S. 233 - 243, bes. S. 233.

sche Vokabeln, noch pädagogische Großraumplanungen oder der magische Zirkel von Statistiken"[12] seien geeignete Mittel, da sie "gleichermaßen wirklichkeitsfremd und ideologieanfällig"[13] seien.

Die emotionelle Komponente der Debatte wird bereits aus diesen Zitaten deutlich. So fürchtete der Philologen-Verband, die Schuld an der Misere solle nun einseitig dem Gymnasium in der überkommenen Form zugeschoben werden:

> Was bei der Volksschule wohlwollende Förderung ist, ist bei der Universität Respekt, wandelt sich bei der höheren Schule in Ressentiment.[14]

Gerade der Philologen-Verband aber habe sich stets für den Ausbau des Schul- und Bildungswesens eingesetzt, "lange bevor sich Herr Dr. Picht mit der sogenannten deutschen Bildungskatastrophe befaßte"[15]. Dabei bemühe sich der Philologen-Verband um eine sachliche, realistische Politik, während Picht in einer Art und Weise gegen den Verband polemisiere, "wie man sie bislang nur von bestimmten Illustrierten und wenig seriösen Zeitungen kannte"[16]. Unter anderem habe der Philologen-Verband eine bessere finanzielle Förderung des Bildungswesens, den Zugang zu höheren Schulen für alle Schichten des Volkes und eine Vermehrung der Abiturientenzahlen auch durch die Förderung des 2. Bildungsweges[17] schon vor Pichts Beschäftigung mit dem Problem gefordert. Daß im übrigen Picht sich gegen die "Theoretiker des Philologenverbandes"[18] wende, falle auf ihn zurück, da er lediglich zwei Jahre an einer Privatschule unterrichtet habe, deren Leiter er zehn Jahre lang gewesen sei. Picht könne nicht

> etwas Wesentliches über die Wirklichkeit des Schulalltags einer öffentlichen Schule aussagen. [...] Was hat der Herr Dr. Picht von der Wirklichkeit des Lehrerdaseins eigentlich erfahren?[19]

Recht deutlich zeigt sich, daß die Diskussion um den programmatischen Inhalt des Schlagwortes auch von Fachleuten äußerst emotionell geführt

---

12 Werner Heldmann: Die Bildungskatastrophe in der Bundesrepublik, in: Beiträge zur Schulpolitik, S. 18 - 24; Zitat: S. 24.

13 Ebd.

14 Dederich, a.a.O., S. 17.

15 Pressemitteilung des Philologen-Verbandes Nr. 1/64 vom 02.03.64, in: Picht, S. 217 - 220; Zitat: S. 219.

16 Ebd., S. 218.

17 Vgl. ebd., S. 219.

18 Vgl. Picht, S. 72.

19 Gerhard Brede: Georg Picht und die Philologen, in: Höhere Schule, Nr. 4 vom April 1964; abgedruckt in Picht, S. 221 - 224; Zitat: S. 222.

wurde. Die sachliche Auseinandersetzung tritt gegenüber der Polemik sogar in den Hintergrund. Daher ist es nicht verwunderlich, daß das Schlagwort in der öffentlichen Diskussion auf allgemeine Stichworte wie "Lehrermangel" (vgl. Beleg 5) und "Mängel im Bildungsbereich" (vgl. Beleg 6) reduziert wurde. Mit dieser Verkürzung freilich erfüllt es eine typische Schlagwortfunktion.

Die Belege zeigen durch die Verwendung von Anführungszeichen (Belege 1, 3, 6, 8) und weitere Indikatoren ("vielzitiert", "vielbeschworen") die Bedeutung des Schlagwortes in der öffentlichen Diskussion an (vgl. Belege 4, 5, 6, 11).

Zum Ende der sechziger Jahre verliert das Schlagwort an Brisanz und wird durch andere Themen, insbesondere aus dem Hochschulbereich (-> Drittelparität) verdrängt, zumal der von allen Parteien begrüßte Strukturplan des Deutschen Bildungsrates (1970) und seine Umsetzung erste Schritte in die richtige Richtung zu sein schienen[20]. In der Folge wurde dann weniger um den Bildungsnotstand als um konkrete Maßnahmen der Bildungspolitik gestritten[21]. *Bildungsnotstand* wird schließlich nur noch zitierend verwendet (vgl. Belege 12, 13).

---

20 Vgl. dazu Becker, S. 334 ff.

21 Zur sachlichen Auseinandersetzung, die auch in den siebziger Jahren weitergeführt wurde, vgl. Bracher, Jäger, Link, S. 129 - 137.

Literatur

Becker, Hellmut: Bildungspolitik, in: Benz, Wolfgang (Hrsg.): Die Geschichte der Bundesrepublik Deutschland, Band 1: Politik, S. 324 - 353, Aktualisierte u. erw. Neuausg., Frankfurt 1989

Beiträge zur Schulpolitik, Düsseldorf 1965 [Schriftenreihe des Philologen-Verbandes Nordrhein-Westfalen, Heft 9]

Bildungsnotstand, in: Meyers Enzyklopädisches Lexikon, Bd. IV (1972), S. 197

Bracher, Karl Dietrich, Jäger, Wolfgang, Link, Werner: Republik im Wandel 1969 - 1974. Die Ära Brandt, Stuttgart, Mannheim 1986 (Geschichte der Bundesrepublik Deutschland, hg. von Karl Dietrich Bracher [u. a.], Bd. 5/I)

Erlinghagen, Karl: Katholisches Bildungsdefizit in Deutschland, Freiburg i.Br. 1965

Heberth, Alfred: Neue Wörter. Neologismen in der deutschen Sprache seit 1945 (2 Bde), Wien 1977, 1982

Peisert, Hansgert: Soziale Lage und Bildungschancen in Deutschland, München 1967 [Studien zur Soziologie, hg. von Ralf Dahrendorf, Bd. 7]

Picht, Georg: Die deutsche Bildungskatastrophe, Freiburg i.Br. 1964

Schmaus, Michael und Gössmann, Elisabeth (Hrsg.): Bildung, Bildungsrückstand, München 1966 [Theologische Fragen heute, hg. von M. Schmaus und E. Gössmann, Bd. 6]

Weinstock, Heinrich: Der Bildungsnotstand der höheren Schule, in: FH 11/1958, S. 765 - 777

<u>Lexikographische Erfassung</u>
(1) = Bildungskatastrophe (2) = Bildungsnotstand

DWB I (1980) 691: (1): 00, (2): "Schlagwort in der Bundesrepublik Deutschland"
WDG (1964): (1), (2): 00
WDS (1976): (1): 00, (2): n.a.SchW

BHE II (1967) 731: (1): 00, (2): "Blieb auch das Wort vom B. umstritten, so sind doch die umschriebenen Tatbestände [...] belegt."
III (1987) 313 ff: Bildung = "Schlüsselbegriff"
GBH II (1978) 127: (1): 00, (2): "Mitte der 60er Jahre gebräuchlich gewordenes Schlagwort"
MEL IV (1972) 197: (1): 00, (2): "Schlagwort seit Mitte der 50er Jahre"
MNL I (1978) 590: (1): 00, (2): "Schlagwort ab Mitte der 60er Jahre"
NBH I (1984) 306: (1): 00, (2): "Mitte der 60er Jahre gebräuchlich gewordenes Schlagwort"
NDL I (1984) 419: (1): 00, (2): "Schlagwort Mitte der 1960er Jahre"

AVW n.a.SchW
BEC, KOP, WEI: 00
NUN 46 f: (1) u. (2): SchW

Belege

(1)

Wie vor einem Jahr sich unversehens eine "*Bildungskatastrophe*" abzuzeichnen begann, erfährt die Nation nun von einem "Forschungs-Notstand".

Spiegel 9/1966 v. 21.02.66, S. 28 b

(2)

Aber nicht solche Auswüchse sind es, die den Glauben an die Konfessionsschulen in Deutschland erschütterten. Ausschlaggebend war vielmehr die Erkenntnis, daß die konfessionelle Zersplitterung des Schulwesens den vielbeschworenen *Bildungsnotstand* mitverursacht.

Spiegel 20/1967 v. 08.05.67, S. 54

(3)

Erst als - Anfang der sechziger Jahre - überfüllte Hörsäle, Bibliotheken und Seminare, verlängerte Studienzeiten, mangelnder Kontakt zu den Professoren und veraltete Lehrmethoden den Studenten die bald vielbeschworene "deutsche *Bildungskatastrophe*" verdeutlichten, ergaben sich gesellschaftliche Reibungspunkte.

Spiegel 26/1967 v. 29.07.67, S. 25 a, b

(4)

Die akademische Jugend nimmt politisch Stellung. Sie tut es bei uns auch zu Anlässen wie Studentenselbstverwaltung, Kongo-Krise, Große Koalition, *Bildungsnotstand*, Notstandsgesetzgebung, Maßnahmen der Universitätsverwaltungen oder der Polizei.

Günter Herburger: Bankrott der Väter,
in: Der Monat, Juli 1967, H. 226, S. 5 a

(5)

In Deutschland haben wir von Georg Picht den Warnruf vor der drohenden *Bildungskatastrophe* gehört, und wir haben uns daran gewöhnt, vom *Bildungsnotstand* zu sprechen. Wir denken dabei in erster Linie an den Lehrermangel, darüber hinaus aber daran, daß unser gesamtes Bildungssystem den Anforderungen einer immer schneller sich wandelnden Gesellschaft nicht genügt.

Hellmut Becker: Eine Konferenz über das Weltproblem erster Ordnung. Bildungspolitiker schlagen Alarm,
in: Zeit 44/1967 v. 03.11.67, S. 32 a

(6)

Seit sich die Publikationsmittel der Parolen von "*Bildungsnotstand*" und "*Bildungskatastrophe*" bemächtigt haben, ist ins öffentliche Bewußtsein gedrungen, was den Sozialwissenschaftlern schon seit längerem bekannt war [...]: Das Bildungs- und Erziehungswesen der Bundesrepublik weist schwerwiegende Mängel auf.

Reinhard Kühnl: Ist das "Recht auf Bildung" verwirklicht?
in: FH 04/1968, S. 286 a

(7)

Diese Jungen erkannten sehr bald, daß der *Bildungsnotstand* keine Einzelerscheinung, sondern Anzeichen für eine Erkrankung des Ganzen war, für eine Diskrepanz zwischen weit fortgeschrittener wissenschaftlich-geistig-technischer Zivilisation und zurückgebliebenen politisch-gesellschaftlichen Ordnungen.

Ludwig Pesch: Der historische Sinn der neuen Jugendbewegung,
in: FH 12/1968, S. 846

(8)

Georg Picht, der "Erfinder der deutschen *Bildungskatastrophe*" oder, wenn nicht das, so ihr leidenschaftlichster und verdienstvollster Prophet [...]

Rudolf Augstein über Georg Picht: "Mut zur Utopie". Die ganz große Katastrophe,
in: Spiegel 9/1969 v. 24.02.69, S. 152 a

(9)

Ein nicht unwesentlicher Aspekt der vielzitierten *Bildungskatastrophe* [...] ist darin begründet, daß wir in einem Zeitabschnitt unabsehbaren technischen Fortschritts [...] die Fundamente eines statischen Bildungstypus, des Drilltypus beibehalten haben.

"Aggression ist eine Grundmacht des Lebens"
Rede von Professor Alexander Mitscherlich zur Verleihung des Friedenspreises des Deutschen Buchhandels,
in: Spiegel 42/1969 v. 13.10.69, S. 211 c

(10)

"Aus dem *Bildungsnotstand* ist mittlerweile ein Bildungschaos geworden. [...]"

Spiegel 37/1970 v. 07.09.70, S. 7

(11)

Seit vor sechs Jahren das Wort von der der *Bildungskatastrophe* in die Schlagzeilen gekommen ist, hat sich ein Wandel im Bewußtwein der Mehrheit vollzogen. [...] Zwei von drei Bundesbürgern stimmten [...] der Aussicht zu: "Diese Bildungsreformen sind so wichtig, daß das Geld eben auf irgendeine Weise aufgebracht werden muß." Nur jeder dritte meinte: "Wenn das soviel kostet, dann kann man eben nicht so viele Bildungsreformen machen."

Spiegel 47/1970 v. 16.11.70, S. 101 b

(12)

Wieviel Bildung eine Gesellschaft sich am Ende wird leisten können, diese Frage quält Politiker wie Hochschulplaner, seit der *Bildungsnotstand* ausgerufen wurde.

Spiegel 33/1972 v. 07.08.72, S. 100 a

(13)

Immerhin scheint nun Bewußtsein frei zu werden für einen *Bildungsnotstand*, der zwar zwei Drittel aller Jungdeutschen angeht, aber jahrzehntelang von den Bildungsplanern verdrängt worden war. Stets hatte das Stichwort auf Schulen und Hochschulen gezielt, waren Mittel und Ideen den Hörsälen oder Klassenzimmern zugekommen.

Spiegel 28/1974 v. 08.07.74, S. 29

Demokratischer Sozialismus

Syn./Var.: Sozialismus

Demokratischer Sozialismus wird ab 1972 zum vieldiskutierten und umstrittenen Schlagwort.

Der Begriff taucht bereits im Godesberger Programm der SPD von 1959 auf[1], wird jedoch erst ab 1970 in der Öffentlichkeit diskutiert. Dies dürfte v. a. darauf zurückzuführen sein, daß es erst jetzt der SPD möglich wurde, diesen herausragenden Punkt ihres Programms in den Mittelpunkt ihrer Bemühungen zu stellen und sich zum demokratischen Sozialismus zu bekennen[2].

Eine Rede Willy Brandts zum 20. Todestage Kurt Schumachers am 20.08.72, gehalten in der Friedrich-Ebert-Stiftung, gilt als das erste maßgebliche Zeugnis eines führenden Repräsentanten der SPD, das den demokratischen Sozialismus als Programm der SPD ausdrücklich betonte[3].

Eine Definition des Schlagwortes ist schwierig, da es meistens sehr vage gebraucht wird und selbst die Konkretisierungen seines Programms meist noch abstrakt bleiben[4]. Ein weiterer Grund liegt darin, daß sich zahlreiche sozialdemokratische und sozialistische Parteien unterschiedlicher Tradition auf den demokratischen Sozialismus berufen:

> **Das einigende Band dieser Bewegung ist das Ziel, gegenüber zügellosem Kapitalismus und freiheitsfeindlichem Kommunismus den "dritten Weg" zu einer demokratischen, sozialistischen Ordnung zu beschreiten. Demokratischer Sozialismus ist daher zu definieren als ein Gesellschaftsmodell, eine neue Ordnung, die auf der Basis des parlamentarisch-demokratischen Rechtsstaats schrittweise die Mißstände des Kapitalismus und die Klassenprivilegien abschafft, soziale Sicherheit garantiert, Demokratie in Staat, Wirtschaft und Gesellschaft verwirklicht, Rechtsstaatlichkeit sowie persönliche**

---

1 Vgl. Godesberger Programm: "Grundwerte des Sozialismus" und "Grundforderungen für eine menschenwürdige Gesellschaft", in: Pulte, S. 3.
Auch vor 1914 läßt sich der Begriff schon vereinzelt nachweisen, jedoch mit anderem programmatischem Hintergrund: durch *demokratisch* sollte lediglich der demokratische Charakter eines jeden Sozialismus betont werden; vgl. Kandel/Vilmar, S. 13. Zum Vorkommen des Begriffs im 19. Jahrhundert vgl. ebd., S. 82, Anm. 1.

2 In der Zeit des Kalten Krieges wäre dies undenkbar gewesen; vgl. Fenner, S. 9 ff, 102 f, Kandel/Vilmar, S. 13 ff. In einem Interview mit der *Wirtschaftswoche* am 02.10.70 spricht Willy Brandt noch von "*sozialer Demokratie*" als es um die Frage eines 'dritten Weges' zwischen Kommunismus und Kapitalismus geht; vgl. Brandt (Reden u. Interviews), S. 344.

3 Vgl. Fenner, ebd.

4 Vgl. die entsprechenden Passagen im Godesberger Programm sowie Uwe G. Fabritzek: Demokratischer Sozialismus, in: Greiffenhagen, S. 121 - 131, bes. S. 124.

und geistige Freiheit sichert und damit die Grundwerte Freiheit, Gerechtigkeit und Solidarität bewahrt.[5]

Entscheidend bei dieser Konzeption ist, daß Freiheit und Sozialismus nicht als sich ausschließende, sondern komplementäre Begriffe aufgefaßt werden und daß Sozialismus nicht als Fernziel der gesellschaftlichen Entwicklung verstanden wird, sondern als "dauernde Aufgabe - Freiheit und Gerechtigkeit zu erkämpfen, sie zu bewahren und sich in ihnen zu bewähren"[6].

Dieses wenig konkrete Programm wird mit der Bildung der sozialliberalen Koalition und besonders im Wahlkampf 1972 aktuell, wohl nicht zuletzt wegen der massiven Angriffe von konservativer Seite, die einerseits die Diskussion des Programms (über die partei-interne Auseinandersetzung hinaus) eröffneten, andererseits auch die Anhänger des demokratischen Sozialismus zur Konkretisierung ihrer Vorstellungen aufforderten.

Kritik am Programm des demokratischen Sozialismus wird meistens nicht auf inhaltlicher Ebene vorgetragen, da die konkrete Auseinandersetzung mit einem abstrakten Programm von vornherein als schwierig angesehen werden muß und daher für eine öffentlichkeitswirksame Kampagne kaum als geeignet erscheint. Die Kritik bleibt deshalb meistens eher formal und zielt auf die Unmöglichkeit einer Synthese von Sozialismus und Demokratie ab[7].

Während von kommunistischer Seite behauptet wurde, demokratischer Sozialismus habe mit Sozialismus überhaupt nichts tun, sondern diene nur dazu, "die Arbeiter zu täuschen und sie vom Kampf zur Befreiung von der absoluten monopolkapitalistischen Herrschaft abzuhalten"[8], wurde von konservativer Seite behauptet, *demokratischer Sozialismus* bedeute das Ende von Demokratie und Freiheit[9], da diese unvereinbar mit dem Sozialismus seien[10]. Diese konservative Kritik war es denn auch, die die Auseinandersetzungen um demokratischen Sozialismus in der BRD prägte.

Dabei wurde das Konzept des demokratischen Sozialismus meistens lediglich als *Sozialismus* tituliert und so bereits eine begriffliche Parallele zu den sich sozialistisch nennenden Staaten Osteuropas insinuiert. So wurden Assoziationen geweckt, die kaum mit Demokratie, Freiheit und Menschenrechten in Einklang zu bringen waren. Sozialdemokraten wurden

---

5 Weber, S. 165.

6 Godesberger Programm, a.a.O., S. 3. Vgl. dazu Fenner, S. 23, 185, Anm. 7.

7 Der Versuch einer Kritik, die zwar am Formalen ansetzt, aber auch zu den Inhalten vordringt, findet sich bei Fabritzek, a.a.O., S. 124 ff.

8 Erich Honecker, zit. nach Weber, S. 163.

9 Vgl. Brandt (1972), S. 68 ff.

10 Deutlich wird diese Auffassung noch im Slogan der CDU/CSU für den Wahlkampf 1976: "Freiheit statt/oder Sozialismus". Vgl. dazu Behrens, Dieckmann, Kehl, S. 231 - 237 sowie Jäger, Link, S. 46 ff.

auf diese Weise in die Nähe autoritärer Kommunisten gerückt, ihr Konzept von demokratischem Sozialismus entsprechend diskreditiert:

> Der CDU-Vorsitzende Barzel verkündet seit Monaten, Deutschland und Europa müßten vor dem "Sozialismus" bewahrt werden, und dabei versucht er, eine Verbindung zwischen deutscher Sozialdemokratie und kommunistischer Ideologie und Machtausübung zu suggerieren. Der CSU-Vorsitzende Strauß will die Regierung der sozial-liberalen Koalition als moskauhörig hinstellen, und für den von ihm verständlicherweise befürchteten Fall eines Wahlsieges der jetzigen Koalition sagt er das Ende der Demokratie voraus.[11]

Die Kritik am - zunächst wenig bestimmten - Programm des demokratischen Sozialismus bestand also in einer - ebenfalls vagen - Identifizierung von demokratischem Sozialismus mit der autoritären, menschenverachtenden Politik östlicher Regimes.

Für die Anhänger des demokratischen Sozialismus stand der Begriff schließlich als Oberbegriff für die durch die sozialliberale Koalition vertretene Politik[12] (-> Demokratisierung, Innere Reformen): der demokratische Sozialismus sollte durch Reformen für die Demokratisierung aller Bereiche der Gesellschaft und ihrer Institutionen, für weitgehende -> Mitbestimmung und die Sicherung der persönlichen und geistigen Freiheit sorgen. Eine schrittweise Änderung der Gesellschaft sollte sie zu einer menschenwürdigen Alternative zum Kapitalismus wie Kommunismus machen.

Dabei erfüllt das Schlagwort zwei wichtige Funktionen: zum einen dient es als Integrationsformel, die - gerade auch wegen ihrer Vagheit - innerparteiliche Dissonanzen abmildern kann[13]. Zum andern ist es eine griffige Formulierung, die potentiellen Wählern als Quintessenz sozialdemokratischer Politik angeboten werden kann. Auf diese Weise dient die Vagheit des Schlagworts zur Integration nach 'innen' wie zur Identifikation nach 'außen'.

In der Öffentlichkeit spiegelte die zunehmende Akzeptanz des Schlagwortes die Stellung der sozialliberalen Koalition in der Wählergunst wider. Zwar waren die Meinungen zum demokratischen Sozialismus keineswegs einhellig zustimmend, doch auch die Strategie der Oppositionsparteien CDU/CSU, mit dem Begriff Ängste vor östlichem Dirigismus zu wecken, führte nicht zum gewünschten Ziel (vgl. Beleg 2).

Das Schlagwort blieb bis zum Ende des Bearbeitungszeitraumes aktuell und bis heute ist die polemische Gegenüberstellung von *Freiheit* und *So-*

11 Brandt (1972), S. 68.

12 Vgl. Hans Kremendahl: Demokratischer Sozialismus, in: Greiffenhagen, S. 132 - 139, bes. 132.

13 Vgl. Fenner, S. 11.

zialismus in Wahlkämpfen ein beliebter und oft gebrauchter Topos, wenn auch das Schlagwort *demokratischer Sozialismus* bereits im Wahlkampf 1976 nicht mehr auftauchte[14].

Die Belege geben die Diskussion um demokratischen Sozialismus recht vielseitig wieder: Beleg 1 zeigt die Vagheit des Begriffs: der Interviewer sieht sich zur dreimaligen Nachfrage genötigt, ehe er eine Definition des Schlagwortes erhält, die ihrerseits wieder recht abstrakt ist. Auch Beleg 4 versucht eine positive Umschreibung des Schlagwortes. Beleg 2 zeigt die Vagheit des Begriffes auf, indem er die weitgestreuten Assoziationen vorstellt, die sich mit ihm verbinden. Die Belege 3, 6, 7 und 9 geben die konservative Kritik am Schlagwort wieder und zeigen seine Umstrittenheit, u. a. durch die Gleichsetzung von *demokratischem Sozialismus* mit *Sozialismus* bzw. Kommunismus sowie durch die Erwähnung des Nationalsozialismus.

14 Vgl. ebd., S. 181. Zur aktuellen Bedeutung vgl. S. 34, Anm. 165.

Literatur

Behrens, Manfred, Dieckmann, Walther, Kehl, Erich: Politik als Sprachkampf. Zur konservativen Sprachkritik und Sprachpolitik seit 1972, in: Heringer, Hans Jürgen (Hrsg.): Holzfeuer im hölzernen Ofen. Aufsätze zur politischen Sprachkritik, Tübingen 1982, S. 216 - 265

Brandt, Willy: Der Auftrag des demokratischen Sozialismus, in: Schumacher, Kurt, Ollenhauer, Erich, Brandt, Willy: Der Auftrag des demokratischen Sozialismus, Bonn 1972, S. 65 - 96

Bundeskanzler Brandt: Reden und Interviews (I), hg. vom Presse- und Informationsamt der Bundesregierung, (o. O., o. J.)

Fenner, Christian: Demokratischer Sozialismus und Sozialdemokratie. Realität und Rhetorik der Sozialismusdiskussion in Deutschland, Frankfurt/M., New York 1977

Greiffenhagen, Martin (Hrsg.): Kampf um Wörter? Politische Begriffe im Meinungsstreit, Bonn 1980 [Schriftenreihe der Bundeszentrale für politische Bildung, Band 163]

Jäger, Wolfgang und Link, Werner: Republik im Wandel 1974 - 1982. Die Ära Schmidt, Stuttgart, Mannheim 1987 (Geschichte der Bundesrepublik Deutschland, hg. von K. D. Bracher [u. a.], Bd. 5/II)

Kandel, Johannes und Vilmar, Fritz: Zur Einführung in die Theorie des Demokratischen Sozialismus, in: Autorenteam der HDS [Christian Fenner (u.a.)]: Zur Einführung in die Theorie des Demokratischen Sozialismus, Köln ²1977

Meyer, Thomas: Demokratischer Sozialismus. Eine Einführung, Bonn ²1982

Müller, Hans: Ursprung und Geschichte des Wortes "Sozialismus" und seiner Verwandten, Hannover 1967

Pulte, [Peter] (Hrsg.): Parteiprogramme, (o. O., o. J.)

Weber, Hermann: Demokratischer Sozialismus, in: Meyers Enzyklopädisches Lexikon, Bd. XXII (1978), S. 163 - 167

Lexikographische Erfassung

DWB (1981), (1983): 00
WDG (1964), WDS (1980): n.a.SchW

BHE (1968), (1973): 00
XX (1993): n.a.SchW
GBH (1978): n.a.SchW
MEL XXII (1978) 163 ff: ausführlicher Beitrag v. Hermann Weber, s. Literaturverzeichnis
MNL (1980), NBH (1984): n.a.SchW
NDL (1984): 00

AVW 202 f: "Sozialismus": SchW
BEC 866 ff: "Sozialismus": n.a.SchW
NUN 00

Belege

(1)

Sp.: Kann sie [die SPD] heute überhaupt noch formulieren, was ein *demokratischer Sozialismus* sein soll?
W.: Das hat sie im Godesberger Programm getan, und ich will zu den unzähligen Definitionen des *demokratischen Sozialismus* nicht noch eine neue hinzufügen. [...]
Sp.: Was ist ihre Definition des *demokratischen Sozialismus*?
W.: Ich bin einfach und halte mich an das Godesberger Programm.
Sp.: Das Godesberger Programm läßt, wie jedes Programm, zu, daß sich höchst unterschiedliche politische Kräfte auf dieselbe Formulierung berufen. [...] Noch einmal gefragt: Was schließt der *demokratische Sozialismus*, wie ihn Herbert Wehner aus diesem Godesberger Programm ableitet, an Gesellschaftsveränderung ein?
W.: Ich habe Ihnen gesagt, daß das kein Zeitabschnitt ist. Das ist der alte Irrtum sowohl der sogenannten wissenschaftlichen Sozialisten als auch vieler derer, die man als utopische bezeichnet, und derer, die sich heute im nachhinein damit befassen. Das ist eine immerwährende Aufgabe, für soziale Gerechtigkeit, für die Freiheit der Persönlichkeit zu kämpfen. Aber ich lehne es ab, zu sagen, wenn das und das und das da ist, dann ist *Sozialismus*.
Sp.: Wie sichern Sie sich davor, daß bei solchen doch eher vagen Definitionen die praktische Politik auf dauernde Anpassung und das Verfehlen grundsätzlicher Ziele hinausläuft?
W.: Dem *demokratischen Sozialismus* liegt daran, eine Gesellschaft zu entwickeln, in der jeder seine Persönlichkeit in Freiheit entfalten und frei als ein gleichberechtigtes Glied der Gemeinschaft dienen kann. Das läßt

sich immer nur annähernd, in immer größerer Annäherung erreichen. Es gibt Kräfte, die eine Gesellschaft erstreben, und von deren Stärke und Wachsen und deren Fähigkeit, sich durchzusetzen und die Wirklichkeit mehr und mehr zu prägen, hängt es ab, wieviel davon vorhanden sein wird.

"Ich bin ja nicht der Poet der Partei"
Spiegel- Gespräch mit dem stellvertretenden SPD-Vorsitzenden Herbert Wehner,
in: Spiegel 20/1970 v. 11.05.70, S. 60 c, 62 c

(2)

Entgegen den Faustregeln der politischen Werbetexter schreckt das Wort "*Sozialismus*" die Mehrheit der deutschen Bürger nicht. [...] Das Sozialismus-Bild der Westdeutschen ist freilich diffus. Wie einige, wenn sie *Sozialismus* hören, "an Willy Brandt" denken, so andere "an Herrn Lenin". Kein anderes politisches Stichwort scheint es zu geben, das so weitgestreute Gedanken und Gefühle weckt - von "russischem Regime" über "Einheitspartei des Ostens" bis "genug Rente für jeden".

Spiegel 46/1970 v. 09.11.70, S. 77 c

(3)

v.B.: [...] Die Immunisierung von Sozialdemokraten und sogenannten *demokratischen Sozialisten* gegenüber dem Kommunismus ist nicht sicher.

"Die SPD ist keine Volkspartei"
Privatbankier Johann Philipp von Bethmann über das Unbehagen der Unternehmer an der SPD/FDP-Koalition,
in: Spiegel 15/1972 v. 03.04.72, S. 67 c

(4)

E.: [...] *Demokratischer Sozialismus*, soziale Demokratie heißt Menschenwürde, Freiheit und Gleichheit als soziale Wirklichkeit. Bei uns steht auch heute noch zu vieles nur auf dem Papier.

"Die Juso-Thesen machen mich nicht atemlos"
Kanzleramtsminister Horst Ehmke über das Verhältnis der SPD zu den Jungsozialisten,
in: Spiegel 16/1972 v. 10.04.72, S. 87

(5)

E.: [...] Im Godesberger Programm ist vom *demokratischen Sozialismus* und von *demokratischen Sozialisten* die Rede. Allerdings leite ich den Begriff *Sozialismus* nicht von Sozialisierung ab, sondern von Societas, von Gesellschaft. Es geht also darum, die Interessen der Gesellschaft immer wieder gegen Sonderinteressen einzelner durchzusetzen.

"Die Konservativen mobilisieren Ängste"
Entwicklungshilfeminister Erhard Eppler über Reformen und soziale Marktwirtschaft,
in: Spiegel 31/1972 v. 24.07.72, S. 54 c

(6)

Wenn die Christlichen Demokraten ihre Kritik an den Sozialdemokraten ideologisch zu begründen versuchen, drängt sich ihnen allemal der Begriff "*Sozialismus*" auf. Sozialisten können nicht mit Geld umgehen und bedrohen die Marktwirtschaft, Sozialisten neigen zur Volksfront mit den Kommunisten und gefährden damit die innere und äußere Sicherheit - so etwa lauten die Vorwürfe. [...]
Manche Sozialdemokraten, an die bürgerlichen Wähler denkend, schlichen um den den Begriff "*Sozialismus*" herum wie Katzen um den heißen Brei. Jetzt hat Willy Brandt zu einer Offensive für den "*demokratischen Sozialismus*" aufgerufen - für einen *Sozialismus*, wie ihn Kurt Schumacher verstanden hat und wie er im Godesberger Programm beschrieben ist. Eine Flucht nach vorn? Es war höchste Zeit, daß Brandt den *demokratischen Sozialismus* für die SPD reklamiert hat. Abgesehen von dem Gebot intellektueller Redlichkeit, ist es auch taktisch richtig, sich zum *Sozialismus* zu bekennen und klarzumachen, was dieses Wort für die SPD bedeutet - gegenüber der Union, die es undifferenziert als angstweckendes Schlagwort benutzt, und gegenüber dogmatischen Linken, die den *Sozialis-*

mus (im übrigen, ähnlich wie die CDU, meist ohne den Zusatz "demokratisch") auf ihre Weise monopolisieren.

Rolf Zundel: Flucht nach vorn? Brandts Plädoyer für den Sozialismus,
in: Zeit 34/1972 v. 25.08.72, S. 1 c

(7)

Im gegenwärtigen Wahlkampf ist es üblich geworden, den "*demokratischen Sozialismus*" als Gegensatz zur Sozialdemokratie oder gar als Zwillingsbruder des autoritären Staatssozialismus (oder des Staatskapitalismus) hinzustellen. Von Politikern, die wahrscheinlich das Godesberger Programm nie gelesen haben, wird behauptet, mit diesem Schlagwort werde eine "Abkehr von Godesberg" markiert. [...]
Der *demokratische Sozialismus* stellt eine politische Zielvorstellung dar, die sich sowohl vom ungezügelten Kapitalismus wie vom bürokratischen Staatssozialismus unterscheidet und von beiden diffamiert und bekämpft wird.

Iring Fetscher: Was ist demokratischer Sozialismus? Weder totaler Wohlfahrtsstaat noch ungezügelter Kapitalismus,
in: Zeit 44/1972 v. 03.11.72, S. 76 a

(8)

Sp.: Warum wird in der SPD neuerdings ständig zwischen *Sozialisten* und Sozialdemokraten unterschieden?
V.O.: Ich tue das nicht. [...]
Sp.: Warum sprechen Sie so oft von *demokratischem Sozialismus* und so selten von Sozialdemokratie?
V.O.: Weil das Programm der Sozialdemokratie der *demokratische Sozialismus* ist.
Sp.: Lassen Sie es darauf ankommen, daß viele Wähler bei *Sozialismus* immer gleich an Honecker denken?
V.O.: Entschuldigen Sie die Schärfe, das halte ich für aufgelegten Unsinn. [...]
Sp.: Manche, so der niedersächsische CDU-Spitzenkandidat Hasselmann, denken bei *Sozialismus* nicht nur an Honecker, sondern auch an Hitler. [...]

V.O.: Daß Herr Hasselmann *demokratischen Sozialismus* und Nationalsozialismus nicht auseinanderhalten kann, das kann man nicht der SPD zur Last legen.

"Mit der SPD geht es bergauf"
Spiegel-Interview mit Niedersachsens SPD-Chef Peter von Oertzen,
in: Spiegel 23/1974 v. 03.06.74, S. 31

(9)

Dr.: Aus dem Scheitern Willy Brandts und dem Beidrehen Helmut Schmidts möchte ich folgern, daß der sogenannte *demokratische Sozialismus* keine grundsätzliche Alternative zu der Politik ist, wie wir sie von 1949 bis 1969 verwirklicht haben. *Demokratischer Sozialismus* ist ein Widerspruch in sich. Es gibt den *Sozialismus* auf der Linken, es gibt den Faschismus auf der Rechten. Und beide Systeme sind mit der freiheitlichen rechts- und sozialstaatlichen Demokratie des Grundgesetzes nicht vereinbar; [...]
Sp.: Es handelt sich also, wenn man Ihnen folgt, um eine Wahnvorstellung, wenn die SPD sagt, sie wolle den *demokratischen Sozialismus* verwirklichen.
Dr.: Ich kann nur daran erinnern, daß Brandt 1969 mit der These antrat, nun fange die Demokratie erst richtig an. Fünf Jahre später muß sein Nachfolger Schmidt all diese Träume und Illusionen liquidieren. Zurückgeblieben sind Inflation, Arbeitslosigkeit und zerrüttete Staatsfinanzen.

"Stillstand ist besser als Rückschritt"
Der hessische CDU-Vorsitzende Alfred Dregger über Innen- und Ostpolitik,
in: Spiegel 48/1974 v. 25.11.74, S. 41 c, 42 a

Demokratisierung

Syn./Var.: demokratisieren, (mehr) Demokratie (wagen)

Demokratisierung wird mit der Amtsübernahme Willy Brandts und der Bildung einer sozialliberalen Koalition im Jahre 1969 zum Schlagwort[1].

Bereits in seiner Regierungserklärung vom 28.10.69 hatte Brandt angekündigt: "Wir wollen mehr Demokratie wagen. [...] Nein: Wir stehen nicht am Ende unserer Demokratie, wir fangen erst richtig an."[2]

So unbestimmt diese Formulierungen ohne erklärende Zusätze sind, so unbestimmt wurde auch *Demokratisierung* in der öffentlichen Diskussion häufig verwendet. Eine Definition des Schlagwortes, das zudem als Oberbegriff für verschiedene konkrete Demokratisierungsvorhaben (-> Drittelparität, Innere Reformen, Mitbestimmung) verwendet wurde, muß daher ebenfalls allgemein bleiben:

> **Demokratisierung gilt uns als der unendliche Prozeß der Umsetzung von Demokratie in staatliche und gesellschaftliche Praxis. Als die Durchdringung jedweder Herrschaft mit demokratischen Rechtfertigungszwängen, als dauerhafte Einübung in demokratische politische Kultur und sozialen Lebensstil.**[3]

Demokratisierung sollte den Abbau hierarchischer Strukturen in allen gesellschaftlichen Bereichen zugunsten einer demokratisch legitimierten Organisation verwirklichen helfen.

Die Befürworter dieses Programms, das in der Öffentlichkeit eindeutig der SPD zugeschrieben wurde (vgl. Belege 7 und 8), betonten den Gedanken einer größeren Mitbestimmung des Einzelnen in allen ihn betreffenden Fragen. Demokratisierung sei dabei zugleich Mittel und Prozeß[4], um undemokratische bzw. noch nicht demokratische Gesellschaftsbereiche und Institutionen umzustrukturieren. Durch die Demokratisierung aller gesellschaftlichen Bereiche werde außerdem die demokratische Verfassung des Staates gestärkt, die nicht eine Polarität von demokratischem Staat und nicht-demokratisch verfaßter Gesellschaft vorsehe:

> Wir ließen uns [...] und lassen uns auch heute von der Überzeugung leiten, daß die Demokratie nicht auf einen noch so wichtigen Bereich - wie den staatlichen - beschränkt bleiben, daß sie nicht auf Rationen

---

1 Es handelt sich jedoch nicht um eine Neuprägung, vielmehr ist der Begriff "seit den bürgerlichen Revolutionen des 19. Jahrhunderts ein zentraler politischer Kampfbegriff" (v. Alemann, S. 14).

2 Regierungserklärung, in: Pulte, S. 227 - 259, Zitat: S. 228, 259.

3 Schroers, S. 119; eine weitere Definition bei Vilmar, Bd. I, S. 21. Zur Schwierigkeit einer Definition vgl. v. Alemann, S. 16 ff.

4 Vgl. Vilmar, Bd. I, S. 102 ff.

> gesetzt werden kann, sondern daß sie das gesamte gesellschaftliche Leben erfassen muß. [...]
> Für die CDU/CSU bedeutet Demokratie eine Organisationsform des Staates. Für die SPD bedeutet Demokratie ein Prinzip, das alles gesellschaftliche Sein der Menschen beeinflussen und durchdringen muß.[5]

Die Gegner einer so verstandenen Demokratisierung übten kaum Kritik am Begriff *Demokratisierung*, sondern lediglich an konkreten Demokratisierungsvorhaben. Dies dürfte v. a. auf die positive Besetztheit des Demokratie-Begriffs zurückzuführen sein. Indem es der SPD gelungen war, mit *Demokratisierung* einen Begriff zu besetzen, der in evidenter Nähe zum Identifikationswort *Demokratie* steht, hatte sie gleichzeitig eine Kritik an diesem Begriff fast unmöglich gemacht:

> Der Begriff der Demokratisierung steht gewissermaßen bereits unter demokratischem Denkmalschutz. Wer gegen diesen Begriff Zweifel ins Feld führt, läuft Gefahr, "faschistoider" Gesinnung bezichtigt zu werden [...][6]

Da das Schlagwort zudem gleichzeitig eine wertende Komponente enthält - wo Demokratisierung gefordert ist, herrscht (noch) keine Demokratie[7] -, wird auch diese Bewertung der Kritik weitgehend entzogen. Zumindest setzt sich der Kritiker der Gefahr aus, als Gegner der Demokratie gescholten zu werden:

> Wo Demokratie, auf die wir uns alle verpflichtet wissen, noch nicht durchgesetzt ist, muß Demokratisierung ins Werk gesetzt werden. Aus einem politischen Prozeß wird der Anspruch einer Gesinnung, wird Ideologie. Man kann es auch einfacher sagen: wird ein Schlagwort, das keiner Differenzierung zugänglich ist.[8]

Die Kritik am Programm des Schlagwortes, die vorwiegend auf hohem Niveau von konservativer Seite geäußert wurde[9], setzte dementsprechend auch nicht am Begriff selber an, sondern versuchte die Inkompatibilität des Demokratie-Begriffs mit allen nicht-staatlichen Einrichtungen aufzuzeigen, oder aber auf die unerwünschten Folgen einer Demokratisierung der Gesellschaft hinzuweisen.

Daß Kritiken wie die von Hennis und Schelsky, die im folgenden kurz vorgestellt werden, von einer breiteren Öffentlichkeit zu Kenntnis genommen wurden, darf jedoch schon allein wegen ihrer Komplexität bezweifelt

---

5 Brandt (1969), S. 4. Zur Position der CDU/CSU vgl. Heck.

6 Hennis, S. 21.

7 Vgl. Dettling, S. 9 f, Weigel, S. 33 f.

8 Schroers, S. 114.

9 Vgl. aber v. Alemann, S. 13.

werden[10]. Vielmehr dürften in der öffentlichen Diskussion in weit höherem Ausmaß konkrete Mitbestimmungsvorhaben eine Rolle gespielt haben.

Hennis betont, daß Demokratie aus der politischen Herrschaftslehre stamme, seine Übertragung in andere Bereiche zu einer Politisierung des Nichtpolitischen führe[11]. Alle "Sozialtatbestände und ihre Institutionen"[12] wie Schule, Universitäten und Familie setzten sich aus Ungleichen und Unfreien zusammen, während dem Demokratie-Begriff in der Politik Freiheit und Gleichheit zugeordnet seien[13]. Deshalb sei die Übertragung dieses politischen Terminus' in den Bereich des Vor- bzw. Nichtpolitischen nicht statthaft bzw. sogar Ausdruck menschlicher Vermessenheit:

> Der Forderung nach Demokratisierung der Schule, Universität etc., also insbesondere der Institutionen, die ihren Ursprung im menschlichen Bedürfnis nach Belehrung haben, liegt eine Variante adamitischer Verirrung zugrunde, die ich Adamsneid nennen möchte, der Neid auf den einen Stammvater, der, da er nie Kind war, einer solchen Belehrung nie bedürftig war.[14]

Im Anschluß an diese Kritik geht Schelsky auf die unerwünschten Folgen einer Demokratisierung und Politisierung der Gesellschaft ein: sie führe entgegen ihrer Absicht zu antidemokratischen Verhältnissen und Verhaltensweisen. Erhöhte Beteiligung der Bevölkerung an komplexen Entscheidungen müsse zwangsläufig zu einer "Reduzierung von Komplexität"[15] und einer Herabsetzung von Rationalität führen. Eine Politisierung gesellschaftlicher Institutionen führe dazu,

> daß die Auswahl- und Aufstiegschancen des betreffenden Personals immer stärker dem Kriterium der Zughörigkeit zu einem der beiden "großen Lager" unterworfen werden; daß die jeweiligen Sachprobleme der Institutionen zurücktreten gegenüber ihrer Indienststellung für allgemeine politische Ziele, daß damit diese Institutionen alle zu einem Kampfplatz für die Herrschaftsabsichten derer werden, die sich weniger der jeweiligen Sache der betreffenden Institution als der Machtergreifung in ihr zugunsten grundsätzlicher "gesellschaftspolitischer" Zielsetzungen verpflichtet fühlen[16].

---

10 Eine ausführliche Auseinandersetzung mit diesen Positionen bei Vilmar, Bd. I, S. 321 ff.

11 Vgl. Hennis, S. 23 ff.

12 Ebd., S. 33.

13 Ebd., S. 33 f.

14 Ebd., S. 35.

15 Schelsky, S. 53.

16 Ebd., S. 54.

Zusammenfassend sei also festzustellen, daß 'Mehr Demokratie' bezahlt werden müsse, durch

> "mehr Konflikte", "weniger Rationalität", "mehr Herrschaftsansprüche", "weniger Sachlichkeit", vor allem aber mit der durchgehenden Politisierung in Richtung auf zentralistisch-totalitäre Machtdurchsetzung[17].

Wie bereits mehrfach erwähnt, finden sich derartige Überlegungen kaum in dem Teil der öffentlichen Diskussion wieder, die in der Presse geführt wurde. Dennoch machen die Belege deutlich, daß *Demokratisierung* ein zentraler Begriff der öffentlichen Diskussion ab 1969 war: einerseits wird die Frequenzsteigerung des Begriffes betont (Beleg 1), andererseits aber seine Vagheit und Mehrdeutigkeit angesprochen (Belege 3, 4, 5). Daß der Begriff ein politisches Programm bzw. eine Ideologie beinhaltet, zeigen die Belege 2, 3, 4.

Mit dem Ende der Regierungszeit Willy Brandts verliert *Demokratisierung* an Bedeutung (vgl. Beleg 5); zumindest die affektiv positive Besetztheit des Begriffs verliert sich. Dieses Schicksal teilt das Schlagwort mit dem ihm eng verwandten *Innere Reformen* wohl auch deshalb, weil die sich ankündigende Wirtschaftskrise das Interesse der Öffentlichkeit auf andere Gebiete lenkte:

> Aber so groß die Bedeutung der Demokratisierungs-Debatte für den politischen Zeitgeist des Jahrfünfts gewesen ist, [...] so rasch ist er mit anderen Schlüsselwörtern der Ära Brandt aus dem Vokabular der Ära Schmidt verschwunden.[18]

---

17 Ebd., S. 55. Zur Kritik an Hennis und Schelsky vgl. Greiffenhagen, S. 23 ff.

18 Bracher, Jäger, Link, S. 321.

Literatur

Alemann, Ulrich von: Partizipation, Demokratisierung, Mitbestimmung - Zur Problematik eines Gegenstandes, in: Ders. (Hrsg.): Partizipation - Demokratisierung - Mitbestimmung. Problemstand und Literatur in Politik, Wirtschaft, Bildung und Wissenschaft. Eine Einführung, Opladen [2]1978, S. 13 - 40 [Studienbücher zur Sozialwissenschaft 19]

Bracher, Karl Dietrich, Jäger, Wolfgang, Link, Werner: Republik im Wandel. 1969 - 1974. Die Ära Brandt, Stuttgart, Mannheim 1986 (Geschichte der Bundesrepublik Deutschland, hg. von K. D. Bracher [u. a.] Bd. 5/I)

Brandt, Willy: Die Alternative, in: Die Neue Gesellschaft 16(1969) Sonderheft vom 1. Mai 1969, S. 3 f

Ders.: Erinnerungen, Frankfurt/M. 1989

Dettling, Warnfried: Demokratisierung. Wege und Irrwege, Köln [3]1974

Hennis, Wilhelm: Demokratisierung. Zur Problematik eines Begriffs, Köln und Opladen 1970 [Arbeitsgemeinschaft für Forschung des Landes Nordrhein-Westfalen, Heft 161]

Greiffenhagen, Martin: Einleitung, in: Ders. (Hrsg.): Demokratisierung in Staat und Gesellschaft, München 1973, S. 11 - 41 [Piper Sozialwissenschaft, Bd. 19]

Lohmar, Ulrich: Demokratisierung in Deutschland. Vorträge und Aufsätze, Gütersloh 1969

Regierungserklärungen 1949 - 1973. Zusammengestellt von Peter Pulte, Berlin, New York 1973

Schelsky, Helmut: Systemüberwindung. Demokratisierung und Gewaltenteilung. Grundsatzkonflikte in der BRD, München 1973

Schroers, Rolf: Demokratisierung, in: Greiffenhagen, Martin (Hrsg.): Kampf um Wörter? Politische Begriffe im Meinungsstreit, Bonn 1980, S. 114 - 119 [Schriftenreihe der Bundeszentrale für politische Bildung, Band 163]

Utz, Arthur F. und Streithofen, Heinrich B. (Hrsg.): Demokratie und Mitbestimmung. Symposium Internationale. Referate und Diskussionen, Stuttgart [2]1971 [Veröffentlichungen des Institutes für Gesellschaftswissenschaften Walberberg e.V., Bd. IV]

Vilmar, Fritz: Strategien der Demokratisierung (2 Bde), Darmstadt und Neuwied 1973

Weigel, Hans: Demokratisierung, in: Ders.: Die Leiden der jungen Wörter, Zürich und München 1974, S. 33 f

Wichard, Rudolf: Demokratie und Demokratisierung. Texte zum Verständnis der modernen Demokratiediskussion, Frankfurt, Berlin, München 1983

Lexikographische Erfassung

DWB (1981), WDG (1964), WDS (1976): n.a.SchW

BHE (1968): 00
V (1988) 238: "In vielen Ländern der westl. Welt führten die auseinandergehenden Auffassungen über D. zu scharfen innenpolit. Frontstellungen."
XXII (1975) 332: "In vielen Ländern der westl. Welt, vor allem aber in der Bundesrep. Dtl., führte die innenpolitische Diskussion über diese 'universalste gesellschaftspolitische Forderung in unserer Zeit' (W. HENNIS) zu Frontstellungen, die auf ein doppeltes Verständnis von Demokratie zurückzuführen sind: als 'Organisationsform des Staates' einerseits und als 'ein Prinzip, das alles gesellschaftliche Sein der Menschen beeinflussen und durchdringen muß' andererseits (W. BRANDT)."
GBH (1978), MEL (1972), MNL (1979): n.a.SchW
NBH I (1984) 551: "polit. Schlagwort für die Forderung, auch im nichtstaatl. Bereich (z. B. in Wirtschaft, Schule, Universität) eine demokrat. Willensbildung und Beschlußfassung herbeizuführen, also die im jeweiligen Bereich Tätigen am Entscheidungsprozeß teilnehmen zu lassen."
NDL (1984): n.a.SchW

AVW 185: SchW
BEC n.a.SchW
NUN 00

Belege

(1)

Nie zuvor sind *Demokratisierung* und Humanisierung so häufig beschworen worden wie heute, aber als sich letzte Woche die Polizei in Heidelberg auf die Studenten stürzte, um fünf von ihnen, die zu einem Gerichtstermin nicht erschienen waren, zu verhaften, war von diesen hehren Idealen wenig zu bemerken.

Marion Gräfin Dönhoff: Ohne Gnade. Die Brutalität der Polizisten und der Studenten,
in: Zeit 3/1969 v. 17.03.69, S. 1 d

(2)

Sp.: Zum Kern der Kontroverse zwischen Ihrer Partei und der CDU/CSU könnte die Gesellschaftspolitik werden, das, was Sie unter *Demokratisierung* der Gesellschaft verstehen.
Br.: Heck [Bruno Heck, CDU-Generalsekretär von 1967 bis 1971] hat sich ja im Wahlkampf auf diesem Gebiet besonders betätigt ...
Sp.: ... und das Schlagwort gebraucht: "*Demokratisierung* ist Sozialisierung".
Br.: Ja, er hält die *Demokratisierung* der Gesellschaft sogar für gefährlich.
Sp.: Was verstehen Sie darunter?
Br.: Den permanenten Auftrag des Grundgesetzes, die großen gesellschaftlichen Bereiche mit freiheitlichem demokratischem Geist zu durchdringen.
[...] Br.: *Demokratisierung* ist ja nicht nur ein Problem des Mitbestimmens im formalen Sinne, sondern ganz stark ein Problem des Offenlegens staatlicher Entscheidungsvorgänge.

"Die SPD wird sich nicht billig machen"
Spiegel-Gespräch mit Vizekanzler Willy Brandt (SPD),
in: Spiegel 38/1969 v. 15.09.69, S. 46 a, b, 49 a

(3)

Manches freilich bleibt in der Regierungserklärung noch ungenau. Was heißt *Demokratisierung* im konkreten Fall, in den Hochschulen, im Betrieb? [...] Hier handelt es sich, kämpferische Stellungnahmen der CDU zeigen es, um eines der großen ideologisch kontroversen Themen dieses Jahrzehnts.

Rolf Zundel: Ohne Schwulst, ohne Schnörkel. Willy Brandts brauchbares Arbeitsprogramm,
in: Zeit 44/1969 v. 31.10.69, S. 1 a

(4)

Hatte der CDU-Generalsekretär Bruno Heck recht, als er den Sozialdemokraten vorwarf, sie wollten "Sozialisierung", wenn sie "*Demokratisierung*" forderten?

Spiegel 20/1970 v. 11.05.70, S. 34 b

(5)

Wer politische Begriffe in Besitz nimmt, übt politische Kontrolle aus. "*Demokratisierung*" bedeutet für die einen Integration durch Partizipation, für die anderen einen entscheidenden Schritt im Klassenkampf auf dem Wege zur Übernahme der Macht. Moderne Theoretiker der evolutionären Systemüberwindung sehen in der Veränderung der Wortbedeutungen die legalen Chancen, stillschweigend die Rechts- und Verfassungsordnung zu ändern.

Hans Schuster: Diese gelungene Republik,
in: Merkur, Mai 1974, H. 312, S. 412

(6)

Die bisherige Erfahrung lehrt jedenfalls, um es auf eine kurze Formel zu bringen, daß im Zeichen der *Demokratisierung* die Verzweiflung über die Kollegen an die Stelle des Ärgers über den Vorgesetzten tritt.
Wenn ich die Stimmung in unserem Lande richtig deute, dann werden Formeln wie die vom "mündigen Bürger" und von der Notwendigkeit "*mehr Demokratie (zu) wagen*", die so charakteristisch für die euphorische Stimmung der Aufbruchphase der sozialliberalen Koalition gewesen sind, inzwischen mit bemerkenswerter Ernüchterung betrachtet. Selbst wer trotz der erörterten Bedenken die *Demokratisierung* bejahte und verfocht, muß inzwischen feststellen, daß sie - ausgeblieben ist.

Arnulf Baring: Zweifel,
in: Merkur, Mai 1974, H. 312, S. 428

(7)

Doch nicht nur von den Amerikanern war der christdemokratische Wortforscher [Gerhard Mahler, Staatssekretär beim Ministerpäsidenten von Baden-Württemberg] beeindruckt. Auch die SPD, so fand Mahler, "ist uns da voraus". Denn die seit 1969 auf das Schlüsselwort "Reform" gestimmte SPD hätte es verstanden, ehemals parteipolitisch neutrale Wertbegriffe wie *Demokratisierung*, Mitbestimmung, Lebensqualität und Humanisierung der Arbeitswelt so sehr mit ihrer eigenen Politik zu identifizieren, daß die meisten Wähler heute diese Formeln kaum noch mit der CDU in Verbindung brächten.

Spiegel 32/1974 v. 05.08.74, S. 48 a

(8)

Der Kanzler stürzte nicht nur über den Spion. Willy Brandts Fall markiert, daß eine Politik aufgelaufen ist, die in der Tat Wort-Wimpel wie "emanzipatorisch", "progressiv", "*Demokratisierung*" und "Reform" - zu hoch? - gehißt hatte.

Spiegel 53/1974 v. 30.12.74, S. 40 f

(8 a)

Allerdings war ich nie der Auffassung, man solle alle Lebensgebiete formell und bürokratisch '*demokratisieren*'. Später dann haben die bizarren Blüten, die an manchen Universitäten wuchsen, gelehrt: Wo *Demokratisierung* auf dem Programm steht, darf nicht immer und von vornherein ein Wille zu Toleranz und Effizienz unterstellt werden.

Willy Brandt: Erinnerungen,
Frankfurt/M. 1989, S. 272

Drittelparität

Syn./Var.: Demokratisierung, Demokratisierung der Hochschule, Demokratisierung der Universität, Hochschulreform,
polemisch: Kaderschmiede, Kaderschule der Revolution, Kaderschule des Marxismus, rote Kaderschmiede, rote Universität

Drittelparität ist ein Schlagwort der sechziger Jahre, das mit den sogenannten Studentenunruhen (-> APO) populär wurde[1]. Obwohl es eine Forderung umschrieb, die speziell die Hochschulen betraf, wurde es in einer größeren Öffentlichkeit diskutiert.

Dies liegt auch daran, daß *Drittelparität* einen Teilaspekt der allgemeinen Forderung nach -> Demokratisierung darstellte, die ab Ende der sechziger Jahre zu einem zentralen Thema der öffentlichen Diskussion wurde[2].

Drittelparität oder *Demokratisierung der Hochschule* wurde vor allem von Studenten gefordert, die sich der -> Neuen Linken zurechneten.

> ***Demokratisierung der Hochschule*** **steht für die Abschaffung jeglicher Hierarchie der 'Ordinarienuniversität' zugunsten einer Mitbestimmung der Studenten in allen hochschulrelevanten Fragen (einschließlich der Studieninhalte, Prüfungsordnungen, Stellenbesetzungen, Mittelvergabe etc.).**
> ***Drittelparität*** **präzisiert diese Forderung dahingehend, daß alle Entscheidungen der Hochschule in einem Gremium zu treffen seien, in dem Professoren, Mittelbau (Assistenten, Lektoren etc.) und Studenten über je ein Drittel der Stimmen verfügen.**

Diese Reform-Forderungen waren äußerst umstritten, zumal oft mit wenig präzisen Begriffen wie *Demokratisierung der Hochschule* oder *Hochschulreform* argumentiert wurde, die es nicht immer deutlich werden ließen, welche konkreten Maßnahmen eigentlich gefordert wurden[3]:

> Daß an der Universität "Reformen" notwendig seien, darüber sind sich alle einig: Öffentlichkeit und Regierung, Gewerkschaften und Kirchen, Professoren und Studenten, aber mit dem einen Wort verbinden sich ganz verschiedenartige, ja entgegengesetzte Konzeptionen, und solange keine gründliche Klärung erfolgt, muß die Universität hilflos dem

---

1 Vgl. Löwenthal, S. 17 ff; Klein, S. 7, nennt den 30.10.62 als den Termin, an dem die Forderung nach einer Demokratisierung der Hochschule erstmalig erhoben wurde; das entsprechende VDS-Gutachten vom Oktober 1962 ist teilweise abgedruckt in Schmidt/Thelen, S. 70 ff; Beleg 5 nennt den 29.07.67 als Datum, an dem die Forderung nach Drittelparität erstmalig erhoben wurde.

2 Vgl. Schabedoth, S. 115.

3 Rucker, S. 93 ff, unterscheidet vier Bedeutungen von *Demokratisierung der Hochschule*; Hennis, S. 14 ff, unterscheidet drei Verwendungsweisen des Begriffes *Demokratisierung*.

> Sturm eines Wortes und den Taten der entschlossensten Rufer zusehen.[4]

Abgesehen von dieser Vagheit deutet die äußerst kontroverse öffentliche Diskussion auf ein Schlagwort hin: die Gegner der studentischen Forderungen - unter ihnen zahlreiche Professoren, die wiederum schnell in den Verdacht geraten, lediglich ihre Privilegien verteidigen zu wollen[5], - betonen, daß eine als Mitbestimmung der Studenten in allen Bereichen aufgefaßte Demokratisierung der Hochschule nicht sinnvoll sein könne:

> Im Verhältnis von Professoren und Studenten liegt keine Entsprechung zu der Beziehung von Regierung und Volk, es handelt sich vielmehr um das Verhältnis einer führenden Gruppe zu ihren Kandidaten.[6]

Die Verwendung des Begriffes *Demokratisierung* im Hochschulbereich hebe außerdem den Unterschied zwischen Politischem und Nichtpolitischem auf und führe zu einer nicht angemessenen Politisierung des Nichtpolitischen[7].

Daß sich das Verhältnis von Lehrenden und Lernenden wegen mangelnder Gleichheit der Beteiligten (etwa aufgrund unterschiedlicher Fachkompetenz und Erfahrung) nicht umwandeln lasse in einen 'herrschaftsfreien Diskurs' (Habermas) ist der Tenor der Argumentation gegen *Drittelparität* bzw. *Demokratisierung der Hochschule*[8].

Von Verfechtern dieser Position wird 1970 das Schlagwort *Kaderschmiede* in die Diskussion eingebracht. Es soll darauf hinweisen, daß die Mitbestimmung linker bzw. marxistischer Studenten sowie die Berufung linker Wissenschaftler dazu führen könnte, daß an den Universitäten marxistische Forschungsansätze überbetont würden und die Hochschulen im Zuge dieser Entwicklung zu sozialistischen Instituten umfunktioniert würden, die eine freie, unvoreingenommene Forschung nicht mehr ermöglichten. Um dies zu verhindern, wurde im November 1970 der "Bund Freiheit der Wissenschaft" gegründet, dem zahlreiche Hochschullehrer beitraten[9].

Zu beachten ist dabei, daß gegen den Begriff der *Demokratisierung* weit weniger polemisiert wird als gegen *Drittelparität*. Die positiv affekti-

---

4 Nolte, S. 20.

5 Vgl. Schroers, S. 115.

6 Nolte, S. 13; so auch Dettling, S. 113 f, Hennis, S. 33 f, Löwenthal, S. 30 f.

7 Vgl. Hennis, S. 23 ff. Für eine ausführlichere Darstellung dieser Position -> Demokratisierung.

8 Ähnlich argumentiert Richard Löwenthal in einem Interview mit dem Spiegel, in: Spiegel 29/1970 v. 13.07.70, S. 68 f.

9 Vgl. ebd.

ve Besetztheit des Demokratie-Begriffes wird auch auf diese Weise deutlich:

> Demokratisierung wurde so zu einem viel geschundenen Begriff, der für alles herhalten soll, was antiautoritärer Gesinnung in den Kopf kommt, ohne daß da viel zwischen den Autoritäten unterschieden wird. Zu einem Begriff auch, der Widerspruch nicht duldet, der vielmehr die Rechtfertigung immer schon in sich trägt [...][10]

Die Befürworter der Demokratisierung der Hochschule betonen in ihrer Argumentation, daß in einer demokratisch legitimierten Gesellschaft auch deren Teilbereiche nicht hierarchisch gegliedert sein sollten. Gerade an der Hochschule gelte es, die z. T. absurden Abhängigkeiten durch ein demokratisches Miteinander zu ersetzen. Eine Demokratie aber sei nicht schon allein durch formale Regelungen zu erreichen, sondern bedeute ein sich ständig weiterentwickelndes Verhältnis von Freiheit und Gleichheit aller Gesellschaftsmitglieder, in dem ein herrschaftsfreies Miteinander anzustreben sei. Für den Bereich der Hochschule schaffe die Drittelparität die entscheidenden Voraussetzungen für eine derartige Konzeption, da die autoritäre Macht der Ordinarien auf diese Weise gebrochen werden könne.

Auch in den Belegen spiegelt sich die Umstrittenheit beider Schlagwörter wieder: zu *Drittelparität* finden sich befürwortende (Belege 4, 6, 9) und ablehnende Stellungnahmen (Belege 11, 12, 13, 15), Definitionsbelege (Belege 14, 15) sowie explizite Bemerkungen über das Vorliegen eines Schlagwortes (Belege 8, 10). Weitere Indikatoren finden sich etwa in den Belegen 5, 6, 7, 9, 11, 13, die die öffentliche Diskussion des Themas erwähnen. Entsprechend deuten auch die Belege zum Gegenbegriff *Kaderschmiede* auf eine emotionelle, kontroverse Diskussion hin.

Eine zeitliche Eingrenzung ist für beide Schlagwörter schwer auszumachen. In der Auseinandersetzung um die Hochschulgesetzgebung tauchen beide immer wieder auf. Mit dem Abflauen der Studentenunruhen jedoch werden sie weniger in der Öffentlichkeit diskutiert. Belege zu *Drittelparität* wie zu *Kaderschmiede* finden sich daher vorwiegend in den ersten Hälfte des Bearbeitungszeitraums.

Zum Ende der sechziger Jahre laufen in allen Bundesländern die Bemühungen um eine Hochschulreform auf Hochtouren[11], Bundeskanzler Brandt kündigt 1969 sogar die Vorlage eines Hochschulrahmengesetzes an, das jedoch erst am 30.01.76 nach jahrelangen Kontroversen verabschiedet werden kann[12].

Bereits 1973 allerdings werden durch ein Urteil des Bundesverfassungsgerichtes der Demokratisierung der Hochschulen Grenzen gesetzt:

---

10 Schroers, S. 114.

11 Vgl. Schabedoth, S. 126 ff.

12 Vgl. Goldschmidt, S. 367 ff.

den Professoren steht eine absolute Mehrheit in den Organen wissenschaftlicher Hochschulen zu, in denen über Angelegenheiten der Forschung, künstlerische Entwicklungsvorhaben und Berufungen entschieden wird[13].

Die Diskussion um die Probleme der Hochschulreform scheint sich nun allmählich auf die mit der Planung von Hochschulgesetzen befaßten Gremien zu konzentrieren.

Die Variante *Demokratisierung* schließlich wird in anderen Zusammenhängen aktuell: sie kann als wesentlicher Programmpunkt der sozialliberalen Koalition unter Willy Brandt angesehen werden. Dementsprechend wurde *Demokratisierung* zu einem Schlagwort, das in erster Linie nicht mehr auf die Reform der Universitäten bezogen wurde, sondern gesamtgesellschaftlich zunehmende Bedeutung gewann.

13 Vgl. ebd.

Literatur

Dettling, Warnfried: Demokratisierung. Wege und Irrwege, Köln [3]1974

Goldschmidt, Dietrich: Hochschulpolitik, in: Benz, Wolfgang (Hrsg.): Die Geschichte der Bundesrepublik Deutschland, Band 1: Politik, S. 354 - 389, Aktualisierte u. erw. Neuausg., Frankfurt 1989

Greiffenhagen, Martin (Hrsg.): Demokratisierung in Staat und Gesellschaft, München 1973 [Piper Sozialwissenschaft, Bd. 19]

Habermas, Jürgen: Protestbewegung und Hochschulreform, Frankfurt 1969

Hennis, Wilhelm: Demokratisierung. Zur Problematik eines Begriffs, Köln und Opladen 1970 [Arbeitsgemeinschaft für Forschung des Landes Nordrhein-Westfalen, Heft 161]

Jacobsen, Hans-Adolf und Dollinger, Hans (Hrsg.): Die deutschen Studenten. Der Kampf um die Hochschulreform. Eine Bestandsaufnahme, München 1968

Klein, Hans H.: "Demokratisierung" der Universität? Göttingen 1968 [Schriften des Hochschulverbandes, Heft 21]

Löwenthal, Richard: Hochschule für die Demokratie. Grundlinien für eine sinnvolle Hochschulreform, Köln 1971

Lohmar, Ulrich: Demokratisierung in Deutschland. Vorträge und Aufsätze, Gütersloh 1969

Nolte, Ernst: Sinn und Widersinn der Demokratisierung in der Universität, Freiburg 1968

Rucker, August: Hochschule und Gesellschaft. Zur Demokratisierung der Hochschule, München 1969

Schabedoth, Hans-Joachim: Hochschulrefom - eine verpaßte Chance. Die politische Auseinandersetzung um die Hochschulreform seit 1969 - Voraussetzungen, Verlauf und Ergebnisse, (Phil. Diss. Marburg 1981) Hagen 1982 [Demokratischer Sozialismus in Theorie und Praxis, hg. von der Hochschulinitiative Demokratischer Sozialismus]

Schelsky, Helmut: Systemüberwindung. Demokratisierung und Gewaltenteilung. Grundsatzkonflikte in der BRD, München 1973

Ders.: Einsamkeit und Freiheit. Idee und Gestalt der deutschen Universität und ihrer Reformen, (2., um einen "Nachtrag 1970" erweiterte Auflage) Düsseldorf 1971

Schmidt, Lothar und Thelen, Dieter: Hochschulreform. Gefahr im Verzuge? Mit einem Gesetzentwurf, Frankfurt 1969

Schroers, Rolf: Demokratisierung, in: Greiffenhagen, Martin (Hrsg.): Kampf um Wörter? Politische Begriffe im Meinungsstreit, Bonn 1980, S. 114 - 119 [Schriftenreihe der Bundeszentrale für politische Bildung, Band 163]

Spiegel 29/1970 v. 13.07.70

Lexikographische Erfassung

Drittelparität

DWB (1981): n.a.SchW
WDG (1967), WDS (1976): 00

BHE (1968), (1988): 00
GBH (1978), MEL (1973), MNL (1979), NBH (1984), NDL (1984): 00

AVW, BEC, WEI: 00
KOP n.a.SchW
NUN 70: SchW

Kaderschmiede

DWB IV (1982) 37: "(meist abwertend) Organisation oder Institution, in der (entgegen ihrer eigentlichen Funktion) (Berufs)revolutionäre herangebildet werden"
WDG (1969): 00
WDS (1977): n.a.SchW

BHE (1970), (1990), GBH (1979), MEL (1975), MNL (1979), NBH (1985), NDL (1984): 00

AVW, BEC, NUN: 00

Belege

Drittelparität

(1)

Endlich ist man leicht dazu verführt, die Mitwirkung der Studenten am Ganzen einer Universität als Entsprechung zur Mitbestimmung der Arbeitnehmer bei einem Industriewerk und damit als etwas Fortschrittliches anzusehen. Wenn wir die Universität einmal nur als Ausbildungsstätte nehmen, stellen die Studenten weniger einen von zwei Sozialpartnern als vielmehr das Ergebnis des Produktionsvorganges dar.

H.J. [= Hellmut Jaesrich]: Freie Studenten,
in: Der Monat, April 1966, H. 211, S. 4 b

(2)

Die Mehrheit der politisch interessierten Studenten [...] fordern [!] von ihrer Universität und der Gesellschaft Reformen; sie wollen "*Demokratisierung*".

Kai Hermann: Student sein in Berlin. Eine enttäuschte Generation rebelliert gegen die Obrigkeit,
in: Zeit 07/1967 v. 17.02.67, S. 3 b

(3)

So ist die Forderung der Studenten nach *Demokratisierung* keineswegs nur äußerlich und politisch gemeint; sie zielt auf "demokratische" Beteiligung an den Erkenntnisprozessen selbst. (471) [...]
Der heutige Protest gegen den Vietnam-Krieg und für die *Demokratisierung* der Gesellschaft, darin der Universität, ist ein Herunterkommen von den Höhen eines abstrakten, idealen Protestierens in das konkrete Protestieren und Kämpfen um Erneuerungen hier und jetzt. Konkretheit aber ist in unserer Geisteswelt, auch in der politischen Welt, schon oft verübelt worden. (473)

Friedrich Wilhelm Marquardt: Rede über ungefähr 2000 protestierende Studenten an deren Mitbürger in Berlin,
in: FH 07/1967, S. 471, 473

(4)

Trotz aller studentischen Initiativen, Proteste und Demonstrationen wird eine der wichtigsten Aufgaben der deutschen Hochschulreform in beängstigender Weise vernachlässigt: die *Demokratisierung* der Universität. [...]
Die Reform scheitert bisher an der hartnäckig und nahezu solidarisch verteidigten autoritären Struktur der deutschen Universität.

Lising Pagenstecher: Ist die Hochschule zu autoritär? Das Problem einer Mitbestimmung und Kontrolle durch Studenten,
in: Zeit 42/1967 v. 20.10.67, S. 32 a

(5)

Sp.: Neuerdings hat sich die "*Demokratisierungs*"-Kampagne der Studenten bis zu der Forderung nach "*Drittelparität*"* gesteigert, und es sieht so aus, als ob einige Bundesländer [...] jedenfalls eine so oder so "paritätische" Mitbestimmung in den universitären Selbstverwaltungsgremien akezptieren wollen.

* Die sogenannte *Drittelparität*, erstmalig am 29. Juli 1967 vom Hamburger Asta gefordert, bedeutet, daß in den Selbstverwaltungsgremien der Universität drei Gruppen zu je einem Drittel vertreten sein sollen: die Professoren, der sogenannte Mittelbau [...] und die Studenten.

"Haben Sie aufgemuckt, Herr Professor?"
Spiegel-Interview mit Professor Wilhelm Hennis über Universitätsreform, in: Spiegel 8/1968 v. 19.02.68, S. 48 c

(6)

Seit die vom SDS und später auch vom Verband Deutscher Studentenschaften (VDS) geforderte studentische Mitbestimmung die Auseinandersetzung um die Hochschulreform belebt hat, fluten Denkschriften und Gegendenkschriften auf den akademischen Markt. [...] Doch so vielfältig der Drang nach und der Druck gegen Reformen auch war [...], so diffus auch der Streit sich ausnahm um das, was die rebellischen Studenten *Demokratisierung der Hochschule* nennen - eines machte dieses Sommersemester deutlich: Ohne eine grundlegende Neuorientierung der Universitäten geht es nicht länger.

Spiegel 30/1968 v. 22.07.68, S. 27 c

(7)

Am 29. Mai befaßte sich das Erste des Deutschen Fernsehens in einer Sendung von Hamburg aus mit den Ursachen und Erscheinungsformen der Rebellion der Jugend. Die Sendung erfolgte in Form eines Hearings und trug den Untertitel "Bestandsaufnahme".

[Eugen Kogon, Professor für politische Wissenschaft an der Technischen Hochschule Darmstadt und Moderator der Fernsehreihe "Perspektiven" des Hessischen Rundfunks]: [...] Was, so fragen sie [zahlreiche Eltern] ist denn in unsere Töchter und Söhne gefahren, daß sie eine wahre Gegengewalt gegen die unsrige aufzubauen und einzurichten versuchen; daß sie einer radikalen Minderheit folgen, die unter dem Motto "*Demokratisierung*" buchstäblich alles verändert wissen möchte?

FH 07/1968, S. 474

(8)

Gleichberechtigt diskutierten Studenten mit ihren Professoren, wie das Studium zu gestalten sei. [..] etablierte sich am Soziologischen Institut [...] [der Ludwig-Maximilians-Universität München] ohne Aufheben ein "Institutsausschuß", der je zur Hälfte mit Vertretern der Studentenschaft und des Lehrkörpers besetzt ist. [...] Eine solche Aufteilung der Kompetenzen zwischen Lehrende und Lernende fordert außer linken und liberalen Studentenbünden seit März dieses Jahres auch der "Verband Deutscher Studentenschaften" (VDS) unter dem Schlagwort "*Drittelparität*" für alle Entscheidungsgremien an deutschen Hochschulen - vergebens.

Spiegel 32/1968 v. 05.08.68, S. 31 a, b

(9)

Die vor allen Details zentrale Frage der *Hochschulreform* muß deshalb lauten: Wie läßt sich in der alten Institution kritischer Gegendruck gegen das je Bestehende, Anerkannte, dem Schein nach Selbstverständliche institutionalisieren? [...] Die vieldiskutierte "*Drittelparität*" wäre nur ein - allerdings unerläßliches - Mittel hierzu.

Christian Graf von Krockow: Der Dinosaurier will überleben. Reform oder Revolution an den Universitäten?
in: Der Monat, August 1968, H. 239, S. 44 b

(10)

Und Albers [Detlev Albers, Student in Hamburg, Erfinder der Parole: "Unter den Talaren, Muff von 1000 Jahren"] war es auch, der die populärste Studentenforderung im Kampf gegen den Muff entwickelte und begründete: In allen wichtigen Gremien der Hochschulen solle je ein Drittel der Plätze mit Professoren, mit Dozenten und Assistenten sowie mit Studenten besetzt und so die Vorherrschaft der Professoren gebrochen werden. Schlagwort: *Drittelparität.*

Spiegel 41/1968 v. 07.10.68, S. 197

(11)

Wir alle sind des Themas *Hochschulrefom* überdrüssig. *Hochschulreform* ist zu einem Streit um Universitäts-Satzungen geworden. [...] Die allgemeine Öffentlichkeit interessiert sich für diese Fragen nur noch wenig.

Erwin K. Scheuch: Verfassungskosmetik oder Verstaatlichung? Perspektiven für unsere Hochschulreform,
in: Merkur, Januar 1969, H. 249, S. 95 a, b

(12)

Ist nicht etwa die Formel von der "*Drittel-Parität*" ad acta gelegt worden, nachdem sie - wenn auch nur zaghaft auf bestimmte mehr repräsentative als exekutive Gremien beschränkt - in einigen Hochschulgesetzen aufgetaucht ist?

Jens Litten: Deprimierte Repression,
in: Der Monat, März 1969, H. 246, S. 23

(13)

Denn fast immer, wenn Professoren und Studenten sich an einer Teilreform der Alma mater versuchten, blieb unbeachtet, was stets oberste Maxime der Wissenschaften gewesen ist: vorurteilslos zu prüfen, zu experimentieren und die Ergebnisse von Denkprozessen und Versuchsreihen kritisch gegeneinander abzuwägen.
Nichts verdeutlicht das besser, als die Diskussion um die "*Demokratisierung*" der Hochschule, die durch Mitbestimmungsforderungen der Studenten ausgelöst wurde. [...] Wenn man einmal von dieser SDS-Eskalation [Forderung der *Drittelparität* unter Professoren, Assistenten und Studenten] absieht, so etikettiert "*Demokratisierung*" ein ganzes Bündel studentischer Forderungen [...]
So verstandene *Demokratisierung* ist für linke Studenten und liberale Professoren Ausdruck von Emanzipationsbestrebungen, die auf einen "herrschaftsfreien Dialog" von Lehrenden und Lernenden abzielen. [...]
So verstandene *Demokratisierung* erweist sich hingegen nach Meinung vor allem der meisten Ordinarien als untauglich für die Universität [...]

Spiegel 28/1969 v. 07.07.69, S. 98 c, 99 a

(14)

Heute gehen freilich die aktivsten unter den Studenten für ihre Forderungen von gestern nicht mehr auf die Barrikaden. "*Drittelparität*" erweckt bei vielen nur noch Argwohn gegen Manipulation. (597) [...]
Die Folge ist ein lähmender Partikularismus im Innern und die Unfähigkeit, Gesamtinteressen der Hochschule überzeugend zu deklarieren und wirksam nach außen zu vertreten. Hier kann eine *Demokratisierung der Hochschule* Abhilfe schaffen. Dieses Wort ist, wie ich stets betont habe, mißverständlich. Denn natürlich geht es nicht um eine abstrakte Übertragung von Modellen der staatlichen Willensbildung auf die Universität. Es geht hier nicht um die Bildung eines Staates im Staat. "*Demokratisierung*" heißen vielmehr die Vorkehrungen, die der Hochschule politische Handlungsfähigkeit sichern und sie instandsetzen sollen, ihre Selbstverwaltungsautonomie nicht nur im Schilde zu führen, sondern auch zu praktizieren. (601)

Jürgen Habermas: Demokratisierung der Hochschule - Politisierung der Wissenschaft?
in: Merkur, Juli 1969, H. 255, S. 597, 601

(15)

Der Forderung nach einer *Demokratisierung der Universität* und anderer gesellschaftlicher Institutionen wird immer wieder [...] entgegengehalten, hier werde unzulässig, ja unheilvoll, weil mit einer Gleichschaltungstendenz unseligen Angedenkens (Wilhelm Hennis), ein politisches Prinzip übertragen. Demokratisieren könne man nur politische Gemeinwesen; andere gesellschaftliche Gebilde dieser Bestrebung zu unterwerfen, bedeute Polarisierung aller Lebensbereiche, verrate ein gestörtes Verhältnis zum Rechtsstaat und bekunde "Schludrigkeit im Denken und eine fatale Schwäche des Demokratie-Begriffs in unserem Lande" (Gillessen) [Günther Gillessen, hochschulpolitischer Redakteur der FAZ]. Meines Erachtens ist jedoch das Postulat einer *Demokratisierung* gesellschaftlicher Teilbereiche und Institutionen sehr wohl aus einem liberalen Begriff von freiheitlich-rechtsstaatlicher Demokratie abzuleiten, der für eine hochindustrialisierte und hochdifferenzierte, interdependente Großgesellschaft noch tauglich sein und sich, an modernen Erfordernissen orientiert, weiterentwickeln will. (261) [...]
Die für unseren Bereich häufig aufgestellte Alternative "*Demokratisierung* oder Sachverstand" ist falsch. Ich halte es für ungerechtfertigt, wenn die Ordinarien im Namen des Sachverstandes ihre Privilegien verteidigen und sich gegen eine Neustrukturierung der Universität wenden, denn sie haben in letzter Zeit den Sachverstand nicht mehr in dem Sinne vertreten, wie sie es vorgeben. (263) [...]

Doch nun muß klar gesagt werden, was *Demokratisierung der Universität* strukturell des näheren heißen soll. Negativ abgegrenzt meint sie zum einen nicht die Allein- und Selbstbestimmung einzelner Gruppen und ihre Autonomie in der Hochschule, etwa nach Art der linksextremen Parole von der Schaffung studentischer "Freiräume" in der Universität. [...] *Demokratisierung* kann zweitens nicht die schematische Einführung der *Drittelparität* für alle Universitätsgremien meinen. Die *Drittelparität*, die die Repräsentanten der drei großen Gruppen in der Hochschule - Professoren, wissenschaftliche Mitarbeiter und Studenten - qualitativ und quantitativ völlig gleichberechtigt nebeneinanderstellt, erscheint tauglich allenfalls für das Hochschulparlament, das Konzil, das allgemeine Fragen der Hochschulpolitik diskutiert, an denen alle Gruppen gleichermaßen interessiert und von denen sie alle gleichermaßen betroffen sind. (264) [...]
Das Wort "*Demokratisierung*" ist mißverständlich, wenn es auf die Übernahme ganz bestimmter politischer Modelle bezogen wird. Es hat sich jedoch in der politischen [...] Diskussion durchgesetzt zur Anzeige einer Tendenz, mehr aktive Teilnahme und Mitbestimmung in gesellschaftlichen Institutionen einzuführen, um eine herrschaftsfreiere Zusammenarbeit und um rationalere Konfliktregelungen unter ihren Mitgliedern zu ermöglichen. [...] *Demokratisierung* in dem dargelegten Sinne macht die Universität nicht unregierbar, sie trägt vielmehr dazu bei, daß sie wieder, nun aber von allen mitgetragen, regierbar wird. (267)

Alexander Schwan: Macht Demokratisierung die Universität unregierbar?
in: FH 04/1970, S. 261, 263 f, 267

(16)

Der Begriff der *Demokratisierung* für die Hochschule ist ja sehr vielschichtig. Leider verstehen viele darunter permanente Abstimmungen in allen Hochschulorganen, und leider gewinnt man hier und da den Eindruck, daß neue Hochschulgesetze von den Universitätsmitgliedern und auch von den Politikern nur in dieser Weise interpretiert und ausgenutzt werden.

Der Lernprozeß braucht eben seine Zeit
Spiegel-Gespräch mit dem Vorsitzenden des Wissenschaftsrates, Professor Reimar Lüst,
in: Spiegel 24/1970 v. 08.06.70, S. 65 a

(17)

Gerade die studentische Mitbestimmung aber ist inzwischen von allen *Hochschul-Reformen* am meisten ins Zwielicht geraten. Die Politiker können sich über das rechte Maß an Mitbestimmung nicht einig werden, und wo neue Universitätsgesetze gelten, drängen viele Professoren darauf, die Zahl der Studenten in den Entscheidungsgremien wieder zu vermindern.

Spiegel 27/1972 v. 26.06.72, S. 52 a

(18)

Seit namentlich sozialdemokratisch regierte Bundesländer die Studentenrebellion der sechziger Jahre mit neuen Hochschulgesetzen beantwortet haben, wogt allenthalben, versteckt wie offen, der Kampf um Reform und "Gegenreformation" (Wesel) [Prof. Uwe Wesel, Vizepräsident der FU]. [...] Und da die Deutschen noch immer am liebsten hören, daß Gefahr von links kommt, reduziert sich das Hochschulproblem für viele auf die Revolutions-Exotik radikaler Studentengruppen. (54 b) [...]
Jede studentische Stimme mehr in den akademischen Entscheidungsgremien, so fürchten denn auch Politiker, könnte denen zugute kommen, die Universität wie Staat und Wirtschaftsordnung grundsätzlich in Frage stellen. (55 a) [...] Mehr Staatseinfluß und weniger Mitbestimmung - dieser Trend kennzeichnet allenthalben die jüngste Kurskorrektur in der westdeutschen Hochschulpolitik. (55 b)

Spiegel 30/1972 v. 17.07.72, S. 54 b, 55 a, b

Kaderschmiede

(1)

Seit in der letzten Woche der Jungsozialist Thomas von der Vring [...] zum Gründungsrektor der Universität Bremen bestellt wurde, kursiert das Schlagwort von der "*Roten Universität*".

Spiegel 29/1970 v. 13.07.70, S. 3

(2)

Der Nellessen-Appell [Bernd Nellessen, Kulturredakteur der 'Welt'], Bremen nicht zur "*Kaderschule der Revolution* unter dem Kommando eines Linksextremisten" zu machen, verhallte vergebens. Thomas von der Vring, "der Chefideologe der mit Ulbricht fraternisierenden Jungsozialisten" [...] erhielt vom Bremer SPD-Senat die Bestallungsurkunde.

Otto Köhler: Kaderschule Bremen,
in: Spiegel 29/1970 v. 13.07.70, S. 60 b

(3)

Jura-Professor Bernd Rüthers, 40, sieht die Freie Universität (FU) zu Berlin zur "*Kaderschule des Marxismus*" umfunktioniert.

Spiegel 41/1970 v. 05.10.70, S. 101 a

(4)

"Bei uns läuft der Wissenschaftsbetrieb im Grund ganz normal", urteilt der liberale Politologie-Professor Hans-Hermann Hartwich, 41, Vorsitzender des Fachbereichs Otto-Suhr-Institut (OSI) an der West-Berliner Freien Universität (FU). Der konservative Kommunismus-Kenner Richard Löwenthal hingegen hält das OSI nicht mehr für normal; er sieht darin eine "*Kaderschmiede* für Feinde unserer Demokratie".

Spiegel 43/1970 v. 19.10.70, S. 212 a

(5)

Die linke Einheitsliste schreckte die bedächtigen Bremer um so mehr, als sie nun bestätigt glaubten, was konservative Blätter und halbrechte Politiker befürchtet hatten [...] - die Geburt einer "*roten Mini-Universität*" (so Bremens CDU-Bundestagsabgeordneter Ernst Müller-Hermann), einer "*Kaderschule der Revolution*" (so die "Welt") [...]

Spiegel 45/1970 v. 02.11.70, S. 73 a

(6)

Darum ist es noch eine Übertreibung, das ganze OSI als "revolutionäre *Kaderschmiede*" zu bezeichnen, wie mir der Spiegel es zweimal zu Unrecht zugeschrieben hat: Ich habe [...] nicht gesagt, daß das OSI eine solche *Kaderschmiede* sei, sondern daß unter bestimmten Bedingungen unsere Hochschulen allgemein zu solchen *Kaderschmieden* werden könnten.

"Nutznießer sind die Kommunisten"
Politologie-Professor Richard Löwenthal über das West-Berliner Otto-Suhr-Institut (OSI),
in: Spiegel 46/1970 v. 09.11.70, S. 72 b

(7)

Sp.: Der "Bund Freiheit der Wissenschaft" will die Universitäten vor dem Zugriff der ganz Linken retten. Dabei erweckt er in seinem Gründungsaufruf den Anschein, als stünde die Umfunktionierung in *rote Kaderschmieden* unmittelbar bevor.

"Professoren sind nicht mutiger als andere"
Spiegel-Gespräch mit Politologie-Professor Hans Maier über den "Bund Freiheit der Wissenschaft",
in: Spiegel 48/1970 v. 23.11.70, S. 115 a

Dutschke

Bei *Dutschke* handelt es sich um einen Sonderfall, da hier ab etwa 1966/67 ein Eigenname zum Schlagwort wird, der in enger Beziehung zum Schlagwort -> APO und seinem Assoziationsfeld steht.

Rudi Dutschke ist der am 07.03.40 in Schönefeld bei Luckenwalde (vormals DDR) geborene und am 24.12.79 in Aarhus (Dänemark) an den Spätfolgen eines Attentats gestorbene Studentenführer und Student der Soziologie an der Berliner FU.

Das Schlagwort meint allerdings weniger das Individuum Rudi Dutschke, als vielmehr einen Typ, ein Symbol. *Dutschke* symbolisiert 'den' protestierenden Studenten, die APO und ihre Aktionen wie den Sozialistischen Deutschen Studentenbund (SDS), dessen Mitglieder bereits 1961 aufgrund eines Unvereinbarkeitsbeschlusses aus der SPD ausgeschlossen worden waren[1]. Der SDS bildete neben der Ostermarschbewegung und den Gegnern der Notstandsgesetze "das politisch-organisatorische und intellektuelle Zentrum" der Studentenbewegung[2].

Im Führungsmitglied des SDS, Rudi Dutschke, scheint eine Person greifbar geworden zu sein, der man im Gegensatz zur anonymen APO Verantwortung zuschreiben kann, die man für all das verantwortlich machen kann, was 'rebellierenden' Studenten zuzuschreiben ist. Unterstützt wird diese Auffassung durch die exponierte Stellung, die der 'Chef-Ideologe' Dutschke einnimmt: er gilt als Gründer der APO, erscheint auf zahlreichen Podiumsdiskussionen, Akademietagungen, demonstriert mit der APO in vorderster Reihe, läßt sich von Günter Gaus im Fernsehen interviewen[3], gibt dem Spiegel ein Interview[4], und wird nicht zuletzt durch die Springer-Presse der Öffentlichkeit als Krawallmacher vorgestellt. Dementsprechend hat das Schlagwort *Dutschke* in den Medien einen überwiegend pejorativen Charakter:

> Denn wer war Rudi Dutschke? Für die einen die Personifikation der Studentenrevolte, des Befreiungskampfes in den Metropolen, für die anderen der demagogische Provokateur, der linksradikale Bürgerschreck. Der Name Dutschke wurde zu einem Symbol des Subversiven, von rechts wurde er zum Gewaltprediger umgefälscht.[5]

---

1 Vgl. Hartung.

2 Rucht, S. 317. Ausführlicher zur Position und Entwicklung des SDS: Fichter/Lönnendonker und Ahlberg.

3 Eine leicht gekürzte Fassung des Interviews ist abgedruckt in Dutschke (Langer Marsch), S. 42 -57.

4 Abgedruckt in Dutschke (1983), S. 20 - 38.

5 Dutschke (Langer Marsch), S. 2 ("Zu diesem Buch")

Daß Rudi Dutschke für Anhänger der APO auch zum Leitbild wurde, darf als ausgemacht gelten, die Verwendung seines Namens in einem solchen positiven Sinne findet sich indes nicht in den Belegen[6] des bearbeiteten Zeitraums. Für die Anhänger Dutschkes dürfte der Name gleichbedeutend sein mit dem notwendigen Kampf gegen das -> Establishment und seine Organisationen, gegen die -> Große Koalition und die von ihr ins Auge gefaßten -> Notstandsgesetze. *Dutschke* dürfte in diesem Zusammenhang gleichbedeutend sein mit dem überfälligen Aufbegehren der jungen Generation gegen die repressiven Strukturen der Gesellschaft.

Die gefundenen Belege bestätigen indes den appellativischen Symbolcharakter des Namens, insbesondere die Pluralbildung *Dutschkes* (Belege 1, 4 a, 8 a) zeigt, daß das Schlagwort nicht mehr nur eine Person meint, sondern für ein ganzes Assoziationsfeld steht, das sich kaum klar darstellen läßt. Als Stichwörter sind hier zu nennen: 'linke Studenten', 'Krawallbrüder', 'Kommunisten' etc[7]. Die Charakterisierung Dutschkes als "personifizierter SDS" (Beleg 4) bekräftigt diese Annahme zusätzlich (vgl. auch Beleg 7). Das Schlagwort steht also für alle negativen Auswirkungen, die man den Studentenunruhen bzw. der Studentenrebellion zuschreibt (vgl. auch Beleg 6). Hier dürfte vor allem an Demonstrationen und Straßenschlachten, an gezielte Provokationen des Establishments, aber auch an kommunistische Unterwanderung der Gesellschaft und die Untergrabung des Prinzips der Leistungsgesellschaft gedacht sein.

Die pejorative Bedeutung des Schlagwortes *Dutschke* macht besonders der paradoxe Satz deutlich: "Denn zumindest dieser Rudi Dutschke ist kein 'Dutschke' [...] " (Beleg 4 a). Hier wird das Individuum Dutschke von der (natürlich fiktiven) 'Gattung der *Dutschkes*' ausgenommen, Rudi Dutschke von den Negativ-Figuren abgehoben, die mit seinem Namen etikettiert werden.

Zusammenfassend läßt sich feststellen, daß das Schlagwort *Dutschke* als Oberbegriff für alle negativen Klischees stand, die man mit den rebellierenden, linken Studenten der Jahre 1966 - 1969 in Verbindung brachte. Dementsprechend verliert das Schlagwort mit dem Ende der Studentenbewegung an Bedeutung, zumal auch Rudi Dutschke nach dem Attentat vom 11.04.68 für einige Jahre die BRD verläßt und erst wieder 1973 anläßlich einer Vietnam-Demonstration in der Öffentlichkeit auftritt[8].

---

6 Dutschke selbst verwendet seinen Namen jedoch in der Fernsehsendung "Monitor" am 03.11.67 einmal mit einer derartigen Nebenbedeutung: "Nun gibt es die Studentenschaft. Und da gab es und gibt es viele *Dutschkes*, gibt es hier in Berlin einen Christian Semler, einen Rabehl, einen Lefèvre und wen Sie wollen." (Dutschke, Langer Marsch, S. 61)

7 Vgl. für die einschlägig negativen Assoziationen die bei Reisner abgedruckten Briefe an Dutschke und -> APO.

8 Vgl. Dutschke (1981), S. 200

Literatur

Ahlberg, René: Die politische Konzeption des Sozialistischen Deutschen Studentenbundes, in: Aus Politik und Zeitgeschichte. Beilage zur Wochenzeitung Das Parlament, 20/68 vom 15. Mai 1968, S. 3 - 31

Chaussy, Ulrich: Die drei Leben des Rudi Dutschke. Eine Biographie, Darmstadt und Neuwied 1983

Dutschke, Rudi: Mein langer Marsch. Reden, Schriften und Tagebücher aus zwanzig Jahren. Hg. von Gretchen Dutschke-Klotz, Helmut Gollwitzer und Jürgen Miermeister, Reinbek bei Hamburg 1980

Ders.: Geschichte ist machbar. Texte über das herrschende Falsche und die Radikalität des Friedens. Hg. von Jürgen Miermeister, Berlin 1980

Ders.: Aufrecht gehen. Eine fragmentarische Autobiographie. Hg. von Ulf Wolter, Berlin 1981

Ders.: Die Revolte. Wurzeln und Spuren eines Aufbruchs. Hg. von Gretchen Dutschke-Klotz, Jürgen Miermeister und Jürgen Treulieb, Reinbek bei Hamburg 1983

Fichter, Tilman / Lönnendonker, Siegward: Kleine Geschichte des SDS. Der Sozialistische Deutsche Studenbund von 1946 bis zur Selbstauflösung, Berlin ²1979

Hartung, Klaus: Wiederkehr der Verdrängten, in: taz vom 22.12.88, S. 11

Miermeister, Jürgen: Rudi Dutschke, Reinbek bei Hamburg 1986

Reisner, Stefan (Hrsg.): Briefe an Rudi D., Frankfurt, Berlin 1968 [Voltaire Flugschrift Nr. 19, hg. von Bernward Vesper]

Rucht, Dieter: Protestbewegungen, in: Benz, Wolfgang (Hrsg.): Die Geschichte der Bundesrepublik Deutschland, Band 3: Gesellschaft, S. 311 - 344, Aktualisierte u. erw. Neuausg., Frankfurt 1989

Weitere Literatur -> APO.

Lexikographische Erfassung

DWB (1981), WDG (1967), WDS (1976): 00

BHE (1968): 00; (1975), (1988): n.a.SchW
GBH (1978), MEL (1973), (²1984), MNL (1979), NBH (1984), NDL (1984): n.a.SchW

AVW, BEC, KOP, NUN: 00
WEI n.a.SchW

Belege

(1)

Die *Dutschkes* gibt es in Berkeley ebenso wie in Madrid, in Seoul wie auch in Moskau.

Hans Schwab-Felisch: Berlin "langer heißer Sommer",
in: Merkur, August 1967, H. 233, S. 795 b, 796 a

(2)

Die Berliner Vorgänge erhielten eine solche Publizität, daß heute Berlins SDS-Ideologe Rudi *Dutschke* und sein gemäßigterer Kollege Knut Nevermann zu politischen Figuren geworden sind, die man in der Öffentlichkeit ebenso kennt wie einige unserer führenden Parlamentarier im Bundestag.

Kurt Sontheimer: Studenten auf Kollisionskurs,
in: Merkur, August 1967, H. 233, S. 701

(3)

Rudi *Dutschke* gilt seit seinem Spiegel-Gespräch nicht nur als ideologischer Sprecher der Berliner Studenten. [...]
Rudi *Dutschke* ist nicht der Spinner und Gesellschaftsclown, als den ihn eine gewisse Öffentlichkeit gern sehen möchte, sondern ein hochintelligenter, belesener, beschlagener homo politicus, der genau weiß, was er will. [...] Er erinnert an Savonarola oder einen mittelalterlichen Franziskanermönch, der sich als Verfechter der Armutsbewegung mit der offiziellen Kirche anlegte.

Philosophie deutscher Revolutionäre. Eine Analyse von Klaus Großner,
in: Zeit 35/1967 v. 01.09.67, S. 10 a

(4)

Wer kannte vor einem Jahr schon Rudi *Dutschke*? Mittlerweile ist er der Populärsten einer, gleichsam der personifizierte SDS [Sozialistischer Deutscher Studentenbund].

K. J.: Reicht es nur zum Happening?
in: Zeit 37/1967 v. 13.09.67, S. 2 c

(4 a)

Spätestens seit Sonntagabend ist es nicht mehr möglich, die rebellierenden Berliner Studenten allesamt als "*Dutschkes*" im Sinne von "Piffkes" abzutun. Denn zumindest dieser Rudi *Dutschke* ist kein "*Dutschke*" oder "Piffke", auch kein Tomaten-Revoluzzer der primitiven Sorte. Was immer gegen ihn, seine Thesen, seine Anhänger und ihre Methoden sprechen mag: Dieser Rudi *Dutschke*, wie er sich Günter Gaus zum Fernseh-Interview stellte, kann und muß ernst genommen werden. Wer sich mit ihm und seinen Ideen auseinandersetzt, verschwendet seine Zeit nicht.

mö: Das Positive an Rudi Dutschke,
in: Stuttgarter Nachrichten v. 05.12.67,
zit. nach: Rudi Dutschke: Mein langer Marsch,
Reinbek bei Hamburg 1980, S. 55

(5)

Was *Dutschke* denkt ist "Revolution", "Konterrevolution", "Obstruktion", "Produktion", "Reproduktion", "Subsumption", "Integration", "Transformation", "Abstraktion", "Repression", "Manifestation", "Manipulation". Kaum ein Mensch versteht's, doch die Republik spricht von ihm. Wenn das Stichwort "*Dutschke*" fällt, werden müde Partys munter, laue Politiker laut. Daß jemand derart die Gemüter bewegt - das ist selten geworden in Deutschland. Seit Monaten inspiriert er deutsche Leitartikler [...]

Spiegel 51/1967 v. 11.12.67, S. 52 b

(6)

Da wurde aus Berlin als letzter Zwischenfall gemeldet, daß der für viele Bürger schon zum schwarzen Gott-sei-bei-uns gewordene Volkstribun Rudi *Dutschke* in der Gedächtniskirche lebensgefährlich angegriffen und schließlich von einem Kirchgänger blutig geschlagen wurde.

Karl Heinz Bohrer: Die mißverstandene Rebellion,
in: Merkur, 1,2/1968, H. 238, S. 34

(7)

Sp.: Die meisten Deutschen denken an *Dutschke*, wenn sie von Studenten hören, vielleicht noch an den Sozialistischen Deutschen Studentenbund, den SDS, als Linksaußen-Truppe.

"Nichts geht uns nichts an"
Spiegel-Gespräch mit Christoph Ehmann, Vorsitzender des Verbandes Deutscher Studentenschaften (VDS),

in: Spiegel 12/1968 v. 18.03.68, S. 84

(8)

Man hatte wenig Verständnis für den Mann, der den SDS überhaupt erst ins Bewußtsein der großen Öffentlichkeit gebracht hat.
Man hätte Verständnis haben sollen, denn *Dutschke* selbst war eine Kampagne.

Vaterlose Gesellen. Alexander Mitscherlich über den Frankfurter SDS-Kongreß und die Studenten-Rebellion,
in: Spiegel 15/1968 v. 08.04.68, S. 82 c

(8 a)

"Ich bin uralter Nazi. 1929 trat ich in die SA ein. Damals waren wir die *Dutschkes*. Wir bekamen von den Kommunisten die Jacke voll."

[Friedrich Wilhelm Wachau, der Dutschke in der Kaiser-Willhem-Gedächtniskirche am Heiligen Abend 1967 mit seiner Krücke attackierte und verletzte]
zit. nach: Ulrich Chaussy: Die drei Leben des Rudi Dutschke,
Darmstadt und Neuwied 1983, S. 203

Establishment

Syn./Var.: etabliert

Dieser aus dem Englischen übernommene Begriff wird ab Mitte der sechziger Jahre in Deutschland zu einem Schlagwort der -> Neuen Linken und der -> APO.

Das Wort wurde in England ursprünglich fast ausschließlich auf die anglikanische Kirche angewandt, die im Gegensatz zu den freien Kirchen etabliert war, d. h. eine öffentlich-rechtliche Organisation darstellte[1].

In den fünfziger Jahren wurde das Wort im Englischen profanisiert und hatte nun die Bedeutung 'maßgebende Gruppe' oder 'herrschende Klasse, die von sozialen, ökonomischen oder politischen Führern gebildet wird'[2].

Das Schlagwort *Establishment* wird in Deutschland unterschiedlich interpretiert. Eine verbreitete ("enge") Definition, die vor allem von Kritikern der Neuen Linken vertreten wird, lautet:

> ***Establishment*** **bezeichnet sowohl die Inhaber öffentlicher Ämter als auch eine nicht exakt identifizierbare Oberschicht, den "'Klüngel' der herrschenden Klasse, die den Außenseiter wirtschaftlich nicht an die Fleischtöpfe heranläßt und ihn politisch ausschaltet"[3].**

Neben dieser Bedeutung hat das Schlagwort auch noch eine weiter gefaßte Bedeutung, die auch die Normen und Verhaltensweisen der Gesellschaft berücksichtigt:

> **Dazu gehören auch die von einer Gesellschaft erzeugten Vorstellungen über Berufsleben, Ausbildung, Freizeit, Familienleben, Sexualleben etc.[4]**

Diese erweiterte Definition ist insoweit bemerkenswert, als sie aus der Sicht derer verfaßt wurde, die das Establishment bekämpfen. Für die Anhänger der Neuen Linken also bedeutet *Establishment* in der Tat mehr als 'herrschende Gesellschaftsschicht'[5]. Der Begriff dient in dieser Verwendung weniger der Zuordnung zu gesellschaftlichen Klassen als vielmehr zur Beschreibung und Kritik von Werten, die die Gesellschaft bestimmen und die in ihr anerkannt sind[6]. In diesem Zusammenhang verwei-

---

1 Vgl. Schmid, S. 400; zur Etymologie vgl. Der Sprachdienst 12 (1968) H. 6, S. 84 f.

2 Vgl. Schmid, S. 400.

3 Von Weiss, S. 111.

4 Weigt, S. 17.

5 So auch Jäger, S. 95.

6 Vgl. auch Bieling, S. 13.

sen die Kritiker des Establishments auf Repressionen, denen sich derjenige aussetzt, der sich nicht den (durch das Establishment sanktionierten) Normen beugt. Nur der "Verzicht auf die freie Entfaltung wesentlicher Teile seiner Persönlichkeit"[7] werde von der Gesellschaft akzeptiert und sogar honoriert.

Im Vordergrund des Begriffshorizontes steht also zunächst nicht eine Schicht, die wirtschaftliche Prozesse zu ihren Gunsten steuern kann, sondern die Kritik an einer Gesellschaft, die reaktionäre Normen auf Kosten der Freiheit des Individuums mit Sanktionen durchzusetzen weiß.

Interessant ist nun, daß gerade Vertreter des Establishments dieses pejorative Schlagwort aufgreifen und umdeuten:

> Das Wort "Establishment" verliert allmählich seinen aggressiven polemischen Charakter, es wird auch von den so Genannten selbstironisch gebraucht.[8]

Diese Umdeutung des Wortes läuft auf eine Begriffsverengung hinaus: *Establishment* meint jetzt (herausragende) Vertreter eines Gesellschaftssystems. Nicht mehr Kritik an gesellschaftlichen Normen ist gemeint, allenfalls augenzwinkerndes Einverständnis mit einer gesellschaftlichen und wirtschaftlichen "Elite", die allein aufgrund ihrer Herkunft und ihrer Beziehungen in der Lage ist, ihre Interessen durchzusetzen und andere von den "Fleischtöpfen"[9] fernzuhalten.

Die Belege zeigen recht deutlich, daß der Begriff einen weiten ideologischen Hintergrund hat und durchaus kontrovers diskutiert wurde. Sowohl die pejorative (ursprüngliche) wie auch die weitere Bedeutung des Schlagwortes werden reflektiert (Belege 3, 4, 6, 9). Deutliche Indikatoren für die Existenz eines Schlagwortes sind die in fast allen Belegen verwendeten Anführungszeichen wie die Definitionsversuche, die aufgrund der Vagheit des Begriffes (Beleg 2) nötig erscheinen (Belege 1, 3, 3 a). Beleg 3 a bezeichnet *Establishment* als Schlagwort und führt sogar Vagheit als Kriterium von Schlagwörtern an.

Die nicht ausdrücklich sprachreflexiven Belege (4, 5, 7, 8) zeigen die Entwicklung, die das ursprünglich genuin gesellschaftskritische Schlagwort bis zum Synonym für diverse Alterserscheinungen (Beleg 7) durchgemacht hat.

Diese Entwicklung und Verflachung des Begriffes dürfte fast ausschließlich auf die ironisch-zitierende Übernahme des Schlagwortes *Establishment* in den Wortschatz der mit diesem Wort Bezeichneten zurückzuführen sein.

---

7 Weigt, S. 17.

8 Von Weiss, S. 111. Irreführend ist es, wenn Strauß diese Einschätzung fast wortgleich übernimmt, ohne darauf hinzuweisen, daß sie aus dem Jahre 1974 stammt; vgl. Strauß, S. 139.

9 Von Weiss, S. 111.

Mit dem Ende der sechziger Jahre verliert es an Brisanz; es enthält keine nennenswerte ideologische Implikation mehr (Beleg 6) und wird in den normalen Wortschatz integriert.

Literatur

Bieling, Rainer: Die Tränen der Revolution. Die 68er zwanzig Jahre danach, Berlin 1988

Establishment, in: Der Sprachdienst 12(1968) H. 5, S. 84 f

Hofmeier, Klaus: Lieben Sie Establishment? Köln 1968

Jäger, Siegfried: Linke Wörter. Einige Bemerkungen zur Sprache der APO, in: Muttersprache 80(1970), S. 85 - 107

Schmid, Richard: Karriere eines Wortes, in: Merkur, April 1969, H. 252, S. 400 - 402

Strauß, Gerhard: Establishment, in: Strauß, Gerhard, Haß, Ulrike, Harras, Gisela: Brisante Wörter von Agitation bis Zeitgeist. Ein Lexikon zum öffentlichen Sprachgebrauch, Berlin, New York 1989 [Schriften des Instituts für deutsche Sprache, hg. von J. Erben, I. Reiffenstein, G. Stickel, Bd. 2], S. 138 - 140

Weigt, Peter: Revolutionslexikon. Taschenbuch der außerparlamentarischen Aktion, Frankfurt 1968

Weiss, Andreas von: Schlagwörter der Neuen Linken. Die Agitation der Sozialrevolutionäre, München, Wien 1974 [Gesellschaft und Staat, Bd. 179/180]

Winkler, Hans-Joachim (Hrsg.): Das Establishment antwortet der Apo, Opladen 1968

<u>Lexikographische Erfassung</u>

DWB (1981), WDS (1976): n.a.SchW
WDG (1967): 00

BHE V (1968) 733: "polit. Schlagwort mit abwertender Tendenz"
VI (1988) 591: "meist abwertend gebrauchtes Schlagwort bes. oppositioneller Gruppen"
GBH III (1978) 555: "abwertend gebr. Schlagwort bes. außerparlament., oppositioneller Gruppen"
MEL VIII (1973) 206: "auch polemisch gebrauchtes Schlagwort"
MNL II (1979) 597: "auch polemisch gebrauchtes Schlagwort"
NBH II (1984) 82: "abwertend gebrauchtes Schlagwort bes. außerparlament., oppositioneller Gruppen"
NDL (1984): n.a.SchW

AVW 111: SchW
BEC 272 f: "in der BRD vor allem von der Außerparlamentarischen Opposition gebrauchtes kritisches Schlagwort"
KOP, WEI: n.a.SchW
NUN 00

Belege

(1)

Der Begriff des "*Establishment*" ist Ende der fünfziger Jahre in England geprägt worden [...] Der Begriff wurde nie genau definiert, noch heute wird das Wort in unterschiedlicher Bedeutung gebraucht.
Für manche ist es gleichbedeutend mit "Macht-Elite"; für andere ist es einfach ein Synonym für Regierung. Einige sehen darin vor allem die althergebrachte Verhaltensweise der Macht-Elite, die ihre Macht nicht bloß qua öffentliches Amt, sondern mehr noch durch Einfluß hinter den Kulissen ausübt: durch gesellschaftliche Verbindungen und standesgemäße Eheschließung.

Anthony Sampson: Die ungewählten Herrscher. Englands Macht-Elite: noch von der Tradition geprägt,
in: Zeit 44/1967 v. 03.11.67, S. 3 a

(2)

[...] denn natürlich ist, gemessen an der Realität, ein Begriff wie "das *Establishment*" genauso undifferenziert wie die globale Simplifizierung "die Studenten".

Tobias Brocher: Revolution oder Innovation?
in: Der Monat, August 1968, H. 239, S. 11 a

(3)

Establishment - das sind die Etablierten in Politik, Wirtschaft, Bürokratie, die Manager und Funktionäre in Ost und Welt [!], die "Beamten" der öffentlichen Verwaltung und der Kirchen, das sind alle, die sich mit dem "System" identifizieren, also die große Mehrheit des Bürgertums. *Establishment* - das ist das "System" selbst, die antiquierte politische Ordnung, ihre Erstarrung, ihr Festhalten an verbrauchten Werten und Autoritäten (847) [...]
Immer und immer von neuem stößt man bei dem Unternehmen, der Bewegung auf den Grund zu kommen, auf die Begriffe *Establishment* und Manipulation. (849) [...]

Will man vereinfachen, so läßt sich natürlich sagen, das *Establishment* steht rechts, die Rebellion links. Das stimmt mit der geschichtlichen Erfahrung überein, derzufolge Autorität und Ordnung immer rechts stehen, die ihnen sich entgegenwerfende Rebellion links. (851)

Ludwig Pesch: Der historische Sinn der neuen Jugendbewegung, in: FH 12/1968, S. 847, 849, 851

(3 a)

Die Pole, zwischen denen es gelegentlich zu gewittrigen Entladungen kommt, werden heute *Establishment* und Außerparlamentarische Opposition (ApO) genannt. Alle Begriffe sind Schlagworte. Zum Wesen des Schlagwortes gehört, daß man es nicht genau definieren kann. Der Ausdruck *Establishment* wurde Ende der 50er Jahre aus England übernommen. Im weiteren Sinne gehört zum *Establishment* jeder, der sich mit der Gesellschaft und ihren Verhältnissen arrangiert hat. Im engeren Sinne zählt zum *Establishment* jeder, der in Politik, Wirtschaft, Kirchen, Verbänden, Massenmedien und all den anderen Institutionen unseres pluralistischen Systems Verantwortung trägt. (7) [...]
Das Wesen des *Establishment-Begriffes* liegt im Statischen, in der Erhaltung des Status quo, in mangelnder Offenheit, in einem gewissen Anti-Intellektualismus, wie er besonders unter dem Kanzler Ludwig Erhard mit seinen Pinscher- und Gammler-Thesen vorgeherrscht hat. Die Alternative zum kritisierten *Establishment* liegt nicht in einem anderen Verfassungssystem, sondern in einem auf der Basis der gegenwärtigen Verfassungsordnung dynamisch geführten, demokratisch legitimierten und kontrollierten Gemeinwesen. Nur für eine Minderheit der *Establishment-Kritiker*, u. a. in einigen SDS-Gruppen konzentriert, besteht die Alternative in einem völlig anderen herrrschaftsfreien "System", das nach ihrer These nicht durch Evolution, sondern nur durch Revolution zu erreichen ist. (7 f)

Hans-Joachim Winkler (Hrsg.): Das Establishment antwortet der Apo, Opladen 1968, S. 7 f

(4)

Hier war eine großenteils noch von alten Riten und Vorstellungen bestimmte Richterschaft und Staatsanwaltschaft, beide Bestandteile einer, so hieß es, unmodern gewordenen und korrupten Gesellschaft - alles in allem, was man heute "*Establishment*" nennt.

Alexander Besser: Justizkrise und Krise der Kritik,
in: Der Monat, Januar 1969, H. 244, S. 11 b

(5)

[...] sondern offensichtlich jenes taktische Kalkül die Szene diktiert, das vergreiste und autoritäre "*Establishment*" so lange zu reizen, bis es schließlich seine faschistische Fratze zeigt [...]

Jens Litten: Deprimierte Repression,
in: Der Monat, März 1969, H. 246, S. 23

(6)

Die steile Bahn des Wortes *Establishment* scheint wieder ins Flache zu verlaufen und auf der unteren Ebene der Reklame, der Tankstellen und der Schulhöfe aufzusetzen, wo die Vierzehnjährigen sich in der Pause über das *Establishment* der Eltern oder der Lehrer erbosen. (400 a) [...]
Aber solche kritischen Untersuchungen [die zu dem Ergebnis kommen, in Deutschland gebe es kein Establishment] haben weder die politische Publizistik noch die politische Umgangssprache abgehalten, das Wort *Establishment* begierig aufzugreifen und nach dem Bedarf des Augenblicks zu verwenden, wobei man manchmal die ungreifbare, unkontrollierbare Oberschicht meint, die unheimlich "heimlich Mächtigen", manchmal auch nur die mächtigen Amtsinhaber, Leiter, Besitzer oder Manager bestimmter Zweige des öffentlichen Lebens oder der Wirtschaft, manchmal auch alles zusammen. [...] Überhaupt unterläuft dabei viel Unklarheit, Bequemlichkeit des Denkens, auch viel modische Anpassung. (401 b, 402 a)

Richard Schmid: Karriere eines Wortes,
in: Merkur, April 1969, H. 252, S. 400 - 402

(7)

Schon seit einigen Jahren war offenkundig geworden, daß die Konferenzen von Königswinter [Konferenzen der Deutsch-Englischen Gesellschaft] ein Stück *Establishment* geworden sind. Man braucht diesen Begriff keineswegs als Schimpfwort zu benutzen, doch besagt er in jedem Fall, daß ein Verkalkungsprozeß eingesetzt hat. [...]

Helmut Lindemann: Ritual und Reformen,
in: Der Monat, Mai 1969, H. 248, S. 10 b

(8)

[...] und wo ihr [der Neuen Linken] die "Verunsicherung" des "*Establishments*" tatsächlich gelingt, kommen die Früchte solchen Mühens weniger der Revolution als der Reaktion und dem Neo-Faschismus zugute.

Fritz René Allemann: Wähler im Widerspruch,
in: Der Monat, September 1969, H. 252, S. 30 b

Gammler

Syn./Var.: gammeln, Hippies

Seit dem Ende der fünfziger Jahre, besonders aber in der ersten Hälfte der sechziger Jahre hat ganz Europa sich mit einem neuen gesellschaftlichen Phänomen auseinanderzusetzen, das von den USA ausgeht. Hier treten zuerst Beatniks und Hippies auf[1].

In der Tradition dieser Protestgruppen aus den USA erscheinen in der BRD die Gammler.

> ***Gammler*** **sind Jugendliche, die durch ihre Lebensweise des Müßiggangs und der Anspruchslosigkeit sowie durch ihren Habitus gegen die Forderungen der modernen bürgerlichen Leistungsgesellschaft und ihr Konsumdenken protestieren.**

Unklar ist, wer das Wort *Gammler* geprägt hat[2], es dürfte jedoch in den frühen sechziger Jahren aufgekommen sein; 1966 hatte es sich bereits als abwertendes Schlagwort etabliert[3].

Da das Gammlertum insbesondere von 1962 bis 1965 ein soziales Massenphänomen darstellte[4] und die Gammler in allen Metropolen gruppenweise auftraten, sorgten sie für eine ständige Diskussion in der Öffentlichkeit.

Die Gammler selbst verstanden ihren Müßiggang und ihre ungepflegte Erscheinung als Protest gegen eine unmenschliche Leistungsgesellschaft und deren Werte:

> Die Gammler waren in Haltung und Kleidung lebendiger Protest. Ungepflegt und teilweise heruntergekommen, störten sie das bürgerliche Sauberkeitsempfinden entschieden; ihr langes Haar attackierte das Image vom männlichen Mann mit Familie, Haus, Besitz und Erfolg. Was der Gammler war und besaß, zeigte er ungeniert und trug er bei sich. Öffentlich stellte er die Leistungsgesellschaft in Frage, indem er sich ob der Sonne freute, las oder musizierte, wenn die Gesellschaft mit Arbeit und Fleiß ihr Sozialprodukt mehrte. Ohne die Autorität unmittelbar zu verhöhnen, verhöhnte der Gammler sie doch, weil er

---

1 Vgl. Baacke (1987), S. 36 ff, 44 ff, Hollstein, S. 37, 63 ff, Kosel, S. 16 ff, Kreuzer, S. 20 ff.

2 Kluge, S. 243, weist darauf hin, daß das Wort vermutlich aus einer skandinavischen Sprache entlehnt ist (neudänisch *gammel*: alt, altnordisch *gamall*). Ausführlicher zur Etymologie: FAZ v. 14.08.65, zit. in: Der Sprachdienst, S. 28.

3 Eine Selbstbezeichnung der Gammler konnte nicht ermittelt werden; sehr wahrscheinlich ist jedoch, daß das Schlagwort *Gammler* dafür nicht infrage kommt.

4 Vgl. MEL IX, S. 665; Hollstein (1967), S. 410, schätzt die Zahl der Gammler in Europa auf mehr als 100.000, in der BRD auf etwa 6.000.

> Normen, Regeln und Tabus verachtete. Mit seinem bloßen Dasein verriet er gegenüber Unterdrückern und Unterdrückten die tägliche Unterdrückung.[5]

Recht deutlich wird in dieser zeitgenössischen Schilderung, daß das Programm der Gammler die Werte der bürgerlichen Gesellschaft radikal infrage stellt. Daraus resultiert die Emotionalität, mit der die Vertreter eben dieser Gesellschaft auf die Gammler reagieren. Obwohl und auch gerade weil die Gammler durch bloßen Müßiggang und ihre Erscheinung protestieren, werden starke Aversionen bei den situierten Bürgern geweckt. Einerseits nämlich stellen die Gammler wesentliche Werte der bundesrepublikanischen Leistungsgesellschaft infrage, andererseits zeigen sie gleichzeitig, wie man ohne diese Werte ein akzeptables Auskommen haben kann.

Der arbeitende Bürger fühlt sich so nicht nur verhöhnt und provoziert, sondern auch noch durch die Gammler betrogen, die doch auf seine Kosten zu leben scheinen[6]. Daß derartige Aversionen durch latent vorhandene Neidgefühle noch zusätzlich bestärkt werden, scheint verständlich. Bestätigt wird diese Einschätzung durch eine Beobachtung Hollsteins:

> Am ungünstigsten werden die Gammler in jenen Ländern beurteilt, in denen der Begriff "Ordnung" das Wertsystem der Gesellschaft bestimmt. Das gilt vor allem für die deutschsprachige Region, der Österreich, die Bundesrepublik und die Schweiz angehören.[7]

Die öffentliche Diskussion um die Gammler in der BRD hat dementsprechend eindeutig den Tenor: Gammler sind Gesindel[8], das sich entweder der herrschenden Leistungsgesellschaft anzupassen hat, oder aber ausgerottet gehört. Dabei wird teilweise expressis verbis auf die Ermordung von Juden in Konzentrationslagern angespielt. Dies mag ein Beleg für die enorme Provokation sein, die die Gammler darstellten, kann jedoch gleichzeitig als Anzeichen für den latent vorhandenen Faschismus in Teilen der bundesrepublikanischen Gesellschaft gesehen werden.

Die Belege zeigen das gesamte Spektrum der öffentlichen Diskussion in der BRD: die Autoren der Belege 2, 3, 4, 6 und 7 versuchen dem Phänomen *Gammler* gerecht zu werden, indem sie nach Motiven und Zielen der Gammler fragen. Recht deutlich werden aber auch die brutalen (Verbal-)Reaktionen rechtsradikaler Parteien und diverser Publizisten (Belege 1, 2, 5) sowie die Verleumdungskampagnen, die vom Protest der Gammler ablenken sollen und die Gammler mit übelsten Negativ-Klischees belegen (Belege 1, 3).

---

5 Hollstein (1969), S. 38.

6 Vgl. Kosel, S. 10.

7 Hollstein (1967), S. 411.

8 Vgl. ebd.

Seine Blüte hatte das Gammlertum von 1962 bis 1965[9]. Entsprechend verliert auch das Schlagwort allmählich in den folgenden Jahren an Brisanz und wird ab etwa 1970 nicht mehr als Schlagwort gebraucht.

9 Vgl. MEL IX, S. 665.

Literatur

Baacke, Dieter: Jugend und Subkultur, München 1972

Ders.: Jugend und Jugendkulturen. Darstellung und Deutung, Weinheim und München 1987

Gammler, in: Meyers Enzyklopädisches Lexikon, Bd. IX (1973), S. 665

Hollstein, Walter: Der Untergrund. Zur Soziologie jugendlicher Protestbewegungen, Neuwied und Berlin 1969

Ders.: Gammler und Provos, in: FH 06/1967, S. 409 - 418

Kluge, Friedrich: Etymologisches Wörterbuch der deutschen Sprache, Berlin, New York [22]1989

Kosel, Margret: Gammler Beatniks Provos - Die schleichende Revolution, (o.O., o.J.) [Frankfurt 1967]

Kreuzer, Helmut: Die Boheme. Beiträge zu ihrer Beschreibung, Stuttgart 1968

Der Sprachdienst 10(1966), H. 2

Lexikographische Erfassung

DWB III (1981) 44, WDG II (1967) 1446, WDS III (1977) 935: "abwertend"

BHE (1968): n.a.SchW; ;
VIII (1989) 120: "soz. Massenphänomen"
GBH (1989), MEL (1973): n.a.SchW
MNL III (1979) 217: "soz. Massenphänomen"
NBH (1984): n.a.SchW
NDL IV (1984) 1348: "soz. Massenphänomen"

Belege

(1)

Berlins *Gammler* erwachten aus dem Winterschlaf. [...] Und eingedenk der Volksweisheit, daß Müßiggang aller Laster Anfang sei, entdeckten die Lokalblätter unter den Treppenhockern alsbald "Gotteslästerer" [...], "Geschlechtskranke" und "Ostermarschierer".

Spiegel 13/1966 v. 21.03.66, S. 113 a

(2)

Es sind in Deutschland nur 800 oder tausend an der Zahl; 5000 etwa in Europa. Und doch macht die Gesellschaft um sie ein Aufhebens, als wären es Millionen - oder Millionäre.
"Solange ich regiere, werde ich alles tun, um dieses Unwesen zu zerstören"; also sprach Ludwig Erhard, Kanzler eines Staatswesens, in dem nur jeder zweite Bürger sich die Zähne putzt. Und die "Süddeutsche Zeitung" spottete: "Ihm nach, wer kein Schmutzfink ist!"
Springer-Kolumnist William S. Schlamm erkannte in den *Gammlern* das "häßlichste 20. Jahrhundert". Der Münchner Lokalfeuilletonist Sigi Sommer [...] identifizierte sie als "ausgewachsene Saubären" und "schlummernden Müll".
Die CSU-Fraktion im Münchner Rathaus beantragte, das "*Gammlertum*" ... auf das diesem zukommende Maß zu reduzieren". Die NPD forderte in ihrem Parteiblatt, "endlich Maßnahmen ... um das ganze Problem ... radikal und im Sinne des gesunden Volksempfindens zu lösen". [...]
Mit Erhard, Schlamm und Kommunisten [die sich im Neuen Deutschland über die DDR-Gammler beschwerten] fühlt die Mehrheit der deutschen Nyltest-Republikaner. Der Anblick bleicher Nichtstuer und struppiger Mähnen weckt im ordentlichen deutschen Menschen Sehnsüchte nach "Arbeitsdienst" [...] oder, hilfsweise, nach der "Bundeswehr". (70 c, 72 a, b) [...]
Was sie [die *Gammler*] aus den Elternhäusern treibt, ist der Protest gegen alles, was bürgerliche Wohlanständigkeit ihnen ansinnt. Die Jungen wollen nicht verstehen, daß, was einer vorstellt, mehr gelten soll als das, was einer vor sich selber ist. (72 c) [...]
Sie [die *Gammler*] probten keinen Aufstand, sie erhoben sich nicht. Sie legten sich nieder. Sie dachten nicht nach und schlugen nicht zu. Die jungen Helden waren müde. Sie kreierten die langsamste Jugendbewegung aller Zeiten: den Müßiggang.
In Küppers "Wörterbuch der deutschen Umgangssprache" ist denn auch verzeichnet, daß "*gammeln*" seit 1955 in der Bedeutung von "langsam tätig sein" im Gebrauch ist. In jenem Jahr wurde in Deutschland der erste

Gammler gesichtet. Er nannte sich Friedhelm, war damals 21 und ließ sich drei Sommermonate lang auf dem Berliner Pflaster die Haare wachsen. (75 b, c) [...]
So müssen die *Gammler* in Kauf nehmen, daß sie mit anderen Langmähnigen über einen Kamm geschoren werden - mit Pennern und Wermutbrüdern, Stadtstreichern und Asozialen. Die einen von den anderen zu unterscheiden, hängt von der Definition des *Gammelns* ab. Das niedersächsische Innenministerium beispielsweise geht von Merkmalen aus, die einen *Gammler* von einem Landstreicher wie folgt abheben:
Gammler: zumeist unter 25, Jungen wie Mädchen, vielfach geistig aufgeschlossen, oft gutsituierte Eltern, gruppenweise auftretend, teils politisch engagiert, gesellschaftliche Wiedereingliederung nach Reifeprozeß wahrscheinlich.
Landstreicher: vorwiegend über 25, fast ausschließlich männlich, geistig abgestumpft, armseliges Elternhaus, Einzelgänger, gesellschaftlich desinteressiert, kaum Resozialisierungschancen. (76 a)

Spiegel 39/1966 v. 19.09.66, S. 72 c, 75 b, c, 76 a

(3)

Manche sehen aus, als seien sie soeben von einer Urwaldexpedition zurückgekehrt; andere ähneln gepflegten Mädchen. Man trifft sie immer häufiger in unseren Städten. Biedere Hausfrauen und Angestellte messen sie von den langen Haaren bis zu den ausgefransten Hosen, kritisieren sie hämisch, bitter oder gar erbost. Um wen handelt es sich? Um Beatniks, Blousons Noirs, Hipsters, Beasters, Provos, Mods, Rockers, Nozems, Zazzeroni, Raggare, Stiljaga, Voyous, Teddy Boys oder Capelloni. Das ist nur eine bescheidene Auswahl englischer, amerikanischer, holländischer, französischer, italienischer und russischer Bezeichnungen aus einem viel reichhaltigeren Katalog internationaler Provenienz, der jene Leute charakterisieren möchte, die wir im deutschsprachigen Raum "*Gammler*" nennen. *Gammler* sind, um eine pauschale Definition zu geben, jene Jugendlichen, die sich der Konformität des Lebens bewußt entziehen und ihr Dasein ungebunden führen. [...] sie gehören zum Bild unserer Großstädte und sind als alltägliche Erscheinung mittlerweile unübersehbar geworden (409) [...]
Während die ersten *Gammler* allenfalls erstaunte Blicke ernteten, sind die *Gammlergruppen* von heute privaten Protesten und offiziellen Initiativen ausgesetzt. Sie werden als verkommene Subjekte und als Untermenschen, als Gesindel und als Pack beschimpft. Polizei geht gegen sie vor; Bürger erregen sich öffentlich; rechtsradikale Gruppen prügeln sich mit ihnen; wilde Beschuldigungen werden von allen Seiten gegen sie erhoben: sie wollen vom Säuferwahn, von exzessivem Drogenkonsum, von Libertinage

und verbreiteten Geschlechtskrankheiten bei diesen Jugendlichen wissen. Selbst die Politiker mischen sich ein. (410) [...]
Jene Mär von den *Gammlern* als ausnahmslos verkommenen Existenzen - die stets betrunken und zu jedem Verbrechen bereit seien - läßt sich nicht aufrechterhalten und muß revidiert werden. *Gammler* sind im Gegenteil Jugendliche, die sich Gedanken über unsere Welt und deren Beschaffenheit machen und diese Gedanken untereinander diskutieren. (415) [...]
Das entscheidende Motiv, das die *Gammler* zum *Gammeln* bewegt, ist nicht in einem zerrütteten Elternhaus, in einer gescheiterten Berufsausbildung oder in pathologischem Alkoholkonsum zu suchen. Es ist der Protest gegen eine Welt, mit der man nicht einverstanden ist und die man nicht anerkennen will [...] Dieser Protest ist vielfach allgemein und kaum konkretisierbar. [...] Der *Gammler* tritt zunächst und durchaus dezidiert für das Leben ein. Auch diese Forderung klingt verschwommen; doch sie meint Konkretes. [...] Das erklärt die recht eifrige Beteiligung der Beatniks an den Ostermärschen der Atomwaffengegner.
Der *Gammler* wendet sich ferner gegen den saturierten Bürger, der für sein Wohlergehen lebt und so tut, als sei in der Welt alles aufs Beste geregelt. [...]
Der *Gammler* ist ein Feind des autoritären Denkens und benutzt jede Gelegenheit, die herrschende Macht zu schwächen. (416) [...]
Der *Gammler* ist ein Gegner jedweder regelmäßiger Arbeit. [...]
So bricht der *Gammler* aus dem Gehege aus, in das der moderne Mensch heute eingeschlossen ist, weil er nicht wollen will, was der Zeitgenosse wollen muß. [...] Der *Gammler* sprengt die Mechanismen der gegenwärtigen Gesellschaft. Er leugnet jene Werte, die das soziale Leben unserer Tage aufrechterhalten: Arbeit, Autorität, Ordnung, Geld, Fleiß, Konsum, Verantwortung und Geschäftigkeit. An ihre Stelle setzt er das Nichtstun. (417)

Walter Hollstein: Gammler und Provos,
in: FH 06/1967, S. 409 f, 415 - 417

(4)

Gammler, also junge Leute, die nicht arbeiten mögen, herumsitzen, sich anders kleiden und andere Frisuren tragen als üblich, werden beschimpft, aus Städten ausgewiesen, manchmal verhaftet. Politisch formieren sie sich nicht.

Günter Herburger: Bankrott der Väter,
in: Der Monat, Juli 1967, H. 226, S. 5 a

(5)

Die Tageszeitungen berichten von Rekorden - "Münchner Merkur": "Noch nie wurden so viele *Gammler* ... festgenommen wie in diesem Jahr." [...]
Dort artikulieren Münchner und andere Deutsche jeden Alters und Geschlechts ihren Haß auf die unappetitlichen Mitbürger. Etwa: "Der *Gammler* is überflüssig wiar a Kropf", "Beim Hitler hat's so was net gebn", "Ein kleiner Hitler müßte her", "Ihr gehört ins KZ", oder gar [...] "Ihr gehört vergast - das ist meine Meinung!" [...]
Zusammen mit dem Münchner Rechtsanwalt Alfred Meier, 34, meldete er [Peter Fleischmann] Ende letzter Woche beim Amtsgericht einen "Menschenschutz-Verein" an.
"Bei vielen unserer Mitmenschen ist", so proklamierten Fleischmann und Meier in einer Präambel zur Vereinssatzung, "weder die Bereitschaft noch offenbar die Fähigkeit vorhanden, Personen, die nicht zum Establishment gehören, unbehelligt zu lassen. Während die früheren Objekte der Intoleranz, z. B. unsere jüdischen Mitbürger, nun weitgehend in Ruhe gelassen werden, sind es jetzt andere, z. B. die sogenannten *Gammler*, an denen gewisse Individuen ihren Zorn ungehemmt auslassen."

Spiegel 44/1967 v. 23.10.67, S. 98 c, 99

(6)

[Gerhard Bott, NDR]: [...] *Gammler* und *Hippies*. Liebe und Frieden, - diese Ideale setzen *Gammler* und *Hippies* einer Welt des Hasses und des Unfriedens entgegen. Die Heilige Dreieinigkeit der Leistungsgesellschaft: "Wohlstand, Sicherheit und Ordnung", ist ihnen gleichgültig. Mitten unter uns leben sie ein neues Modell vor. Ihre Welt ist ohne Statussymbole. Es ist eine Welt der Geselligkeit, des Gesprächs, der Solidarität und der Klassenlosigkeit, - aber es ist auch eine Welt des bewußten Verzichts auf jede Form der Macht. Sie wollen nicht beherrscht werden, aber, sie wollen auch nicht herrschen. [...] Sie lehnen das Bestehende total ab. So total, meint der Psychoanalytiker Alexander Mitscherlich, daß sich ihr Protest nicht mehr als Generationsproblem begreifen läßt. Sie verstehen sich als herausforderndes Gegenmodell zur herrschenden Saubermannbefriedigung [...] Statt Triebverzicht wollen sie Freiheit und Wunscherfüllung. - Und gerade das will in seinem Unterbewußtsein auch der Bürger, der Repäsentant der Leistungsgesellschaft; nur hat er schließlich gelernt, sich dem Druck zu fügen: zu verzichten und zu verdrängen. Und gerade deshalb verfolgt er die jungen Abtrünnigen, die sich guten Gewissens gönnen, was er sich ein Leben lang versagt hat, mit Haß [...]

Rebellion der Jugend. Dokumentation einer Fernsehsendung

[Am 29. Mai befaßte sich das Erste Deutsche Fernsehen mit den Ursachen und Erscheinungsformen der Rebellion der Jugend. Die Sendung erfolgte in Form eines Hearings und trug den Untertitel "Bestandsaufnahme".]
FH 07/1968, S. 460 f

(7)

Mods sind an der saloppen Eleganz ihrer Kleidung zu erkennen, während Rockers die schwarze Lederjacke und das Motorrad bevorzugen; das Symbol der *Hippies* sind Blumen, meist aus Papier und in phantastischen Farben, das der *Gammler* graugrüne "schmutzige" Farben als Symbol der Askese und Verachtung der weißen Wäsche. Alle Zeichen haben zugleich Bedeutungen, einen die bürgerliche Welt verneinenden Gegen-Mythos: die Blumen signalisieren "Gewaltlosigkeit" und die Botschaft "Alle sollen einander lieben"; die *Gammler* opponieren gegen die Gewissensbeschwichtigung, die der Hausfrau, ja der ganzen Familie suggerieren will, die Welt sei in Ordnung, wenn das Hemd weiß gewaschen ist.

Dieter Baacke: Beat. Ein Versuch,
in: Merkur, Mai 1969, H. 253, S. 434

Gastarbeiter

Syn./Var.: ausländische Arbeitnehmer, ausländische Mitbürger, Fremdarbeiter, Gastarbeitnehmer

Gastarbeiter ist ein Begriff, der in den fünfziger Jahren geprägt worden ist[1], schon bevor die BRD 1955 mit Italien ihre erste Regierungsvereinbarung über die Anwerbung und Vermittlung ausländischer Arbeitnehmer abgeschlossen hatte[2]. Zum Schlagwort wurde der Begriff ab dem Ende der sechziger Jahre, als sich immer deutlicher abzuzeichnen begann, daß das ursprünglich geplante Konzept, ausländische Arbeitskräfte aus rein wirtschaftlichen Gründen[3] nur für eine kurze Zeitspanne ins Land zu holen, gescheitert war. Immer mehr Gastarbeiter richteten sich auf einen längeren Aufenthalt in der BRD ein und ließen ihre Familienangehörigen nachkommen[4]. Da die BRD jedoch nicht auf die Integration ausländischer Arbeitnehmer und ihrer Familien eingerichtet war, ergaben sich aus dieser Situation zahlreiche Probleme, die Max Frisch (für die Schweiz) zusammenfassend beschreibt: "man hat Arbeitskräfte gerufen, und es kommen Menschen"[5].

War die Anwerbung der Gastarbeiter ursprünglich dazu gedacht, Arbeitskräfte im arbeitsfähigen Alter befristet in der BRD arbeiten zu lassen, ohne für deren Ausbildungskosten und Renten aufkommen zu müssen[6], so ergaben sich mit dem Nachzug von Kindern und Ehefrauen Integrationsprobleme, die im Schlagwort *Gastarbeiter* thematisiert werden.

Gastarbeiter bezeichnet Arbeitskräfte fremder Staatsangehörigkeit, die auf gegebener Rechtsgrundlage im Gastland erwerbstätig sind[7]. Arbeiter aus den angrenzenden Staaten Österreich, Niederlande und Frankreich, die in der BRD tätig sind, werden jedoch nicht unter diesem Begriff subsumiert[8].

---

1 Nach Heberth, Bd. 1, S. 79, ist der Begriff zuerst im Großen Herder aus dem Jahre 1954 verzeichnet. Von wem diese Neuprägung stammt, war nicht zu ermitteln.

2 Weitere Vereinbarungen folgten mit Griechenland und Spanien (1960), mit der Türkei (1961), mit Marokko (1963), mit Portugal (1964), mit Tunesien (1965) und mit Jugoslawien (1968). Vgl. Karl-Heinz Holjewilken: Herkunft und Beschäftigung ausländischer Arbeitnehmer in der Bundesrepublik Deutschland, in: Reimann/Reimann, S. 13 - 22.

3 Vgl. Ernst Klee: Gastarbeiter als Subproletariat, in: Klee, S. 25 - 35, bes. S. 32 f.

4 Vgl. BHE II, S. 349.

5 Frisch, S. 100.

6 Vgl. Klee, a.a.O., S. 32 f, Hoskin, S. 5 f sowie Esser (1989), S. 348 ff.

7 Vgl. BHE II, S. 349.

8 Vgl. Klee, a.a.O., S. 30 f.

Bereits an dieser Unterscheidung von Gastarbeitern wird die ideologische Befrachtung des Begriffes deutlich: nicht so sehr die Tatsache, daß ein Arbeitnehmer aus dem Ausland kommt, macht ihn zum Gastarbeiter, sondern die Herkunft aus ganz bestimmten Ländern (zumeist aus einem anderen Kulturkreis) entscheidet über die Zuordnung.

So ist das Schlagwort *Gastarbeiter* also nicht nur Gruppenbezeichnung, sondern darüber hinaus meist (ab-)wertende Stellungnahme mit einem programmatischen Gehalt, der sich aus eindeutig negativen Assoziationen herleitet, die die Angst vor allem Fremden und daraus resultierende Vorurteile wachrufen. Sechs Punkte sind es, die den Gastarbeitern von der öffentlichen Meinung immer wieder zugeschrieben werden:

> 1. Gastarbeiter sind unzivilisiert, 2. Gastarbeiter sind asozial, 3. Gastarbeitern ist jede Arbeit zuzumuten, 4. Gastarbeiter sind faul, 5. Gastarbeiter sind undankbar, 6. Gastarbeiter sind sexuell "freizügig".[9]

Derartige pauschale Vorurteile und Klischees wurden von Teilen der Boulevardpresse[10] und nationalistisch gesinnten Bevölkerungskreisen immer wieder dazu genutzt, die Forderung nach einem generellen Aufenthaltsverbot für ausländische Arbeitskräfte und Asylsuchende in der BRD zu erheben:

> An der Suche nach Lösungen haben sich in erster Linie die wenigen, aber lautstarken Unverbesserlichen und Ewiggestrigen beteiligt, die ihren Lösungsvorschlag auf die bestechende Formel gebracht haben: "Ausländer raus!"[11]

Aufklärungsarbeit kirchlicher Organisationen[12] und der Gewerkschaften[13] konnten die massiven Vorurteile, die überall grassierten, nicht ausräumen.

Daß sich mit dem Problem *Gastarbeiter* aber weite Teile der Öffentlichkeit beschäftigten, zeigt auch die große Resonanz auf ein Preisausschreiben des WDR (vgl. Beleg 4); hier wurden zahlreiche diskriminierende Äußerungen als Ersatz für den Terminus *Gastarbeiter* vorgeschlagen[14].

---

9 Dieter Goetze: Probleme der Akkulturation und Assimilation, in: Reimann/Reimann, S. 63 - 84, Zitat: S. 63.

10 Vgl. die Zitate bei Homer Anagnostidis: Gewerkschaften und Ausländerbeschäftigung, in: Klee, S. 104 - 136, bes. S. 111 ff. Vgl. auch: Horst Reimann: Ausländische Arbeitnehmer und Massenmedien, in: Reimann/Reimann, S. 111 - 129 sowie Delgado.

11 José Moll Marqués: Die Rückkehr in die Heimat. Politische und gesellschaftliche Auswirkungen, in: Klee, S. 137 - 146, Zitat: S. 137.

12 Vgl. die Beispiele bei Leudesdorff/Zillessen, Kap. 5, S. 215 ff.

13 Vgl. dazu Anagnostidis, a.a.O.

14 Vgl. dazu auch: Ein neues Wort für "Gastarbeiter". Vorschläge des WDR-Preisausschreibens, in: Klee, S. 149 - 157.

Der weitaus größte Teil der bundesdeutschen Öffentlichkeit betrachtete die Gastarbeiter keinesfalls als Gäste, sondern als 'notwendiges Übel'[15]. Notwendig deshalb, weil die Gastarbeiter Arbeiten verrichteten, zu denen deutsche Arbeiter (zumindest in Zeiten konjunktureller Blüte und bei Vollbeschäftigung) kaum mehr bereit waren[16], von Übel deshalb, weil eine ständige Angst vor "Überfremdung"[17] das Verhältnis von Gastarbeitern und Deutschen vergiftete:

> Gegenüber den ausländischen Arbeitern kommt es wieder zu einer eigenartigen 'Volksgemeinschaft', zu einem gefährlichen Plural: sie nehmen 'unsere' Arbeitsplätze in Beschlag, sie lungern auf 'unseren' Bahnhöfen, sie belästigen 'unsere' Frauen.[18]

Es entwickelte sich so eine "neofeudale" Einstellung[19] zu den Gastarbeitern:

> Dieses Syndrom besagt also, daß zwar die Anwesenheit von Gastarbeitern akzeptiert wird, daß ihnen aber die Integration sowie ein voller Mitgliedschaftsstatus im Einwanderungsland zu verweigern ist, mit anderen Worten: ihnen die Teilhabe an den Werten der Gesellschaft aufgrund zugeschriebener Kriterien (ethnische Zugehörigkeit) versagt werden soll.[20]

Vor dem Hintergrund wachsender Diskriminierung und zunehmender Integrationsprobleme (vor allem nach dem Anwerbestopp vom November 1973, der vorübergehende Abwanderung und anschließende Rückkehr unmöglich machte[21] und daher zahlreiche Gastarbeiter zu einem längeren Aufenthalt in der BRD veranlaßte) wurde von offizieller Seite verstärkt auf die Eingliederung der Gastarbeiter hingewirkt[22], u. a. auch durch die

15 Vgl. Klaus-Martin Beckmann: Kirchliche Verkündigung angesichts ethnischer Vorurteile, in: Leudesdorf /Zillessen, S. 202 - 214, bes. S. 206 und Hoskin, S. 24 f.

16 Vgl. Jürgen Kühl: Die Bedeutung der ausländischen Arbeitnehmer für die Bundesrepublik Deutschland, in: Reimann/Reimann, S. 23 - 42, bes. S. 26; Hans-Joachim Hoffmann-Nowotny: Gastarbeiterwanderungen und soziale Spannungen, in: Reimann/Reimann, S. 43 - 62, bes. S. 45; Kurt Kaiser: Statistische Übersicht zur Ausländerbeschäftigung, in: Leudesdorff/ Zillessen, S. 24 - 41, bes. S. 29 ff.

17 Klee, a.a.O., S. 30.

18 Baroth, S. 129.

19 Vgl. Hoffmann-Nowotny, a.a.O., S. 50 f.

20 Ebd.

21 Vgl. Kühl, a.a.O., S. 27 sowie: Hartmut Esser: Ist das Ausländerproblem in der Bundesrepublik Deutschland ein "Türkenproblem"? in: Italiaander, S. 169 - 179, bes. S. 169 f.

22 Vgl. Esser (1989), S. 348 ff sowie: Karl Bingemer und Edeltrud Meistermann-Seeger: Probleme der Integration, in: Bingemer [u. a.], S. 17 - 24, bes. S. 19 ff. Hier wird deutlich, daß "Integration" teilweise auch als bloße Anpassung, ja Unterwerfung der Gastarbeiter mißverstanden wurde.

"Sprachregelung"[23], statt von *Gastarbeitern* von *ausländischen Arbeitnehmern* zu sprechen (vgl. Beleg 3). So sollte die paradoxe Formulierung von den 'arbeitenden Gästen'[24] mitsamt ihrer ideologischen Komponenten und Assoziationen (vgl. Belege 1 u. 3) durch einen neutralen Ausdruck ersetzt werden. Dies gelang jedoch nur für den amtlichen Sprachgebrauch, ansonsten blieb *Gastarbeiter* die geläufigere Variante:

> Abgesehen von der abwertenden Aussage dieses Wortes [ausländische Arbeitnehmer]: am Arbeitsplatz, in der Kantine, in Arbeiterwohngebieten "lebt" dieses Wort nicht; es ist ein technischer Begriff aus der Amtssprache, verbreitet, wo man über Arbeiter spricht, z. B. in Minister-, Bischofs- und Synodensprüchen, in Referenten- und Beamtensätzen. Mit Arbeitern kann man so nicht reden, und mit Ausländern, sobald sie in der Sprache ihrer deutschen Kollegen ein wenig zu Hause sind, auch nicht.[25]

Daß auch *Gastarbeiter* nicht nur euphemistische Umschreibung ist, sondern auch Probleme der Gastarbeiter anklingen läßt, bemerkt Meistermann-Seeger:

> "Gast-Sein" heißt zwar, Vorrechte des Geschütztseins zu genießen, es heißt aber auch, nicht verwurzelt zu sein, keine Heimatrechte zu genießen. Genau das ist die Situation des Gastarbeiters.[26]

Die historisch belastete Variante *Fremdarbeiter* wurde in der BRD (im Gegensatz zur Schweiz, die den Ausdruck beibehielt) bis etwa 1962 gebraucht[27]. Danach taucht sie nur noch selten auf, meist in nationalistischen und rassistischen Polemiken[28].

Die Belege diskutieren mehrere Seiten des Problems: die Kritik am Terminus *Gastarbeiter* wird begründet (Belege 1, 2, 6), die pauschalen Diskriminierungen (Belege 3, 4) und die Bemühungen um eine neutrale Bezeichnung für die Gastarbeiter werden geschildert (Beleg 3).

---

23 Fietkau, S. 18.

24 Auf die Paradoxie des Begriffes wird in der Literatur häufig hingewiesen. Vgl. Delgado, S. 9 f, Fietkau, S. 17 ff, Stefan Harant: Schulprobleme von Gastarbeiterkindern, in: Reimann/Reimann, S. 149 - 168, bes. S. 149, Hoskin, S. 2, Klee, a.a.O., S. 30 f, Helga Reimann u. Horst Reimann: Einführung, in: Reimann/Reimann, S. 7 - 12, bes. S. 9 f, Peter-A. Reischauer: Hinweise für einen Politiker, der sich genötigt sieht, zum Problem der ausländischen Arbeitnehmer und ihrer Familienangehörigen eine Rede zu halten, in Freund, S. 9 - 14, bes. S. 9, Wallraff (1986), S. 62.

25 Fietkau, S. 24. Die Behauptung in BHE, a.a.O., die suggeriert, daß der korrektere Begriff *ausländische Arbeitnehmer* sich inzwischen weitgehend gegen den Begriff *Gastarbeiter* durchgesetzt habe, scheint für den Bereich der gesprochenen Sprache in der Tat äußerst zweifelhaft. Vgl. dazu auch Hoskin, S. 3, Anm. 1.

26 Meistermann-Seeger (Einleitung), in: Bingemer [u. a.], S. 16, Anm. 3.

27 Vgl. ebd.

28 Vgl. Fietkau, S. 18 f.

Da es bis heute nicht gelungen ist, die Gastarbeiter wirklich aus ihrer Ghettoisierung zu befreien und in die Gesellschaft zu integrieren, war *Gastarbeiter* noch über den Bearbeitungszeitraum hinaus als Schlagwort im Gebrauch. Es dürfte etwa bis zum Anfang der 80er Jahre aktuell gewesen sein. Jedoch wurde es immer mehr durch die Nennung der am stärksten anwachsenden Gruppe unter den Gastarbeitern, der Türken, ersetzt (vgl. Beleg 5)[29]. Allmählich wurde dann die Problematik in der öffentlichen Diskussion von anderen Themen überlagert: zu nennen sind hier die Auseinandersetzungen um Asylbewerber[30] und Übersiedler[31].

29 Zum wachsenden Anteil der Türken an den Gastarbeitern vgl. Esser (in: Italiaander), S. 170 sowie Bodenbender, S. 35.

30 Zu *Asylant* vgl. die kleine Studie von Höll.

31 Vgl. Esser (1989), S. 340 f und Informationen zur politischen Bildung, S. 25.

Literatur

Ausländische Arbeitnehmer, in: Brockhaus Enzyklopädie, Bd. II (1987), S. 349 - 351

Baroth, Hans Dieter: "Gast"-Arbeiter, in: Doerdelmann, Bernhard (Hrsg.): Minderheiten in der Bundesrepublik, München 1969, S. 123 - 130

Bingemer, Karl, Meistermann-Seeger, Edeltrud, Neubert, Edgar (Hrsg.): Leben als Gastarbeiter. Geglückte oder mißglückte Integration, Köln und Opladen 1970

Bodenbender, Wolfgang: Die politischen und gesellschaftlichen Bedingungen der Ausländerpolitik, in: Ronneberger, Franz und Vogel, Rudolf (Hrsg.): Gastarbeiterpolitik oder Immigrationspolitik, München - Wien 1982, S. 33 - 55 [Südosteuropa-Studien im Auftrag der Südosteuropa-Gesellschaft, hg. von Walter Althammer, Heft 31]

Delgado, Manuel J.: Die "Gastarbeiter" in der Presse. Eine inhaltsanalytische Studie, Opladen 1972

Esser, Hartmut: Gastarbeiter, in: Benz, Wolfgang (Hrsg.): Die Geschichte der Bundesrepublik Deutschland, Band 2: Wirtschaft, S. 326 - 361, Aktualisierte u. erw. Neuausg., Frankfurt 1989

Fietkau, Wolfgang: Sogenannte Gastarbeiter. Report und Kritik, Wuppertal 1972

Freund, Wolfgang Slim (Hrsg.): Gastarbeiter. Integration oder Rückkehr? Grundfragen der Ausländerpolitik, Neustadt/Weinstraße 1980

Frisch, Max: Öffentlichkeit als Partner, Frankfurt 1967

Heberth, Alfred: Neue Wörter. Neologismen in der deutschen Sprache seit 1945 (2 Bde), Wien 1977, 1982

Herbert, Ulrich: Geschichte der Ausländerbeschäftigung in Deutschland 1880 - 1980. Saisonarbeiter, Zwangsarbeiter, Gastarbeiter, Bonn 1986

Höll, Susanne: Das Unwort "Asylant" wird gesellschaftsfähig, in: Süddeutsche Zeitung v. 05./06.10.91, S. 6

Hoskin, Marilyn: Die öffentliche Meinung in der Bundesrepublik Deutschland und die ausländischen Arbeitnehmer, in: Rosch, Marita (Hrsg.): Ausländische Arbeitnehmer und Immigranten. Sozialwissenschaftliche Beiträge zur Diskussion eines aktuellen Problems, Weinheim und Basel 1985, S. 2 - 30

Informationen zur politischen Bildung, hg. von der Bundeszentrale für politische Bildung, Heft 229, 4. Quartal 1990: Bundestagswahl 1990

Italiaander, Rolf (Hrsg.): "Fremde raus?" Fremdenangst und Ausländerfeindlichkeit. Gefahren für jede Gemeinschaft, Frankfurt/M. 1983

Klee, Ernst (Hrsg.): Gastarbeiter. Analysen und Berichte, Frankfurt/M. ^{2}1972

Leudesdorff, René und Zillessen, Horst (Hrsg.): Gastarbeiter = Mitbürger. Bilder • Fakten • Gründe • Chancen • Modelle • Dokumente, Gelnhausen und Berlin 1971

Papalekas, Johannes Chr. (Hrsg.): Die Ausländerfrage. Gastarbeiter im Spannungsfeld von Integration und Reintegration, Herford 1983

Reimann, Helga und Reimann, Horst (Hrsg.): Gastarbeiter, München 1976 [Das Wissenschaftliche Taschenbuch, Abt. Soziologie - Soziale Probleme 4]

Wallraff, Günter: Ganz unten, Köln 1985

Ders.: Neue Reportagen, Untersuchungen und Lehrbeispiele, (Neuausgabe) Köln 1986

<u>Lexikographische Erfassung</u>

DWB (1981), WDG (1967), WDS (1977): n.a.SchW

BHE (1968), (1975), (1981): n.a.SchW;
II (1987) 793: "ausl. Arbeitn.": "Schlüsselbegriff"

GBH (1978), MEL (1973), MNL (1979), NBH (1984), NDL (1984): n.a.SchW

BEC 83 ff: Ausländer, -politik: n.a.SchW

Belege

(1)

"Den Namen *Gastarbeiter* hören wir gar nicht gern. Vielleicht ist in diesem Namen noch etwas übrig geblieben von dem Wort *Fremdarbeiter.*"

[Zitat eines spanischen Paters]

Ferdinand Ranft: Unter den Gastarbeitern wächst die Angst. Ihr Thema Nummer eins: die Wirtschaftskrise - Lieber Ausländer als Deutsche?
in: Zeit 01/1967 v. 06.01.67, S. 7 d

(2)

Zwangsarbeiter, Fremdarbeiter, *Gastarbeiter* - die Bezeichnungen wechseln schneller als die Bedingungen. Etwa 1,95 Millionen Ausländer arbeiten gegenwärtig in der Bundesrepublik [...]
Dennoch ist das Wort von den Gästen nicht mal ein Euphemismus, sondern eine Paradoxie.

Spiegel 43/1970 v. 19.10.70, S. 5

(3)

Daß die "Kameltreiber" und "Hammelfresser" von heute gern als "unzivilisiert" und "dumm" eingestuft werden, bedeutet Kontinuität in der Minderheiten-Diskriminierung. Nur kommen die geringschätzig Eingestuften heute freiwillig, und sie heißen "*Gastarbeiter*". "Der Begriffswechsel", so schrieb die Kölner Psychologie-Professorin Edeltrud Meistermann-Seeger, "der von der Abweisung (fremd) über eine Euphemisierung (Gast) bis zur Neutralisierung (ausländische Nehmer) führte, ist ein Zeichen der Unsicherheit und Ambivalenz, das ... aus dem Verdrängungsproblem der vergangenen Zwangsarbeiterzeit erklärt werden kann."

Spiegel 43/1970 v. 19.10.70, S. 60 a, b

(4)

Die Suche nach einem neuen Namen für "*Gastarbeiter*" mobilisierte alte Vorurteile. Beim Westdeutschen Rundfunk (WDR) in Köln, der in einem Preisausschreiben dazu aufgerufen hatte, andere Bezeichnungen für die *ausländischen Arbeitnehmer* in der Bundesrepublik zu finden, trafen zwar über 15.000 Zuschriften ein, darunter waren aber auch Benennungs-Vorschläge wie "Arbeitsplatzräuber", "Judensäue", "Dreckschweine", "Zuhälter", "Makkaronifresser", "Kameltreiber" und "Bärenführer". Die Aktion hatte, so resümierte der Leiter der Sonderprogramme für Gastarbeiter beim WDR-Fernsehen, Friedhelm Porck, "im ersten Anlauf, ein erschreckend negatives Echo".

Spiegel 51/1970 v. 14.12.70, S. 20 b

(5)

Droht uns eine neue Türkeninvasion? (42 a) [...]
Die Erklärung dürfte wohl eher darin zu suchen sein, daß mehr und mehr die Einsicht dämmert, daß man Arbeitskräfte nicht wie Rohstoffe importieren kann. Bisher war in diesem Bereich aber die Gedankenlosigkeit Trumpf und der Begriff "*Gastarbeiterpolitik*" unbekannt. [...]
Wenn die Entwicklung nicht rechtzeitig in die richtigen Bahnen gelenkt wird, bereiten wir damit heute den Boden für ein zukünftiges "deutsches Negerproblem" vor. [...] Restaurants mit dem Schild "Für *Gastarbeiter* verboten" und ähnliche Zeichen eines primitiven Fremdenhasses und der Eingeborenenüberheblichkeit sind schon heute ernste Warnzeichen. (42 b)

Michael Jungblut: Gastarbeiter. Die Kulis der Nation,
in: Zeit 42/1972 v. 20.10. 72, S. 42 a, b

(6)

In der Tat, viel zu lange hat man in der Bundesrepublik den *ausländischen Arbeitnehmer* als einen Gast betrachtet, der vorübergehend hier Arbeit sucht, bescheiden lebt und nach ein paar Jahren mit seinen Ersparnissen in die Heimat zurückkehrt. Der euphemistische Begriff "*Gastarbeiter*" hat diese bequeme Vorstellung noch gefördert. Doch die Lage der ausländischen Arbeiter in unserer Gesellschaft [...] ist anders.

Folker Schreiber: Weder Gast noch Sklave,
in: Zeit 20/1974 v. 10.05.74, S. 14 a, b

Große Koalition

Syn./Var.: Allparteienregierung

Der Begriff *Große Koalition* wurde im Jahre 1965 zum Schlagwort, insbesondere seit sich erhebliche Schwierigkeiten für das im Oktober 1965 erneut gewählte CDU/FDP-Kabinett unter Kanzler Erhard abzeichneten.

Es handelt sich um keine Neuprägung, vielmehr wurde der Begriff schon zur Zeit der Weimarer Republik für die 1923 regierende Koalition der bürgerlichen Parteien und der SPD verwendet[1].

Auch in der Geschichte der BRD tauchte der Gedanke an eine Große Koaliton schon zu Beginn der 60er Jahre auf, insbesondere als durch den Bau der Mauer 1961 und durch die Spiegel-Krise 1962[2] das enge Zusammenarbeiten der beiden großen Parteien CDU und SPD wünschenswert und erforderlich erschien.

Für die BRD läßt sich der Begriff *Große Koalition* dementsprechend folgendermaßen definieren:

> **Regierungsbündnis der beiden großen Parteien CDU und SPD zum Zwecke der Bewältigung von außerordentlichen Problemen, die eine andere Regierung oder Regierungskoalition, in der die CDU oder die SPD nicht vertreten wäre, nicht lösen könnte, da ihr keine Zweidrittelmehrheit im Bundestag zukäme.**

In den Jahren 1965/66 standen neben den unübersehbaren Finanzproblemen[3] vor allem die -> Notstandsgesetze und eine Wahlrechtsreform zur Debatte, die eine Zweidrittelmehrheit der Stimmen des Deutschen Bundestages erforderlich machten und also ohne die Stimmen der SPD nicht zu realisieren waren.

Faktisch bedeutete die Schaffung einer Großen Koalition für die CDU die Möglichkeit, einem drohenden Wechsel auf die Oppositionsbank zu entgehen, für die SPD bot sich hier die Möglichkeit, die Regierungsbank einzunehmen und so nach 17 Jahren Oppostionstätigkeit ihre Regierungsfähigkeit unter Beweis zu stellen. Beide großen Parteien hatten also durchaus ein Interesse an einer gemeinsamen Regierungsbildung[4].

Die Vorhaben, die eine Große Koalition verwirklichen sollte, wie auch die Bildung der Großen Koalition selbst waren jedoch äußerst umstritten.

Während die Befürworter die bereits mehrfach von der Opposition abgelehnten Notstandsgesetze und die Reform des Wahlrechts vom Verhältnis- zum Mehrheitswahlrecht, das eine Tendenz zum Zwei-Parteien-

---

1 Vgl. Rummel, S. 169 ff.

2 Vgl. Von Braunmühl, S. 29 sowie Hildebrand, S. 30.

3 Vgl. Schneider, S. 83 ff.

4 Vgl. Rummel, S. 13, Schneider, S. 43 f, 46 f, 121.

System und damit klare Mehrheiten ohne Koalitionszwänge bedeutet hätte, anführten[5], wurde von den Gegnern einer Großen Koalition vor allem die Ausschaltung einer funktionierenden Opposition befürchtet.

So beinhaltet dieses Schlagwort gegensätzliche Bewertungen: Befürworter sahen in der Großen Koalition ein enges Zusammenrücken der großen demokratischen Parteien in Notzeiten. Nur so ist auch die teilweise Gleichsetzung von *Großer Koalition* und *Allparteienregierung* erklärlich: die Koalition von CDU und SPD war eben (noch) keine Allparteienregierung; immerhin hatte sie sich jedoch durch die geplante Wahlrechtsreform die Schaffung eines Zwei-Parteien-Systems und damit auch die zeitliche Begrenztheit der Großen Koalition auf ihre Fahnen geschrieben.

Daß deshalb die FDP zum besonderen Gegner der Großen Koalition und insbesondere auch der Wahlrechtsreform wurde, ist selbstverständlich. Doch selbst abgesehen von Einwänden, die das politische Überleben der FDP betrafen, wurde das Schlagwort *Große Koalition* meistens mit einer negativen Bewertungskomponente versehen (vgl. Belege 2 - 7, 9, 10, 12, 14, 15).

So wird einerseits betont, daß die Voraussetzungen für die Bildung einer Großen Koalition (besonderer Notstand) gar nicht vorliegen (Belege 6, 10), da ja nicht nur rechnerisch auch die Bildung einer Koalition aus SPD und FDP denkbar sei[6], um nach dem Scheitern der CDU/FDP-Regierung unter Ludwig Erhard eine regierungsfähige Koalition zu gewährleisten.

Andererseits wird auf eine drohende Schwächung der Oppositionsarbeit und damit auf eine antidemokratische Tendenz hingewiesen (Belege 2, 3, 6, 7, 8, 10, 12, 15). Selbst Befürworter der Großen Koalition betonen deshalb immer wieder, daß es sich um ein Bündnis auf Zeit[7] handele, das nach der Erledigung anstehender Aufgaben wieder aufgelöst werde (vgl. Beleg 9). Daß jedoch die scheinbare Harmonie der großen Parteien keineswegs einem demokratischen Bild von Regierung und kritischer Opposition entspricht, vielmehr eher vordemokratischen Vorstellungen entspringt, wird diesem Argument häufig entgegengehalten[8] (Belege 2, 4, 6, 14).

---

5 Vgl. Hennis, bes. S. 27 - 32 sowie Hildebrand, S. 352 ff.

6 Vgl. Schuster, S. 801 ff, bes. S. 803.

7 Hennis, S. 47, weist jedoch auf die Kuriosität hin, daß das neue Wahlgesetz zwar schon vor 1969 verabschiedet werden, jedoch erst 1973 in Kraft treten sollte. Eine Fortführung der Großen Koalition über das Jahr 1969 hinaus wäre so zumindest nicht unmöglich gewesen. Schuster, S. 806, weist ebenfalls auf diese Möglichkeit hin und erwähnt weiterhin, daß eine Große Koalition, die länger als eine Legislaturperiode im Amt wäre, Fakten schaffen könnte, die eine Rückkehr zur bisherigen Praxis erheblich erschweren könnten.
Vgl. auch Hildebrand, S. 352 ff.

8 Vgl. auch: Schuster, S. 804 f, Niethammer, S. 29 sowie Rummel, S. 29 f.

Seine Blütezeit hatte das Schlagwort *Große Koalition* vor der Bildung der Koalition aus CDU und SPD, also 1965/1966[9]. Mit diesem Schlagwort wurde vor drohenden undemokratischen Tendenzen gewarnt. Bereits im Verlaufe des Jahres 1967 verliert es wieder an Bedeutung als Schlagwort; lediglich im Zusammenhang mit der -> APO hat es noch Bedeutung. Dies dürfte vor allem an den geschaffenen Tatsachen liegen: mit der Etablierung der Großen Koalition am 01.12.66 konnte zwar auf ihre Fehler und Schwächen hingewiesen werden, sie selbst jedoch stand nicht mehr zur Debatte.

Der Schlagwort-Charakter des Begriffes *Große Koalition* wird in den Belegen recht deutlich; überall finden sich Indikatoren: Definitionsbelege (Belege 4, 7, 9), zahlreiche Hinweise auf die Umstrittenheit der Großen Koalition (Belege 2, 3, 5, 7, 10, 12, 13, 14), Erwähnung der öffentlichen Diskussion (Belege 1, 5, 6, 13) wie auch einige befürwortende Stellungnahmen (Belege 9, 11, 13). Besonders hingewiesen sei auf Formulierungen wie "das gegenwärtig heißeste Thema" (Beleg 1) und "Zauberwort der Stunde" (Beleg 13).

9 Auch in der aktuellen Diskussion taucht der Gedanke an eine Zusammenarbeit der großen Parteien immer wieder auf; häufig wird das Schlagwort *Große Koalition* dabei bewußt vermieden. Vgl. dazu die aufschlußreichen Überlegungen von Süskind.

Literatur

Braunmühl, Claudia von: Kalter Krieg und friedliche Koexistenz. Die Außenpolitik der SPD in der Großen Koalition, Frankfurt 1973

Gaus, Günter: Staatserhaltende Opposition oder Hat die SPD kapituliert? Gespräche mit Herbert Wehner, Reinbek 1966

Hennis, Wilhelm: Große Koalition ohne Ende? Die Zukunft des parlamentarischen Regierungssystems und die Hinauszögerung der Wahlrechtsreform, München 1968

Hildebrand, Klaus: Von Erhard zur Großen Koalition. 1963 - 1969, Stuttgart, Wiesbaden 1984 (Geschichte der Bundesrepublik Deutschland, hg. v. K. D. Bracher [u. a.], Bd. 4)

Jaspers, Karl: Wohin treibt die Bundesrepublik? Tatsachen. Gefahren. Chancen, München 1966

Niethammer, Lutz: Wider eine große Koalition, in: Der Monat, Juli 1966, H. 214, S. 24 - 36

Rummel, Alois (Redaktion): Die Große Koalition 1966 bis 1969. Eine kritische Bestandsaufnahme, Freudenstadt 1969

Schmoeckel, Reinhard und Kaiser, Bruno: Die vergessene Regierung. Die große Koalition 1966 bis 1969 und ihre langfristigen Wirkungen, Bonn 1991

Schneider, Franz: Große Koalition. Ende oder Neubeginn? München 1969

Schuster, Hans: Die "gerechte" Koalition. Ideologie und Praxis des Bonner Bündnisses, in: Merkur, September 1967, H. 234, S. 801 - 815

Süskind, Martin E.: Große Koalition - nur ohne Helmut Kohl, in: Süddeutsche Zeitung v. 03.09.92, S. 4

Lexikographische Erfassung

DWB (1981), WDS (1977): n.a.SchW
WDG III (1969): 00

BHE (1969), (1990), GBH (1979), MEL (1974), MNL (1979), NBH (1985): n.a.SchW
NDL (1984) : 00

AVW, NUN, KOP: 00
BEC, WEI: n.a.SchW

Belege

(1)

Treuherzig fragte er [Bundespräsident Lübke] Gerstenmaier [den Bundestagspräsidenten] und dessen Vizepräsidenten, [...] ob die notwendigen Verfassungsreformen in dieser Legislaturperiode vorankommen könnten, wo doch die SPD nicht in der Regierung sei.
Unvermittelt war durch den Wortwechsel auch bei diesem unpolitischen Staatsakt [dem Neujahrsempfang des Bundespräsidenten] das gegenwärtig heißeste Thema der Bundesrepublik angeschlagen: die Lebensdauer des noch nicht einmal drei Monate alten zweiten CDU/FDP-Kabinetts Erhard und die Möglichkeit einer *Großen Koalition* zwischen Christ- und Sozialdemokraten.

Spiegel 3/1966 v. 10.01.66, S. 15 a

(2)

Vergeßlichkeit kreiden die Kocheler Genossen auch Herbert Wehner an, der, wie sie gern argumentieren, "im Bundestag ständig *Große Koalition* stattfinden" lasse und so den "parlamentarischen Faktor Opposition" zerstöre.

[Bericht über die Abfassung eines Memorandums "Mobilisierung der Demokratie" durch zwölf bayrische SPD-Abgeordnete]

Spiegel 17/1966 v. 18.04.66, S. 35 c

(3)

Daß sich keine produktive Opposition, kein auf gleichem Boden kämpfendes Zusammenspiel von Regierung und Opposition entwickelt hat, das hat zum Gegenpol die Tendenz zur Bildung der *Großen Koalition* oder *Allparteien-Regierung*. Würde es dahin kommen, so würde die Scheindemokratie vollends verschwinden in der autoritären Regierung der Parteienoligarchie, die nun die gemeinsame Verantwortung aller, also gar keine Verantwortung mehr hat. [...] Es gibt weder Opposition noch Kontrolle.

Karl Jaspers: Wohin treibt die Bundesrepublik?
in: Spiegel 17/1966 v. 18.04.66, S. 60 a

(4)

Bekanntlich nährt der Gedanke einer *Großen Koalition* bei uns stets von neuem das altbekannte Mißverständnis, als sei die ideale Regierung eine "überparteiliche". Historisch erklärt sich diese Verklärung aus dem deutschen Vielparteienspektrum des Kaiserreichs und der Weimarer Republik.

Hans Schuster: Bundesrepublik im Widerspruch,
in: Merkur, Juni 1966, H. 219, S. 504

(5)

Die *Große Koalition* in Bonn, der so viele Prominente das Wort geredet haben, wäre ja tatsächlich ein Übel und nur zu rechtfertigen, wenn anders eine Mehrheit nicht erreichbar schiene.

Rudolf Augstein: Sie spielen Weimar,
in: Spiegel 30/1966 v. 18.07.66, S. 16 b

(6)

Daß in diesen Tagen der völligen Ungewißheit und der fragwürdigen Mehrheiten der Gedanke an eine *Große Koalition* neue Freunde gewonnen hat, ist nicht zu leugnen; es kann auch nicht verwundern. [...]
Statt politischer Richtungsentscheidungen wären von einem solchen Bündnis nur breiige, konturenlose Entschlüsse zu erwarten. Stünde unser Land vor großen Entscheidungen über seine nationale Zukunft, so wäre die *Große Koalition* oder das *Allparteien-Kabinett* selbstverständlich. Aber von einem nationalen Notstand kann keine Rede sein. Selbst eine befristete Suspendierung der parlamentarischen Demokratie wäre nicht zu rechtfertigen.

Kurt Becker: Kiesinger oder Brandt? In Bonn ist jetzt alles möglich,
in: Zeit 47/1966 v. 18.11.66, S. 1 b

(7)

Große Koaltion bedeutet kleine Opposition und wenig Kontrolle. [...]
Deswegen muß das schwarz-rote Herrschaftsbündnis mehr noch als jedes andere unausgesetzter, scharfer und kritischer Beobachtung unterzogen werden.

Zeit 49/1966 v. 02.12.66, S. 1 a

(8)

Es ist das erste Mal, daß ein demokratisch verfaßtes Land Parteien, die immerhin zehn Prozent der Wähler hinter sich haben, auf kaltem Wege umbringt. [...]
Wer die Parteiführung nicht diskreditieren, wer die Partei nicht enthaupten wollte, mußte für eine sogenannte *große Koalition* stimmen. Gleichzeitig stimmte er für eine oppositionslose Zeit von sieben Jahren, und für ein neues Wahlgesetz, von dem bislang nur klar ist, daß es die FDP ausschalten und eine neue Partei gar nicht erst hochkommen lassen soll.

Rudolf Augstein: Sieben Jahre Clinch?
in: Spiegel 50/1966 v. 05.12.66, S. 26 a

(9)

Br.: [...] die *Große Koalition* ist eine auf Zeit angelegte Kooperation, um einige große Aufgaben anzupacken.

Auf dem falschen Bein Hurra?
Spiegel-Gespräch mit dem Bundesaußenminister und SPD-Vorsitzenden Willy Brandt,
in: Spiegel 50/1966 v. 05.12.66, S. 40 b

(10)

So kann man, wie man es auch wendet, eigentlich nur feststellen, daß die *Große Koalition*, außer in extremen Notsituationen - nicht zu verwechseln mit dem Scheitern einer Regierung! - letztlich als demokratiefremd und damit auf weitere Sicht als systemgefährdend angesehen werden muß.

Christian Graf von Krockow: Bonns Sündenfall. Eine demokratische Elegie,
in: Zeit 51/1966 v. 16.12.66, S. 1 c

(11)

Was gibt so vielen Kritikern der *Großen Koalition* eigentlich Anlaß, ihr von vornherein die Absicht zu unterstellen, sie wolle das Kartell der Macht verewigen, unliebsame Opponenten durch Wahlrechtsänderungen mundtot machen?

Wilhelm Hennis: Wer hat gesündigt? Ein Stück demokratischer Prosa,
in: Zeit 51/1966 v. 16.12.66, S. 3 d

(12)

Die Rechtfertigung der *Großen Koalition* lautet, daß sie ein zwangsläufiges, aus einer Notlage entstandenes Bündnis der beiden großen Parteien sei. Nur eine *Große Koalition* könne die großen, die unaufschiebbaren Aufgaben lösen. Merkmal einer solchen Notstandskoalition aber ist es, daß sie im Grunde keine ernsthafte Opposition kennt. Sie versteht sich als Bündnis der Vernünftigen und Einsichtigen [...]

Rolf Zundel: Opposition - noch gefragt? Nur als moderne liberale Partei hat die FDP noch eine Chance,
in: Zeit 03/1967 v. 20.01.67, S. 4 a

(13)

Die *Große Koalition* heißt das Zauberwort der Stunde. Viele glauben, oder hoffen doch zumindest, aus der Zusammenfassung der beiden größten Parteien ergebe sich zwangsläufig auch die Verschmelzung bislang zum Teil kontroverser politischer Richtungen in eine einheitliche Politik nach innen und nach außen.

Hans-Werner Graf Finck von Finckenstein: Die Grosse Koalition - Zwang zum Erfolg,
in: FH 02/1967, S. 75 a

(14)

Die *Große Koalition* beruht auf der Annahme, daß notwendige Reformen und Korrekturen der Verfassung nicht mehr im normalen Prozeß des parlamentarischen Wettbewerbs, sondern nur durch ein Kabinett der nationalen Konzentration zu vollbringen seien. (811) [...]
Nur scheinbar dient die *Große Koalition* der Integration der politischen Kräfte. Das Gegenteil ist eher der Fall: indem sie die Öffentlichkeit von

der politischen Auseinandersetzung entwöhnt, fördert sie [...] die Desintegration der Mitte und die Kristallisierung oppositioneller Gruppen außerhalb der Plattform der Regierungsparteien. (814)

Hans Schuster: Die "gerechte" Koalition. Ideologie und Praxis des Bonner Bündnisses,
in: Merkur, September 1967, H. 234, S. 811, 814

(15)

Und seit sich am Rhein die *Große Koalition* breitmachte, die keine Opposition mehr kennt, verfiel für viele Studenten das Bild von der intakten Demokratie.

Spiegel 51/1967 v. 11.12.67, S. 58 b

Happening

Happening ist ein Begriff der sechziger Jahre, der von dem 1927 in Atlantic City geborenen Maler Allan Kaprow 1959 erstmalig für sein Kunstwerk "18 Happenings in Six Parts" in der New Yorker Reuben Gallery verwendet wurde[1]. Bereits ein Jahr später wurde der Begriff in Europa aufgegriffen[2]. Da der Begriff schon als terminus technicus vage gebraucht wird[3], fällt eine Definition des in den allgemeinen Sprachgebrauchs übernommenen internationalen Schlagwortes a fortiori schwer.

> ***Happening*** **bezeichnet eine Kunstform mit Ereignis-Charakter, die sich als Gesamtkunstwerk verstanden wissen will durch die Kombination von Literatur, Malerei, Musik, Theater und 'Geschehnissen'[4].**
> **Happenings sind (oft) provokative (Kunst-)Veranstaltungen, die zum Zwecke der Kritik an erstarrten Verhaltensnormen inszeniert werden. Häufig wird das Publikum dabei in das Kunstereignis einbezogen.**

Sehr schnell verbreitet sich der Begriff *Happening* auch in der BRD und wird zum Schlagwort. Zu beobachten ist dabei, daß der Begriff mit seiner Übernahme in den allgemeinen Sprachgebrauch äußerst vage gebraucht wird. Kaprow selbst stellt 1968 fest:

> Now everything under the sun is called a "Happening". For instance, I saw in The Reporter a big title on the cover, "Bobby Kennedy Is a Happening". I read the whole thing. It was an analysis of his political motives.[5]

Diese inflationäre Verwendung des Begriffes läßt sich auch für die Bundesrepublik konstatieren:

> Im täglichen Sprachgebrauch wird als "Happening" mittlerweile jede Art von Handlung bezeichnet, die mit Attributen wie "Provokation" und "unsinniger Spaß" zu belegen ist.[6]

Die hier zitierte Provokation dürfte es auch sein, die *Happening* zu mehr als einem "Modewort"[7] machte: indem das Happening provozierte, Tabus

---

1 Vgl. Nöth, S. 7, Ohff, S. 90 ff sowie Ausstellungskatalog 'happening & fluxus'.

2 Vgl. Chotjewitz, S. 196 und MEL XI, S. 436.

3 Vgl. Nöth, S. 7.

4 Vgl. Ohff, S. 100 f.

5 A. Kaprow in: R. Kostelanetz: The Theatre of Mixed Means, New York 1968, S. 111, zit. nach: Nöth, S. 7.

6 Stelly, S. 64 a.

7 Nöth, S. 7.

brach und die Zuschauer zu Akteuren machte, forderte es zur Reflexion und Diskussion heraus.

Besonders deutlich wurden die programmatischen Absichten der Künstler: sie verstanden das Happening als "Anti-Kunst-Form"[8], die dazu beitragen sollte, die Trennung von Kunst und Leben zu beseitigen, und als "Kampfmittel, um die Gesellschaft zu ändern, die Menschen zu beeinflussen und sie zu zwingen, alle Routine aufzugeben"[9].

Dementsprechend vertrat Wolf Vostell, einer der exponiertesten Vertreter des Happenings in Deutschland, die These: Kunst ist Leben - Leben ist Kunst[10].

In der öffentlichen Diskussion freilich finden sich derartige kunsttheoretische Überlegungen nicht wieder: nicht die den Happenings zugrundeliegenden Überlegungen werden diskutiert, sondern fast ausschließlich die erfolgten Provokationen und die scheinbare Unsinnigkeit derartiger Kunst-Ereignisse.

Das Schlagwort *Happening* wird schließlich auf alle Veranstaltungen des öffentlichen Lebens angewendet, in denen der Sprecher eine Provokation oder eine unsinnige Handlung zu sehen glaubt.

So erklärt sich die Verwendung des Begriffs in der Mode-Branche und in der Politik (vgl. Belege 2, 7).

Das Schlagwort reduziert also den ursprünglichen Begiffsinhalt von *Happening* auf 'ungewöhnliche, unsinnige Handlung' und führt so zu einem wesentlich vergrößerten Begriffsumfang. Geblieben ist die Konnotation 'Provokation', jedoch ebenfalls in einer abgeschwächten Form: während die ursprünglichen Happenings (vor allem die der Österreicher Hermann Nitsch und Otto Muehl) sexuelle und ästhetische Tabus brachen (z. B. durch das Verschmieren von tierischen Eingeweiden und Blut auf einer nackten Frau[11]) und so provozierten, bedeutet das Schlagwort *Happening* nur noch in dem Sinne Provokation, daß bereits eine unsinnige Handlung, die den Zuschauer vielleicht nicht ernst nimmt, diesen provozieren kann[12].

Recht deutlich wird in den Belegen, daß das Schlagwort *Happening* immer undeutlicher konturiert wird und so auf immer mehr Gebiete angewendet werden kann (vgl. Belege 2, 7). Daß *Happening* sehr vage gebraucht wird, erwähnen die Belege 1 und 4. Beleg 6 als Definitionsbeleg zeichnet sich durch sein hohes Niveau aus: wie Beleg 1 versucht er eine Annäherung an die Kunstgattung Happening. Die Belege 3, 5 und 7 deu-

---

8 Ohff, S. 90.

9 Definition nach Jean-Jacques Lebel, zit. bei Hollstein, S. 49.

10 Vgl. Ohff, S. 96.

11 Vgl. die entsprechenden Abbildungen im Ausstellungskatalog 'happening & fluxus' (ohne Paginierung).

12 Vgl. dazu auch die Beispiele bei Harras, S. 628.

ten den Zusammenhang von -> Außerparlamentarischer Opposition (APO) und anarchistischen Tendenzen des Happenings an[13].

Zeitgleich mit dem Abflauen der Studentenproteste und der Zersplitterung der APO verschwindet auch das Happening von der Bühne:

> Seit der Retrospektivausstellung happening & fluxus 1970/71 in Düsseldorf gilt dieser Zweig der Anti-Kunst für erloschen, vielleicht zu recht.[14]

Ähnliches gilt für das Schlagwort: mit dem Beginn der siebziger Jahre verliert es seinen Schlagwort-Charakter; eine bemerkenswerte Resonanz auf Happenings läßt sich nicht mehr feststellen (vgl. Beleg 8).

13 Näheres hierzu bei Ohff, S. 96 f.

14 Ebd., S. 96.

Literatur

Becker, Jürgen und Vostell, Wolf (Hrsg.): Happenings, Fluxus, Pop Art, Nouveau Réalisme, Reinbek bei Hamburg 1965

Chotjewitz, Peter O.: Kunst wider die Kunst, in: Merkur, Febr. 1966, H. 215, S. 196 - 200

Happening, in: Meyers Enzyklopädisches Lexikon, Bd. XI (1974), S. 436

Harras, Gisela: Happening, in: Strauß, Gerhard, Haß, Ulrike, Harras, Gisela: Brisante Wörter von Agitation bis Zeitgeist. Ein Lexikon zum öffentlichen Sprachgebrauch, Berlin, New York 1989 [Schriften des Instituts für deutsche Sprache, hg. von J. Erben, I. Reiffenstein, G. Stickel, Bd. 2], S. 627 - 630

Hofmann, Werner: Die Pseudo-Wirklichkeit des "Happening", in: Merkur, Febr. 1966, H. 215, S. 193 -196

Hollstein, Walter: Der Untergrund. Zur Soziologie jugendlicher Protestbewegungen, Neuwied und Berlin 1969

Kölnischer Kunstverein (Hrsg.): happening & fluxus, Köln 1970 [Ausstellungskatalog zur Ausstellung 'happening & fluxus' im Kölnischen Kunstverein v. 06.11.70 - 06.01.71]

Nöth, Winfried: Strukturen des Happenings, Hildesheim, New York 1972

Ohff, Heinz: Anti-Kunst, Düsseldorf 1973

Stelly, Gisela: Go-in, Love-in, Sit-in, usw. Verschlungen sind die Wege des Happenings, in: Die Zeit 44/1967 v. 03.11.67, S. 64

Um 1968: konkrete Utopien in Kunst und Gesellschaft [Katalog zur Ausstellung 'um 1968' in der Städtischen Kunsthalle Düsseldof, 27.05. - 08.07.90], hg. v. Marie Luise Syring, Köln 1990

Vostell, Wolf: Happening & Leben, Neuwied und Berlin 1970

Lexikographische Erfassung

DWB (1981), WDS (1977): n.a.SchW
WDG (1969): 00

BHE (1969), (1975), (1989), GBH (1979), MEL (1974), MNL (1979), NBH (1984), NDL (1984): n.a.SchW

AVW, WEI: n.a.SchW
KOP 64: ("politisches H."): n.a.SchW

Belege

(1)

Der Begriff *Happening* teilt, seit er bekannt geworden ist, das Los der Form, die er bezeichnet: er scheint undefinierbar zu sein. Selbst in der fachlichen Diskussion finden sich bisher kaum sachliche Differenzierungen. Tatsächlich ist das *Happening* nur Ausdruck einer von vielen Tendenzen, die in den letzten Jahren immer mehr auf eine Überlagerung der verschiedenen Künste (Malerei, Literatur, Theater, Musik) hintendiert.

Peter O. Chotjewitz: Kunst wider die Kunst,
in: Merkur, Februar 1966, H. 215, S. 196 a, b

(2)

Im täglichen Sprachgebrauch wird als "*Happening*" mittlerweile jede Art von Handlung bezeichnet, die mit Attributen wie "Provokation" und "unsinniger Spaß" zu belegen ist.
Schon bald waren Modeschauen, auf denen Mannequins sich Kohlköpfe zuwarfen, "*Happenings*". Auf der Theaterbühne gab man sich auch manche Mühe, happening-verdächtig zu erscheinen; so wurde Peter Handkes "Publikumsbeschimpfung" unter dieses Vorzeichen eingeordnet. Kurzum: Der Inhalt dieses einst recht streng definierten *Happenings* hatte sich schnell verflüchtigt.
Was aber ist es, oder: welche Elemente sind geblieben, die es zum Schlagwort werden ließen und es für so unterschiedliche Bereiche wie politische Demonstration, Mode und Theater verwendbar gemacht haben? (64 a) [...]
Was heute und immer häufiger als *Happening* bezeichnet wird, mögen es politische Meinungsäußerungen, Hippie-Ereignisse oder Bar-Einweihungen sein - es hat nur noch Spuren einstiger *Happening-Praktiken*. Unorthodoxes Verhalten, ob es an politischen, sexuellen oder sonstigen festgefügten Normen rüttelt, und Spaß als Beigabe - das ist das wenige, was vom *Happening* übriggeblieben und wiederum zum *Happening* geworden ist. (64 e)

Gisela Stelly: Go-in, Love-in, Sit-in, usw. Verschlungen sind die Wege des Happenings,
in: Zeit 44/1967 v. 03.11.67, S. 64 a, e

(3)

Die Formen des "Go-in", "Sit-in", "Teach-in" sind dem konservativen Lager eine schmähliche Methode, wobei der Theologe Thielicke in seiner erwähnten Rede den Vogel abschoß, wenn er von "Importvokabeln" sprach und dabei in schöner Ahnungslosigkeit "Go-in" und "*Happening*" in einem Atemzug und einem Aufwischen nannte.

Karl Heinz Bohrer: Die mißverstandene Rebellion,
in: Merkur, 1,2/1968, H. 238, S. 35

(4)

[...] vor ein paar Jahren noch begnügten sich die Maler mit dem Medium "Tafelbild" - heute machen sie Objekte, "Primär-Strukturen", Maschinen, "Signale", Aktionen. Die Avantgardisten von heute sind Nachfolger Duchamps, nicht mehr originell, in den Grenzen gegebener Medien, sondern ständig neue erfindend: Allan Kaprow gebar das "Environment" und das "*Happening*" [...]
wo hört das *Happening* auf, wo beginnt die Demonstration? wo hört die Demonstration auf, wo beginnt die Politik, die handfeste Veränderung der Realität? Kunst ist Leben, Leben ist Kunst - die Aufhebung dieser letzten Grenze wird angestrebt. In der Kunst ist das Medium längst zur Botschaft geworden.

Simon [= Karl Günter Simon?]: Anstelle eines "Zeitgenossen": Do you know your medium?
in: Der Monat, Juli 1968, H. 238, S. 95 b, 96 a

(5)

"Sie müssen wissen", erklärte mir der Polizeirat, "daß wir aus diesen Begegnungen [mit protestierenden Studenten] mindestens genausoviel lernen. Jeder einzelne meiner Männer kann Ihnen heute haarscharf den Unterschied zwischen einem 'go in', einem 'sit in' und einem '*happening*' erklären.

Melvin J. Lasky: Revolutions-Tagebuch,
in: Der Monat, August 1968, H. 239, S. 27 a

(6)

Happenings sind Akte, deren Sinn darin besteht, durch ihre Sinnlosigkeit diejenige Realität, in die sie hineinplatzen, ebenfalls sinnlos zu machen, oder richtiger: diese als sinnlos oder lächerlich zu demaskieren und anzuprangern.
Die Veranstalter wissen also, was sie tun. [...] *Happenings* sind durchweg Not- und Ersatzveranstaltungen, zuweilen sogar geradezu Verzweiflungsakte, durch die Machtlose ihre Ansprüche anmelden. (396 b) [...]
Zweite Bestimmung des *Happenings*: ein *Happening* ist eine Posse, die nicht nur geschrieben und gelesen wird, nicht nur auf Buchseiten erscheint, deren "Realisierung" auch nicht nur auf der Bühne vor sich geht, sondern in der Realität selbst, in einem öffentlichen Lokal, in einer Universität, in einem Gerichtssaal oder auf der Straße. (397 a) [...]

Günther Anders: Happenings,
in: Merkur, April 1969, H. 252, S. 396 b, 397 a

(7)

Sie haben "Straßen" aus Brotscheiben gebaut, öffentlich Federvieh zerrissen und ahnungslose Theaterbesucher zu Mitwirkenden improvisierter Schock-Spiele gemacht, die sie "*Happenings*" nannten. Sie galten jahrelang als Verrückte. [...] Das *Happening*, mittlerweile ein Alltagsbegriff, der Snackbars als Aushängeschild und Warenhäusern als Reklame nützt ("*Happening* der Mode") hat nicht nur die objektlose "Konzept-Kunst" und die modischen "Mixed-Media" vorbereitet - *Happening-Elemente* haben auch neue Theaterformen (Straßentheater, "Living Theatre") ermöglicht. Selbst der Auftritt des Kommunarden Karl-Heinz Pawla vor einem Moabiter Gericht [Pawla verrichtete im Gerichtssaal seine Notdurft und benutzte anschließend Gerichtsakten als Toilettenpapier] wäre ohne das *Happening-Vorbild* kaum denkbar.

Spiegel 47/1970 v. 16.11.70, S. 252

(8)

Dieses *Happening* ist tot, ein "alter Hut", sagt die Kritik, obgleich *Happening-Spezialisten* weiter produzieren [...] Aber Allan Kaprow selbst hält das *Happening* der 60er Jahre für überholt und glaubt, daß die "Schlüsselszenen" für solche Veranstaltungen heute vom Alltag und sozialen Problemen geliefert werden müssen. Dieser Schritt scheint notwendig nach einem Jahrzehnt des *Happenings*, in dem die Schocks und Verblüffungen als Anfangsreize verbraucht wurden.

Renate Matthaei: Kunst im Zeitalter der Multiplizierbarkeit. Situation und Theorie der Intermedia,
in: Merkur, September 1972, H. 293, S. 885

Innere Reformen

Syn./Var.: Kanzler der inneren Reformen, Regierung der inneren Reformen, Reform(en), systemüberwindende Reformen

Mit der Regierungsübernahme durch die sozialliberale Koalition im Jahre 1969 wurde *innere Reformen* zum vieldiskutierten politischen Schlagwort.

Bereits in der Regierungserklärung Willy Brandts vom 28.10.69 kommt dem Begriff *Reform* zentrale Bedeutung zu[1]. Die Medien griffen dieses Schlagwort auf und brachten es in die öffentliche Diskussion. Besonders Brandts Ankündigung vor der SPD-Fraktion am 03.10.69, er wolle "ein Bundeskanzler der inneren Reformen" sein[2], wurde in den Medien häufig zitiert.

Eine authentische Definition des Schlagwortes liefert Willy Brandt in einer Rede am 21.03.71:

> **Unter inneren Reformen versteht die Bundesregierung schrittweise Veränderungen unserer staatlichen und gesellschaftlichen Wirklichkeit, die sich an den für eine freie und fortschrittliche Gesellschaft im sozialen und demokratischen Rechtsstaat bestimmenden Grundwerten orientieren. Wir wollen**
> **- mehr Humanität in unserer Gesellschaft**
> **- gleiche Lebenschancen**
> **- mehr soziale Gerechtigkeit**
> **- mehr Freiheit für den Einzelnen**
> **- mehr Sicherheit im Innern und nach außen**
> **- mehr Mitwirkung der Bürger in unserem Gemeinwesen.**[3]

Die Diskussion des Schlagwortes jedoch drehte sich kaum um die einzelnen Aspekte der angekündigten Reformpolitik wie Steuerreform, Bildungspolitik, Umweltpolitik etc[4]. Das Schlagwort wurde in der öffentlichen Diskussion vage verwendet und stand in engem Zusammenhang mit Willy Brandts Formel: "Wir wollen mehr Demokratie wagen."[5] *Innere Reformen* stand dementsprechend allgemein für die Ziele der sozialliberalen Koalition, insbesondere für die Ausweitung der Partizipation des Bürgers (-> Demokratisierung, Mitbestimmung):

---

1 Vgl. Regierungserklärung, in: Pulte, S. 227 - 259, bes. S. 237 ff.

2 Zit. nach Bracher, Jäger, Link, S. 19.

3 Willy Brandt: Rede anläßlich der Eröffnungsveranstaltung der "Woche der Brüderlichkeit 1971" im großen Sendesaal des WDR in Köln am 21. März 1971, in: Brandt (I), S. 446 - 455, Zitat: S. 447. Brandt zitiert hier eine Antwort der Bundesregierung auf eine Große Anfrage der Opposition.

4 Vgl. dazu Bracher, Jäger, Link, S. 127 ff, Brandt (I), S. 361 f, Schmidt, S. 52 ff.

5 Regierungserklärung, in: Pulte, S. 228.

> Der Begriff Reformpolitik wurde bald zum Allerweltswort und umfaßte bald die gesamte Tätigkeit der sozial-liberalen Regierung.[6]

Selbst Brandt konnte in seiner Rede auf dem Außerordentlichen Parteitag der SPD am 12.10.72 in Dortmund nicht umhin zu konstatieren: "Der Begriff Reformen selbst wurde zuweilen überstrapaziert."[7] In der Tat beriefen sich rechte Sozialdemokraten wie linke Jusos auf dieses Schlagwort:

> Alle Sozialdemokraten betonten damals gemeinsam die Notwendigkeit einer umfassenden Reformpolitik. Alle führten dauernd diesen zeitweise sehr populären Schlüsselbegriff im Munde, der eine glänzende Zukunft zu eröffnen versprach. Aber in den beiden Lagern der SPD verstand man etwas völlig Verschiedenes unter inneren Reformen.[8]

Während die gemäßigteren Vertreter der SPD eine behutsame, systemkonforme Reformierung der Bundesrepublik anstrebten[9], sprachen die Jungsozialisten von *systemüberwindenden Reformen*. Die überwiegende und auch handlungsbestimmende Mehrheit der SPD allerdings bestand sehr wohl auf dem Unterschied von Reform und Revolution[10]: sie wollte die Ziele der inneren Reformen durch Kurskorrekturen und Umverteilungen bewerkstelligen, nicht aber durch eine grundsätzliche Systemveränderung. Nur so war es gewährleistet, im Rahmen des Grundgesetzes

> den Liberalen, den Linksliberalen, den linken Flügeln der Sozialdemokratie und der Gewerkschaften und Teilen der außerparlamentarischen Opposition Problembewußtsein und Veränderungswilligkeit [zu signalisieren][11].

Da das Programm der inneren Reformen vage blieb oder aber ausschließlich mit positiv besetzten Begriffen formuliert wurde, war es inhaltlich kaum angreifbar. So wird es verständlich, daß Anhänger der CDU und CSU sich schwertaten, eine Kritik zu äußern, die sie nicht in den Ruf brachte, reformfeindlich zu sein, zumal eine groß angelegte repräsentative Spiegel-Umfrage aus dem Jahre 1970 ergab, daß der überwiegende Teil der Bevölkerung inneren Reformen wohlwollend gegenüberstand:

---

6 Bracher, Jäger, Link, S. 28.

7 Brandt (II), S. 441.

8 Baring, S. 93.

9 Vgl. ebd.

10 Vgl. zu diesem Unterschied: Christian Graf von Krockow: Reform, in: Greiffenhagen, S. 391 - 398, bes. S. 393 f sowie Martin Greiffenhagen: Reform, ebd., S. 399 - 406.

11 Schmidt, S. 40.

> Der Weg in die Höhen des Konsums hat die Reformbereitschaft der westdeutschen Bevölkerung nicht erschöpft, sondern belebt.
> Die Konservativen in diesem Land [...] werden in Zukunft ihr Lob für das Erreichte ebenso vorsichtig dosieren müssen wie ihre Mißfallensäußerungen gegenüber Reformplänen [...] Denn die Bevölkerung erwartet Reformen, von jedem, den sie wählt.[12]

So wurden von konservativer Seite denn auch fast ausschließlich die Vorstellungen der Jusos kritisiert und die angestrebten systemüberwindenden Reformen als geplante Revolution kritisiert. Diese Kritik wie auch die Vorstellungen der Jusos blieben eher marginal.

Von größerer Bedeutung war demgegenüber eine Kritik (auch aus den Reihen der SPD), die darauf hinwies, daß die Finanzierung von Reformen und wirtschaftliche Stabilität immer weniger in Einklang zu bringen seien.

Das Schlagwort verlor zum Ende der Regierungszeit Willy Brandts an Bedeutung, weil immer deutlicher wurde, daß die hochgesteckten Reformpläne in der Tat kaum finanzierbar waren[13]. Mit der Ölkrise im Jahre 1973 schließlich ist die Zeit der Reformen endgültig vorbei. *Reform* ist jetzt keineswegs mehr positiv besetzt, sondern wird mit Inflation und wirtschaftlicher Unsicherheit assoziiert[14]. So wurden noch zur Amtszeit Brandts "alle diese Reformgedanken stillschweigend aufgegeben, zu den Akten gelegt [...]"[15]

Die Belege 1 - 4 signalisieren durch Anführungszeichen die Zitierung eines Schlagwortes. Der Erwartungshorizont, für den das Schlagwort steht, wird in den Belegen 1 und 3 angesprochen. Beleg 4 verzeichnet die Variante *systemüberwindende Reformen*, während die Belege 6 - 8 das Schlagwort *Reform* näher beleuchten: die Belege 6 und 7 sprechen die positive Besetztheit des Schlagwortes an und verdeutlichen, daß es der SPD gelungen war, diesen Begriff zu okkupieren. Beleg 8 deutet auf die Diskrepanz zwischen hohen Programmansprüchen, die in Schlagwörtern transportiert werden, und tatsächlich erreichten Zielen hin, während Beleg 8 a sehr deutlich die Verbreitung und Bedeutung des Schlagwortes wie seine Umstrittenheit in politisch konservativen Kreisen nachweist. Die harsche Kritik ("Reformwahn") hätte allerdings zu Anfang der siebziger Jahre noch die Gefahr einer weitgehenden politischen Isolierung bedeutet und wäre höchstwahrscheinlich nur innerhalb politisch konservativer Kreise geäußert worden.

---

12 Spiegel 46/1970 v. 09.11.70, S. 74 a, b.

13 Vgl. Baring, S. 644 ff.

14 Vgl. Bracher, Jäger, Link, S. 126.

15 Baring, S. 689.

Literatur

Baring, Arnulf: Machtwechsel. Die Ära Brandt-Scheel, Stuttgart [4]1983

Bracher, Karl Dietrich, Jäger, Wolfgang, Link, Werner: Republik im Wandel. 1969 - 1974. Die Ära Brandt, Stuttgart, Mannheim 1986 (Geschichte der Bundesrepublik Deutschland, hg. von K. D. Bracher [u. a.] Bd. 5/I)

Bundeskanzler Brandt: Reden und Interviews (2 Bde), (o. O., o. J.)

Greiffenhagen, Martin (Hrsg.): Kampf um Wörter? Politische Begriffe im Meinungsstreit, Bonn 1980 [Schriftenreihe der Bundeszentrale für politische Bildung Bonn, Band 163]

Regierungserklärungen 1949 - 1973. Zusammengestellt von Peter Pulte, Berlin, New York 1973

Schmidt, Manfred G.: Die "Politik der inneren Reformen" in der Bundesrepublik Deutschland seit 1969, in: Fenner, Christian, Heyder, Ulrich, Strasser, Johano (Hrsg.): Unfähig zur Reform? Eine Bilanz der inneren Reformen seit 1969, Köln, Frankfurt/M. 1978, S. 30 - 81

Spiegel 46/1970 v. 09.11.70

Franz Josef Strauß: Die Erinnerungen, Berlin [2]1989

Lexikographische Erfassung

DWB (1981): n.a.SchW
WDG (1969), WDS (1977): 00

BHE (1970), (1989), GBH (1979), MEL (1974), MNL (1979), NBH (1984), NDL (1984): 00

AVW 175 f: "Reformen": SchW
BEC, NUN: 00

Belege

(1)

Einerseits müssen die Sozialdemokraten ihr Wahlkampfversprechen einlösen, die vom Kabinett Kiesinger verschuldete Preiswelle zu stoppen und den Deutschen die Inflationsfurcht zu nehmen; andererseits müssen sie Willy Brandts Regierungsversprechen, ein "*Kanzler der inneren Reformen*" zu sein, verwirklichen und sichbare Zeichen einer progressiven Gesellschaftspolitik setzen.
Das eine Ziel verpflichtet die Regierung zu einer Haushaltsführung der "Solidität und Stabilität" (Möller), das heißt zu einem Sparbudget. Das andere aber zwingt sie, erheblich mehr Geld als bisher auszugeben.

Spiegel 4/1970 v. 19.01.70, S. 30 a, b

(2)

Die von den Sozialdemokraten [...] geführte *Regierung der "inneren Reformen*" (Willy Brandt) scheint sowenig wie die früheren von der CDU geführten Regierungen in der Lage, die nötigen Mittel zur Behebung der Notstände herbeizuschaffen.

Spiegel 20/1970 v. 11.05.70, S. 46 a, b

(3)

Denn die Bevölkerung erwartet Reformen, von jedem, den sie wählt. Besonders gilt dies für die Bonner "*Regierung der inneren Reformen*" (Willy Brandt), die zur Wahl im Herbst versprochen hatte: "Wir schaffen das moderne Deutschland" (SPD), und "Sie können Deutschland verändern" (FDP).

Spiegel 46/1970 v. 09.11.70, S. 74 b

(4)

Sp.: Der zentrale Slogan Ihrer Arbeit, die "*systemüberwindenden Reformen*", wurde von manchen Ihrer Genossen in Bremen als Leerformel und "Blabla" bezeichnet.
V.: Die politische Arbeit der Jungsozialisten in der SPD und in Betrieben und Wohnvierteln setzt im Rahmen einer gesamtgesellschaftlichen Strate-

gie "*systemüberwindender Reformen*" voraus, daß man eine gut überlegte theoretische Grundlage hat und gleichzeitig eine Praxis, die im Wechselspiel mit der Theorie zu der Fortentwicklung der Strategie führt. [...]
Sp.: Woran messen Sie, ob diese oder jene Aktion, diese oder jene Reform systemüberwindenen Charakter hat?
V.: Erstens geht es darum: Hat die Aktion oder Reform zur Demokratisierung einer bisher undemokratischen Machtposition beigetragen? Zweitens: Kann sie Ausgangspunkt für weitere Schritte sein, und hat sie breitere Kreise solidarisiert oder in die Apathie zurückgeführt? Deshalb müssen solche *systemüberwindenden Reformen* mit realistischen Teilforderungen verbunden werden, die selber auch Erfolgserlebnisse vermitteln.

"Wir wollen nicht wild herumfuchteln"
Spiegel-Gespräch mit dem Vorsitzenden der Jungsozialisten, Karsten Voigt,
in: Spiegel 52/1970 v. 21.12.70, S. 33 a

(5)

Die Regierung stürzte in der vergangenen Woche in ihre bisher schwerste Krise. Das *Kabinett der inneren Reformen* mußte ein Glanzstück aus der Regierungserklärung, die Steuerreform abschreiben.

Spiegel 11/1972 v. 06.03.72, S. 19

(6)

Die Wahlkongresse der beiden großen Parteien [...] haben trotz den polemischen Exerzitien manchmal den Eindruck erwecken können, als hätten sich die zwei Volksparteien einander angenähert: Zum Beispiel haben beide nun gesellschaftliche *Reformen*, soziale Korrekturen des wettbewerbs- und marktwirtschaftlichen Reglements [...] auf ihr Programm gesetzt, obwohl einflußreiche Führer der Union des Wort "*Reform*" vor kurzem noch zu perhorreszieren wünschten. Die CDU [...] hat die Erfahrung machen müssen, daß ihr ohne ein Mindestmaß an Verständnis für die politischen und sozialen Reformnotwendigkeiten und ohne die Bereitschaft, einige dieser *Reformen* wenigstens zu versprechen, jede Chance auf die Wiedergewinnung der Macht verlorengeht.

Jürgen Tern: Willy Brandt nur ein Zwischenspiel?
in: FH 11/1972, S. 777 b, 778 a

(7)

Doch nicht nur von den Amerikanern war der christdemokratische Wortforscher [Gerhard Mahler, Staatssekretär beim Ministerpäsidenten von Baden-Württemberg] beeindruckt. Auch die SPD, so fand Mahler, "ist uns da voraus". Denn die seit 1969 auf das Schlüsselwort "*Reform*" gestimmte SPD hätte es verstanden, ehemals parteipolitisch neutrale Wertbegriffe wie Demokratisierung, Mitbestimmung, Lebensqualität und Humanisierung der Arbeitswelt so sehr mit ihrer eigenen Politik zu identifizieren, daß die meisten Wähler heute diese Formeln kaum noch mit der CDU in Verbindung brächten.

Spiegel 32/1974 v. 05.08.74, S. 48 a

(8)

Der Kanzler stürzte nicht nur über den Spion. Willy Brandts Fall markiert, daß eine Politik aufgelaufen ist, die in der Tat Wort-Wimpel wie "emanzipatorisch", "progressiv", "Demokratisierung" und "*Reform*" - zu hoch? - gehißt hatte.

Spiegel 53/1974 v. 30.12.74, S. 40 f

(8 a)

Willy Brandt, der mit der Ankündigung angetreten war, jetzt fange die Demokratie erst wirklich an, löste mit seinem *Reformgerede*, das von einer hochschäumenden publizistischen Woge bis in die letzten Winkel unseres Landes getragen wurde, einen besessenen Eifer aus, Altes abzuschaffen und Neues an seine Stelle zu setzen, ohne daß gefragt und gründlich geprüft wurde, ob das Neue denn auch das Bessere sei. [...] Der damals ausbrechende *Reformwahn* ging, wie gesagt, auch an Bayern nicht spurlos vorbei. Das Wort *Reform* war zu einer Art pseudotheologischer Beschwörungsformel geworden, zu einem rituellen Symbol, ganz im Sinne der neuen Vorstellungen von Emanzipation und Selbstverwirklichung.

Franz Josef Strauß: Die Erinnerungen,
Berlin [2]1989, S. 538

Isolationsfolter

<u>Syn./Var.:</u> Isolationshaft, Isolierfolter, Isolierungshaft

Ab 1974 dringt das Schlagwort *Isolationsfolter* in die Öffentlichkeit, das in engem Zusammenhang mit der Diskussion um die inzwischen inhaftierten Mitglieder der -> Baader-Meinhof-Gruppe steht[1].

***Isolationsfolter* steht für eine Reihe von Maßnahmen, die von den Justizbehörden ergriffen wurden, um den Kontakt der Baader-Meinhof-Häftlinge untereinander wie auch zur Öffentlichkeit zu unterbinden und um jede Konspiration zum Zwecke der Fluchtvorbereitung und der Planung neuer Anschläge zu verhindern. Im einzelnen wurden dazu folgende Maßnahmen ergriffen: Einzelhaft (z. T. mit akustischer Isolierung durch Unterbringung in abgelegenen Trakten), Ausschluß von gemeinsamen Veranstaltungen wie Kirchgang, Freistunde, Beschränkung des Post- und Besucherverkehrs[2].**

Benutzer des Schlagwortes wollten darauf hinweisen, daß derartige Maßnahmen, die bei den Baader-Meinhof-Leuten bereits über mehrere Jahre angewendet würden[3], durchaus den Begriff *Folter* rechtfertigten.

Zunächst sei zu beachten, daß die inhaftierten Mitglieder der Baader-Meinhof-Gruppe in Untersuchungshaft seien, deren alleiniger Zweck (gemäß § 119, Abs. 3 StPO) es sei, die Flucht des Verhafteten und die Beseitigung von Beweismitteln zu verhindern[4]. Für die Baader-Meinhof-Leute habe wie für jeden anderen Untersuchungshäftling die Unschuldsvermutung bis zu seiner rechtskräftigen Verurteilung zu gelten. Allein darum sei diese "Sonderbehandlung"[5] der Häftlinge fragwürdig.

Gravierender aber noch als dieses Argument sei die Tatsache, daß die Haftbedingungen der Baader-Meinhof-Leute nicht mit der gesetzlich garantierten Unantastbarkeit der menschlichen Würde in Einklang zu bringen

---

1 Schily, S. 41 a, weist darauf hin, daß bei Gradnauer bereits im Jahre 1905 das Wort *Isolierhaft* vorkommt. In der Tat finden sich bei Gradnauer die Varianten *Isolierfanatismus* (S. 13), *Isolierung* (S. 21) und *Isolierhaft* (S. 24). Die Begriffe *Isolations-* bzw. *Isolierfolter* indes finden sich bei Gradnauer nicht, wiewohl der Tenor seiner Schrift keinen Zweifel daran läßt, daß auch er die andauernde Isolierung von Gefangenen für eine Art der Folter hält.

2 Vgl. Schily, S. 41 b und vgl. Klaus Eschen [u. a.]: Dokumentation zur Lage der politischen Gefangenen, zusammengestellt von Verteidigern in politischen Strafsachen, in: Kursbuch 32/1973, S. 11 - 117, bes. S. 12.

3 Vgl. Schily, S. 44 a.

4 Vgl. Eschen [u. a.], a.a.O., S. 13 und Schily, S. 44 a.

5 Jürgen Seifert: Plädoyer gegen die Ächtung des politischen Gegners, in: Kursbuch 32/1973, S. 129 - 135; Zitat: S. 133.

sei, da die Isolation der Gefangenen (besonders in sog. "toten Trakten", die sie auch noch von den Geräuschen der Außenwelt abschnitten) eine unvorstellbare Grausamkeit sei[6], die zu ernsten psychischen wie physischen Störungen führe[7]. Schlimmstenfalls führe die Isolationsfolter dazu, die Persönlichkeit der Häftlinge zu vernichten und ihre Körper vollständig zu zerstören[8].

In einem Rechtsstaat aber müsse gewährleistet sein, daß auch für die Gegner dieses Staates rechtsstaatliche Prinzipien Geltung hätten, also auch für Gefangene,

> von denen nicht zu erwarten ist, daß sie abschwören, daß sie ihre absolute Gegnerschaft gegenüber dem politisch-gesellschaftlichen System der Bundesrepublik aufgeben oder daß sie durch einen Strafvollzug "gebessert" oder "resozialisiert" werden[9].
> Das heißt mit anderen Worten: das GG [Grundgesetz] soll auch demjenigen Schutz bieten, der seine Regeln nicht anerkennt.[10]

Auch Sicherheitsinteressen könnten nicht für die Isolationsfolter an den Baader-Meinhof-Leuten geltend gemacht werden:

> Die Wirkung der Behandlung ist entscheidend, ihre Gründe sind bedeutungslos. Für unmenschliche Behandlung kann es in einem Rechtsstaat nie einen zwingenden Grund geben. [...]
> Sicherheit darf nie durch unmenschliche Behandlung erkauft werden.
> Langzeitisolation ist unmenschliche Behandlung.
> Der Widerspruch zwischen staatlichem Strafverfolgungs-(Sicherungs)-interesse und körperlicher sowie seelischer Unversehrtheit des einzelnen Gefangenen muß im Rechtsstaat zugunsten des Gefangenen gelöst werden.[11]

Das Schlagwort *Isolationsfolter* sollte also darauf hinweisen, daß auch in der BRD, die nach außen als Rechtsstaat gelten wolle, Foltermaßnahmen gegen Gegner des Systems ergriffen würden. Auch die Legalisierung derartiger Maßnahmen ändere nichts an deren Unmenschlichkeit. Gleichzeitig rief es natürlich zum Protest gegen diese Folter auf. Seine Wirksamkeit zeigt sich auch an der Bildung zahlreicher "Folterkomitees" außerhalb der Haftanstalten. Es handelte sich dabei um

---

6 Vgl. Eschen [u. a.], a.a.O., S. 15.

7 Zu den medizinischen Einzelheiten vgl. Sjef Teuns: Isolation/Sensorische Deprivation: die programmierte Folter, in: Kursbuch 32/1973, S. 118 - 126.

8 Vgl. Schily, S. 41 b.

9 Seifert, a.a.O., S. 133.

10 Ebd., S. 130.

11 Schily, S. 44 b.

> Initiativen oft ganz junger Leute, die Baader und Ensslin nie in ihrem Leben kennengelernt hatten, aber empört über die tatsächliche oder vermeintliche Unmenschlichkeit der Haftbedingungen den Weg in die Illegalität antraten. Zu keiner Zeit des "Untergrundkampfes" besaß die RAF eine so magnetische Anziehungskraft wie aus der Haft heraus.[12]

Die Gegner dieser Position hielten dagegen, daß es eine Isolationsfolter in der BRD überhaupt nicht gebe. Dieses Schlagwort sei ein "politischer Kampfbegriff ohne realen Hintergrund"[13], da die Baader-Meinhof-Leute die Möglichkeit hätten, Radio zu hören, Bücher und Zeitschriften zu lesen und Anwaltsbesuche zu empfangen. Von Isolation, geschweige denn von Folter könne also keine Rede sein[14]. Darüber hinaus habe der Staat ein legitimes Sicherheitsbedürfnis, insbesondere den Leuten gegenüber, die sich nach wie vor die Abschaffung der in der BRD herrschenden "freiheitlichen Ordnung" zum Ziel gesetzt hätten[15]. In diesem Sinne werde die Isolierung der Baader-Meinhof-Mitglieder aus sicherheitstechnischen Gründen vorgenommen. Alle Maßnahmen jedoch seien gesetzlich geregelt und nicht etwa durch Willkür bestimmt. Sie dienten dazu, einen Ausbruch der Untersuchungshäftlinge zu verhindern und eine weitere Konspiration zur Planung von Gewalttaten zu unterbinden.

Es finde also keineswegs eine Folter statt, selbst eine strikte Isolation sei nicht gegeben. Das Schlagwort *Isolationsfolter* sei rein polemisch und entspreche nicht der Realität in der BRD.

Die geringe Zahl der Belege dürfte aus der Tatsache zu erklären sein, daß das Schlagwort erst am Ende des Bearbeitungszeitraumes in die Schlagzeilen gerät. Alle Belege jedoch weisen auf ein Schlagwort hin: Beleg 1 deutet eine beginnende kontroverse Auseinandersetzung mit dem Schlagwort an, das in Beleg 3 bereits als "Reizwort" charakterisiert wird. Beleg 2 geht auf den ideologischen Hintergrund und die "Sprachverwirrung" der Terroristen und ihrer "Nachahmer" ein.

Über den Bearbeitungszeitraum hinaus bleibt *Isolationsfolter* aktuell und wird nach dem Tod der Häftlinge in Stammheim im Jahre 1977 wieder verstärkt diskutiert. Besonders von konservativer Seite wird jetzt darauf hingewiesen, daß angesichts der in den Zellen gefundenen Waffen und angesichts der Tatsache, daß die Häftlinge offensichtlich über den Verlauf der Flugzeugentführung in Mogadischu informiert gewesen seien, von Isolation keine Rede sein könne[16].

---

12 Aust, S. 301.

13 Ebd., S. 290.

14 Vgl. ebd. und vgl. Beschluß des Bundesgerichtshofs vom 05.03.73, abgedruckt in: Kursbuch 32/1973, S. 111 - 114, bes. S. 113 f.

15 Vgl. Beschluß des Bundesgerichtshofs vom 07.05.73, abgedruckt in: Kursbuch 32/1973, S. 117.

16 Eine ähnliche Argumentation findet sich bei Traugott, S. 63, Art. 'Isolationsfolter'.

Literatur

Aust, Stefan: Der Baader-Meinhof-Komplex, München 1989

Gradnauer, Georg: Das Elend des Strafvollzugs, Berlin 1905

Kursbuch 32/1973, hg. von Hans Magnus Enzensberger und Karl Markus Michel

Schily, Otto: "Verwesung bei lebendigem Leibe", in: Spiegel 47/1974 v. 18.11.74, S. 41 - 47

Traugott, Edgar: Schlagwörterbuch für Bürger und Zeitungsleser. Entzauberte Parolen von A (Aggression) bis Z (zeitgemäß), Freiburg i.Br. 1980

Lexikographische Erfassung

DWB (1981): n.a.SchW
WDG (1969): 00
WDS III (1977) 1369: "emotional übertreibend"

BHE (1970): 00
X (1989) 680: -haft: "die den einzelnen subjektiv belastenden Momente dieser Haft werden im polit. Raum z. T. mit polemischer Schärfe diskutiert"
GBH V (1979) 622: -folter: "schlagwortartige Bez."
MEL (1974): 00
MNL IV (1979) 197: -haft: "von polit. Freunden oder Sympathisanten eines durch die I. betroffenen Häftlings auch als Isolationsfolter bezeichnet"
NBH (1984): 00
NDL (1984): -haft: n.a. SchW

AVW, BEC, NUN: 00

Belege

(1)

Denn gegen das, was Häftlinge wie Anwälte gelegentlich als "*Isolierfolter*" umschreiben - abgeschirmte Haft und auch Zwangsernährung -, formiert sich in der Öffentlichkeit zunehmend Mißtrauen.

Spiegel 45/1974 v. 04.11.74, S. 76 b

(2)

Die Justiz muß sich gegen den Vorwurf der "*Isolationsfolter*" verteidigen. (28) [...]
Und ebenso unvermittelt zeigte sich, daß es Nachahmer auf die mörderische, selbstmörderische Bahn der Baader und Meinhofs zieht - in einer ideologischen Verblendung, deren Sprachverwirrung noch am ehesten analysierbar erscheint.
Denn es war doch klar, daß das Gerede von amtlich bezweckter "Vernichtungshaft" und "*Folter*" mitten im Rechtsstaat nur desolaten Hirnen entspringen konnte, jedenfalls nicht zu halten war im Lichte der Haft-Wirklichkeit - oder? (28 b, 29 a) [...]
Die Justizminister der Länder wie des Bundes suchten klarzumachen, was es mit der "Vernichtungshaft" und mit dem Hungerstreik auf sich habe. Den von BM-Anwälten wie Linksradikalen erhobenen Vorwurf, die BM-Häftlinge würden besonders belastenden Vollzugsbedingungen, insbesondere einer "*Isolationsfolter*" unterworfen, nannten sie schlicht "unwahr". (29 b)

Spiegel 47/1974 v. 18.11.74, S. 28, 29 a, b

(3)

Die Ängste der sich gefährdet Fühlenden geben den Auseinandersetzungen den emotionellen Drall und den galle-bitteren Beigeschmack. [...] Das gilt selbst für das Reizwort "*Isolierungshaft*" und die ihm zugrunde liegenden Tatbestände rigoroser Haftbedingungen, - weswegen die Parteien darüber in ganz verschiedenen Sprachen und mit verstopften Ohren heftig aneinander vorbeireden.

Jürgen Tern: Der Tod eines politischen Überzeugungstäters,
in: FH 12/1974, S. 855 a

Konzertierte Aktion / Soziale Symmetrie

Syn./Var.: Stabilität

Konzertierte Aktion und *Soziale Symmetrie* sind Schlagwörter, die mit dem Bundeswirtschaftsminister der -> Großen Koalition, Karl Schiller, in Verbindung gebracht werden, da er beiden Begriffen zu großer Popularität verhalf.

Konzertierte Aktion allerdings stammt nicht von Schiller[1], sondern taucht erstmalig im Zweiten Jahresgutachten des Sachverständigenrates zur Begutachtung der gesamtwirtschaftlichen Entwicklung 1965/66 auf[2]. Die Konzertierte Aktion sollte nach dem Willen der Sachverständigen dazu beitragen, die anhaltende Wirtschaftskrise[3] dadurch zu überwinden, daß Bund, Länder und Gemeinden, Bundesbank und Tariforganisationen ihre Ansprüche an das Sozialprodukt reduzierten und diese am realen Wirtschaftswachstum orientierten[4].

Dieser Vorschlag wurde von der bis zum November 1966 amtierenden Regierung unter Ludwig Erhard abgelehnt. Die darauf folgende Große Koalition mit dem Wirtschaftsminister Karl Schiller bekannte sich bereits in ihrer Regierungserklärung vom 13.12.66 ausdrücklich zu einer Konzertierten Aktion[5], deren erste Sitzung am 14.02.67 unter dem Vorsitz des Bundeswirtschaftsministers stattfand[6]. Am 08.06.67 wurde die Konzertierte Aktion im 'Gesetz zur Förderung der Stabilität und des Wachstums der Wirtschaft' verankert. Seitdem steht *Konzertierte Aktion* für

> **aufeinander abgestimmtes Verhalten der Gebietskörperschaften, Gewerkschaften, Unternehmensverbände und der Landwirtschaft nach § 3 Stabilitätsgesetz zur Erreichung von Preisstabilität, hoher Beschäftigung, außenwirtschaftl. Gleichgewicht und angemessenem Wirtschaftswachstum[7].**

---

1 Im WDS I, S. 97 wird der Begriff fälschlich als Prägung Schillers bezeichnet.

2 Mehrfach ist im Gutachten von einer "konzertierten Stabilisierungsaktion" (Sachverständigenrat, S. 113, Ziffer 192, S. 119, Ziffer 202 e, S.123, Ziffer 210 u. ö.) und von einer "konzertierten Verhaltensänderung" (ebd., S. 110, Ziffer 188) die Rede. Vgl. auch Beleg 7. Es handelt sich offensichtlich um eine Analogiebildung zur französischen *action concertée* und zur englischen *concerted action*. Zum Unterschied von *action concertée* und *konzertierter Aktion* vgl. BHE X, S. 473.

3 Vgl. Adam (1972), S. 7, Hildebrand, S. 203 ff.

4 Vgl. Hardes, S. 11.

5 Vgl. Pulte, S. 215.

6 Zu Inhalt und Ergebnissen der 25 Sitzungen der Konzertierten Aktion unter Schiller vgl. Hardes, S. 15 ff.

7 NDL V, S. 2119.

Die Massenmedien griffen den Begriff *Konzertierte Aktion* auf und verbreiteten ihn, so daß er in der Öffentlichkeit bald mit Schillers Wirtschaftspolitik in Verbindung gebracht wurde[8].

Besonders die Wortprägung wurde in der Öffentlichkeit hervorgehoben (vgl. Belege 4, 6, 8). Daß *Konzertierte Aktion* zum Schlagwort wurde, dürfte in der Tat mehr an seiner ästhetischen Qualität[9] liegen als am wirtschaftlichen Programm, das die Konzertierte Aktion verkörperte.

So dürfte der inhaltliche Streit um die Konzertierte Aktion in begrenztem - wirtschaftspolitisch informiertem und interessiertem - Kreis geführt worden sein. Unterschiedliche Bewertungen des Zweckes der Konzertierten Aktion traten besonders deutlich bei den Teilnehmern der Konzertierten Aktion (Repräsentanten der Unternehmerverbände und der Gewerkschaften, Mitglieder des Sachverständigenrates, Finanz- und Arbeitsminister, Vertreter der Bundesbank und des Bundeskartellamtes, des Bauernverbandes und des Beamtenbundes[10]) zutage. Schiller selbst hielt die Konzertierte Aktion für ein Instrument der gegenseitigen Informierung. So sollte Verständnis der Tarifpartner füreinander geweckt werden, um Konflikte nicht zu beseitigen, aber doch einzugrenzen und transparenter zu machen[11]. Die Tarifpartner sollten also durch Gespräche und Informationsaustausch von Verhaltensweisen abgehalten werden, die zu einer Störung des wirtschaftlichen Gleichgewichts hätten führen können[12].

Die Schwerpunkte innerhalb dieser Konzeption wurden von den Tarifparteien jedoch durchaus unterschiedlich gesetzt: die Unternehmerseite betonte zum einen besonders den Aspket der Lohnkosten. So müßten auch die Entwicklung der Einkommen und Löhne Thema der Konzertierten Aktion sein. Wäre dieser Kostenfaktor besser kalkulierbar, so würde die Planung betrieblicher Investitions- und Entwicklungskosten erheblich erleichtert[13]. Gewerkschaftliche Lohnforderungen also sollten bereits in der Konzertierten Aktion von vornherein auf ein Mindestmaß beschränkt werden[14]. Zum anderen sollte die Konzertierte Aktion nach Ansicht der Unternehmerseite einen Konsens zwischen den Tarifparteien herstellen, der ein "Abgleiten der Wirtschaftspolitik in den staatlichen Einzeldirigismus" verhindere[15] und so die unternehmerische "Dispositionsfreiheit, die

8 Vgl. Nunn, S. 128.

9 Vgl. dazu auch Baring, S. 146 sowie Schau, S. 119 ff.

10 Vgl. Schlecht, S. 15, Hardes, S. 15.

11 Vgl. Adam (1972), S. 18 ff, Schlecht, S. 17 f.

12 Vgl. Adam (1972), S. 21.

13 Vgl. ebd., S. 26, Schlecht, S. 19.

14 Vgl. Adam (1972), S. 28.

15 Ebd., S. 27.

sehr eng mit der innerbetrieblichen und gesellschaftlichen Macht der Unternehmer verknüpft ist", gewährleistet[16].

Zusammenfassend charakterisiert Adam die Auffassung der Unternehmer zur Konzertierten Aktion wie folgt:

> Für die Unternehmer ist also die Konzertierte Aktion nicht nur ein Instrument zur Abwehr gewerkschaftlicher Lohnforderungen; sie soll gleichzeitig der Eindämmung von Bestrebungen dienen, die auf eine für die gesellschaftliche Stellung der Unternehmer ungünstige Weiterentwicklung der gegenwärtigen Wirtschafts- und Gesellschaftsordnung hinauslaufen könnten.[17]

Demgegenüber betonten die Gewerkschaften übereinstimmend drei Punkte, die die Konzertierte Aktion zu ihrem Thema zu machen habe[18]: zunächst sei die ungerechte Verteilung der Einkommen zu korrigieren. Weiterhin sei die undemokratische Machtkonzentration in Wirtschaft und Gesellschaft wie die einseitig kapitalorientierte Betriebs- und Unternehmensverfassung zu überwinden[19]. Schließlich sei auch noch das Bildungssystem der Bundesrepublik, das Arbeiter und die Landbevölkerung noch immer benachteilige, den Anforderungen einer hochindustrialisierten Gesellschaft anzupassen.

> Die Konzertierte Aktion sollte deshalb nach gewerkschaftlichen Vorstellungen nicht nur kurzfristige, konjunkturelle Probleme, sondern auch langfristige, gesellschaftliche Reformvorhaben und Planungen behandeln, die die künftigen Lebensbedingungen der Arbeitnehmer determinieren und durch gewerkschaftliche Tarifpolitik nicht zu beeinflussen sind.[20]

Daß diese komplizierte Programmatik nicht in der öffentlichen Diskussion wiederzufinden ist, erstaunt kaum. Vielmehr wird höchstens die allgemeine Formel vom gleichmäßigen Verzicht aller zur Belebung der Wirtschaft als Inhalt der Konzertierten Aktion angesprochen (vgl. Beleg 5). So scheint das Schlagwort *Konzertierte Aktion* vor allem eine verkürzende Funktion zu erfüllen: ein komplizierter Sachverhalt, der zudem noch umstritten ist, wird durch das Schlagwort wiedergegeben, ohne daß auf Einzelheiten des umstrittenen Programms eingegangen werden muß.

---

16 Ebd.

17 Ebd., S. 28.

18 Vgl. ebd., S. 29 und zum sog. Themenstreit Hardes, S. 34 f.

19 -> Mitbestimmung.

20 Adam (1972), S. 31, vgl. auch Hardes, S. 34 ff.

Eine Umfrage der Zeitung *Die Rheinpfalz* im Februar 1967 zeigt überdies, daß viele Bundesbürger unterschiedlicher Gesellschaftsschichten mit dem Begriff *Konzertierte Aktion* überhaupt nichts anzufangen wußten[21].

Die Belege weisen deutlich auf ein Schlagwort hin: Beleg 1 dürfte ungefähr den Zeitpunkt angeben, zu dem *Konzertierte Aktion* in den Medien auftauchte[22]. Die Umstrittenheit des Programms zeigen die Belege 2, 3 und 8. Daß *Konzertierte Aktion* nicht nur wegen seines programmatischen Konzepts, sondern auch und vor allem wegen der außergewöhnlichen Wortprägung zum Schlagwort werden konnte, verdeutlichen die Belege 4, 6 und 8 a sowie die Karikatur des Deutschen Allgemeinen Sonntagsblattes (Beleg 6 a).

In den Jahren 1966 - 1968 war *Konzertierte Aktion* ein Schlagwort, an das sich die Hoffnung knüpfte, es werde der Großen Koalition gelingen, die Wirtschaftskrise zu überwinden. Die Konzertierte Aktion wurde zur ständigen Einrichtung und verlor allmählich an Interesse[23]. Ab etwa 1970 dient *Konzertierte Aktion* als bloße Bezeichnung für die turnusmäßig stattfindenden Sitzungen der entsprechenden Verbände und Körperschaften und verliert seinen Schlagwortcharakter. An seine Stelle rückt nun immer mehr das Wort *Stabilität* (vgl. Belege 9 -14).

Eng mit dem Problemkreis der Konzertierten Aktion verbunden ist das Konzept der *Sozialen Symmetrie*.

Dieser Ausdruck wurde von Schiller in der Bundestagsdebatte am 17.02.67 verwendet[24] und sogleich von den Medien aufgegriffen und kommentiert (vgl. Belege 1 - 3). Er sollte andeuten, daß, nachdem die bisherigen staatlichen Maßnahmen zur Überwindung der Rezession eindeu-

---

21 Vgl. Zeit im Wort - "Die konzertierte Aktion".

22 Nunn, S. 127, zitiert als frühen Beleg für *Konzertierte Aktion* ein Spiegel-Interview mit Dr. Paul Binder, einem Mitglied des Sachverständigenrates zur Begutachtung der gesamtwirtschaftlichen Entwicklung (s. Beleg 1). In diesem Interview spricht Binder allerdings von einer "*konzentrierten Aktion*" und nicht von einer "*konzertierten Aktion*" (wie Nunn unrichtig zitiert). (Vgl. Spiegel, 1/2 1966 v. 03.01.66, S. 14 a [= Beleg 1])
Inwieweit allerdings ein Druckfehler des Spiegel vorliegt, kann nicht mehr nachvollzogen werden, da nach Auskunft des Spiegel (briefliche Mitteilung v. 27.09.89) die Unterlagen für die betreffende Interview-Veröffentlichung nicht mehr vorliegen.

23 Vgl. Hardes, S. 9. Hardes' Bemerkung (ebd.), die Konzertierte Aktion gelte als "Tabu, das zur Zeit keiner der Beteiligten zu brechen wagt", ist inzwischen nach dem Auszug der Gewerkschaften aus der Konzertierten Aktion im Jahre 1977 überholt. Vgl. dazu MEL XXVI (^{2}1984), S. 466.

24 Vgl. Adam (1972), S. 33 f, Hildebrand, S. 288.
Nunn, S. 181, geht davon aus, daß Schiller das Schlagwort 1968 "lanciert" habe. Dies ist kaum haltbar, die Belege 1 - 3 aus dem Jahre 1967, die das Schlagwort bereits mit dem Namen Schiller assoziieren, sprechen zumindest dagegen.
Adam (1971), S. 27, Anm. 1, vermerkt, daß Schiller den Begriff bereits am 15.02.67 in einer Rede vor dem Deutschen Industrie- und Handelstag in Bonn verwendet hat. In der o. g. Bundestagsdebatte wurde der Begriff also nicht zum erstenmal verwendet, wie Hildebrand (Beleg 5 a) behauptet. Vgl. Schiller, Bd. I, S. 57.

tig zugunsten der Unternehmer ausgefallen waren, in Zukunft wieder ein soziales Gleichgewicht bei finanz- und wirtschaftspolitischen Entscheidungen anzustreben sei[25].

Angesichts der Offenheit des Begriffs[26] kam es bald zu Auseinandersetzungen um die Konkretisierung Sozialer Symmetrie, zumal Schiller selbst verschiedene Definitionen des Begriffs aufstellte, die unterschiedliche Nuancen enthielten. So betonte er einerseits, *Soziale Symmetrie* bedeute,

> daß man bei allen finanz- und wirtschaftspolitischen Maßnahmen immer wieder scharf überlegt, ob nur eine Gruppe belastet oder begünstigt wird und ob man nicht auf andere Dinge und Gruppen Rücksicht nehmen müsse[27].

Auf diese Stelle beriefen sich die Gewerkschaften bei ihrer Interpretation von *Soziale Symmetrie*. Sie bedeute eine gleichmäßige mittelfristige Entwicklung der Einkommensverteilung. Deshalb seien die Arbeitgeber aufgefordert, im Rahmen der Konzertierten Aktion, die Zusage zu machen, daß nach Wiedererreichen der Vollbeschäftigung Lohnsteigerungen über die Zuwachsrate der Gewinne hinausgingen[28].

Die Arbeitgeberseite berief sich auf eine andere Definition Schillers, in der besonders das gesamtwirtschaftliche Ziel der Preisstabilität gegenüber anderen Versprechen hervorgehoben wird[29]. Dementsprechend betonte die Arbeitgeberseite, *Soziale Symmetrie* bedeute eine Konsolidierung der Wirtschaft, die Soziale Symmetrie immer schon einschließe, nicht aber bestimmte Einkommensverteilungsquoten[30].

Soziale Symmetrie erweist sich damit als ein Schlagwort, das sehr vage verwendet wurde und sich daher hervorragend zur Erzielung eines Minimalkonsenses zwischen den Tarifparteien eignete. Zu dieser Vagheit kommt eine positive affektive Besetztheit - denn wer wollte sich schon zum Anwalt Sozialer Asymmetrie machen? -, die sich der jeweilige Benutzer des Schlagwortes für seine Zwecke dienstbar machen kann:

> Wegen des leerformelhaften Charakters des Schlagwortes "soziale Symmetrie" ist es dem Bundeswirtschaftsminister möglich, sich in der konzertierten Aktion jeweils zum Vorkämpfer derjenigen Gruppe zu

---

25 Vgl. Hardes, S. 33 f, Adam (1971), S. 27 f, Adam (1972), S. 33 f.

26 Adam (1972), S. 33 f, vermutet eine Taktik Schillers, mit Hilfe von Leerformeln einen formalen Minimalkonsens zwischen konfligierenden Gruppen herzustellen. Vgl. auch Adam (1971), S. 30 f.

27 Schiller, Bd. II, S. 150.

28 Vgl. Hardes, S. 34, 133 f.

29 Vgl. Schiller, Bd. I, S. 116.

30 Vgl. Hardes, S. 34. Daß die Interpretation des Begriffes von Arbeitgeberseite nicht den Intentionen Schillers entspricht, vermerkt Adam (1971), S. 27.

machen, die wegen fehlender "Symmetrie" die Gesprächsrunde zu verlassen droht.
Zu einem späteren Zeitpunkt kann er dann aber wegen seines Versprechens nicht zur Rechenschaft gezogen werden, weil "soziale Symmetrie" nicht eindeutig definiert ist.[31]

Auch die Belege zu *Soziale Symmetrie* spiegeln nicht die Auseinandersetzung um komplexe wirtschaftspolitische Themen wieder: die Belege 1 - 3 gehen mehr auf die wortschöpferischen Qualitäten Schillers als auf das zugrundeliegende Programm ein. Alle Belege verdeutlichen allerdings, daß Schillers Formeln gerade wegen ihrer Eleganz gerne in der öffentlichen Diskussion zur Sprache gebracht wurden und damit leicht zu Schlagwörtern werden konnten.

Der zeitliche Rahmen von *Soziale Symmetrie* fällt mit dem von *Konzertierte Aktion* zusammen: 1968 dürfte die Blütezeit von *Soziale Symmetrie* überschritten gewesen sein.

31 Adam (1971), S. 31.

Literatur

Adam, Hermann: Soziale Symmetrie - Probleme einer Operationalisierung und politische Konsequenzen, in: WWI-Mitteilungen 1/1971, S. 27 - 31

Ders.: Die Konzertierte Aktion in der Bundesrepublik, Köln 1972 [WSI-Studie zur Wirtschafts- und Sozialforschung Nr. 21]

Aktion, in: Duden. Das große Wörterbuch der deutschen Sprache, Bd. I (1976), S. 97

Baring, Arnulf: Machtwechsel. Die Ära Brandt-Scheel, Stuttgart [4]1983

Hardes, Heinz-Dieter: Einkommenspolitik in der BRD. Stabilität und Gruppeninteressen: Der Fall Konzertierte Aktion, Frankfurt/New York 1974

Hildebrand, Klaus: Von Erhard zur Großen Koalition. 1963 - 1969, Stuttgart, Wiesbaden 1984 (Geschichte der Bundesrepublik Deutschland, hg. v. K. D. Bracher [u. a.], Bd. 4)

Hoppmann, Erich (Hrsg.): Konzertierte Aktion. Kritische Beiträge zu einem Experiment, Frankfurt/M. 1971 [Wirtschaftsrecht und Wirtschaftspolitik, hg. von E.-J. Mestmäcker, Bd. 19]

Konzertierte Aktion, in: Brockhaus Enzyklopädie, Bd. X (1970), S. 473

Konzertierte Aktion, in: Meyers Enzyklopädisches Lexikon, Bd. XXVI ([2]1984), S. 466

Konzertierte Aktion, in: Das Neue Duden-Lexikon, Bd. V (1984), S. 2119

Nunn, A. David: politische schlagwörter in deutschland seit 1945. ein lexikographischer und kritischer beitrag zur politik, Gießen 1974

Regierungserklärungen 1949 - 1973. Zusammengestellt von Peter Pulte, Berlin, New York 1973

Sachverständigenrat zur Begutachtung der gesamtwirtschaftlichen Entwicklung: Jahresgutachten 1965/66. Stabilisierung ohne Stagnation, Stuttgart und Mainz 1965

Schau, Albrecht: Von AWACS bis Zwangsanleihe. ABC aktueller Schlagwörter, Göttingen 1985

Schiller, Karl: Reden zur Wirtschaftspolitik (10 Bde), Bonn 1967 ff [BMWi-Texte]

Schlecht, Otto: Konzertierte Aktion als Instrument der Wirtschaftspolitik, Tübingen 1968 [Walter Eucken Institut, Vorträge und Aufsätze Nr. 21]

Katzenjammer für alle - Interview mit Dr. Paul Binder, in: Spiegel 1/2 1966 v. 03.01.66, S. 14

Zeit im Wort - Die konzertierte Aktion, in: Der Sprachdienst 11(1967) H. 4, S. 56 f

Lexikographische Erfassung

Konzertierte Aktion

DWB (1982), WDS (1978): n.a.SchW
WDG (1969): 00

BHE (1970): n.a.SchW
XII (1990) 328: "Die k. A. war allerdings von Beginn an ordnungspolitisch umstritten"
GBH (1979), MEL (1975), ([2]1984), MNL (1979), NBH (1985), NDL (1984): n.a.SchW

BEC n.a.SchW
NUN 127 f: SchW

Soziale Symmetrie

DWB (1983), WDG (1976), WDS (1981): 00

BHE (1973), (1993), GBH (1980), MEL (1978), MNL (1980), NBH (1985), NDL (1984): 00

BEC 00
NUN 181: SchW

Belege

Konzertierte Aktion

(1)

B.: Wir haben dazu in unserem Sachverständigen-Gutachten gesagt: Eine Stabilisierung der Preise ist nur möglich durch eine "*konzentrierte* [!] *Aktion*", wenn alle gleichmäßig mitwirken und wenn der Staat dabei [...] eine Art Vorleistung erbringt.

Spiegel-Interview mit Staatssekretär a. D. Dr. Paul Binder, Wirtschaftsprüfer in Stuttgart und Mitglied des Bonner "Sachverständigenrates zur Begutachtung der Gesamtwirtschaftlichen Entwicklung",
in: Spiegel 1/2 1966 v. 03.01.66, S. 14 a

(2)

Statt ständig mystische "*konzertierte Aktionen*" anzukündigen, sollte der ewig lächelnde Schiller auf die Pauke hauen, um die fast unerträglichen Tonstörungen in der Wirtschaft zu beheben.

Köln Raimund Lindt [Leserbrief]

Spiegel 5/1967 v. 23.01.67, S. 5 a

(3)

Die Schiller-Lyrik "*konzertierte Aktion*" läßt tief blicken. Hat sich damit der sozialistische Professor des wirtschaftlichen Rationalismus nicht auch bereits auf das Glatteis der Wirtschafts-Mystik der Vergangenheit begeben?

Hamburg Christian F. Urhammer [Leserbrief]

Spiegel 5/1967 v. 23.01.67, S. 5 a

(4)

Lange habe ich immer mit gespitzten Ohren hingehört, wenn der neue Bundeswirtschaftsminister Schiller in seinen Reden von einer Aktion sprach, die, so verstand ich es, *kontensiert* [!], *konzentriert* oder ähnlich sein soll. Jetzt liest man es im Spiegel endlich schwarz auf weiß: Es wird eine *konzertierte Aktion* angestrebt, *k-o-n-z-e-r-t-i-e-r-t*. Dieses hochtönende Wort erklärt der "Duden" mit "ein Konzert geben", während das 220000 Stichworte umfassende "Große Deutsche Wörterbuch" das Verbum *konzertieren* vom italienischen concerto beziehungsweise dem lateinischen concertare ableitet, was Wettstreit der Stimmen und Übereinstimmung bedeuten kann. Das soll ein Bild-Zeitung-Leser wissen! Man hat aber das Gefühl, daß hier nicht für das simple Volk gesprochen wird, sondern für Kandidaten eines Seminars für (werdende) Nationalökonomen.

Dortmund Robert Arnold [Leserbrief]

Spiegel 5/1967 v. 23.01.67, S. 5 b

(5)

Br.: Die sogenannte *Konzertierte Aktion* bedeutet ja ein gleichmäßiges Verhalten aller an der Wirtschaft beteiligten, durch das die Voraussetzungen für einen Aufschwung der Wirtschaft geschaffen werden sollen. (39 a)
[...]
Sp.: [...] Vorhin sprachen Sie von der "sogenannten" *konzertierten Aktion*. Warum sogenannt?
Br.: Wenn man dem Namen und der Sache genau auf den Grund gehen würde, dann könnte man erhebliche Bedenken gegen eine *konzertierte Aktion* anmelden. Denn zu einem Konzert gehört natürlich auch, daß nicht nur Noten vorhanden sind und man die verschiedenen Instrumente spielt, sondern daß jemand da ist, der das Orchester dirigiert und den Einsatz gibt. Infolgedessen müßte man, wenn man es wörtlich nimmt, davon ausgehen, daß jemand diktiert, genau sagt, was gemacht werden soll. Und dagegen wehren wir uns natürlich als Gewerkschaften. (42 b, c)

"Massiver Angriff auf den Lebensstandard"?
Spiegel-Gespräch mit dem ersten Vorsitzenden der Industriegewerkschaft Metall, Otto Brenner,
in: Spiegel 14/1967 v. 27.03.67, S. 39 a, 42 b, c

(6)

Überdies vermag der SPD-Professor [Karl Schiller] das Volk mit neuen Wunderworten wie "*konzertierte Aktion*", "globale Steuerung" oder "soziale Symmetrie" zu becircen, die den CDU-Wirtschaftspolitikern fremd waren.

Spiegel 16/1967 v. 10.04.67, S. 34 c

(6 a)

Deutsches Allgemeines Sonntagsblatt

„Keine Sorge! Ich habe sie konzertiert an der symmetrischen Leitlinie"

Deutsches Allgemeines Sonntagsblatt,
abgedruckt in: Spiegel 13/1969 v. 24.03.69, S. 30
(Wiederabdruck mit freundlicher Genehmigung des *Deutschen Allgemeinen Sonntagsblattes*)

(7)

In einer "*konzertierten Aktion*" - das Schlagwort griff sich der Minister wie viele seiner Sprachformeln kurzerhand von den Gutachterprofessoren und verkaufte es fortan als eigene Erfindung [...]

Spiegel 16/1969 v. 14.04.69, S. 38 c

(8)

Und auch zur *Konzertierten Aktion*, die von CDU und CSU stets als "Schiller-Theater" geschmäht worden war, entdeckte die Union nun eine "späte Liebe" (Schiller).

[Spiegel-Bericht zur Konjunkturdebatte im Bundestag und zu Beratungen der Konzertierten Aktion]

Spiegel 42/1970 v. 12.10.70, S. 34 c

(8 a)

Befragungen zeigten, daß die Bevölkerung in der Behebung der wirtschaftlichen Krise, der Rezession von 1966/67, die bedeutsamste Leistung der Regierung Kiesinger sah. Dieses Lob wurde in erster Linie der SPD gutgeschrieben, ihrem glänzenden, stilprägenden, auch wortschöpferischen Wirtschaftsminister. Seine bilderreichen Konzepte beschäftigten und beruhigten die Phantasie der Menschen in allen Lagern. Sie wirkten wie zeitgemäße Zaubersprüche, wie heilende Magie. [...] Jeder redete, sozusagen sachkundig, von der "Globalsteuerung", der "*Konzertierten Aktion*", einer "*Sozialen Symmetrie*" - also in Beschwörungsformeln, die Schiller geprägt hatte.

Arnulf Baring: Machtwechsel. Die Ära Brandt-Scheel,
Stuttgart [4]1983, S. 137 f

(9)

Vorrang für die *Stabilität* heißt seit kurzem die Parole der Politiker jeder Couleur. [...] Bundeskanzler Kiesinger versäumte es nicht, auf dem Bauernkongreß seiner Partei in Münster ein Bekenntnis zur *Stabilität* abzulegen. Bundesfinanzminister Strauß führt die *Stabilität* seit Monaten fast in jeder seiner Reden im Munde. Bundeswirtschaftsminister Schiller sucht ihn seit der Eröffnungsrede zur Frankfurter Frühjahrsmesse noch zu übertreffen. Ihre prominenten und weniger prominenten Parteifreunde eifern ihnen nach.

Kurt Simon: Alle reden von Stabilität...,
in: Zeit 11/1969 v. 14.03.69, S. 34 c

(10)

Nichts in unserem Lande regt die Menschen so auf wie wirtschaftliche *Stabilität* und Inflationsgefahr, mag das vitale Interesse hieran auch in einer riesigen Diskrepanz zur Sachkenntnis der komplizierten Zusammenhänge stehen - selbst im Parlament.

Kurt Becker: Karl Schiller in der Talsohle. Kann Bonn auf das Talent dieses Wirtschaftsministers wirklich verzichten?
in: Zeit 29/1969 v. 18.07.69, S. 2 a

(11)

Vereinfacht heißt Schillers Position: Reformen sind wichtig, *Stabilität* ist wichtiger.
Die Mehrheit der Kabinetts- und Fraktionsmitglieder neigt mehr zu der Maxime: *Stabilität* ist wichtig, Reformen sind wichtiger.

Diether Stolze: Schiller noch immer allein?
in: Zeit 42/1970 v. 16.10.70, S. 33 a

(12)

Westdeutschlands Gewerkschaften halten - ebenso wie die Arbeitgeber - die von Schiller begonnene *Konzertierte Aktion* für wenig nützlich. Dennoch wollen sie die Gesprächsrunde nicht verlassen. [...] Obwohl sich die Unternehmer von den konzertierten Gesprächen mit Politikern, Gewerkschaftlern und den Vertretern der großen Interessenverbände wenig versprechen, wollen sie der Einladung zur nächsten Runde am 5. Oktober nach Bonn folgen. Auch die IG Metall ist "nach wie vor bereit, an den Gesprächen teilzunehmen", so ihr Vorsitzender Eugen Loderer, "obwohl es die *Konzertierte Aktion* im eigentlichen Sinne des Wortes nie gegeben hat und auch nicht geben wird". [...] Da sie aber die Gefahr fürchten, in der Öffentlichkeit als Störer der *Stabilität* hingestellt zu werden, wollen sich die Gewerkschafts-Vorstände auch nicht durch ihre Kollegen aus den Konzertgesprächen vertreiben lassen.

Spiegel 39/1972 v. 16.09.72, S. 70 a

(13)

Str.: [...] Diese Bundesregierung hat entgegen dem gesetzlichen Auftrage sich geweigert, Lohnorientierungsdaten vorzulegen und um ihre Anerkennung in der *Konzertierten Aktion* zu ringen. [...] Der gegenwärtige Finanzminister hat das Wort *Stabilität* zum Modewort erklärt, um das er sich nicht so viele Gedanken mache wie andere. (28 a) [...]
Sp.: Wer hätte unter einem Finanzminister Strauß Steuererhöhungen, von Ihnen als *Stabilitätsopfer* umschrieben, zu tragen?
Str.: Das *Stabilitätsopfer* haben nach Maßgabe der Kräfte, das heißt, nach dem Maßstab der Leistungsfähigkeit, die Stärkeren in größerem Maße und die weniger Starken in geringerem Maße zu tragen. (30 a, b)

"Das ist Nick-Knatteron-Romantik"
CSU-Vorsitzender Franz Josef Strauß über seine politischen Pläne,
in: Spiegel 46/1972 v. 06.11.72, S. 28 a, 30 a, b

(14)

Daß Schmidt es nicht schafft, daß auch Bonns starker Mann bei der weltweiten Teuerungswelle keine überzeugenden *Stabilitätserfolge* bringen kann - dies scheint kaum vermeidbar. (26 b) [...]
Das Lockangebot kam von den Unternehmern. In einem *Stabilitätspakt* [...] könnten die Industrie-Herren zusagen, ihre Erzeugerpreise 1973 nur um ein statt um 3,5 Prozent klettern zu lassen. [...] Als Gegenleistung für unternehmerische Preisabstinenz sollten sich die Werktätigen mit fünf Prozent Aufschlag [...] zufrieden geben. [...] Im Salon Heidelberg des Kölner Esso Motor Hotels beerdigten am 21. November IG-Metall-Chef Eugen Loderer und Gesamtmetall-Unterhändler Hanns Martin Schleyer den *Stabilitätspakt,* noch ehe er geboren war. Der Arbeiterführer zu dem Daimler-Manager: "Was wollen Sie denn mit einem *Stabilitätspakt.* Auch in Anwesenheit des Bundeskanzlers könnte ich ihnen nur sagen: es gibt keinen."
Einig mit seinen Gewerkschaftsgenossen, mag auch Helmut Schmidt das Wort *Stabilität* öffentlich nicht mehr hören. Vor der SPD-Fraktion schimpfte er letzte Woche: "Das Wort *Stabilitätspakt* habe ich nie in den Mund genommen." Und in der Kabinettsrunde wetterte er gegen "*Stabilitätshysterie*" und "*Stabilitätshysteriker*". (27 c, 28 a)

Spiegel 50/1972 v. 04.12.72, S. 26 b, 27 c, 28 a

Soziale Symmetrie

(1)

Bedeutungsvoll für den deutschen Zungenschlag ist nicht nur die Sprachgewalt der Großen Koalition als solcher, sondern ganz besonders die Tatsache, daß mit Professor Karl Schiller zum erstenmal ein vollkommener Gelehrter Minister ist; sein feinziselierter Geist ist einer der reichhaltigsten Bereicherer unseres Wortschatzes. Ihm ist es auch zu verdanken, daß sich jetzt landauf, landab der Begriff der "*sozialen Symmetrie*" durchsetzt; treffend bezeichnet dieser die Tatsache, daß in der Bundesrepublik eine eisern-richtige Ausgewogenheit der sozialen Kräfte besteht.

Felix Rexhausen: Bereicherungen,
in: Spiegel 13/1967 v. 20.03.67, S. 32

(2)

Sp.: Das nennt Professor Schiller "*soziale Symmetrie*".
Br.: Ja, ein komplizierter wissenschaftlicher Ausdruck, wie ja jetzt überhaupt alles ziemlich professoral geprägt wird in der Wirtschaftspolitik. Man könnte es auch einfacher sagen: Die Stabilisierung darf nicht einseitig zu Lasten der Arbeitnehmer erfolgen.

"Massiver Angriff auf den Lebensstandard"?
Spiegel-Gespräch mit dem ersten Vorsitzenden der Industriegewerkschaft Metall, Otto Brenner,
in: Spiegel 14/1967 v. 27.03.67, S. 42 b

(3)

Überdies vermag der SPD-Professor [Karl Schiller] das Volk mit neuen Wunderworten wie "konzertierte Aktion", "globale Steuerung" oder "*soziale Symmetrie*" zu becircen, die den CDU-Wirtschaftspolitikern fremd waren.

Spiegel 16/1967 v. 10.04.67, S. 34 c

(4)

Sp.: Sie haben die Unternehmer aber auch mit ihrem Schlagwort von der "*sozialen Symmetrie*" geschockt. (32 b) [...]
Sch.: [...] Ich wundere mich immer, "*soziale Symmetrie*" muß ein gutes Verkaufswort sein, fast so gut oder vielleicht noch besser als seinerzeit die "soziale Marktwirtschaft". (32 c)

"Der erste Treibsatz wirkt im Sommer "
Interview mit Bundeswirtschaftsminister Karl August Schiller über die Konjunktur,
in: Spiegel 20/1967 v. 08.05.67, S. 32 b, c

(5)

[...] mancher Wirtschaftsführer wird nun argwöhnen, hinter dem unverbindlichen Schlagwort der *Sozialen Symmetrie* verberge sich die harte Realität einer Ausdehnung gewerkschaftlicher Macht. Über Mitbestimmung muß also jetzt gesprochen werden. Bisher gab es leider wenig Diskussion und viel Polemik.

Dieter Stolze: Kein Regime der Funktionäre,
in: Zeit 13/1968 v. 29.03.68, S. 29 a

(5 a)

In diesem Zusammenhang begünstigte sie [die Konzertierte Aktion] die Unternehmer vorerst stärker als die Arbeitnehmer und hatte deshalb vor, die "*Soziale Symmetrie*", wie eine weitere, von Schiller erstmals in der Bundestagssitzung am 17. Februar 1967 geprägte Zauberformel lautete, im darauffolgenden Jahr wiederherzustellen. Über das Ausmaß dessen allerdings, was "*soziale Symmetrie*" bedeutete, gab es dann prompt die ersten Auseinandersetzungen zwischen allen Beteiligten, nicht zuletzt auch zwischen den Koalitionspartnern.

Klaus Hildebrand: Von Erhard zur Großen Koalition. 1963 - 1969,
Stuttgart, Wiesbaden 1984, S. 288

Kriegsdienstverweigerer

Syn./Var.: Kriegsdienstverweigerung, Wehrdienstverweigerer, Wehrdienstverweigerung

Kriegsdienstverweigerer ist ein Schlagwort, das in der zweiten Hälfte der sechziger Jahre, insbesondere ab 1968 aktuell wurde.

***Kriegsdienstverweigerer* bezeichnet wehrpflichtige Männer, die das in Artikel 4, Absatz 3 des Grundgesetzes garantierte Recht auf Verweigerung des Kriegsdienstes aus Gewissensgründen in Anspruch nehmen.**

Zum Schlagwort wurde dieser Begriff, nachdem ab 1968 mit den Studentenprotesten gegen die -> Notstandsgesetze und den -> Vietnamkrieg die Zahl der Kriegsdienstverweigerer sprunghaft anstieg[1].

Während Kriegsdienstverweigerer in den fünfziger Jahren noch eine verschwindende Minderheit unter den Wehrpflichtigen darstellten[2], wuchs ihre Zahl ab 1967 deutlich[3]. Mit diesem rapiden Anstieg der Kriegsdienstverweigerungen kam auch eine öffentliche Diskussion über die Motive der Kriegsdienstverweigerer in Gang.

Ein weit verbreitetes Vorurteil lautete, Kriegsdienstverweigerer seien 'Drückeberger', die lediglich der unangenehmen Pflicht des Wehrdienstes entgehen wollten. Nicht eine Gewissensentscheidung, sondern der bequeme Ersatzdienst bewege die Kriegsdienstverweigerer dazu, sich auf Artikel 4, Absatz 3 des Grundgesetzes zu berufen.

Aversionen gegen Kriegsdienstverweigerer wurden zusätzlich durch deren vermeintliche Privilegien gegenüber wehrpflichtigen Soldaten geschürt: die Ersatzdienstleistenden wurden nicht kaserniert, und ihr äußeres Erscheinungsbild wurde nicht wie bei der Bundeswehr strengen Regeln unterworfen. Aus diesen Äußerlichkeiten wurde von Teilen der Öffentlichkeit schnell auf die Verwahrlosung von Kriegsdienstverweigerern geschlossen: sie seien -> Gammler und Abschaum der Gesellschaft[4].

Ab 1968 wurde den Kriegsdienstverweigerern auch zunehmend ihre politische Gesinnung zum Vorwurf gemacht: immer mehr Kriegsdienstverweigerer begründeten ihre Gewissensentscheidung auch politisch (vgl. Beleg 9) und weigerten sich, durch ihren Wehrdienst eine Politik zu unter-

---

1 Vgl. Grünewald, S. 15, Hansjörg Schultz: Ein Grundrecht mit stark abnehmender Tendenz, in: Gillig/Schultz, S. 25 - 34, bes. S. 29, Helmut Donat [u. a.]: Die Zentralstelle für Recht und Schutz der Kriegsdienstverweigerer aus Gewissensgründen e. V. 1957 bis 1982, in: Zentralstelle ... , S. 30 - 63, bes. S. 43 f.

2 Vgl. Grünewald, S. 14.

3 Vgl. Donat, a.a.O., S. 44, Anm. 28, Schultz, a.a.O., S. 29.

4 Ein recht drastisches Beispiel für übelste Diffamierungen bietet der Beitrag von Binz.

stützen, die der permanenten Kriegsvorbereitung diene[5]. Derartigen Begründungen wurde in der öffentlichen Diskussion häufig pauschal entgegengehalten, hier seien Kommunisten am Werk, die die Verteidigungsbereitschaft des Landes und damit die gesamte Demokratie schwächen wollten[6]. Der Begriff *Kriegsdienstverweigerer* allein sei bereits irreführend, korrekter sei es, von *Wehrdienstverweigerern* zu sprechen[7]. Letztere Bezeichnung indes konnte sich nicht gegen das geläufigere Schlagwort *Kriegsdienstverweigerer* durchsetzen, obwohl es noch deutlicher eine pejorative Nebenbedeutung signalisierte[8].

Recht deutlich wird die affektive Besetztheit und Umstrittenheit des Begriffes durch derartige Anweisungen zum "richtigen" Sprachgebrauch.

Die engagierten Befürworter der Kriegsdienstverweigerung führten für ihre Position folgende Argumente ins Feld: Kriegsdienstverweigerung sei ein Grundrecht, nicht etwa ein Ausnahmerecht[9]. Allein deshalb sei es schon nicht haltbar, daß potentielle Kriegsdienstverweigerer ihre Gewissensentscheidung vor einem Prüfungsausschuß begründen müßten und somit die Beweislast selbst zu tragen hätten[10]. Darüber hinaus sei es ohnehin unsinnig, eine Gewissensentscheidung prüfen zu wollen. Diese absurde Absicht führe notwendig zu aberwitzigen[11] (für den potentiellen Kriegsdienstverweigerer aber folgenreichen) Verfahren, die keinesfalls im Sinne des Grundgesetzes sein könnten. Daher sei diese "Gewissensinquisition"[12] sofort abzuschaffen. Es müsse dafür gesorgt werden, daß jeder sein verbrieftes Grundrecht auf Kriegsdienstverweigerung ohne persönliche Nachteile in Anspruch nehmen könne.

Die Belege zeigen die Umstrittenheit des Schlagwortes. Während die Belege 1 und 4 - 8 die Negativ-Klischees aufzählen, mit denen Kriegsdienstverweigerer häufig konfrontiert wurden und werden, wird in Beleg 3 auf die rivalisierenden Programme, die sich in den Termini *Kriegsdienstverweigerer* vs. *Wehrdienstverweigerer* kristallisieren, angespielt. Beleg 2 benennt eine der mutmaßlichen Ursachen für das Ansteigen der Verweigerungen ab 1968.

---

5 Vgl. Grünewald, S. 15, Günter Knebel: Kriegsdienstverweigerer im Zivildienst. Zwischen Militärpolitik und Friedensauftrag des Grundgesetzes, in: Gillig/Schultz, S. 57 - 86, bes. S. 57 ff.

6 Als Beispiel für eine Argumentation auf diesem Niveau vgl. von Weiss, S. 63 f.

7 Vgl. Evangelisches Staatslexikon, Bd. I, Sp. 1880.

8 Vgl. Schultz, a.a.O., S. 32 f.

9 Vgl. Geißler, S. 20 ff, 115 ff, 120 ff, 137 ff.

10 Vgl. ebd., S. 168 ff, Liepman, S. 8 f.

11 Vgl. die Fallbeschreibungen bei Liepman, S. 17 ff sowie Hansjörg Schultz: Fallbeispiele, in: Gillig/Schultz, S. 35 - 55.

12 Donat, a.a.O., S. 48.

Bei *Kriegsdienstverweigerung* dürfte es sich um ein perennierendes Schlagwort handeln, das von 1968 an in Abständen immer wieder in die öffentliche Diskussion gerät. Besonders markante Punkte für diese Diskussion waren die Jahre 1977/78, in denen die Gewissensprüfung zeitweilig abgeschafft wurde[13], sowie das Jahr 1983, in dem die Gewissensprüfung erneut (zunächst befristet bis 1990) abgeschafft wurde bei gleichzeitiger Verlängerung des Zivildienstes um ein Drittel gegenüber dem Wehrdienst[14].

13 Vgl. Grünewald, S. 16, Siegfried de Witt: Die Abschaffung der Gewissensprüfung, in: Gillig/Schultz, S. 101 - 116, bes. S. 101 ff.

14 Vgl. Avenarius, S. 245 ff, Art. 'Kriegsdienstverweigerung'. Zur Beeinträchtigung einer freien Gewissensentscheidung durch die Verlängerung des Zivildienstes, der damit zur 'unbequemen Alternative' zum Wehrdienst gemacht werden soll, vgl. Geißler, S. 93 f.

Literatur

Avenarius, Hermann: Kleines Rechtswörterbuch, Bonn 1988 [Lizenzausgabe für die Bundeszentrale für politische Bildung, Bonn]

Binz, Gerhard Ludwig: Wehr-Verneinung. Eine Studie über ihre Entstehung und ihre Erscheinungsformen, in: Beiheft 4 der Wehrwissenschaftlichen Rundschau. Zeitschrift für die Europäische Sicherheit, hg. vom Arbeitskreis für Wehrforschung, Oktober 1956

Geißler, Heinrich: Das Recht der Kriegsdienstverweigerung nach Art. 4 Abs. III des Grundgesetzes, (Jur. Diss. Tübingen 1960) Reutlingen (o. J.)

Gillig, Manfred und Schultz, Hansjörg (Hrsg.): Grundrecht nach Bedarf. Zur Situation der Kriegsdienstverweigerer in der Bundesrepublik Deutschland, Freiburg i. Br. 1978

Grünewald, Guido: Zur Geschichte der Kriegsdienstverweigerung. Ein Beitrag zur Friedenspolitik? (o. O.) [2]1982 [hg. von der Deutschen Friedensgesellschaft - Vereinigte Kriegsdienstgegner e.V., Essen (DFG-VK Extra Nr. 4)]

Kriegsdienstverweigerung, in: Evangelisches Staatslexikon, Bd. I, hg. von Roman Herzog [u. a.], 3., neu bearbeitete Auflage, Stuttgart 1987, Sp. 1871 - 1883

Liepman, Heinz (Hrsg.): Kriegsdienstverweigerung oder Gilt noch das Grundgesetz? Reinbek bei Hamburg 1966

Weiss, Andreas von: Schlagwörter der Neuen Linken. Die Agitation der Sozialrevolutionäre, München, Wien 1974 [Gesellschaft und Staat, Bd. 179/180]

Zentralstelle für Recht und Schutz der Kriegsdienstverweigerer (Hrsg.): Die Freiheit, Nein zu sagen. Vom Recht der Kriegsdienstverweigerer 1957 - 1982, Freiburg i. Br. 1983

Lexikographische Erfassung

DWB (1982), WDG (1969), WDS (1978): n.a.SchW

BHE (1970), (1976), (1981), (1990), GBH (1979): n.a.SchW
MEL (1975): n.a.SchW;
XXVI ([2]1984) 476: "An dem Anspruch des Staates, eine Gewissensentscheidung mit dem bisherigen Verfahren prüfen zu können, wurde u. a. von Verbänden der Kriegsdienstverweigerer und von kirchlichen Einrichtungen wachsende Kritik geäußert."
MNL (1979), NBH (1985), NDL (1984): n.a.SchW

AVW, BEC, KOP: n.a.SchW
NUN, WEI: 00

Belege

(1)

Das Wort *Kriegsdienstgegner* reflektiert für viele Bilder von Drückebergern und Duckmäusern, weckt Vorstellungen von langmähnigen Gammlern oder abartig Veranlagten.
Die öffentliche Meinung weist Wehrunwilligen eine Außenseiterrolle zu.

Spiegel 6/1966 v. 31.01.66, S. 28 b

(2)

Pfarrer Heinz König aus Saarlouis, Synodalbeauftragter für den Wehrdienst, hat beobachtet, wie die Notstandsverfassung eine "*Verweigerungs-Welle*" hochspülte [...]

Spiegel 3/1969 v. 13.01.69, S. 52 c

(3)

Ich halte es für sachlich falsch, wenn Sie in Ihrem Artikel wiederholt von "*Wehrdienstverweigerung*" und "*Wehrdienstverweigerern*" sprechen. Diese Ausdrucksweise trifft die Problematik der *Kriegsdienstverweigerung* nicht, ist irreführend und gefährlich.

Aachen Erich Braunstein [Leserbrief]

Spiegel 6/1969 v. 03.02.69, S. 14

(4)

Vietnam sollte unser ruhiges Soldatengewissen aufschrecken lassen! Eine Mahnung an die vielen, die in jedem *Kriegsdienstverweigerer* einen Drükkeberger sehen!

Rheine (Nrdrh.-Westf.) Wolfgang Rieger [Leserbrief]

Spiegel 6/1969 v. 03.02.69, S. 15

(5)

Noch nie seit der Einführung der Wehrpflicht ist in der Bundesrepublik so viel über *Kriegsdienstverweigerung* diskutiert worden. (6) [...]
Sogar der Bundesverteidigunsminister sprach vom "organisierten Mißbrauch (des Gewissens) durch extreme Gruppen". (9 c)

Karl-Heinz Janßen: Bundeswehr in der Schwebe (II) Angriff auf die Kasernen. Das Problem der Kriegsdienstverweigerung,
in: Zeit 9/1969 v. 28.02.69, S. 9

(6)

Die einen tragen den bunten, die andern den schwarzen Rock. Einig waren sich hohe Militärs und Militärgeistliche darin, daß es eine "Krankheit der Gesellschaft" zu bekämpfen gelte: die *Kriegsdienstverweigerung.*

Spiegel 43/1969 v. 20.10.69, S. 62 a

(7)

Sie gelten als "Anarchisten", "Utopisten", "Kommunisten". Man schilt sie "Hippies", schimpft sie "Gammler", nennt sie "Vaterlandsverräter".
Für jeden zweiten Deutschen, so ermittelten die Allensbacher Volksbefrager, sind sie "Drückeberger" und für den niedersächsischen CDU-Bundestagsabgeordneten Dr. J. Hermann Siemer "die Wühlmäuse, die wir kappen müssen". [...]
Die Schmähungen, artikuliert im Volksfeind-Vokabular, gelten einer deutschen Minderheit: den *Kriegsdienstverweigerern.*

Spiegel 15/1970 v. 06.04.70, S. 36 c

(8)

Überwiegend werden den *Wehrdienstverweigerern* egoistische oder radikale politische Motive unterstellt. Typische Antworten: "Das Gammeln ist ihnen lieber", "Sind zu faul und zu bequem" [...] Insgesamt wurden Argumente, die eine Aversion gegen die *Wehrdienstverweigerer* offenbaren, etwa so häufig vorgebracht wie andere, mit denen die ethischen Motive der Nicht-Soldaten anerkannt werden oder Kritik an der Bundeswehr geübt wird. Beispiele: "Lassen sich vom Gewissen leiten", "Weil sie das Leben achten und nicht töten wollen", "Sind Pazifisten", "Vom Krieg die Nase voll".

Spiegel 47/1970 v. 16.11.70, S. 95 c, 96 a

(9)

Vor 15 Jahren, als Adenauers Bonn die Jünglinge der Republik erstmals zu den Fahnen rief, veranschlagte das Verteidigungsministerium insgeheim bis zu 30 Prozent der Waffenpflichtigen als *Wehrdienstverweigerer*. Es wurden, Preußens Gloria, nur ein paar hundert Mann.
Nun nach 15 Jahren, da Brandt die Republik regiert, sind die Sorgen von ehedem wieder aktuell. [...] Im ersten Halbjahr 1972 bekundeten 21841 Antragsteller ihr Veto gegen den Waffendienst: nur rund 6000 weniger als im ganzen Vorjahr [...] Und die meisten begründeten ihre Gewissensentscheidung nicht mehr mit Religion oder Ethik, sondern mit Politik.

Spiegel 35/1972 v. 21.08.72, S. 48 a, b

(10)

Sp.: Bedauern Sie die hohe Zahl der *Wehrdienstverweigerer* bei uns?
L.: Ja, ich bedaure sie. Wir haben Beweise dafür, daß das, was ich wirklich für schutzwürdig halte, nämlich die *Verweigerung* aus echten Gewissensgründen, von einem kleinen Teil mißbraucht wird. Oft ist nicht das Gewissen ausschlaggebend, sondern es sind ganz einfach wirtschaftliche Überlegungen.

"Es gibt noch manches zu gewinnen"
Verteidigungsminister und SPD-Präsidiumsmitglied Georg Leber über innere und äußere Sicherheit,
in: Spiegel 39/1972 v. 16.09.72, S. 36 b

Langer Marsch durch die Institutionen

Syn./Var.: Langer Marsch
(verwandte Schlagwörter: Extremistenbeschluß, Radikalenerlaß, Berufsverbot)

Dieses Schlagwort der -> Neuen Linken wird vor allem mit -> Rudi Dutschke in Zusammenhang gebracht, der es 1967/68 in Anspielung auf den 'Langen Marsch' der chinesischen Roten Armee unter Mao Tse-tung[1] in die Diskussion einbrachte. Dutschke selbst definiert folgendermaßen:

> **Der lange Marsch durch die Institutionen ist die subversive Verwertung der Widersprüche und Möglichkeiten in und außerhalb des staatlich-gesellschaftlichen Gesamtapparats, um diesen innerhalb eines langen Prozesses zu zerstören.**[2]

Der lange Marsch durch die Institutionen soll mit legalen Mitteln zur Revolution führen: indem die Anhänger der Neuen Linken wichtige Positionen in Gesellschaft und Staat aufgrund ihrer oft akademischen Bildung besetzen, können sie Entscheidungen treffen, die "systematisch den Laden in Unordnung bringen"[3]. Daß dieser Prozeß mehrere Jahrzehnte in Anspruch nehmen kann, wird dabei bewußt in Kauf genommen, zumal er lediglich als unterstützende Maßnahme zu einer Revolution der Gesellschaft gedacht ist.

Unter den Anhängern der Neuen Linken ist eine derartige Doppelstrategie durchaus umstritten: der Marsch durch die Institutionen gilt manchen als zu wenig radikal[4].

Von den Medien wird die Formel Rudi Dutschkes sogleich aufgenommen. Dies dürfte zum einen mit der wachsenden Bedeutung der Studentenunruhen (-> APO) ab 1967 zusammenhängen. Andererseits fördert die Anschaulichkeit dieses Schlagwortes seine öffentliche Diskussion.

Der ideologische Hintergrund des Schlagwortes ist offensichtlich: beschreibt es doch eine Taktik, eine bestehende Gesellschaftsordnung gewissermaßen durch 'Zersetzung von innen' zu zerstören bzw. zu revolutionieren. Daß die Revolutionäre selbst für diesen Prozeß mehrere Jahrzehnte ansetzen, dürfte eine Voraussetzung für die beinahe akademisch zu nennende Diskussion in den Medien sein: nicht die Bedrohung der 'freiheitlich demokratischen Grundordnung' wird betont, sondern es wird über die Dauer des langen Marsches spekuliert. Auch darin kommt zum Ausdruck, wie wenig ernst die Bedrohung durch einen langen Marsch durch

---

1 Vgl. hierzu etwa BHE XXIII, S. 137 f.

2 Dutschke (Langer Marsch), S. 22 f.

3 Rudi Dutschke, Ein Pamphlet, in: Reisner, S. I - XII, Zitat S. VII.

4 Vgl. Dutschke (Langer Marsch), S. 8.

die Institutionen und eine Revolution durch die Neue Linke zunächst genommen wurde[5].

Dies kommt auch in den Belegen zum Ausdruck. Diese zeigen zwar, daß der *lange Marsch durch die Institutionen* ein Begriff der öffentlichen Diskussion ist, eine besondere emotionelle Besetztheit indes wird nicht deutlich (bis auf Beleg 7 aus dem Jahre 1972). Definitionsbelege finden sich nicht aufgrund der Anschaulichkeit des Begriffes. Trotz dieser Deutlichkeit bleibt eine gewisse Vagheit bestehen, da keineswegs ausgemacht ist, inwieweit die Benutzer des Schlagwortes andere Begriffsinhalte mit ihm verbinden (vgl. Beleg 2). Beleg 3 liefert eine differenzierte Auseinandersetzung mit dem Schlagwort. Da der Autor aber die von Dutschke gegebene Definition gar nicht zur Kenntnis nimmt und zudem den Zusatz '*durch die Institutionen*' ignoriert, gelangt er zwangsläufig zu dem Ergebnis, daß der Begriff *langer Marsch*, der von Mao geprägt wurde, nicht auf westliche Wohlstandsgesellschaften anwendbar ist.

Die zeitliche Eingrenzung des Schlagwortes ist nicht eindeutig vorzunehmen. Wie fast alle Schlagwörter der Neuen Linken verliert es Ende der sechziger Jahre an Bedeutung. Mit der Diskussion um den *Radikalenerlaß*, die Mitte der siebziger Jahre beginnt, gewinnt es erneut eine gewisse Bedeutung, die jedoch nicht mehr der Aktualität des Schlagwortes in den sechziger Jahren entspricht. Sein Gebrauch ist schließlich nur noch zitierend[6].

An seine Stelle treten zum Ende des Bearbeitungszeitraumes die Schlagwörter *Extremistenbeschluß* bzw. *Radikalenerlaß*, die schließlich durch die Variante *Berufsverbot* (vgl. Beleg 8 a) noch deutlichere Pejorisierung und Emotionalisierung erfahren.

Die Diskussion um *Extremistenbeschluß* und *Berufsverbote* fällt allerdings nicht mehr in den Bearbeitungszeitraum, sondern wurde in der nachfolgenden Ära Schmidt geführt[7]. Dementsprechend findet sich im Textkorpus nur ein Beleg, der die Umstrittenheit des *Radikalenerlasses* behandelt (vgl. Beleg 8).

---

5 Daß der sog. 'Radikalenerlaß' von 1972 eine Folge des Langen Marsches ist, steht jedoch außer Zweifel; vgl. Bracher, Jäger, Link, S. 77 ff, bes. S. 83, 358 sowie Beleg 8 a.

6 So bezeichnet beispielsweise Willy Brandt 1972 sein Programm der -> Inneren Reformen mehrfach als "*langen Marsch* der Reformen"; vgl. Brandt (Reden u. Interviews), S. 279, 495.

7 Vgl. Bracher, Jäger, Link, S. 84, 86, 358 sowie Jäger, Link, S. 104, 414. Zur Wortbedeutung und Abgrenzung von *Radikalenerlaß, Extremistenbeschluß* und *Berufsverbot* vgl. Strauß, S. 318 ff.

Literatur

Borgs-Maciejewski, Hermann: Radikale im öffentlichen Dienst. Dokumente, Debatten, Urteile, Bonn 1973

Bracher, Karl Dietrich, Jäger, Wolfgang, Link, Werner: Republik im Wandel 1969 - 1974. Die Ära Brandt, Stuttgart, Mannheim 1986 (Geschichte der Bundesrepublik Deutschland, hg. von K. D. Bracher [u. a.], Bd. 5/I)

Bundeskanzler Brandt: Reden und Interviews (II), hg. vom Presse- und Informationsamt der Bundesregierung, (o. O., o. J.)

Brandt, Willy: Erinnerungen, Frankfurt/M. 1989

Dutschke, Rudi: Mein langer Marsch. Reden, Schriften und Tagebücher aus zwanzig Jahren. Hg. von Gretchen Dutschke-Klotz, Helmut Gollwitzer und Jürgen Miermeister, Reinbek bei Hamburg 1980

Ders.: Geschichte ist machbar. Texte über das herrschende Falsche und die Radikalität des Friedens. Hg. von Jürgen Miermeister, Berlin 1980

Frisch, Peter: Extremistenbeschluß. Zur Frage der Beschäftigung von Extremisten im öffentlichen Dienst mit grundsätzlichen Erläuterungen, Argumentationskatalog, Darstellung extremistischer Gruppen und einer Sammlung einschlägiger Vorschriften, Urteile und Stellungnahmen, 4., überarb. u. aktualisierte Aufl., Leverkusen 1977

Funke, Manfred (Hrsg.): Extremismus im demokratischen Rechtsstaat. Ausgewählte Texte und Materialien zur aktuellen Diskussion, Düsseldorf 1978

Jäger, Wolfgang und Link, Werner: Republik im Wandel 1974 - 1982. Die Ära Schmidt, Stuttgart, Mannheim 1987 (Geschichte der Bundesrepublik Deutschland, hg. von K. D. Bracher [u. a.], Bd. 5/II)

Koschnick, Hans (Hrsg.): Der Abschied vom Extremistenbeschluß, Bonn ^{2}1979

Langer Marsch, in: Brockhaus Enzyklopädie, Bd. XXIII (1976), S. 137 - 138

Miermeister, Jürgen: Rudi Dutschke, Reinbek bei Hamburg 1986

Pro und Contra zum Ministerpräsidentenbeschluß, (o. O., o. J.) [Schriftenreihe des "Pressedienst Demokratische Aktion" Nr. 14]

Reisner, Stefan (Hrsg.): Briefe an Rudi D., Frankfurt, Berlin 1968 [Voltaire Flugschrift Nr. 19, hg. von Bernward Vesper]

Strauß, Gerhard: Radikalenerlaß/Extremistenbeschluß/Berufsverbot, in: Strauß, Gerhard, Haß, Ulrike, Harras, Gisela: Brisante Wörter von Agitation bis Zeitgeist. Ein Lexikon zum öffentlichen Sprachgebrauch, Berlin, New York 1989 [Schriften des Instituts für deutsche Sprache, hg. von J. Erben, I. Reiffenstein, G. Stickel, Bd. 2] S. 316 - 323

Lexikographische Erfassung

DWB IV (1982) 596: "pol. Konzeption des SDS"
WDG (1969), (1974): 00
WDS (1978): n.a.SchW

BHE (1970): 00;
XXIII (1976) 138: "bes. bei der Neuen Linken im übertragenen Sinne gebraucht"
(1990): nur auf China (Rote Armee) bezogen
GBH VI (1979) 653: "bei der Neuen Linken wurde der Begriff oft im übertragenen Sinn gebraucht"
MEL (1975), MNL (1979), NBH (1985), NDL (1984): nur auf China (Rote Armee) bezogen

AVW 58: "Die Infiltrationsmethode hat eine aussagekräftige Bezeichnung gefunden im Schlagwort 'der Marsch durch die Institutionen'."
BEC, NUN, WEI: 00
KOP n.a.SchW

Belege

(1)

Dutschke will ausdrücklich nicht Berufspolitiker sein, und er will auch keine Berufspolitiker. Zwar kann der "*lange Marsch durch die Institutionen*" zwanzig Jahre währen und darüber, aber er soll nicht von Berufspolitikern organisiert werden, und also auch nicht von Berufsrevolutionären.

Rudolf Augstein: Herrn Rudi Dutschkes Umwälzung der Wissenschaft, in: Spiegel 51/1967 v. 11.12.67, S. 73 a

(2)

Wo immer die utopische Reise hingehen soll - dorthin führt, wie die Rebellen mit Mao sagen, "*ein langer Marsch*".

Spiegel 17/1968 v. 22.04.68, S. 26 b

(3)

In der Studentenrevolte haben die Radikalen Che Guevara und Mao zitiert [...] Ihre Gemeinsamkeit ist das, was die chinesischen Kommunisten in der Erinnerung an ihren eigenen Sieg den "*langen Marsch*" nennen, ein *langer Marsch* der mutigen Minderheit gegen die zunächst stark überlegene Macht der Unterdrücker [...]
Aber gerade dieses Konzept, in dem sich Mao und Che [...] einig sind, stimmt für unsere hochorganisierte Wohlstands-Gesellschaft nur in einem Punkt: das Ziel ist nur auf einem "*langen Marsch*" zu erreichen; im Detail aber [...] stimmt es ganz und gar nicht [...]: für die differenzierte und komplizierte Gesellschaft, in der wir leben, arbeiten und kämpfen, deren Ausbeuter und Ausgebeutete, deren Nutznießer wir sind, werden die Etappen des "*langen Marsches*" ganz anders aussehen als in China, Asien, Südamerika und Afrika [...]

Walter Dirks: King oder Che? Am Beginn eines christlichen Dilemmas,
in: FH 10/1968, S. 684

(4)

Dem Christian Semler [einem führenden Mitglied des SDS] gilt der "*lange Marsch durch die Institutionen*" (Rudi Dutschke) als schierer Revisionismus.

Spiegel 46/1968 v. 11.11.68, S. 70 c

(5)

Sp.: Sie halten also den von Dutschke zitierten "*langen Marsch durch die Institutionen*" - eine Zeit von mehreren Jahrzehnten - für notwendig?

"Revolution aus Ekel"
Spiegel-Gespräch mit dem Philosophen Herbert Marcuse,
in: Spiegel 31/1969 v. 28.07.69, S. 106 a

(6)

In dem Deutschland seit Luther, Fritz, Bismarck, Hindenburg, Hitler und Adenauer ist der demokratische *Marsch in die Institutionen*, der kein Marsch à la Dutschke sein wird, *ein langer Marsch.*

Rudolf Augstein: Für eine neue Regierung,
in: Spiegel 40/1969 v. 30.09.69, S. 26 a

(7)

Briefwahl und Mitbestimmungsbegrenzung aber scheinen dem Christdemokraten Gölter noch nicht wirksam genug: "Bei uns ist die Stimmung zu aufgeregt; die Radikalen sind auf dem *Marsch durch die Institutionen."*

[Bericht über Mitbestimmung an ausländischen Universitäten]

Spiegel 9/1972 v. 21.02.72, S. 41 a

(8)

Aus der Hamburger SPD war 1971 der erste Anstoß zur Verabschiedung jenes umstrittenen "*Radikalenbeschlusses*" der Ministerpräsidenten gekommen, den Klug [Prof. Dr. Ulrich Klug, Justizsenator in Hamburg] von Anfang an für "verunglückt" hielt.

Spiegel 36/1974 v. 02.09.74, S. 25 b

(8 a)

Der *Extremistenerlaß* ist ohne die Ostpolitik und die Schlacht, die um sie geführt wurde, nicht zu verstehen.
Vor diesem Hintergrund meinten die Innenminister der Länder und deren Regierungschefs, dem "*Marsch durch die Institutionen*", von der radikalen Studentenopposition verkündet, begegnen zu müssen. Es sollte stärker auf die Verfassungstreue von Angehörigen des öffentlichen Dienstes geachtet werden. Vom Prinzip her nichts Neues, vielmehr eine Frage, wie geltendes Recht angewendet würde. (301) [...]
Daß der Erlaß fast nur gegen "links", kaum gegen "rechts" in Anspruch genommen wurde, entsprang dem besonderen Klima in der Bundesrepublik.
Zu den Mißverständnissen über "*Berufsverbote*" trug die Eigenart des deutschen Beamtenbegriffs nicht wenig bei. Daß für Lehrer, Postler und

Eisenbahner gelten soll, was für Bedienstete in sicherheitsrelevanten Bereichen erforderlich ist, war schwer verständlich zu machen. (302)

Willy Brandt: Erinnerungen,
Frankfurt/M. 1989, S. 301 f

Lebensqualität

Syn./Var.: Qualität des Lebens

Das Schlagwort *Lebensqualität* kommt 1972 in der Bundesrepublik auf und wird von diesem Zeitpunkt an von den Medien übernommen und intensiv diskutiert.

Es handelt sich um eine Lehnübersetzung aus dem Amerikanischen, wo der von dem amerikanischen Fernsehkommentator Eric Sevareid geprägte Begriff in den 50er/60er Jahren bereits populär war[1].

Für das Deutsche gilt Erhard Eppler als Vater dieses Schlagworts[2], der früheste Beleg allerdings stammt aus einer Rede Willy Brandts vor dem Politischen Club der Evangelischen Akademie Tutzing am 13.07.71[3]. Spätestens seit der Aufnahme des Schlagwortes in die Regierungserklärung Willy Brandts vom 18.01.73[4] aber hatte es seinen festen Platz in der öffentlichen Diskussion.

Eine Definition des Schlagwortes ist schwierig, da der Begriff zunächst "nur negativ faßbar"[5] zu sein scheint. So fällt es nicht schwer,

---

1 *Quality of life* läßt sich schon für das Jahr 1784 nachweisen, allerdings ohne weltanschaulich-politischen Hintergrund, sondern als Zufallsprägung. An der weiteren Verbreitung in den USA in diesem Jahrhundert waren nach Sevareid der UNO-Botschafter Adlai Stevenson, der Journalist William Safire, die Kennedy-Berater Arthur Schlesinger und Kenneth Galbraith wie auch Präsident Johnson beteiligt; vgl. Kann (1975), S. 50.
Ebenfalls 1972 wurde *la qualité de la vie* im Französischen durch eine gleichnamige Fernsehserie bekannt; vgl. ebd.

2 Vgl. Swoboda, S. 38, Nunn, S. 132 ff sowie Herrmann, S. 59. Guggenberger (S. 414) behauptet, der Begriff werde Eppler "oft fälschlich" zugeschrieben, entstamme jedoch "in Wahrheit einem Tagungskonzept Otto Brenners" [des Vorsitzenden der IG Metall von 1952 - 1972].
Daß Swoboda (S. 38) ausdrücklich betont, *Lebensqualität* sei kein politisches Schlagwort, dürfte auf einen eingeschränkten, nämlich ausschließlich pejorativen Schlagwortbegriff zurückzuführen sein. (Vgl. auch ebd. S. 151.) Stave betont dagegen den Signalcharakter von Schlagwörtern und erklärt *Qualität des Lebens* zum "Wort des Jahres 1972".

3 Vgl. Kann (1975), S. 51 sowie Brandt (Reden u. Interviews): "*Standard of living* und *Quality of life* sind eben nicht dasselbe." (S. 577); "Meiner Meinung nach muß es um eine Gesellschaft gehen, die von der Frage ausgeht, wie die Menschen in ihr sich entfalten und verwirklichen können. Eine Gesellschaft, die nach der *Qualität des Lebens* fragt." (S. 583); "Aber ich muß denen beipflichten, die uns mit Nachdruck darauf hinweisen, daß die kollektive Komponente des Lebensstandards - oder der *Lebensqualität* - immer wichtiger wird." (S. 584)
Brandt nennt Hans Jochen Vogel, Erhard Eppler "und andere Sozialdemokraten" als diejenigen, die den Begriff "in die politische Diskussion in der Bundesrepublik eingeführt haben" (Brandt [1972], S. 739).

4 Vgl. Regierungserklärung vom 18.01.73, in: Pulte, S. 260 - 292, bes. S. 262, 269, 275, 279 sowie Bracher, Jäger, Link, S. 94. Hier wird sogar vermutet, daß ab 1973 *Lebensqualität* teilweise an die Stelle von *Reform* trete.

5 Eppler, S. 22. Daß es noch keine "allgemein anerkannte" Definition gibt, verzeichnet MEL XIV, S. 725.

Faktoren aufzuzählen, die der Lebensqualität abträglich sind, eine vollständige Zusammenstellung von Bedingungen, die für eine optimale Lebensqualität sorgen, scheint dagegen illusorisch, zumal auch subjektive Wertungen und Gewichtungen bei der Beurteilung von Lebensqualität von Bedeutung sind[6]. Eppler schlägt eine politische Definition vor, die dem Dortmunder Wahlprogramm der SPD vom 13.10.72 entnommen ist:

> **Lebensqualität ist mehr als höherer Lebensstandard. Lebensqualität setzt Freiheit voraus, auch Freiheit vor Angst. Sie ist Sicherheit durch menschliche Solidarität, die Chance zur Mitbestimmung und Selbstverwirklichung, zum sinnvollen Gebrauch der eigenen Kräfte in Arbeit, Spiel und Zusammenleben, zur Teilhabe an der Natur und den Werten der Kultur, die Chance gesund zu bleiben oder zu werden. Lebensqualität meint Bereicherung unseres Lebens über den materiellen Konsum hinaus.**[7]

Zweierlei war der SPD mit dieser Definition gelungen: zunächst hatte sie das Programm des Schlagwortes so umschrieben, daß keiner dem Teil ihres Wahlprogramms, der mehr Lebenqualität forderte, inhaltlich widersprechen konnte. Weiterhin hatte sie einen positiv besetzten Begriff okkupiert, der in der Öffentlichkeit tatsächlich fast nur noch mit ihr in Verbindung gebracht wurde (vgl. Beleg 5).

Dementsprechend ging es in der Diskussion über *Lebensqualität* auch nicht um ein Pro und Contra zum Programm dieses Schlagwortes.

Die Teile der Öffentlichkeit, die dem Schlagwort positiv gegenüberstanden, bemühten sich um eine Konkretisierung und Umsetzung seines Programms. Dabei wurden v. a. folgende Aspekte hervorgehoben:

Lebensqualität sei etwas anderes als Konsumstandard, der am Bruttosozialprodukt ablesbar sei[8]. Mit der Steigerung des Konsums und des Bruttosozialprodukts sei keineswegs auch immer eine Steigerung der Lebensqualität verbunden[9]; vielmehr berge diese Variante der Fortschrittsgläubigkeit gerade vielfältige Gefahren, v. a. die der Umweltzerstörung (-> Umweltschutz), die die Lebensqualität senkten und die Lebensbedingungen künftiger Generationen immer weiter verschlechterten[10]. Außerdem gehörten zu einer verbesserten Lebenqualität zahlreiche Momente, die durch das Bruttosozialprodukt überhaupt nicht erfaßbar seien

---

6 Vgl. Swoboda, S. 87, 96 ff, 152 ff, Engelhardt [u. a.], S. 16 f, 111 ff.

7 Eppler, S. 45 f und Wahlprogramm der SPD von 1972, S. 27.

8 Vgl. Swoboda, S. 40, Engelhard [u. a.], S. 7, 9 ff, Eppler, S. 32 ff, 99, Kumm, S. 154 ff.

9 Vgl. Swoboda, S. 47 ff. Hier werden sogar Beispiele für eine Steigerung des Lebensstandards unter gleichzeitiger Verminderung der Lebensqualität angeführt. Vgl. aber auch Kumm, S. 156.

10 Vgl. Swoboda, S. 75, Eppler, S. 60 sowie Johannes Rau: Qualität des Lebens in der Zielvorstellung der SPD, in: "Lebensqualität?", S. 39 - 52, bes. S. 41 ff.

wie etwa Selbstbestimmung und Partizipation, soziale Gerechtigkeit und Solidarität[11]. In diesem Zusammehang sei über die Bewertung der Leistungsgesellschaft, über die Grenzen des Wachstums und den Umweltschutz wie über -> Mitbestimmung und -> Demokratisierung nachzudenken[12]. Es sei daher ein generelles Umdenken erforderlich, um von der Überbetonung der materiellen Werte zu einer angemessenen Würdigung von Zielen und Werten zu kommen, "deren Verwirklichung zwar zu berechenbaren Kostenaufwänden führt, nicht aber zu objektiv meßbarem Nutzen"[13]. Als eine vordringliche Aufgabe müsse es daher angesehen werden, Lebensqualität quantifizierbar zu machen,

> wenn das Konzept der "Lebensqualität" davor bewahrt werden soll, ein leeres Schlagwort zu bleiben, in das jedermann seine eigenen Ideen hineinphantasieren kann. Nur wenn die Messung der Lebensqualität eingermaßen exakt möglich ist, kann auf sachlichem Niveau mit Politikern, Nationalökonomen, Soziologen, Technokraten und Umweltschützern über Steigerung oder auch Bedrohung dieser Lebensqualität ernsthaft diskutiert werden.[14]

Dazu bedürfte es eines Kataloges von Indikatoren, die Veränderungen von Lebensqualität meßbar machten und es so ermöglichten, systematisch an ihrer Verbesserung zu arbeiten[15].

Von Gegnern dieser Position wurden formale Einwände gegen den Begriff *Lebensqualität* erhoben: er sei derart vage und unpräzis, daß er kaum diskutabel sei; man könne alles und nichts darunter verstehen, er sei ein "semantisches Vakuum"[16]. Zweifellos sei es Taktik, eine derartige Leerformel in die Diskussion zu werfen, deren Funktion darin bestehe, "daß sich jedermann in jeder Hinsicht Reformhoffnungen machen kann"[17]. Im sozialdemokratischen Wahlprogramm stehe es demgemäß "für nahezu alles, was das Leben des Menschen gut und teuer macht"[18].

---

11 Vgl. Engelhardt [u. a.], S. 59 sowie Brandt (1972), S. 740.

12 Vgl. die Zusammenstellung bei Engelhardt [u. a.], S. 102 f.

13 Ebd., S. 10.

14 Swoboda, S. 151.

15 Auf die Problematik der Quantifizierbarkeit von Lebensqualität mittels Sozialindikatoren soll hier nicht näher eingegangen werden, da sie wegen ihrer Komplexität in der öffentlichen Diskussion keine Rolle spielte. Vgl. zur Sache: Engelhardt [u. a.], S. 97 ff, Eppler, S. 46 ff, Kumm, S. 149 ff, Swoboda, S. 151 ff.

16 Claus Offe: Qualität des Lebens - politikwissenschaftliche Aspekte eines politischen Schlagworts, in: "Lebensqualität?", S. 129 - 135, Zitat: S. 134; vgl. auch Herrmann, S. 61.

17 Offe, a.a.O., S. 134; vgl. auch von Weiss, S. 199.

18 Werner Maihofer: Qualität des Lebens in der Zielvorstellung der F.D.P., in: "Lebensqualität?", S. 53 - 64, Zitat: S. 55. Trotz dieser Äußerung hält Maihofer *Lebensqualität* für ein "Schlüsselwort" des Bereiches Demokratisierung der Gesellschaft (vgl. ebd., S. 64).

> Einerseits legt sich das so programmierte politische Handlungssystem nicht auf einen detaillierten Reformkatalog fest, sondern beläßt die politisch-praktische Operationalisierung von Lebensqualität im Vagen; andererseits läßt diese Unbestimmtheit (über die die reaktionäre Presse nicht ohne Grund ihre hämischen Possen reißt) einen Deutungsspielraum offen, in den konkrete Forderungen Eingang finden können, die durchaus jenseits des Horizonts sozialdemokratischer Reformabsichten liegen.[19]

Zusammenfassend läßt sich also sagen, daß Einwände aus naheliegenden Gründen nicht gegen das im Schlagwort enthaltene Programm, sondern nur gegen die Vagheit des Begriffs gemacht wurden.

Dies wird auch in den Belegen widergespiegelt: während einerseits eine Konkretisierung des Schlagwortes versucht wird (vgl. Belege 1, 2), wird auf der anderen Seite die Inhaltslosigkeit des Begriffs kritisiert (vgl. Beleg 4). Für die Existenz eines Schlagwortes finden sich ausreichend Anhaltspunkte: Beleg 3 nennt das Schlagwort als Zentralpunkt der SPD-Wahlstrategie, Beleg 5 zeigt die Ideologisierung des Wortes, während Beleg 6 seine Frequenzsteigerung und gleichzeitige Vagheit anführt. Die Lebensdauer dieses Schlagwortes ist nicht genau auszumachen, aber bereits am Anfang der Ära Schmidt dürfte es als Schlagwort allmählich an Bedeutung verloren haben.

19 Offe, a.a.O., S. 131.

Literatur

Bracher, Karl Dietrich, Jäger, Wolfgang, Link, Werner: Republik im Wandel 1969 - 1974. Die Ära Brandt, Stuttgart, Mannheim 1986 (Geschichte der Bundesrepublik Deutschland, hg. von K. D. Bracher [u. a.], Bd. 5/I)

Brandt, Willy: Rede vor dem Politischen Club der Evangelischen Akademie Tutzing am 13. Juli 1971, in: Bundeskanzler Brandt: Reden und Interviews (I), hg. vom Presse- und Informationsamt der Bundesregierung, (o.O., o.J.), S. 576 - 584

Ders.: Die "Qualität des Lebens", in: Die Neue Gesellschaft 19 (1972) H. 10, S. 739 - 742

Engelhardt, Hans Dietrich [u. a.]: Lebensqualität - zur inhaltlichen Bestimmung einer aktuellen politischen Forderung. Ein Beitrag des Sozialwissenschaftlichen Instituts der evangelischen Kirchen in Deutschland, Wuppertal 1973

Eppler, Erhard: Maßstäbe für eine humane Gesellschaft: Lebensstandard oder Lebensqualität? Stuttgart [u. a.] 1974

Guggenberger, Bernd: Umweltpolitik und Ökologiebewegung, in: Benz, Wolfgang (Hrsg.): Die Geschichte der Bundesrepublik Deutschland, Band 2: Wirtschaft, S. 393 - 427, Aktualisierte u. erw. Neuausg., Frankfurt 1989

Herrmann, Ludolf: Schlagwort: Qualität des Lebens. Die Sozialisierung der Bedürfnisse, in: Die politische Meinung 17 (1972) H. 145, S. 57 - 62

Kann, Hans-Joachim: "Qualität des Lebens" / "Lebensqualität". Versuch einer kurzen Wortgeschichte, in: Der Sprachdienst 18 (1974) H. 11, S. 177

Ders.: "Qualität des Lebens" / "Lebensqualität". Anmerkungen zur Wortgeschichte, in: Muttersprache 85 (1975), S. 50 - 52

Kumm, Jürgen: Wirtschaftswachstum Umweltschutz Lebensqualität. Eine systemanalytische Umweltstudie für die Bundesrepublik Deutschland bis zum Jahr 2000, Stuttgart 1975

Lebensqualität, in: Meyers Enzyklopädisches Lexikon, Bd. XIV (1975), S. 725 - 726

"Lebensqualität?" Von der Hoffnung Mensch zu sein. Herausgegeben von der Landeszentrale für politische Bildung des Landes Nordrhein-Westfalen, Köln 1974

Meadows, Dennis [u. a.]: Die Grenzen des Wachstums. Bericht des Club of Rome zur Lage der Menschheit, Reinbek bei Hamburg 1973

Regierungserklärungen 1949 - 1973. Zusammengestellt von Peter Pulte, Berlin, New York 1973

Schultz, Uwe (Hrsg.): Lebensqualität. Konkrete Vorschläge zu einem abstrakten Begriff, Frankfurt/M. 1975

[Sta]ve, [Joachim]: Qualität des Lebens, in: Der Sprachdienst 16 (1972), H. 12, S. 220

Swoboda, Helmut: Die Qualität des Lebens. Vom Wohlstand zum Wohlbefinden, Frankfurt 1974

Wahlprogramm der SPD. Beschlossen vom Außerordentlichen Parteitag Dortmund, 13.Oktober 1972

Weiss, Andreas von: Schlagwörter der Neuen Linken. Die Agitation der Sozialrevolutionäre, München, Wien 1974 [Gesellschaft und Staat, Bd. 179/180]

Lexikographische Erfassung

DWB IV (1982) 430: "politisches Schlagwort"
WDG (1969): 00
WDS IV (1978) 1648: "Schlagworte wie Selbstverwirklichung und L." (Hörzu 25, 1976, 115) [Beleg]

BHE (1970): 00
XXIII (1976) 147: "Die inhaltliche Unschärfe des Begriffs 'L.' hat dazu geführt, daß er zur Begründung sehr unterschiedlicher Zielvorstellungen herangezogen wurde. Oft dient er als Kampfparole für die Kritik an der freiheitlichen Wirtschafts- und Gesellschaftsordnung"
XIII (1990) 180 ff: L. = "Schlüsselbegriff"
GBH VII (1979) 52 f: "Schlagwortartiger Sammelbegriff für die Summe schwer definierbarer Elemente, die Glück und Zufriedenheit der in einem Staat lebenden Menschen ausmachen"
MEL XIV (1975) 725: "komplexer Begriff, für den es noch keine allgemein anerkannte Definition gibt"
MNL V (1980) 9: "komplexer Begriff, für den es noch keine allg. anerkannte Definition gibt"
NBH V (1985) 348: "schlagwortartiger Sammelbegriff für die Summe jener schwer definier- und meßbaren Elemente, die Glück oder Zufriedenheit der in einem Staat lebenden Menschen ausmachen"
NDL VI (1984) 2243: "Begriff, für den es noch keine allg. anerkannte Definition gibt"

AVW 199 f: SchW
BEC n.a.SchW
NUN 132 ff: SchW

Belege

(1)

Sp.: Herr Loderer, auf einer internationalen Arbeitstagung ihrer Gesellschaft in Oberhausen haben renommierte Wissenschaftler aus West und Ost verlangt, daß die Industriegesellschaften künftig die Frage nach der *Qualität des Lebens* in den Vordergrund stellen müßten. Ist es richtig, daß die dort vorgetragenen Thesen eine Neuorientierung der Gewerkschaftspolitik einleiten werden? [...] Ihr Experte für Fragen des technischen Fortschritts, Günter Friedrichs, hat definiert, was unter besserer *Lebensqualität* zu verstehen sei: "daß Urlauber und Pendler nicht im Schneckentempo fahren müssen, daß es in schnellen Bussen, Straßen- und U-Bahnen oder anderen neuen Verkehrssystemen genügend Sitzplätze gibt. Es ist ein wesentlicher Unterschied, ob nur wenige oder alle Bürger im Krankenhaus Anspruch auf ein Zweibett-Zimmer haben oder ob unsere Flüsse und Seen statt Erholungsgebiete biologisch tote Kloaken sind. Die Gewerkschaften dürfen nicht länger hinnehmen, daß die Luft verpestet, die Landschaft verschandelt und daß die Kinder in der Schule und Lehre für Ausübung begrenzter Tätigkeiten dressiert werden, statt volle Chancengleichheit zu erhalten. (54 a - c) [...]
Die Forderung nach mehr *Qualität des Lebens* geht davon aus [...], daß dem Marktmechanismus "selbstzerstörerische Kräfte" innewohnen, denen es zu begegnen gelte. (57 a)
L.: Zum anderen gibt es auch eine ganze Reihe von Reformen, die kostenneutral sind, beispielsweise die Ausdehnung der Mitbestimmung. Das wäre ebenfalls ein Stück Qualitätsverbesserung für Arbeitnehmer, Einfluß zu nehmen auf das Betriebsgeschehen.
Sp.: Die jetzt auftauchenden Probleme der Erschöpfung bestimmter natürlicher Ressourcen - etwa Wasser und Luft - hängen zusammen mit einem Stück *Lebensqualität*, das in den letzten 20 Jahren entstanden ist. Sie ist Ergebnis einer raschen Zunahme des Wohlstands, auch für die Arbeitnehmer.
L.: Jawohl, das ist völlig richtig. Auch mehr Einkommen ist mehr *Qualität des Lebens*.
Sp.: Insofern wird auch künftig das Problem bestehen bleiben, daß Qualität und nachhaltige Gefährdung der Gesellschaft ineinanderhängen.

L.: Genauso ist es. Und wir verkennen keineswegs, daß private Investitionen zur *Qualität des Lebens* beigetragen haben und beitragen. (58 b, c)

"Forderung nach besserer Lebensqualität"
Spiegel-Gespräch mit Eugen Loderer, Kandidat für den Vorsitz der IG Metall,
in: Spiegel 24/1972 v. 05.06.72, S, 54 a - c, 57 a, 58 b, c

(2)

E.: Immer mehr Wähler, gerade die kritischen, sehen ein, daß die *Qualität des Lebens* für den einzelnen Bürger schon heute weniger durch den Zuwachs des privaten Konsums als durch einen Zuwachs öffentlicher Leistungen und öffentlicher Investitionen gesichert werden muß. (52 a, b)
[...]
Sicher, ich traue mir auch zu, dem Wähler klarzumachen, daß etwa der Bau einer Kläranlage am Rhein oder am Neckar Arbeitsplätze schafft und überdies für die *Qualität seines Lebens* wichtiger ist als die Produktion irgendeines Waschmittels, das noch besser schäumt als andere. (54 a)

"Die Konservativen mobilisieren Ängste"
Entwicklungshilfeminister Erhard Eppler über Reformen und soziale Marktwirtschaft,

in: Spiegel 31/1972 v. 24.07.72, S. 52 a, b, 54 a

(3)

Eine Woche vor Auflösung des 6. Deutschen Bundestages haben die Parteien ihre Wahlstrategien festgelegt: Die SPD will mit "*Lebensqualität*", die Opposition mit Ordnung und Stabilität, die FDP mit "Vorfahrt für Vernunft" Stimmen fangen. (19) [...]
Schon Anfang der Woche hatten die Landes- und Bezirksvorsitzenden der Sozialdemokraten über eine SPD-Wahlplattform zu befinden, die von einer Viererkommission mehr bieder als attraktiv entworfen worden war [...]
Brav erfüllten die Kommissionäre unter dem Leitmotiv "*Lebensqualität* für alle" sowohl die Bedingungen der Parteirechten als auch die Forderungen der Linken: mit Boden- und Vermögensplänen, der Fristenlösung bei der Schwangerschaftsunterbrechung und gesetzlichen Mindestanforderungen an die Qualität von Mietwohnungen.

Spiegel 39/1972 v. 16.09.72, S. 19, 20 c

(4)

Abermals rauschte Beifall auf, als der Altkanzler [Ludwig Erhard] jene geißelte, die von "einer inhaltslosen *Qualität des Lebens*" faseln, die sich ohne Befähigungsnachweis mit hohlen Phrasen als Volksbeglücker aufspielen".

Spiegel 45/1972 v. 30.10.72, S. 30 a

(5)

Doch nicht nur von den Amerikanern war der christdemokratische Wortforscher [Gerhard Mahler, Staatssekretär beim Ministerpäsidenten von Baden-Württemberg] beeindruckt. Auch die SPD, so fand Mahler, "ist uns da voraus". Denn die seit 1969 auf das Schlüsselwort "Reform" gestimmte SPD hätte es verstanden, ehemals parteipolitisch neutrale Wertbegriffe wie Demokratisierung, Mitbestimmung, *Lebensqualität* und Humanisierung der Arbeitswelt so sehr mit ihrer eigenen Politik zu identifizieren, daß die meisten Wähler heute diese Formeln kaum noch mit der CDU in Verbindung brächten.

Spiegel 32/1974 v. 05.08.74, S. 48 a

(6)

Das Wort von der "*Qualität des Lebens*" hat inzwischen in unserer politischen Landschaft einen so festen Platz erobert, daß man es aus keiner Sonntagsrede mehr wegdenken kann. Im umgekehrten Verhältnis zu seiner quantitativen Verwendung als Schlagwort stehen jedoch die qualitativen Bemühungen um diesen Begriff, - Versuche, diese gesellschaftspolitische Forderung konkret und in seiner ganzen Vielfalt zu bestimmen, ganz zu schweigen von ernsthaften Anstrengungen, diese neue Dimension unserer Gesellschaftspolitik in die Wirklichkeit umzusetzen.

[Buchbesprechung von: "Aufgabe Zukunft - Qualität des Lebens. Beiträge zur Vierten Internationalen Arbeitstagung der Industriegewerkschaft Metall für die Bundesrepublik Deutschland [...]
Frankfurt/Main 1972 - 1974]

Werner Peters: Kompendium des Problembewußtseins unserer Zeit,
in: FH 12/1974, S. 914 b

Mitbestimmung

Syn./Var.: paritätische Mitbestimmung, qualifizierte Mitbestimmung, Demokratisierung der Wirtschaft, Wirtschaftsdemokratie

Mitbestimmung ist ein Schlagwort, das in den sechziger und siebziger Jahren besondere Aktualität gewinnt. Es handelt sich um keine Neuprägung, Forderungen nach Mitbestimmung finden sich bereits im 19. Jahrhundert[1]. In seiner heutigen Bedeutung wurde *Mitbestimmung* zuerst auf dem Breslauer Kongreß des Allgemeinen Deutschen Gewerkschaftsbundes 1925 verwendet[2]. Im deutschsprachigen Raum hat Fritz Naphtali mit seinem Buch "Wirtschaftsdemokratie" aus dem Jahre 1928 für die Verbreitung des Mitbestimmungsgedankens gesorgt.

Das Programm, das sich in diesem Schlagwort kristallisiert, ist umstritten:

> Mitbestimmung, participation, workers' control, autogestion, industrial democracy, Wirtschaftsdemokratie - diese alten und neuen Schlagworte rufen Hoffnungen, Geringschätzung, Befürchtungen hervor.[3]

Eine Definition von *Mitbestimmung* ist daher schwierig; bislang gibt es noch "keine allseits anerkannte Definition des Begriffes"[4]. Deshalb kann auch hier nur eine allgemeine - weitgefaßte - Definition wirtschaftlicher Mitbestimmung angeführt werden:

> **Mitbestimmung (der Arbeitnehmer). Darunter versteht man die maßgebliche Beteiligung der Arbeitnehmer an den sozialen, personellen und wirtschaftlichen Angelegenheiten eines Betriebs oder**

---

1 In England bürgerte sich der Begriff *Industrial Democracy* durch ein Buch gleichen Titels von Sidney und Beatrice Webb 1897 ein; vgl. Hondrich, S. 4, Anm. 4, Naphtali, S. 13.
Für Frankreich finden sich entsprechende Gedanken in einer unveröffentlichten Schrift Graf Saint Simons (1760 - 1825) aus dem Jahre 1819: "Beweis, daß die Französischen Proletarier zur richtigen Verwaltung des Eigentums fähig sind"; vgl. Reichold.
Zur Geschichte der Mitbestimmung vgl. Stollreither, S. 30 ff.

2 Vgl. Beck, Art. 'Mitbestimmung', S. 609.

3 Hondrich, S. IX.

4 Niedenhoff, S. 10; vgl. auch Diefenbacher / Nutzinger, S. 26 ff. Weddigen, S. 13, spricht in diesem Zusammenhang von *Mitbestimmung* als einem Schlagwort, "das fast alle Formen und Möglichkeiten einer [...] Zusammenarbeit von Arbeitnehmern [...] mit Unternehmern an betrieblichen wie überbetrieblichen Beschlüssen der Wirtschaftsführung und Sozialpolitik umfaßt".

Unternehmens. Zu unterscheiden sind betriebliche M. u. Unternehmensmitbestimmung.[5]

Anfang der sechziger Jahre wurde durch die Gewerkschaften die Diskussion um die Mitbestimmung erneut in Gang gesetzt. Nachdem bereits am 21.05.1951 die Mitbestimmung im Montan-Bereich gesetzlich geregelt worden war[6], forderten die Gewerkschaften nun die Ausdehnung der paritätischen oder qualifizierten Mitbestimmung auf alle Großunternehmen[7]. Konkret bedeutete diese Forderung, daß die Aufsichtsräte entsprechender Unternehmen zu gleichen Teilen von Arbeitnehmern und Anteilseignern (sowie einem sogenannten 'neutralen' Mann) besetzt werden sollten[8] und den Arbeitnehmern somit erhebliche Entscheidungsbefugnisse eingeräumt würden.

Dieses Konzept einer für alle Großbetriebe verbindlichen paritätischen Mitbestimmung löste eine heftige öffentliche Diskussion aus, an der sich zahlreiche gesellschaftliche Institutionen beteiligten.

Befürworter einer erweiterten wirtschaftlichen Mitbestimmung (unter ihnen neben den Gewerkschaften vor allem die SPD) betonten den Demokratiegedanken (vgl. Belege 4, 10, 13, 17). Unternehmen und Betriebe dienten nicht allein dem ökonomischen Ziel der Gewinnmaximierung, sondern seien auch gesellschaftliche Gebilde, die einem demokratischen Menschen- und Gesellschaftsbild angepaßt werden müßten[9] (-> Demokratisierung). Da Unternehmen und Betriebe jeweils auf Kapital *und* Arbeitskraft angewiesen seien, sei es nur natürlich, daß auch Vetreter des Kapitals *und* Vertreter der Arbeit demokratisch über entscheidende Belange zu bestimmen hätten, zumal auch die Risiken unternehmerischer Entscheidungen von beiden getragen werden müßten; für den Arbeitnehmer sei das Risiko außerdem oft größer als für den Unternehmer, da dieser nur mit seinem eingesetzten Kapital hafte, jener aber seinen Arbeitsplatz verlieren könne. Der Verlust des Arbeitsplatzes aber treffe einen Arbeiter u. U. härter als den Unternehmer ein kalkulierbarer finanzieller Verlust[10].

Die Vorstellung, daß ein Unternehmen lediglich den Interessen seines Unternehmers zu dienen habe, sei Ausdruck einer unmenschlichen Hal-

---

5 Avenarius, S. 276 f, Art. 'Mitbestimmung'; weitere Definitionen bei Apel, S. 81 ff, Nell-Breuning (1968), S. 18 f, Niedenhoff, S. 10. Weddigen, S. 13 ff, gibt einen Überblick über die verschiedenen Definitionen des Begriffs in den Handbüchern der Wirtschafts- und Sozialwissenschaften.

6 Vgl. dazu die beiden Bände Montanmitbestimmung; das Montan-Mitbestimmungsgesetz ist abgedruckt bei Kittner, S. 15 - 21.

7 Vgl. die Forderungen des DGB bei Hergt, S. 127 ff.

8 Zu den Einzelheiten der paritätischen Besetzung vgl. Niedenhoff, S. 31 f.

9 Vgl. Apel, S. 70 ff, Nell-Breuning (1968), S. 37 ff, Mitbestimmung im Unternehmen. Bericht der Sachverständigenkommission, S. 32 f [im folgenden zitiert als 'Sachverständigenkommision'], Scholz, S. 12, 24 f.

10 Vgl. Sachverständigenkommission, S. 31.

tung, die Arbeiter zum vermeintlich interessenlosen Objekt der Wirtschaft mache[11]. Eine menschenwürdige Stellung des Arbeitnehmers sei aber gerade in Großunternehmen nicht gewährleistet. Hier sei der Arbeitnehmer oft nur "Rädchen im Getriebe". Deshalb bedürfe es der Interessenvertretung der Arbeitnehmer bei der Unternehmenspolitik, die durch eine umfassende Mitbestimmung wirksam ermöglicht werden könne[12].

Demgegenüber wurden von Gegnern einer erweiterten paritätischen Mitbestimmung Eigentumsvorbehalte geltend gemacht[13]. Die Bundesvereinigung der Deutschen Arbeitgeberverbände (BDA) etwa argumentierte, daß eine paritätische Mitbestimmung die Verfügungsgewalt über das unternehmerische Eigentum stark einschränke oder gar außer Kraft setze. Trotzdem aber bleibe die Haftung für unternehmerische Entscheidungen allein beim Unternehmer. Diese Haftung könne ihm jedoch nur für Entscheidungen zugemutet werden, die er allein zu verantworten habe[14]. Die von den Gewerkschaften geforderte Ausdehnung der paritätischen Mitbestimmung schade also nur der Wirtschaft, indem sie die unternehmerische Entscheidungsfreiheit einschränke[15].

Weiterhin gaben Gegner der Mitbestimmung zu bedenken, daß mit der paritätischen Mitbestimmung eine nicht wünschenswerte Machtkonzentration zugunsten der Gewerkschaften installiert werde[16]. Das von den Gewerkschaften angeführte Argument, so die Macht der Unternehmer kontrollieren zu wollen, sei nicht stichhaltig, da Unternehmen ohnehin schon zahlreichen Kontrollen und Einschränkungen unterlägen, so daß zusätzliche Beschränkungen nicht zu rechtfertigen seien[17].

Zusätzlich werde durch generelle paritätische Mitbestimmung das Prinzip der Tarifautonomie gebrochen: bei Tarifverhandlungen würden auf beiden Seiten Gewerkschaftsvertreter sitzen, es entstünde so die Gefahr eines "gewerkschaftlichen Lohndiktats"[18].

Die Argumente gegen die paritätische Mitbestimmung zusammenfassend bemerkt die BDA:

---

11 Vgl. Nell-Breuning (1968), S. 37 ff.

12 Vgl. Sachverständigenkommission, S. 30.

13 Vgl. ebd., S. 42 ff.

14 Vgl. Niedenhoff, S. 60 f, Nell-Breuning (1968), S. 53 ff. Zur juristischen Bewertung dieses Argumentes vgl. Raiser, S. 46 ff, Scholz, S. 56 ff.

15 Vgl. das Faltblatt über Mitbestimmung, 1968 veröffentlicht vom Arbeitskreis Mitbestimmung bei der Bundesvereinigung der Deutschen Arbeitgeberverbände [im folgenden zitiert als 'Faltblatt BDA'], in: Hergt, S. 169.

16 Vgl. Sachverständigenkommission, S. 45.

17 Vgl. Faltblatt BDA, a.a.O., S. 170, Sachverständigenkommission, S. 34 f.

18 Faltblatt BDA, a.a.O., S. 170. Vgl. auch Niedenhoff, S. 61 ff, Sachverständigenkommission, S. 44.

> Die gewerkschaftliche Forderung nach Demokratisierung der Wirtschaft ist ein irreführendes, inhaltsloses Schlagwort. Wer wäre wohl nicht für Demokratie? [...] Demokratie aber läßt sich aus dem politischen Bereich nicht auf den Bereich der Wirtschaft übertragen.[19]

In der öffentlichen Diskussion um *Mitbestimmung* wurde das Schlagwort jedoch hauptsächlich affirmativ verwendet, so daß keine Partei *Mitbestimmung* direkt ablehnte. In den Reihen der CDU sprach man stattdessen 1971 von "funktionsgerechter *Mitbestimmung*"[20], die nicht der Parität von Arbeit und Kapital entsprach[21]. Bereits zwei Jahre später stellte sich die Situation anders dar:

> Etwa seit Anfang 1973 gab es im Deutschen Bundestag keine politische Partei mehr, die glaubte[,] es riskieren zu können, sich gegen eine paritätische Mitbestimmung im Aufsichtsrat auszusprechen.[22]

Von diesem Zeitpunkt an beschäftigt sich die Diskussion mehr mit der Ausgestaltung von Einzelheiten der paritätischen Mitbestimmung.

Die Belege zeigen demgegenüber eher die Tendenz, die allgemeine Forderung nach *Mitbestimmung* und *Demokratisierung der Wirtschaft* zu kommentieren. Recht deutlich werden dabei die Umstrittenheit des Programms (Belege 3, 21) sowie die breite öffentliche Diskussion (Belege 5, 6, 11, 14, 23, 24). Daß *Mitbestimmung* meist in engem Zusammenhang mit *Demokratisierung* steht, zeigen die Belege 4, 10, 17.

Typisch für Schlagwörter - so auch für *Mitbestimmung* -, daß sie zwar in aller Munde sind, durchaus aber nicht alle Schlagwortbenutzer wissen, wovon sie reden (Belege 3, 16).

Zum Ende des Bearbeitungszeitraums wird vorrangig noch um Einzelheiten der paritätischen Mitbestimmung gerungen bis schließlich am 04.05.76 das neue Mitbestimmungsgesetz verkündet wird, das am 01.07.76 in Kraft tritt.

---

19 Faltblatt BDA, a.a.O., S. 171. Vgl. die analoge Argumentation der Kritiker von -> Demokratisierung und -> Drittelparität.

20 Vgl. die Reden zur Mitbestimmungsdiskussion beim 18. Bundesparteitag der CDU vom 25. - 27. Januar 1971 in Düsseldorf, in: Hergt, S. 38 ff.

21 Vgl. dazu den Auszug aus dem Berliner Programm der CDU, 2. Fassung, verabschiedet auf dem 18. Bundesparteitag vom 25. - 27. Januar 1971 in Düsseldorf, in: Hergt, S. 37 f.

22 Niedenhoff, S. 57.

Literatur

Alemann, Ulrich von (Hrsg.): Partizipation - Demokratisierung - Mitbestimmung. Problemstand und Literatur in Politik, Wirtschaft, Bildung und Wissenschaft. Eine Einführung, Opladen ²1978 [Studienbücher zur Sozialwissenschaft 19]

Apel, Günter: Mitbestimmung. Grundlagen, Wege, Ziele, München 1969

Avenarius, Hermann: Kleines Rechtswörterbuch [Lizenzausgabe für die Bundeszentrale für politische Bildung, Bonn], Bonn 1988

Beck, Reinhart: Sachwörterbuch der Politik, 2., erw. Aufl., Stuttgart 1986

Diefenbacher, Hans und Nutzinger, Hans: Mitbestimmung, Partizipation, Arbeiterselbstverwaltung: Stichworte zur empirischen Forschung, in: Nutzinger, Hans G. (Hrsg.): Mitbestimmung und Arbeiterselbstverwaltung. Praxis und Programmatik, Frankfurt/New York 1982, S. 25 - 51

Greiffenhagen, Martin (Hrsg.): Demokratisierung in Staat und Gesellschaft, München 1973 [Piper Sozialwissenschaft, Bd. 19]

Hergt, Siegfried (Hrsg.): Mitbestimmung. 35 Modelle und Meinungen zu einem gesellschaftspolitischen Problem, Opladen 1973 [Heggen-Dokumentation 2]

Hondrich, Karl Otto: Mitbestimmung in Europa. Ein Diskussionsbeitrag, Köln 1970 [Europäische Schriften des Bildungswerks Europäische Politik, Bd. 24]

Kittner, Michael (Hrsg.): Mitbestimmungsgesetze, Köln 1982

Mitbestimmung im Unternehmen. Bericht der Sachverständigenkommission, Stuttgart [u. a.] 1970

Montanmitbestimmung. Geschichte, Idee, Wirklichkeit. Mit Beiträgen von Hans Becker [u. a.], Köln 1979

Montanmitbestimmung. Dokumente ihrer Entstehung. Zusammengestellt und eingeleitet von Jürgen Peters, Köln 1979

Naphtali, Fritz: Wirtschaftsdemokratie. Ihr Wesen, Weg und Ziel, Berlin 1928; Neuauflage: Frankfurt/M. 1966 [Sammlung "res novae". Veröffentlichungen zu Politik, Wirtschaft, Soziologie und Geschichte, Bd. 42]

Nell-Breuning, Oswald von: Mitbestimmung, 2., unveränd. Aufl., Frankfurt 1968

Ders.: Mitbestimmung - wer mit wem? Freiburg, Basel, Wien 1969

Niedenhoff, Horst-Udo: Mitbestimmung in der Bundesrepublik Deutschland, 6., erg. Aufl., Köln 1987

Oelinger, Josef: Wirtschaftliche Mitbestimmung. Positionen und Argumente der innerkatholischen Diskussion, Köln 1967

Raiser, Thomas: Grundgesetz und paritätische Mitbestimmung. Die Vereinbarkeit der Entwürfe eines Gesetzes über die Mitbestimmung der Arbeitnehmer mit dem Grundgesetz, Berlin, New York 1975

Reichold, Ludwig: Um eine Parität von Kapital und Arbeit. "Mitbestimmung" auch in Österreich? in: Die Furche 15/1969 v. 12.04.69, S. 3

Scholz, Rupert: Paritätische Mitbestimmung und Grundgesetz. Verfassungsrechtliche Fragen zur gesetzlichen Einführung der paritätischen Unternehmensmitbestimmung, Berlin 1974 [Schriften zum Öffentlichen Recht, Bd. 257]

Stollreither, Konrad: Mitbestimmung. Ideologie oder Partnerschaft? München 1975

Weddigen, Walter: Begriff und Produktivität der Mitbestimmung, in: Ders. (Hrsg.): Zur Theorie und Praxis der Mitbestimmung, Berlin 1962, Bd. I, S. 13 - 86 [Schriften des Vereins für Socialpolitik. Gesellschaft für Wirtschafts- u. Sozialwissenschaften. Neue Folge, Bd. 24/I]

Lexikographische Erfassung

DWB (1982), WDG (1974), WDS (1978): n.a.SchW

BHE (1971), (1981), (1991): n.a.SchW;
XXIII (1976) 244 ff: "M. ist in der BRD zu einem kardinalen Thema der Gesellschaftspolitik geworden"

GBH VII (1979) 600: "Die Verfassungsmäßigkeit des M.-Gesetzes war sehr umstritten."

MEL XVI (1976) 317: "Die [...] Beschränkung auf die Montanindustrie hat seit dem Ende der 60er Jahre im Zusammenhang mit dem allg. Bemühen um mehr Demokratisierung auch die M.sdiskussion neu entfacht."
XXVI (^{2}1984) 542: "Die Auseinandersetzung um verschiedene M.smodelle ging auch nach Inkrafttreten des M.sgesetzes weiter."

MNL V (1980) 391: "Die seit dem Ende der 1960er Jahre verstärkt geführte Diskussion über die Einführung einer M. auf Unternehmensebene [...] führte schließlich zu dem Gesetz über die M. (M.Gesetz), das am 1. Juli 1976 in Kraft trat. [...] Die Auseinandersetzung um die M. [...] ging auch danach weiter [...] Daß die M. weiterhin im Spannungsfeld gegensätzlicher Interessen bleibt, zeigte auch die unterschiedliche Bewertung dieses Urteils [des Bundesverf.gerichtes aus dem Jahre 1979 zur M.]"

NBH (1985), NDL (1984): n.a.SchW

AVW, BEC: n.a.SchW
NUN 00

Belege

(1)

Die *Mitbestimmung* ist eine Frage der Machtausübung und der Kontrolle. Das heißt, sie ist zuerst keine wirtschaftliche, sondern eine politische Frage, die natürlich wirtschaftliche und soziale Veränderungen zur Folge hat. (244) [...]
In der Diskussion, an der sich außer den Gewerkschaften und den Arbeitgebern auch Vertreter der Kirchen beteiligen, sollte man jedoch den Anspruch auf ein "Recht" der Arbeitnehmer auf *Mitbestimmung* nicht überstrapazieren. Man fordert damit nur das Argument vom "Recht" des Arbeitgebers auf sein Eigentum heraus. Ein solcher Streit führt zu nichts. (249) [...]
An der Frage *Mitbestimmung* aber wird sich entscheiden, welchen Weg die Bundesrepublik auf lange Sicht gehen wird. (250)

Jochen Noll: Ausgangspunkte zu einer Diskussion über erweiterte Mitbestimmung in den Betrieben,
in: FH 04/1967, S. 244, 249 f

(2)

Auf Verlangen der Gewerkschaften hatte der Bundestag 1951 durch Gesetz bestimmt, daß Kumpel und Stahlkocher die Aufsichtsräte der Montanbetriebe zur Hälfte besetzen und ein gleichberechtigtes Vorstandsmitglied in die Geschäftsleitung delegieren dürfen. Seit drei Jahren fordern die Gewerkschaften, diese "paritätische" *Mitbestimmung* müsse auf alle Großunternehmen ausgedehnt werden, in deren Aufsichtsräten den Arbeitnehmern derzeit nur ein Drittel der Mandate zusteht.

Spiegel 38/1968 v. 16.09.68, S. 32 b, c

(3)

Dem einen erscheint die *Mitbestimmung* als Verheißung auf dem Weg zu einer "wahrhaft menschlichen Ordnung" (DGB-Chef Ludwig Rosenberg) in Wirtschaft und Gesellschaft, den anderen als Teufelswerk, das den "Schutz und die Verfügung über Eigentum entgegen den moralischen und rechtlichen Normen der gesitteten Welt in Frage" stellt (Ludwig Erhard). (49 a) [...]
"*Mitbestimmung*", so rief Ludwig Rosenberg auf einer DGB-Kundgebung in Köln, "heißt das Ende des Herr-im-Hause-Standpunktes, das Ende der

Diktatur einer Gruppe der Wirtschaft über alle anderen, das Ende der traurigen Reste einer längst überholten Form des Liberalismus in der Wirtschaft." (49 a, b) [...]
Rund ein Drittel der Bevölkerung, so ermittelte das Bad Godesberger Infas Meinungsforschungsinstitut für den DGB, weiß mit dem Begriff der *Mitbestimmung* überhaupt nichts anzufangen. Jeder zehnte erwachsene Bundesbürger denkt bei Erwähnung des Wortes zunächst an Atomwaffen, Frauenrecht oder den Bundestag. Nur 45 von 100 Deutschen denken an die *Mitbestimmung* in Betrieb und Wirtschaft. (49 b)

Spiegel 44/1968 v. 28.10.68, S. 49 a, b

(4)

Als zweites Beispiel sei die Erweiterung der *Mitbestimmung* genannt. Niemand zweifelt daran, daß es sich hier um eine gesellschaftspolitische Forderung handelt, deren Ziel es ist, unsere Wirtschaftsstruktur mit demokratischem Geist und mit demokratischen Einrichtungen zu durchdringen, um damit letzten Endes ihre Gesamttendenz im Sinne einer Wirtschaftsführung wirklich zum Wohle aller zu verändern. Daß eine solche *Demokratisierung des Wirtschaftslebens* gerade heute notwendiger denn je ist, läßt sich schwerlich bestreiten. (733 f) [...]
Sie [die Mitbestimmung] ist, wenn man einmal von ihrer spezifisch deutschen Form absieht, nichts anderes als ein Beitrag der Gewerkschaften zur Lösung der durch Rezession und Automation erneut sichtbar gewordenen wirtschaftlichen Strukturprobleme. (734)

Otto Brenner: Strategie und Taktik der Gewerkschaften im gegenwärtigen Stadium der gesellschaftlichen Entwicklung,
in: FH 11/1968, S. 753 f

(5)

Der Ruf nach mehr *Mitbestimmung*, nach mehr Einfluß der Abhängigen auf die Willensbildung der jeweils Bestimmenden, ertönt seit einigen Jahren in fast allen Lebensbereichen.

Wolfgang Spieker: Gesetzentwürfe und politische Initiativen zur Verbesserung und Erweiterung der Mitbestimmung,
in: FH 05/1969, S. 331

(6)

"*Mitbestimmung*" ist der Schlachtruf der großangelegten gesellschaftspolitischen Kampagne des Deutschen Gewerkschaftsbundes seit etwa zwei Jahren. [...]
Jedoch ist weder das gesellschaftspolitische Ziel noch in jeder Einzelheit bereits der konkrete Inhalt der *Mitbestimmungsforderungen* eindeutig geklärt, weil ihr gesamtgesellschaftlicher Bezug und ihre Funktion für die gesellschaftliche Stellung der Arbeitnehmer bisher nicht voll ausdiskutiert worden sind.

Reinhard Hoffmann: Strategie der Mitbestimmung,
in: FH 05/1969, S. 357

(7)

Sp.: Diese spontanen Arbeitsniederlegungen, wie sie es nennen, sind ausgerechnet in Unternehmen passiert, die der *Montan-Mitbestimmung* unterliegen.
M.: Otto Brenner [Vorsitzender der IG Metall von 1952 bis 1972] hat wiederholt darauf hingewiesen, daß *Mitbestimmung* keine Streikversicherung ist.

"Es gibt noch Arbeiter in Deutschland"
Spiegel-Interview mit dem IG Metall-Vorstandsmitglied Willi Michels,
in: Spiegel 38/1969 v. 15.09.69, S. 33 c

(8)

Br.: [...] Es wäre gut, es hätte schon mehr Diskussionen zu diesem Thema [Mitbestimmung] gegeben und es wären schon noch mehr Modelle auf dem Tisch. Das Verlangen nach mehr *Mitbestimmung* entspricht unserer gesellschaftlichen Entwicklung. Nicht nur die CDU, auch die FDP wird ihr Rechnung tragen müssen.

"Die SPD wird sich nicht billig machen"
Spiegel-Gespräch mit Vizekanzler Willy Brandt (SPD),
in: Spiegel 38/1969 v. 15.09.69, S. 41 c

(9)

Freilich, was immer an Neuerungen ansteht, kann von dieser Koalition besser geleistet werden als von ihrer allein möglichen Alternative:
[...] Mitverantwortung der Arbeiter, Angestellten und Beamten in allen Bereichen, etwas unscharf *Mitbestimmung* geheißen [...]

Rudolf Augstein: Die Regierung, die wir gewollt haben,
in: Spiegel 43/1969 v. 20.10.69, S. 30 c

(10)

Br.: [...] Mir gefällt an der *Mitbestimmungsdiskussion* nicht, daß man sie einengt allein zu einer Diskussion der Frage, wie man in der Großwirtschaft die Aufsichtsräte zusammensetzt. Das eigentliche *Mitbestimmungs-Thema* heißt, unsern demokratischen Staat lebendiger machen, den Gegensatz zwischen Untertan und Obrigkeit überwinden, die Entscheidungsvorgänge transparent machen.

"Eine totale Opposition wird scheitern"
Spiegel-Gespräch mit Bundeskanzler Willy Brandt,
in: Spiegel 44/1969 v. 27.10.69, S. 31 b

(11)

Er [Willy Brandt] wünschte ihnen viel Erfolg bei ihren Bemühungen um mehr *Mitbestimmung* der Arbeitnehmer.
Brandt, Mitglied der Industriegewerkschaft Druck und Papier, griff damit vor den Kollegen ein Thema auf, das seit vorletzten Mittwoch in allen Bonner Zirkeln rotiert.

Spiegel 6/1970 v. 02.02.70, S. 28 a

(12)

Sp.: Etwa weil Sie hoffen, das ihre Partei [die SPD] dann die absolute Mehrheit im Bundestag besitzt und über die *Mitbestimmung* allein entscheiden kann?
M.: Auch wenn uns das nicht gelingt, hat die gesellschaftspolitische Diskussion in den Parteien und anderen gesellschaftlichen Gruppen bis dahin

soviel Fahrt, daß an ihrem Ende doch die paritätische *Mitbestimmung* in Großunternehmen stehen wird.

"Das lassen wir uns nicht abhandeln"
Spiegel-Interview mit dem IG Metall-Vorstandsmitglied Willi Michels über Mitbestimmung,
in: Spiegel 6/1970 v. 02.02.70, S. 31

(13)

Denn *Mitbestimmung*, so die These der Jungsozialisten, ist nicht Reform der Institutionen, sondern Beginn "der Ablösung der Herrschaftsverfassungen vom Eigentum an den Produktionsmitteln".

Spiegel 16/1970 v. 13.04.70, S. 41 a

(14)

Nach der Bildung der Koalition zwischen SPD und FDP hat die Diskussion um die *Mitbestimmung* erheblich nachgelassen. [...] Viele Gegner der *Mitbestimmung* werden sich aber zu früh freuen, wenn die Diskussion nun nachlassen wird, denn die nunmehr vier Jahre dauernde Diskussion wird nicht folgenlos bleiben. In diesen vier Jahren ist es gelungen, breiten Kreisen der Bevölkerung die Notwendigkeit der *Mitbestimmung* der Arbeitnehmer deutlichzumachen.

Jochen Noll
in: FH 06/1970, S. 456 b

(15)

In der zentralen gesellschaftspolitischen Frage der *Mitbestimmung* ist Blüm mit seinem Postulat verstärkter Arbeitnehmerrechte [...] so weit vorgeprescht, daß die Programm-Kommission am Donnerstag dieser Woche versuchen muß, eine Gemeinschaftsformel zu finden.

Spiegel 37/1970 v. 07.09.70, S. 28 a, b

(16)

Den Berufstätigen erscheint die *Mitbestimmung* um so dringlicher, je größer ihr Betrieb ist. [...]
Und nun zeigte sich weit deutlicher, daß und warum die *Mitbestimmung* ein brisantes Thema ist.
Auf die Frage, was unter *Mitbestimmung* zu verstehen sei, wußten 17 Prozent überhaupt nichts zu sagen. 51 Prozent der Befragten äußerten sich (größtenteils wahrscheinlich aus Unkenntnis) nur allgemein - etwa, daß es um "Mitsprache in wichtigen Fragen" gehe.

Spiegel 46/1970 v. 09.11.70, S. 93 a

(17)

V.: Schon die *Mitbestimmung* ist eine gesellschaftliche Machtfrage, und die Unternehmer werden sich nie zur *Mitbestimmung*, zur grundlegenden *Demokratisierung* der Betriebsverfassung, überreden lassen, wenn die demokratischen Kräfte in dieser Gesellschaft sie nicht dazu zwingen.

"Wir wollen nicht wild herumfuchteln"
Spiegel-Gespräch mit dem Vorsitzenden der Jungsozialisten, Karsten Voigt,
in: Spiegel 52/1970 v. 21.12.70, S. 32 c

(18)

Hatte Partei-Vize Helmut Schmidt noch im Juni auf dem Berliner DGB-Kongreß getönt, für die SPD sei die "gesellschaftspolitisch entscheidende Aufgabe, die *paritätische Mitbestimmung* in allen großen Unternehmen aller Branchen unserer Wirtschaft durchzusetzen", so wird nun die auf früheren Parteitagen beschlossene SPD-Forderung freidemokratisch-vage umformuliert. Die SPD hat sich vorgenommen, es mit "mehr *Mitbestimmung* für mündige Bürger" und dem "Ausbau der *Mitbestimmung* der Arbeitnehmer" genug sein zu lassen.

Spiegel 33/1972 v. 07.08.72, S. 31 b

(19)

V.: Man muß dem Arbeitnehmer konkret sagen, was *Mitbestimmung* bedeutet. Man muß ihn fragen: Möchtest du, daß der Betriebsrat in diesen oder jenen Dingen mitbestimmen soll? Möchtest du, daß die Repräsentanten der Arbeitnehmer etwa auch über die Investitionspolitik mitentscheiden? Wenn man das so verdeutlicht, dann glaube ich, daß sehr viel mehr Arbeitnehmer zur *Mitbestimmung* neigen, als das heute dem einzelnen überhaupt bewußt ist.

"Wir sind parteipolitisch unabhängig"
DGB-Vorsitzender Heinz Oskar Vetter über die Wahlforderungen der Gewerkschaften,
in: Spiegel 45/1972 v. 30.10.72, S. 60 c

(20)

Im übrigen sollten die SPD-Linke und der DGB daran denken, daß es wichtige und daß es eilige Reformen gibt: oft decken sie sich nicht. Die *Mitbestimmung* gehört zu den allerwichtigsten, aber eilig ist sie nicht: ein Jahrzehnt-Problem im Rahmen einer Jahrhundert-Aufgabe.

Walter Dirks: Die Verlierer und die Gewinner,
in: FH 12/1972, S. 853 b

(21)

Und zu Beginn letzter Woche war wieder in vollem Gange, was eben erst nach jahrelangem Gerangel per Kompromiß beigelegt schien: der Zank um Form und Inhalt einer *paritätischen Mitbestimmung* in westdeutschen Großbetrieben.
Alle, so scheint es, sind unzufrieden, und alle, Sozialdemokraten, Freidemokraten und Gewerkschafter, streiten sich wieder - miteinander und untereinander.

Spiegel 6/1974 v. 04.02.74, S. 30 a

(22)

Über die "ordnungssprengende Dimension" erregt sich Arbeitgeberpräsident Hanns Martin Schleyer. "Eine Zwischenstation auf dem Wege zur sozialistischen Staatswirtschaft" prophezeit Kurt Hansen, Chef des Chemiekonzerns Bayer, und der Rechtsprofessor Harald Rasch sieht gar "die

Grundlagen unserer rechtsstaatlichen Ordnung" in Gefahr. Raschs Fazit: "Dergleichen könnte nur durch Gewalt, durch einen revolutionären Akt geschehen."
Dergleichen - das sind für Westdeutschlands Unternehmer die beiden wichtigsten Reform-Vorhaben der Bonner sozialliberalen Koalition: der Gesetzentwurf für eine *paritätische Mitbestimmung* in Großbetrieben und die bislang nur in den Grundlinien fertiggestellten Pläne zur Vermögensbeteiligung von Arbeitnehmern.

Spiegel 15/1974 v. 08.04.74, S. 26 a

(23)

Doch nicht nur von den Amerikanern war der christdemokratische Wortforscher [Gerhard Mahler, Staatssekretär beim Ministerpäsidenten von Baden-Württemberg] beeindruckt. Auch die SPD, so fand Mahler, "ist uns da voraus". Denn die seit 1969 auf das Schlüsselwort "Reform" gestimmte SPD hätte es verstanden, ehemals parteipolitisch neutrale Wertbegriffe wie Demokratisierung, *Mitbestimmung*, Lebensqualität und Humanisierung der Arbeitswelt so sehr mit ihrer eigenen Politik zu identifizieren, daß die meisten Wähler heute diese Formeln kaum noch mit der CDU in Verbindung brächten.

Spiegel 32/1974 v. 05.08.74, S. 48 a

(24)

Gegen das wichtigste innenpolitische Reformwerk dieser Legislaturperiode, die *paritätische Mitbestimmung* in den Großunternehmen der Bundesrepublik, formiert sich eine letzte Front. Sie reicht von Frankfurt bis Detroit.
Wurde in der Diskussion der *Mitbestimmungs-Kontrahenten* bislang meist mit ordnungspolitischen Argumenten gerechtet, so beginnt der neue Gang mit neuen Waffen: mit juristischen Gutachten und diplomatischen Tricks.

Spiegel 42/1974 v. 14.10.74, S. 28 c

(25)

Der Streit um die Zulässigkeit und Zweckmäßigkeit einer gleichberechtigten und gleichgewichtigen Beteiligung der Arbeitnehmer neben den Anteilseignern in den Aufsichtsorganen der großen Unternehmen ist in den letzten Jahren immer mehr zum Zentralpunkt der gesellschaftspolitischen Auseinandersetzungen in der Bundesrepublik geworden. Dabei lassen sich nicht nur Befürworter und Kritiker unterscheiden, sondern auch unter denjenigen, die sich in dem Ergebnis einer Ablehnung der Forderung nach *Mitbestimmung* einig sind, kann man zwei völlig entgegengerichtete Grundpositionen feststellen. Während die eine Gruppe den Standpunkt vertritt, daß die *Mitbestimmung* das Ende unserer auf Wettbewerb und dem Privateigentum an den Produktionsmitteln beruhenden Wirtschaftsordnung bedeute, meint die andere Front der Kritiker, daß die *Mitbestimmung* die Arbeitnehmer in die bestehende Wirtschaftsordnung integriere, damit dieses System stabilisiere und keine wirkliche Änderung zugunsten der Arbeitnehmer herbeiführe.

Friedhelm Farthmann: Mitbestimmung und Systemänderung,
in: Merkur, Oktober 1974, H. 317, S. 970

Neue Linke

Am Ende der sechziger Jahre taucht in der Bundesrepublik das Schlagwort *Neue Linke* auf, das dem von C. Wright Mills geprägten Begriff 'New Left' entspricht[1]. Es steht inhaltlich in engem Zusammenhang mit dem Schlagwort -> APO. Schwierig ist eine Definition von *Neue Linke*, da der Begriff keine festgefügte Organisation bezeichnet, sondern Organisationsfeindlichkeit beinahe als Prinzip der Neuen Linken angesehen werden kann[2].

Dennoch läßt sich feststellen, daß *Neue Linke* als Sammelbegriff für eine Anzahl politisch linksstehender Gruppen und Personen benutzt wurde, deren gemeinsames Ziel der Kampf gegen den "Spätkapitalismus" und das -> "Establishment" darstellte. Dabei unterscheidet sie sich bewußt von der "Alten Linken", etwa den orthodoxen Kommunisten der DKP[3]. Das Phänomen Neue Linke tauchte zuerst ab dem Ende der fünfziger Jahre in den USA auf, ausgehend vor allem vom Kampf gegen den -> Vietnamkrieg und die Rassendiskriminierung in den USA[4].

In der Bundesrepublik waren es zunächst vorwiegend Studenten und Intellektuelle, die den Kampf gegen bestimmte politische Entscheidungen (wie z. B. die -> Große Koalition, die -> Notstandsgesetze) und das politische System überhaupt aufnahmen. Daher ist eine genaue Abgrenzung gegenüber der APO kaum möglich[5]. Immerhin ist festzustellen, daß sich nicht nur Studenten zu den Sympathisanten der Neuen Linken zählten. Auch zahlreiche Schriftsteller, Gewerkschafter und Professoren gehörten dazu. Sie alle sehen ihre Aufgabe darin, die Widersprüche und Unmenschlichkeit der "spätkapitalistischen"[6] Gesellschaftsordnung aufzuzeigen und die -> Demokratisierung der Gesellschaft zu fordern.

Obwohl *Neue Linke* recht vage gebraucht wird, lassen sich innerhalb der Neuen Linken durchaus unterschiedliche Strömungen mit unterschiedlichen Taktiken isolieren:

a) Anarchistische Gruppen, die eine Überwindung der repressiven Gesellschaftsordnung durch bewußte Provokationen und Regelverletzungen herbeiführen wollen. Den Arbeitern einer spätkapitalistischen Gesellschaft fehle aufgrund zahlreicher geschickter Manipulationen revolutionäres Be-

1 Vgl. BHE XIII, S. 325; Scheuch ("Das Gesellschaftsbild der 'Neuen Linken', in: Scheuch, S. 104 - 150) S. 144, Anm. 15, betont, daß Mills selbst nicht zur Neuen Linken gehört.

2 Vgl. von Weiss (1969), S. 19, Hollstein, S. 166 f.

3 Vgl. Langguth (1983), S. 54.

4 Vgl. Von Weiss (1969), S. 70 f.

5 Vgl. von Weiss (1969), S. 226, von Weiss (1974), S. 17, Schrenck-Notzing, S. 132 f sowie Ulrich Lohmar: Die "Neue Linke" und die Institutionen der Demokratie, in: Scheuch, S. 13 - 28, bes. S. 14.

6 Vgl. dazu Christian Watrin: Spätkapitalismus? (in: Scheuch, S. 40 - 61); von Weiss (1974), S. 26 f, 96.

wußtsein, so daß nur Außenseiter-Gruppen eine Revolution initiieren könnten[7].

Mit dem Ende der sechziger Jahre verlieren diese Gruppen immer mehr an Bedeutung[8].

b) Gruppen, die sich streng an marxistisch/leninistischen Lehren orientieren. Ihr Ziel ist die Abschaffung des Kapitalismus und die Verwirklichung des Sozialismus.

Unterscheidbar sind diese Gruppen wiederum durch ihre unterschiedlichen Sozialismus-Konzepte.

c) Wissenschaftler, die in zahlreichen Analysen die repressive Struktur der herrschenden Gesellschaftsverhältnisse aufzuzeigen versuchen. Vor allem die Frankfurter Schule mit Marcuse, Adorno und Horkheimer muß hier genannt werden[9].

Diese inhaltlichen Unterscheidungen finden sich im Schlagwort *Neue Linke* nicht wieder, da dieses eher pauschal gebraucht wird.

> ***Neue Linke*** **steht für eine nicht näher bezeichnete, politisch links einzuordnende bzw. kommunistische Gruppe von Menschen oder Institutionen, die es sich zum Ziel gesetzt haben, durch Revolution die bestehenden Gesellschaftsverhältnisse radikal zu verändern und ein sozialistisches System zu errichten.**

Interessant ist in diesem Zusammenhang, daß die Bezeichnung *Neue Linke* sich hauptsächlich in Publikationen über die Neue Linke findet; ihre Anhänger benutzen sie kaum.

Auf den Schlagwort-Charakter deutet neben der Vagheit des Begriffs auch die Emotionalität der geführten Diskussion hin: auch zahlreiche der zum Thema veröffentlichten Bücher zeichnen sich durch einen hohen Grad an Polemik aus[10].

Auch die Belege zeigen deutlich die Umstrittenheit des Begriffs. Meistens wird er in Anführungszeichen gesetzt (Belege 1, 3, 4, 6, 9, 12), um die Distanz des jeweiligen Verfassers von der Neuen Linken einerseits, von der Begriffsbildung selbst andererseits auszudrücken.

Es fällt auf, daß der Begriff durchweg sehr vage verwendet wird, ein Definitionsbeleg findet sich nicht. Nur in Beleg 9 werden konkret Ziele der Neuen Linken genannt; sonst wird meist allgemein von "Rebellen" (Belege 1, 2) oder "Vetretern" (Beleg 12) der Neuen Linken gesprochen. Diese Verwendung des Begriffes dürfte ein wichtiges Merkmal des Schlagwortes sein: die Benutzer mögen z. T. durchaus konkrete Vorstellungen haben, die

---

7 Vgl. MEL XVII, S. 98.

8 Vgl. BHE XXIII, S. 277.

9 Näheres über die Thesen der Neuen Linken bei Erwin K. Scheuch: Zum Wiedererstehen der Erlösungsbewegungen, in: Sontheimer [u. a.] 1970, S. 129 - 206, bes. S. 134 ff.

10 Besonders Schrenck-Notzing, aber auch von Weiss (1969) und von Weiss (1974).

jedoch kaum thematisiert werden zugunsten einer sehr unbestimmten Redeweise, die zumindest Zustimmung in der Diskussion erwarten lassen darf. Ein weiterer Effekt dieser unbestimmten Benutzung des Schlagwortes ist, daß einer Sachdiskussion über die Ziele der Neuen Linken bzw. über ihre Kritik an den bestehenden Verhältnissen ausgewichen wird.

Trotzdem finden sich auch einige Belege (2, 3, 5, 9, 11), die das Schlagwort nicht pejorativ verwenden und inhaltlich etwas näher bestimmen.

Mit dem Ende der sechziger Jahre (Bildung einer sozialliberalen Koalition) nehmen die verschiedenen Strömungen der Neuen Linken eine unterschiedliche Entwicklung: teils wenden sie sich dem orthodoxen Parteikommunismus zu, teils richten sie sich auf einen -> "Langen Marsch durch die Institutionen" ein, teils wandern sie in den Terrorismus (-> Baader-Meinhof-Gruppe) ab[11].

Mit der allmählichen Fraktionierung der Neuen Linken[12] hat auch das Schlagwort *Neue Linke* seinen Höhepunkt überschritten und verschwindet bereits zu Anfang der siebziger Jahre aus der öffentlichen Diskussion.

11 Vgl. BHE XXIII, S. 277.

12 Vgl. Kurt Sontheimer: Gefahr von rechts - Gefahr von links, in: Sontheimer [u. a.] (1970), S. 9 - 42, bes. S. 30 f; Pulte (S. 3) zählt etwa 500 Organisationen, von Weiss (1974) (S. 30) etwa 350 Organisationen zur Neuen Linken.

Literatur

Backes, Uwe und Jesse, Eckhard: Totalitarismus - Extremismus - Terrorismus. Ein Literaturführer und Wegweiser zur Extremismusforschung in der Bundesrepublik Deutschland, 2., aktualisierte u. erw. Aufl., Opladen 1985

Dies.: Politischer Extremismus in der Bundesrepublik Deutschland (3 Bde), Köln 1989

Bieling, Rainer: Die Tränen der Revolution. Die 68er zwanzig Jahre danach, Berlin 1988

Dollinger, Hans (Hrsg.): Revolution gegen den Staat? Die außerparlamentarische Opposition - die neue Linke, Berlin, München, Wien (o. J.) [1968]

Fischer, Hans-Dieter: Wider die linke Sprachverwirrung, in: Die politische Meinung 22(1977) H. 171, S. 69 -84

Frister, Erich und Jochimsen, Luc (Hrsg.): Wie links dürfen Lehrer sein? Unsere Gesellschaft vor einer Grundsatzentscheidung, Reinbek bei Hamburg 1972

Gremliza, Hermann L. und Hannover, Heinrich: Die Linke. Bilanz und Perspektiven für die 80er, Hamburg 1980

Hollstein, Walter: Der Untergrund. Zur Soziologie jugendlicher Protestbewegungen, Neuwied und Berlin 1969

Horchem, Hans Josef: Extremisten in einer selbstbewußten Demokratie, Freiburg i. Br. 1975

Langguth, Gerd: Protestbewegung am Ende. Die Neue Linke als Vorhut der DKP, Mainz 1971

Ders.: Protestbewegung. Entwicklung - Niedergang - Renaissance. Die Neue Linke seit 1968, Köln 1983

Neue Linke, in: Brockhaus Enzyklopädie, Bd. XIII (1971), S. 325 - 326

Neue Linke, in: Brockhaus Enzyklopädie, Bd. XXIII (1976), S. 277

Neue Linke, in: Meyers Enzyklopädisches Lexikon, Bd. XVII (1976), S. 98

Die Neue Linke, zusammengestellt von Peter Pulte, Berlin, New York 1973

Ryschkowsky, Nikolaus J.: Die linke Linke, München, Wien 1968 [Geschichte und Staat, Bd. 129/130]

Scheuch, Erwin K. (Hrsg.): Die Wiedertäufer der Wohlstandsgesellschaft. Eine kritische Untersuchung der "Neuen Linken" und ihrer Dogmen, 2., erg. und erw. Aufl., Köln 1969

Schrenck-Notzing, Caspar: Zukunftsmacher - Die neue Linke in Deutschland und ihre Herkunft, Stuttgart [3]1971

Sontheimer, Kurt [u. a.] : Der Überdruß an der Demokratie. Neue Linke und alte Rechte - Unterschiede und Gemeinsamkeiten, Köln 1970

Ders.: Das Elend unserer Intellektuellen. Linke Theorie in der Bundesrepublik Deutschland, Hamburg 1976

Weiss, Andreas von: Die Neue Linke. Kritische Analyse, Boppard 1969

Ders.: Schlagwörter der Neuen Linken. Die Agitation der Sozialrevolutionäre, München, Wien 1974 [Gesellschaft und Staat, Bd. 179/180]

Lexikographische Erfassung

DWB (1982): n.a.SchW
WDG III (1969) 2380: "Linke": n.a.SchW
WDS (1978): 00

BHE (1971), (1976): n.a.SchW; (1991): 00
GBH (1979), MEL (1976), MNL (1980), NBH (1985), NDL (1984): n.a.SchW

AVW, KOP, NUN, WEI: 00
BEC n.a.SchW

Belege

(1)

Gegen "die *neue Linke*" nehmen die verketzerten "Links-Intellektuellen" unserer fünfziger und der ersten sechziger Jahre sich aus wie ein Orden frommer Betschwestern. Während sie an den Symptomen herumlaborierten, meinen die neuen Rebellen das System. Ihre unterschiedlichen Theorien und die Divergenz ihrer Fraktionen sind dabei erst in zweiter Linie bedeutungsvoll. Allen gemeinsam ist die Forderung nach einer Ablösung der "formalen" Demokratie durch die "reale".

Hans Schwab-Felisch: Berlin "langer heißer Sommer",
in: Merkur, August 1967, H. 233, S. 795 a

(2)

[Peter Merseburger, Moderator der Sendereihe "Panorama" des NDR]:
[...] So ist die Parteinahme der Rebellen für die Dritte Welt, die Parteinahme für die Revolutionäre der Dritten Welt eine zutiefst moralische: sie ist Ausdruck der Solidarität mit den Hungernden, mit den Unterdrückten, in Unwissenheit Gehaltenen aller Kontinente. [...] Diese *neue Linke,* die modern denkt, die global denkt, begreift Solidarität mit den Bewohnern der Dritten Welt als ersten Beitrag für den Entwurf eines neuen Menschenbildes. (462) [...]
Aber der Prophet der *neuen Linken* [gemeint ist Rudi Dutschke] schöpft auch Hoffnung [...] Für ihn markiert Vietnam symbolisch den Anfang vom Ende des Weltkapitalismus (463) [...]
Die *neue Linke* verwirft die Denkschemata des Kalten Krieges, deshalb akzeptiert sie gelegentlich die punktuelle Unterstützung der SED [...], allerdings ohne sich deshalb dieser Partei zu verschreiben. (465)

Rebellion der Jugend. Dokumentation einer Fernsehsendung

[Am 29. Mai befaßte sich das Erste Deutsche Fernsehen in einer Sendung mit den Ursachen und Erscheinungsformen der Rebellion der Jugend. Die Sendung erfolgte in Form eines Hearings und trug den Untertitel "Bestandsaufnahme".]

FH 07/1968, S. 462 f, 465

(3)

Hieraus ergibt sich schon, daß die neue Bewegung der Jugend links steht, sodaß mit Recht von ihr als der "*neuen Linken*" die Rede ist.

Ludwig Pesch: Der historische Sinn der neuen Jugendbewegung,
in: FH 12/1968, S. 847

(4)

Unbelastet von Erfahrungen aus der Weimarer Zeit drängt eine "*Neue Linke*" auf eine Totalrevision, wenn nicht auf eine Ersetzung des geltenden parlamentarischen Systems durch unerprobte, utopische Formen einer "direkten" Demokratie. (501) [...]
Einige Schlagworte der "*Neuen Linken*" haben dazu beigetragen, den Eindruck zu erwecken, als bewege sich unsere Gesellschaft unaufhaltsam auf einen "präfaschistischen", mit freiheitlichen Spielregeln nur verbrämten Zustand autoritärer Machtausübung hin: von der deformierten zur "formierten Gesellschaft", vom offen ausgetragenen Konflikt der Tarifgegner zur "konzertierten Aktion". (512)

Hans Schuster: Wird Bonn doch Weimar?
in: Merkur, Juni 1969, H. 254, S. 501, 512

(5)

Die *Neue Linke*, die sich in der spätkapitalistischen Welt herausbildet, ist kein flüchtiges Phänomen, keine Mode, wie manche meinen, sondern Ausdruck einer tiefen gesellschaftlichen, politischen, geistigen Krise.

Ernst Fischer: Die Alte und die Neue Linke. Notizen zu einer Diskussion, die nicht stattfand,
in: Zeit 29/1969 v. 18.07.69, S. 5 a

(6)

Die studentische "*neue Linke*" und verwandte Bewegungen haben sich zweifellos in eine gefährliche Ecke verrannt: was als antiautoritäre Revolte begann, beschwört mit der Fixierung an utopische Ziele wie mit dem pseudorevolutionären Kult des Krawalls um des Krawalls willen einen erschreckenden Geist der Intoleranz [...] herauf, und wo ihr die "Verunsicherung" des "Establishments" tatsächlich gelingt, kommen die Früchte solchen Mühens weniger der Revolution als der Reaktion und dem Neo-Faschismus zugute.

Fritz René Allemann: Wähler im Widerspruch,
in: Der Monat, September 1969, H. 252, S. 30 b

(7)

Diese *neue Linke* ist eine interessante politische Pubertätserscheinung, die wegen ihres doktrinären Formalismus allerdings viel zu wichtig, weil zu prinzipiell genommen wird.

Conrad Ahlers: Zweiter - für immer und ewig,
in: Der Monat, September 1969, H. 252, S. 35 b, 36 a

(8)

Mir scheint, die *neue Linke* hat bisher zuviel "Theologie" gelesen und zuwenig Bibel. Hier wird Bibel vorgelegt.

Heinrich Böll über Sean O'Casey: "Autobiographie". Wilde Poesie der Flüche,
in: Spiegel 48/1969 v. 24.11.69, S. 204 b

(9)

Das Pathos und der Elan der *Neuen Linken*, das, was ihr Glaubwürdigkeit verleiht, hängen aufs Engste zusammen mit der unheimlichen, selbstmörderischen Entwicklung der modernen Waffen. Dies ist die erste Generation, die im Schatten der Atombombe aufgewachsen ist. Von der Generation ihrer Väter hat sie die Erfahrung des Verbrecherstaats, des massiven Einbruchs der Kriminalität in die Politik, geerbt; sie weiß Bescheid über Konzentrations- und Vernichtungslager, über Völkermord, Folter und Terror, über die Massaker der Zivilbevölkerung im Kriege, den die moderne Kriegsführung [...] unweigerlich zur Folge hat. Die erste Reaktion war Abscheu gegen Gewalt in all ihren Formen, ein fast selbstverständliches Eintreten für eine Politik der Gewaltlosigkeit. Die Bewegung setzte in Amerika mit dem Kampf um die Bürgerrechte der Neger ein; die anfänglichen Erfolge waren sehr groß. Auf sie folgte die Widerstandsbewegung gegen den Krieg in Vietnam, die wiederum in beträchtlichem Ausmaß das Klima der öffentlichen Meinung in Amerika bestimmt hat. Aber wir wissen alle, daß die Dinge sich seither geändert haben, und es ist vergeblich, sich diesen Tatbestand mit der Redensart von der "Handvoll von Extremisten" zu verschleiern [...] Man hat die Rebellen als Anarchisten denunziert, als Nazis, rote Faschisten, ja als Konterrevolutionäre und, mit erheblich mehr Berechtigung, als die Maschinenstürmer des 20. Jahrhunderts, und die Studenten haben mit ebenso unsinnigen Schlagworten geantwortet; mit "Polizeistaat" oder (mit erheblich mehr Berechtigung) "Konsumgesellschaft".

Hannah Arendt: Reflexionen über die Gewalt,
in: Merkur, Januar 1970, H. 261, S. 9 ff

(10)

Der "underground", Hippies oder "*Neue Linke*", wird nie "zur Macht" kommen. Aber er wird, nicht ohne dabei auch Werte zu gefährden, im Ansturm gegen eine den Jungen brüchig erscheinende Welt vielleicht die Älteren zum Nachdenken bringen, Anstoß zum Wagnis eines Brückenschlags zu einer Utopie, die den Traum einen Schritt näherbringt, daß: "Du und ich und die Brüder in aller Welt aus dem dunklen Schatten des Hasses, der Unwissenheit, der Furcht und Gewalt in das wärmende Sonnenlicht des Friedens, des Verständnisses und der brüderlichen Liebe schreiten werden". Einer ihrer Führer hofft es. Hollstein glaubt es, glaubt, daß "im Underground langsam eine Gegenwelt sich entwickelt, die die neue und menschliche von morgen werden möchte. Beatniks, Gammler, Provos, Hippies, Blumenkinder, rebellierende Studenten oder Yippies und Underground stellen einzig verschiedene Stationen auf der Reise zum gesetzten Ziele dar, das sie vorbilden, antizipieren und im Experiment gestalten".

Karl O. Paetel: Transformationsprozess?
[Buchbesprechung von W. Hollsteins Buch: Der Untergrund, s. Literaturverzeichnis],
in: FH 04/1970, S. 304 b

(11)

Sich auf einen Aufsatz Sebastian Haffners in "Konkret" berufend, behauptet Szczesny sogar, die *Neue Linke* sei ebenso "theologisch" wie das politisierende Christentum. [...] Szczesny hält die Philosophie der *Neuen Linken* für "natur- wie geschichtsblind und damit menschenfeindlich". Ihre "Tabula-rasa-Programme" würden, meint Szczesny, wenn man ihre Verwirklichung zuließe, nicht nur diese oder jene Überlieferung, sondern den Menschen selbst zerstören.

Spiegel 37/1970 v. 07.09.70, S. 180 b

(12)

Viele Professoren, so urteilt der Kölner Soziologie-Professor Erwin K. Scheuch, "schätzen sich heute glücklich, wenn sie statt der permanent aufgeregten und spinnerten Vertreter der '*neuen Linken*' Vertreter des kommunistischen Spartakus zum Partner haben".

Spiegel 38/1970 v. 14.09.70, S. 99 c

Neue Ostpolitik / Entspannung

Syn./Var. zu Neue Ostpolitik: Bonns neue Ostpolitik, Bonns Ostpolitik, neue Ostpolitik Bonns, neue Ostpolitik der Großen Koalition, neue Deutschlandpolitik

Syn./Var. zu Entspannung: Entspannungspolitik, friedliche Koexistenz

Neue Ostpolitik und *Entspannung* werden hier in einem Artikel behandelt, da sie im Behandlungszeitraum Schlagwörter mit einem fast identischen Begriffshorizont sind.

Für *neue Ostpolitik* läßt sich weder ein Erstbeleg noch ein genauer Zeitraum angeben, in dem es besonders aktuell war. Dies resultiert zum einen daraus, daß es sich um keine Neuprägung handelt, sondern das Lexem *Ostpolitik* durch das Adjektiv *neu* lediglich näher bestimmt wird. Erst im Nachhinein dürfte dieses Mehrwortlexem zur festen Verbindung und damit zum Schlagwort geworden sein. Die Schwierigkeiten einer zeitlichen Abgrenzung hängen auch mit der Vagheit des Schlagwortes zusammen: da *neue Ostpolitik* nicht angibt, welcher Phase der deutschen Ostpolitik gegenüber sie als neu verstanden werden soll, bietet zumindest das Schlagwort selbst noch keinen Anhaltspunkt für eine zeitliche Eingrenzung. Auch in der Politologie finden sich unterschiedliche Sequenzierungen der Ostpolitik; der Begriff *neue Ostpolitik* wird auch hier auf unterschiedliche Zeiträume angewendet[1].

Dennoch scheint es berechtigt, das Schlagwort mit der Ostpolitik der -> Großen Koalition in Verbindung zu bringen. In der ihr folgenden sozialliberalen Koalition nämlich bleibt die Ostpolitik zwar ein herausragender Programmpunkt, sie wird inzwischen jedoch immer seltener als 'neu' charakterisiert[2].

> ***Neue Ostpolitik*** **bezeichnet die Ostpolitik der Großen Koalition unter Kurt Georg Kiesinger und Willy Brandt gegenüber der Ostpolitik vorheriger Regierungen, insbesondere des Kabinetts Erhard. Kennzeichen der neuen Ostpolitik ist die Betonung der Entspannung gegenüber einem Wiedervereinigungsstreben um jeden Preis.**

---

1 Vgl. Schmid, S. 277, Anm. 1; zu Guttenberg und Strauß (vgl. S. 449) verstehen unter *neue Ostpolitik* offensichtlich diejenige der sozialliberalen Koalition, während Bender die Ostpolitik der Großen Koalition als *neue Ostpolitik* bezeichnet (S. 33).

2 Damit soll hier keineswegs entschieden werden, welche Ostpolitik denn nun tatsächlich das Prädikat 'neu' verdient. Die hier getroffene Entscheidung beruht ausschließlich auf einem sprachwissenschaftlichen Befund, ohne politische Momente berücksichtigen zu können.

***Entspannung* bedeutet in diesem Zusammenhang die Absage an eine Politik des Kalten Krieges zugunsten eines Ausgleichbestrebens unterschiedlicher politischer Interessen[3].**

Vorrangige Themen, die unter dem Oberbegriff *neue Ostpolitik* diskutiert werden, sind die -> Anerkennung der DDR, die -> Wiedervereinigung von BRD und DDR sowie die Anerkennung der Oder-Neiße-Linie als Westgrenze Polens.

Entscheidendes Charakteristikum der Neuen Ostpolitik ist, daß die Wiedervereinigung von BRD und DDR nicht mehr als conditio sine qua non für alle Entspannungsbemühungen angesehen wird. Im Gegenteil: es soll nur noch möglichst wenige unverzichtbare Positionen geben[4]. Dementsprechend soll nun Entspannung den Vorrang vor Wiedervereinigung erhalten[5]. Bereits in der Regierungserklärung Kiesingers vom 13.12.66 wird dem durch entsprechende Formulierungen Nachdruck verliehen[6]: der außenpolitische Teil wird mit einem Bekenntnis zum Frieden eingeleitet, nicht mit einer Wiedervereinigungsforderung wie es bislang üblich gewesen war[7].

Über die konkrete Ausgestaltung der neuen Ostpolitik allerdings herrschten in der Regierungskoalition Meinungsverschiedenheiten, die bis zum Jahre 1969 immer deutlicher wurden und auch ein wichtiger Faktor für die Bildung der sozialliberalen Koalition gewesen sein dürften[8].

Die CDU und besonders die CSU bestanden nämlich strikt auf der Einhaltung zweier Prinzipien der bisherigen Ostpolitik: der Nicht-Anerkennung der DDR als Staat sowie dem Alleinvertretungsanspruch der BRD für die Bürger der DDR und der BRD. Der Anspruch auf Alleinvertretung wurde zwar immer seltener und auch nur in verklausulierter Form ausgesprochen, um Provokationen zu vermeiden[9], doch galten diese zwei Prinzipien nicht als Mittel, die zur Erreichung weiterer Entspannung zur Disposition gestellt werden könnten, sondern als Tabus[10], die unter keinen Umständen aufgegeben werden sollten. In der Diskussion um die Aner-

---

3 Zur Schwierigkeit einer exakten Definition von *Entspannung* vgl. Kuper, S. 1 ff sowie Schweigler, S. 71 ff. Weitere Definitionen bei Sander, S. 94 f.

4 Vgl. Jüttner, S. 340.

5 Vgl. Kiesinger, S. 78 f, Roth, S. 25, Kodolitsch, S. 9 ff. Dieser Wechsel der Prioritäten dürfte auch dazu gedient haben, die BRD aus einer drohenden Isolation von den übrigen Westmächten zu führen, in die sie Adenauers 'Politik der Stärke' geführt hatte; vgl. Baring, S. 207, Haftendorn, S. 53, Hanrieder, S. 48 ff, Hildebrand, S. 324, 326 f.

6 Vgl. Meissner, S. 161 ff, auch S. 207.

7 Vgl. die entsprechenden Passagen der Regierungserklärungen Adenauers und Erhards bei Pulte, S. 53, 78, 105, 123, 189 ff.

8 Vgl. Baring, S. 133 ff, 201 ff.

9 Vgl. Schmid, S. 20.

10 Vgl. ebd., S. 26.

kennung der DDR wurde dementsprechend häufig mit moralischen statt politischen Kategorien operiert[11].

SPD und ganz besonders die oppositionelle FDP betonten demgegenüber weniger unverrückbare Positionen, sondern waren (auch bei den Problemen des Alleinvertretungsanspruchs und der Anerkennung der DDR) zu Zugeständnissen im Interesse einer weiteren Entspannung bereit[12]. Gerade die Regierungsmitglieder der SPD aber befanden sich bei der Diskussion um die neue Ostpolitik in einem Interessenkonflikt: einerseits hatten sie Rücksicht auf ihren Koalitionspartner zu nehmen, andererseits sollte die SPD sich jedoch auch als fortschrittliche Partei gegenüber der CDU/CSU profilieren[13].

> Aber die Große Koalition hatte nicht eine ostpolitische Richtung, sondern zwei: die der CDU/CSU und die der SPD. Unfähig, entweder eine Politik der Konfrontation oder einer des Kompromisses das Wort zu reden, lief sie darauf hinaus, Schröders Politik lediglich zu intensivieren, diese jedoch nicht erheblich zu verändern.[14]

Durch diese Unstimmigkeiten innerhalb der Regierungskoalition wurde die neue Ostpolitik bereits im Ansatz geschwächt. Die Reaktion der Sowjetunion auf die Aufnahme diplomatischer Beziehungen zu Rumänien und der Tschechoslowakei 1967 aber zeigte noch deutlicher, daß die neue Ostpolitik der Großen Koalition nicht zum gewünschten Ergebnis führte: sie wurde im Gegenteil als "taktisches Mittel der verschleierten ideologisch-politischen Aufweichung" und als "Einbruch in das sozialistische Lager" gewertet[15]. Dementsprechend wurden die Reaktionen Moskaus auf die neue Ostpolitik "zusehends feindseliger"[16]. Die unangekündigte Veröffentlichung eines zweijährigen deutsch-sowjetischen Notenwechsels zum Gewaltverzicht durch die Sowjetunion am 11.07.68 machte endgültig klar, "daß die neue Ostpolitik die Beziehungen zu Moskau verschlechtert hat-

---

11 -> Anerkennung der DDR.

12 Vgl. Hildebrand, S. 325 f, Griffith, S. 184 ff, 201 f.

13 Vgl. Hildebrand, ebd.

14 Griffith, S. 186, vgl. Hildebrand, S. 328.

15 Schmid, S. 23. Schmid geht davon aus, daß auch die Aufnahme diplomatischer Beziehungen zwischen Bonn, Bukarest und Prag zur Niederschlagung des Prager Frühlings durch Truppen des Warschauer Paktes beigetragen hat. Griffith, S. 193, 196, 217, bestreitet dies. Er geht von einer 'unzusammenhängenden Parallelität' (S. 196) aus. Vgl. dazu auch Brandt (1989), S. 220 f.
Zur Reaktion der sozialistischen Staaten auf die neue Ostpolitik der Großen Koalition im einzelnen vgl. Kodolitsch, S. 390 ff.

16 Griffith, S. 196.

te"[17], obwohl die BRD inzwischen auf die rigorose Anwendung der sogenannten Hallstein-Doktrin verzichtete[18].

Parallel dazu hatte aber bereits auch die Euphorie über die neue Ostpolitik in der Großen Koalition selbst nachgelassen: während Kiesinger sich am Ende seiner Amtszeit wieder auf die Position seines Vorgängers Erhard zurückgezogen hatte und "damit dort wieder angelangt [war], wo seine Vorgänger stehengeblieben waren"[19], betonte Außenminister Brandt in einem Spiegel-Gespräch, daß er sich nach der Wahl keine Koalition mit Willy Brandt als Außenminister vorstellen könne[20].

Die öffentliche Diskussion um die neue Ost- und Entspannungspolitik drehte sich vor allem um die Frage, inwieweit die BRD Zugeständnisse an die Forderungen der Ostblockstaaten machen sollte. Insbesondere die Frage nach einer völkerrechtlichen Anerkennung der DDR sorgte für immer neue Auseinandersetzungen.

Bei der Diskussion um die neue Ostpolitik überhaupt wurde von konservativer Seite häufig beanstandet, daß sie zu weit gehe und Positionen aufgebe, die nicht wieder zu gewinnen seien. Eine Politik der Stärke sei der geeignetere Weg, die Interessen der BRD gegenüber den sozialistischen Staaten und insbesondere gegenüber der DDR zu vertreten.

Die Gegner dieser Position vertraten den Standpunkt, die neue Ostpolitik trete gerade darum auf der Stelle, weil sie im Gegenteil nicht weit genug gehe. Sie unterscheide sich qualitativ nicht von der Ostpolitik vorheriger Regierungen, sondern treffe nur da andere Entscheidungen, wo deren Mißerfolg offensichtlich sei[21].

Insbesondere die oppositionelle FDP vertrat in dieser Auseinandersetzung Vorstellungen, die deutlich über die von der Großen Koalition vertretene Politik hinausgingen[22]. Wiedervereinigung von BRD und DDR wurde von Anhängern dieser Position nicht als vorrangiges Ziel angesehen. Dementsprechend war es für sie auch nicht tabu, über eine Anerkennung der DDR wie der Oder-Neiße-Linie ernsthaft nachzudenken.

Die Belege zu *neue Ostpolitik* und zu *Entspannungspolitik* sind fast ausschließlich wertungsneutral kommentierend (bis auf Beleg 8) und beziehen daher meist nicht selbst Stellung für eine der in der Diskussion vertretenen Positionen. Daß aber die neue Ostpolitik auf Sympathie bei zahlreichen seriösen Medien stieß, ist unbestritten[23] (vgl. Belege 3, 7). Die Prin-

17 Ebd., S. 200.

18 Vgl. Hildebrand, S. 329 ff.

19 Schmid, S. 24 und vgl. Bender, S. 46 ff.

20 Vgl. Spiegel 38/1969 v. 15.09.69, S. 52 b, c sowie Baring, S. 133 ff.

21 Vgl. Bender, S. 35, 45 ff.

22 Vgl. zum folgenden Hildebrand, S. 339 ff, Baring, S. 211 ff.

23 Vgl. Baring, S. 219 f, Hildebrand, S. 346.

zipien der neuen Ostpolitik schildern die Belege 9 und 10, während die Belege 6 und 11 die Sicht kommunistischer Staaten zur neuen Ostpolitik wiedergeben. Beleg 16 charakterisiert die Gegenpole in der Diskussion um die neue Ostpolitik.

Daß auch *Entspannung* zum Schlagwort wurde, in dem sich ein umstrittenes Programm kristallisiert, zeigen die Belege 13 und 14 und 25 c eindeutig. Beleg 1 zeigt die Vagheit des Begriffes auf, die höchst unterschiedliche Definitionen zuläßt.

Da die sozialliberale Koalition die Bemühungen um Entspannung und friedliche Koexistenz noch intensivierte, verlieren auch die schon zur Zeit der Großen Koalition diskutierten ostpolitischen Themen keineswegs an Aktualität, sondern werden intensiver denn je in der Öffentlichkeit behandelt. In der Auseinandersetzung um die Ostverträge (-> Anerkennung der DDR) erreicht die Auseinandersetzung um ostpolitische Themen ihren Höhepunkt.

Literatur

Bahr, Egon: Entspannung, in: Greiffenhagen, Martin (Hrsg.): Kampf um Wörter? Politische Begriffe im Meinungsstreit, Bonn 1980, S. 157 - 162 [Schriftenreihe der Bundeszentrale für politische Bildung, Band 163]

Baring, Arnulf: Machtwechsel. Die Ära Brandt-Scheel, Stuttgart [4]1983

Bender, Peter: Die Ostpolitik Willy Brandts oder Die Kunst des Selbstverständlichen, Reinbek bei Hamburg 1972

Brandt, Willy: Begegnungen und Einsichten, Hamburg 1976

Ders.: Erinnerungen, Frankfurt/M. 1989

Griffith, William E.: Die Ostpolitik der Bundesrepublik Deutschland, Stuttgart 1981

Guttenberg, Karl Theodor Freiherr zu: Die neue Ostpolitik. Wege und Irrwege, Osnabrück 1971 [Texte Thesen 11]

Haftendorn, Helga: Sicherheit und Entspannung. Zur Außenpolitik der Bundesrepublik Deutschland 1955 - 1982, Baden-Baden 1983

Hanrieder, Wolfram: Fragmente der Macht. Die Außenpolitik der Bundesrepublik, München 1981

Hildebrand, Klaus: Von Erhard zur Großen Koalition. 1963 - 1969, Stuttgart, Wiesbaden 1984 (Geschichte der Bundesrepublik Deutschland, hg. v. K. D. Bracher [u. a.], Bd. 4)

Hillgruber, Andreas: Deutsche Geschichte 1945 - 1986. Die "deutsche Frage" in der Weltpolitik, 6., überarb. Aufl., Stuttgart [u. a.] 1987

Ischreyt, Hans: "Entspannung" - Begriff und Schlagwort, in: Deutsche Studien 7 (1969) H. 28, S. 340 - 345

Jüttner, Alfred: Die deutsche Frage, Köln [u. a.] 1971

Kiesinger, Kurt Georg: Rede zum 17. Juni [1967]. Rede zum Staatsakt der Bundesregierung zum Tag der Deutschen Einheit im Deutschen Bundestag, in: Ders.: Die Große Koalition 1966 - 1969. Reden und Erklärungen des Bundeskanzlers. Hg. von Dieter Oberndörfer, Stuttgart 1979, S. 77 - 83

Kodolitsch, Paul von: Die Ostpolitik der Großen Koalition und die sozialistischen Staaten, (Phil. Diss.) Berlin 1974

Kuper, Ernst: Frieden durch Konfrontation und Kooperation. Die Einstellung von Gerhard Schröder und Willi [!] Brandt zur Entspannungspolitik, Stuttgart 1974 (Sozialwissenschaftliche Studien. Schriftenreihe des Seminars für Sozialwissenschaften der Universität Hamburg, Bd. 14, hg. von Wilhelm Hennis [u. a.])

Meissner, Boris (Hrsg.): Die deutsche Ostpolitik 1961 - 1970. Kontinuität und Wandel, Köln 1970 [Der Göttinger Arbeitskreis, Veröffentlichung Nr. 393]

Regierungserklärungen 1949 - 1973. Zusammengestellt von Peter Pulte, Berlin, New York 1973

Sander, Hans-Dietrich: Entspannung: Begriff und Geschichte, in: Deutsche Studien 12 (1974) H. 45, S. 93 - 112

Schmid, Günther: Politik des Ausverkaufs? Die Deutschlandpolitik der Regierung Brandt/Scheel, München 1975

Schweigler, Gebhard: Spannung und Entspannung: Reaktionen der Öffentlichkeit im Westen, in: Füllenbach, Josef und Schulz, Eberhard (Hrsg.): Entspannung am Ende? Chancen und Risiken einer Politik des Modus vivendi, München, Wien 1980, S. 71 - 105 [Schriften des Forschungsinstituts der deutschen Gesellschaft für auswärtige Politik e. V., Bonn, Reihe: Internationale Politik und Wirtschaft, Bd. 43]

Spiegel 38/1969 v. 15.09.69

Strauß, Franz Josef: Die Erinnerungen, Berlin [2]1989

Lexikographische Erfassung

Neue Ostpolitik

DWB (1982), WDG (1974), WDS (1978), (1980): 00
BHE (1971), (1991), GBH (1979), MEL (1976), MNL (1980), NBH (1985), NDL (1984): 00
AVW, BEC, NUN: 00

Entspannung

DWB (1981), WDG (1967), WDS (1976): n.a.SchW

BHE (1968): nur im physikalischen Sinne beh.
(1975), (1981), (1988): n.a.SchW
GBH (1978): n.a.SchW
MEL (1973): n.a.SchW;
XXVI ([2]1984) 272: "Krise in den Ost-West-Beziehungen führte in den westl. Staaten teilweise zur Ächtung des Begriffs E."
MNL (1979), NBH (1984), NDL (1984): n.a.SchW

AVW 00
BEC n.a.SchW
NUN 76 f: SchW

Belege

(1)

Außenminister Brandt hat in Straßburg die Essenz der neuen Politik sehr überzeugend formuliert. Er sagte: *Entspannungspolitik* ist eine Politik, mit der "um den Ausgleich gegensätzlicher Ziele und Interessen gerungen wird", ein Ausgleich, "der die Grundlagen für eine dauerhafte europäische Friedensordnung schaffen soll". [...] Denn darüber muß man sich klar sein: *Entspannung* bedeutet jedem etwas anderes. Wenn der Osten sich auf *Entspannung* einläßt, dann meint er größere Sicherheit [...] (1 a)
Auch für uns bedeutet *Entspannung* zwar [...] die Voraussetzung für eine dauerhafte europäische Friedensordnung, aber diese kann in unseren Augen nur identisch sein mit der Wiedervereinigung Deutschlands. (1 b)

Marion Gräfin Dönhoff: Ein Anfang ist gemacht. Ostpolitik als Friedensstrategie,
in: Zeit 05/1967 v. 03.02.67, S. 1 a, b

(2)

Was sich in der vergangenen Woche bloß vage abgezeichnet hatte, wurde damit offenkundig: Wir haben eine *neue Deutschlandpolitik*.

Theo Sommer: Politik ohne Gänsefüßchen. Wehners Deutschland-Konzept,
in: Zeit 06/1967 v. 10.02.67, S. 1 a

(3)

Die deutsche *Ostpolitik* ist in Bewegung geraten. In allen Zeitungen der Bundesrepublik wurde dieses Ereignis ausführlich diskutiert und kommentiert [...]

Rolf Zundel: Gemischte Gefühle in Bonn. Die Reaktion auf Kiesingers Ostpolitik,
in: Zeit 06/1967 v. 10.02.67, S. 5 a

(4)

Die *Entspannung* kann kein Selbstzweck, sie muß auf das Ziel einer politischen Befriedung gerichtet sein. [...] Tatsächlich ist die Auseinandersetzung um die *Entspannung* eine Frage der Interpretation der sowjetischen Ansichten.

Hans-Werner Graf Finck von Finckenstein: Die grosse Koalition - Zwang zum Erfolg,
in: FH 02/1967, S. 77 b

(5)

Letzten Endes hängt so die Verteidigung Deutschlands, West-Europas und des Westens überhaupt vom Gelingen des politischen Versuchs ab, der den Namen "friedliche Koexistenz" oder *Entspannung* führt.

Altiero Spinelli: Die deutsche Verteidigung als internationales politisches und militärisches Problem,
in: FH 02/1967, S. 93

(6)

Da aber die "*neue Ostpolitik*" der Bundesrepublik nach Meinung der Osteuropäer die alten Grundsatzpositionen nicht aufgibt, erweckt sie bis jetzt bei ihren Adressaten [...] mehr Isolationsfurcht als Zutrauen.

Hansjakob Stehle: Verhärtung in Osteuropa. Bonns Ostpolitik vor fremden und eigenen Barrieren,
in: Zeit 11/1967 v. 17.03.67, S. 7 a

(6 a)

Wenn wir jetzt eine *neue Ostpolitik* einleiten - vielleicht ist dieser Name etwas zu anspruchsvoll -, dann hat das vor allem den Sinn, daß wir wieder etwas vorzeigen können, wozu wir die Unterstützung erwarten können, die Unterstützung eigentlich der ganzen Welt, nicht einmal nur unserer Verbündeten, in der dritten Welt, sondern sogar bis zu einem gewissen Grad - wenn man davon sprechen könnte - der öffentlichen Meinung in der östlichen Welt.

Bundeskanzler Kurt Georg Kiesinger vor der CDU/CSU-Fraktion am 06.06.67, zit. nach:
Klaus Hildebrand: Von Erhard zur Großen Koalition. 1963 - 1969, Stuttgart, Wiesbaden 1984, S. 325

(7)

Ist die *neue Ostpolitik* der Großen Koalition in Bonn, die zu Anfang geradezu enthusiastisch als eine Befreiung der Bundesrepublik aus jahrelanger Passivität begrüßt worden war - sozusagen mit fliegenden Fahnen schwenkten die Tagespresse, der Rundfunk und das Fernsehen auf die neue Linie ein -, ist diese Politik von der gleichen Art? [wie die im Artikel vorher als äußerst geschickt charakterisierte belgische Außenpolitik]

Thilo Werthern-Beichlingen: "Die neue Ostpolitik",
in: FH 09/1967, S. 589 a

(8)

Der Kanzler weiß, daß es sachlich geboten wäre, nicht länger Ansprüche jenseits Oder und Neiße zu hegen, er hat es Henri Nannen selbst gesagt und hat es durch den Sprecher der Bundesregierung bestätigen lassen, daß er keine Wähler an die NPD verlieren will, und so unterbleibt das für das Gelingen der "*neuen Ostpolitik*" Notwendige.

Rudolf Augstein: Koalition der Güte,
in: Spiegel 49/1967 v. 27.11.67, S. 24 c

(9)

Im Osten verlor die Bundesrepublik bald jeglichen Handlungsspielraum, im Westen erntete sie wachsenden Unwillen bei ihren auf ein west-östliches Arrangement bedachten Freunden.
Dies war Ansatzpunkt einer sogenannten "*neuen Ostpolitik*", welche die Große Koalition zu einem ihrer bevorzugten Programmpunkte erhob [...] Von nun an sollte die Wiedervereinigung nicht mehr Voraussetzung, sondern eines fernen Tages allenfalls die Folge deutscher *Entspannungsbemühungen* gen Osten sein.

Spiegel 52/1967 v. 18.12.67, S. 25 b

(10)

Die Prinzipien der neuen Ostpolitik sind "*Entspannung* durch Annäherung" und "Wiedervereinigung durch *Entspannung*", - nicht mehr wie zu Adenauers und Erhards Zeiten "*Entspannung* durch Wiedervereinigung", - eine unselige Formel, die unausweichlich zur verhängnisvollen Erstarrung der westdeutschen Ostpolitik geführt hat. [...] *Entspannung* durch Annäherung heißt: neben den politischen Bemühungen wie diplomatischen Beziehungen, Gewaltverzichtserklärungen und anderen, muß geistige Begegnung ermöglicht werden.

Ulrich Spinnarke / Friedrich Mager: Kunst zwischen Ost und West.
I. Kulturaustauch mit der Tschechoslowakei,
in: FH 01/1968, S. 33

(11)

Heute ist auch für immer weitere Kreise im Westen klar, daß die sogenannte *neue Ostpolitik* Bonns ein großes Manöver ist, das darauf abzielt, die Bundesrepublik aus der Isolierung herauszuführen, den westlichen Verbündeten angeblich friedliche Absichten zu zeigen und neue Diversionen gegen die sozialistischen Länder zu betreiben. In dieser Ostpolitik ist neu lediglich die Anpassung an die Situation und gleichzeitig die Vervollkommnung der Taktik im Dienste der selben Ziele.
(Marian Naszkowski, stellvertretender Außenminister Polens, Mai 1967)

Friedrich Mager / Ulrich Spinnarke: Kunst zwischen Ost und West.
II. Behinderte Beziehungen mit Polen,
in: FH 02/1968, S. 112

(12)

Sp.: [...] Sie [die Entspannungspolitik] führt eben nicht automatisch zur *Entspannung*, womöglich - siehe Prag - sogar zum Gegenteil.
Br.: *Abbau der Spannungen* - wie ich vorziehe, es zu nennen - heißt, ohne Illusionen und trotz allem, was in der Welt ist, ehrlich den Versuch zu machen, den großen Krieg zu verhindern, Elemente der Friedenssicherung zu schaffen, vielleicht noch mehr Aufmerksamkeit den Interessen der Hauptbeteiligten zuzuwenden, jedenfalls niemandem das Gefühl zu vermitteln, ihm solle ein Fell über die Ohren gezogen werden.

"Wir werden uns nicht selbst entmannen"
Spiegel-Gespräch mit Bundesaußenminister Willy Brandt,
in: Spiegel 37/1968 v. 09.09.68, S. 34 a

(13)

Entspannung ist das Schlüsselwort der sechziger Jahre geworden, wie Integration das der fünfziger Jahre war. Das heißt nicht, wie manche Toren gerade in Deutschland meinen, daß die beiden Großmächte sich alsbald zu verbrüdern begännen, um gemeinsam über die Welt zu herrschen. Aber es heißt, daß die amerikanischen und sowjetischen Interessen zwingend gebieten, überall dort auf Konsolidierung zu drängen, wo sie direkt aneinander geraten können.

Waldemar Besson: Bonn auf dem Prüfstand. Chancen westdeutscher Außenpolitik,
in: Der Monat, Januar 1969, H. 244, S. 44 b

(14)

Die derzeitige versuchte Antwort heißt "*Entspannung*". Das Wort ist schwer befrachtet; es meint mehr als die Negation der Negation, als den Abbau der im Kalten Krieg aufgeladenen Spannungen. Es enthält ein Programm, eine politische Doktrin, ja eine Ideologie.

Heinz Kuby: Entspannung als Wille und Vorstellung,
in: Merkur, August 1969, H. 256, S. 693

(15)

In dieser Woche ließ Bonn dann in Warschau eine Note übergeben, in der den Polen Gespräche vorgeschlagen werden, die der Normalisierung der Beziehungen dienen sollen. Damit ist nun also das Kapitel "*Neue Ostpolitik*" endlich aufgeschlagen worden.

Marion Gräfin Dönhoff: Dialog mit Polen. Die Schwierigkeiten eines Ausgleichs,
in: Zeit 48/1969 v. 28.11.69, S. 1 a

(16)

Es ist wohl nicht zu vermeiden, daß Bonns *neue Ostpolitik*, Fortentwicklung der früheren und qualitativ anders zugleich, sich wie ihre Vorgängerinnen in Widersprüche verfängt. Sie geht nach Meinung der "Staatserhalter" zu weit, geht zu schnell vor, und trifft doch auf die früheren

Hemmnisse, weil sie, wie die "Anerkenner" zu wissen glauben, nicht weit und nicht schnell genug geht.

Rudolf Augstein: Macht euch nichts vor!
in: Spiegel 53/1969 v. 29.12.69, S. 20 a

(17)

So kommt es denn auch, daß, wenn von Brandts *Ostpolitik* die Rede ist, die einen das große Gruseln überkommt, weil sie meinen, alle Positionen würden preisgegeben, und die Russen hielten demnächst ihren Einzug in der Bundesrepublik, während die anderen in euphorische Verzückung geraten und glauben, nun werde bald eitel Harmonie zwischen Ost und West herrschen.

Marion Gräfin Dönhoff: Die Nation als Klammer. Bonns Ostpolitik: kein Grund zum Gruseln oder Jubeln,
in: Zeit 3/1970 v. 16.01.70, S. 1 b

(18)

Hat die sogenannte "*neue Ostpolitik*" seit 1966 etwas an diesem Grundverhältnis - Ostpolitik als bloße Funktion der Westpolitik - geändert? Einschränkung des Alleinvertretungsanspruchs, Angebote von Vereinbarungen über den Gewaltverzicht, Aufnahme diplomatischer Beziehungen und versteckte Hinweise auf mögliche Rechtsverzichte gegenüber Polen und der CSSR lassen dies vermuten. Sieht man genauer hin, so erweist sich, daß auch die *neue Ostpolitik* im Grunde die alte blieb, das heißt Mittel der Westpolitik.

Rudolf Hilf: Mitteleuropa als Aufgabe der Siebziger Jahre,
in: Merkur, Februar 1970, H. 262, S. 137

(19)

Die Berichte über *Bonns Ostpolitik* verdrängten zeitweilig die Berichte vom amerikanischen Massaker im vietnamesischen Song My in den amerikanischen Zeitungen.

Spiegel 15/1970 v. 06.04.70, S. 132 a, b

(20)

Andererseits würde eine [...] erstarkende Opposition den Handlungsspielraum der Regierung so einschränken, daß sich die als Voraussetzung für die "*Entspannung*" gestellte Forderung der völkerrechtlichen Anerkennung weniger denn je erfüllen ließe.

Hans Apel: Nach Erfurt: Fiasko, Entspannung oder "Entspaltung"?
in: FH 05/1970, S. 316 a

(21)

Brandt hat in Kassel seine Linie - bestimmt durch das Ziel der *Entspannung* und eine an den Realitäten orientierte Taktik - in plausiblen Einzelvorschlägen konkretisiert.

Walter Dirks: Zum Tag und zur Zeit,
in: FH 06/1970, S. 387 a

(22)

Die Re-Aktion hat sich formiert, Aktion auf das, was die *neue Ostpolitik* der Bundesregierung genannt wird und auf anderes mehr. (6 b) [...]

Paul Noack: Die CSU - nationalistisch oder was sonst ?
in: Der Monat, Juni 1970, H. 261, S. 6 b

(23)

Die Kontroverse in der Bundesrepublik nimmt seit Kassel [21.05.70: Treffen von Bundeskanzler W. Brandt mit Ministerpräsident W. Stoph in Kassel] noch schärfere Formen an als zuvor: Nie mehr seit den fünfziger Jahren hat sich eine so grundsätzliche Scheidung der Geister vollzogen wie angesichts der Deutschland- und Ostpolitik. (10 b)

Fritz René Allemann: Die "Denkpause",
in: Der Monat, Juli 1970, H. 262, S. 10 b

(24)

Brandt und Bahr hatten ja die "*neue*" *Ostpolitik*, weiß Gott, nicht erfunden, wiewohl sie auf die eigene Handschrift Wert legten und sie erkennbar machten. Als sie noch mit Kiesinger im Regierungsbund wirkten, hatte auch jener als Kanzler [...] der Ostpolitik neue Anstöße und einen direkteren Kurs zu geben gesucht. Kiesinger war jedenfalls ganz bei der Sache; und seinen Anteil sollte man nicht schmälern.

Jürgen Tern: Scheitert Brandt daran?
in: Merkur, November 1970, H. 271, S. 1063

(25)

Bonns Ostpolitik - eines der wenigen deutschen Wörter, die von Franzosen wie Briten im Original übernommen wurden - geriet dem französischen Staatsrundfunk "France-Inter" zur "Willy-Politik".

Spiegel 49/1972 v. 27.11.72, S. 107

(25 a)

Was das Wort *Entspannung*, das wir nicht in die internationale Diskussion einführten, auch immer bedeuten mochte - es wies auf ein gemeinsames Interesse hin: den Willen, im nuklearen Zeitalter zu überleben.

Willy Brandt: Begegnungen und Einsichten,
Hamburg 1976, S. 220

(25 b)

Von deutscher Ostpolitik konnte [...] in der Frühphase der Bundesrepublik nicht die Rede sein. Es sollte noch Jahre dauern, bis überhaupt neue deutsche Außenpolitik zugelassen war und möglich wurde. Der Begriff "*Ostpolitik*" war im übrigen so vorbelastet, daß man vor Mißverständnissen höllisch auf der Hut zu sein hatte; jedenfalls habe ich nicht geahnt, daß einst das deutsche Wort in andere Sprachen übernommen werden würde - etwa wie "Weltanschauung" und "Gemütlichkeit".

Willy Brandt: Erinnerungen,
Frankfurt/M. 1989, S. 158

(25 c)

Meine Initiative zu einer Klage gegen den Grundlagenvertrag [zwischen BRD und DDR vom 21.12.72] erfolgte zu einer Zeit, in der die Gefahr wuchs, daß jede Politik, die unter dem Etikett *Entspannung*, Sicherheit, Frieden angeboten wurde, sich ungeprüft zum Zeitgeist erhob, zum Mythos verklärte. Wer immer sich gegen diese Politik zur Wehr setzte, geriet in das Räderwerk der Verteufelungspropaganda, wurde zum Feind der *Entspannung*, der Sicherheit und des Friedens gestempelt.

Franz Josef Strauß: Die Erinnerungen,
Berlin [2]1989, S. 449

Notstandsgesetze

Syn./Var.: Notstandsgesetzgebung, Notstandsverfassung, Schubladengesetze[1]

Eine Diskussion um die Notstandsgesetze wurde in der BRD bereits ab 1955 geführt[2], die Öffentlichkeit jedoch nahm noch kaum daran teil. Ab 1962/63 wurde diese Diskussion zunehmend auch von Hochschulgruppen geführt, die allmählich zusammen mit gewerkschaftlichen Organisationen bestimmende Kräfte im Kampf gegen die Notstandsgesetze wurden. Seit etwa 1965 kann in der BRD von einer Bewegung gegen die Notstandsgesetze gesprochen werden[3].

Von diesem Zeitpunkt an wird der Begriff *Notstandsgesetze* zum Schlagwort, zumal sich eine Zustimmung der SPD zu den Notstandsgesetzen nach Bildung einer -> Großen Koalition abzeichnet[4] und damit eine Verabschiedung der Notstandsgesetze zum ersten Mal als wahrscheinlich gelten muß.

Als *Notstandsgesetze* wird die Gesamtheit der verfasssungsrechtlichen Bestimmungen bezeichnet, die zur Vorsorge für Notzeiten getroffen werden. Sie regeln den äußeren (Verteidigungsfall, Spannungsfall) wie inneren Notstand (Naturkatastrophen, drohende Gefahren für die freiheitlich demokratische Grundordnung)[5].

Zu beachten ist dabei, daß es vier Entwürfe für eine Notstandsverfassung gab, die durchaus vom 17. Gesetz zur Änderung des Grundgesetzes (den schließlich verabschiedeten Notstandsgesetzen) abwichen. So bezeichnet der Begriff *Notstandsgesetze* je nach Zeitpunkt der Verwendung durchaus unterschiedliche Gesetze[6].

Dies ist jedoch für die Darstellung des Schlagwortes *Notstandsgesetze* von geringer Bedeutung, da eine detaillierte Auseinandersetzung in der

---

1 Zudem finden sich im Textkorpus zahlreiche okkasionelle Bildungen, die hier nicht verzeichnet werden.

2 Vgl. Seifert, S. 12, sowie Arndt/Freundt, S. 69; zur Geschichte des Notstandsrechts vgl. Oberreuter sowie Arndt/Freundt, S. 107 ff.

3 Eine detaillierte Schilderung der einzelnen Phasen des Protestes bei Krohn.

4 Vgl. Krohn, S. 103 ff.

5 Vgl. Avenarius, S. 295, Art. 'Notstandsverfassung'.

6 Eine synoptische Darstellung der Entwürfe und der 1968 verabschiedeten Gesetze bei Oberreuter, S. 319 ff; Kommentierung bei Lenz; zur Reaktion auf die einzelnen Entwürfe vgl. Krohn.

Öffentlichkeit nicht stattfand. Eine derartige Auseinandersetzung blieb wegen ihrer Komplexität auf einen kleineren Kreis beschränkt[7].

Schon die terminologische Vielfalt, die das Streitobjekt mehr verschleierte als klar definierte, erschwerte Auseinandersetzungen und Verständigungsmöglichkeiten der Diskussionspartner im Streit um die Notstandsgesetzgebung.[8]

So spiegelt das Schlagwort *Notstandsgesetze* auch nur die extremen Pole der Auseinandersetzung wieder. Es wird vor allem in pejorativem Sinne gebraucht und meint dann das Außerkrafttreten verbriefter Grundrechte. Insbesondere die Einschränkung des Brief-, Post- und Fernmeldegeheimnisses, der Einsatz von Streitkräften im Innern, sowie die Einschränkung der Freizügigkeit und des Streikrechts wurden zu zentralen Punkten der Kritik. Dabei gingen die Kritiker meistens davon aus, daß die Notstandsgesetze, die eigentlich die Trennung der Gewalten auch im Ausnahmezustand aufrecht erhalten sollten[9], gerade zur Abschaffung demokratischer Strukturen und zur Errichtung eines autoritären Obrigkeitsstaates angewendet werden sollten oder zumindest könnten. Gerade die Bildung einer Großen Koalition und damit die Ausschaltung einer funktionierenden Opposition nährten zusätzlich den Verdacht antidemokratischer Tendenzen.

Dementsprechend wurden in der Diskussion um die Notstandsgesetze häufig Parallelen zum Artikel 48 der Weimarer Verfassung[10] wie auch zum "Ermächtigungsgesetz" der Nazis[11] gezogen. Diese Auffassung wurde vor allem von Gewerkschaften, Wissenschaftlern und Studenten vertreten, die sich 1966 zum Kuratorium "Notstand der Demokratie" zusammenschlossen[12]. Auch die -> APO hatte als erklärtes Ziel den Kampf gegen die Notstandsgesetze auf ihre Fahnen geschrieben.

Die entgegengesetzte Position vertraten die CDU/CSU und ihre Anhänger und ab 1965/66 zunehmend auch die SPD. Sie gingen davon aus, daß das Grundgesetz dringend ergänzungsbedürftig sei, um auch in Notzeiten Gewähr für ein demokratisches System geben zu können[13]. Werde ein solches Notstandsgesetz nicht eingerichtet, so werde in Notzeiten "das hemmungslose Unrecht"[14] ausbrechen. Die Bedenken vor möglichen Fol-

---

7 Vgl. Krohn, S. 94, 330.

8 Oberreuter, S. 9; vgl. auch Lenz, S. 18, Oberreuter, S. 225 ff.

9 Vgl. Seifert, S. 7.

10 Für Einzelheiten zu diesem Artikel s. Oberreuter, S. 43 ff, Arndt/Freund, S. 17 ff, Seifert, S. 29 ff.

11 Vgl. Spiegel 46/1966 v. 07.11.66, S. 78.

12 Vgl. Krohn, S. 2 ff.

13 Vgl. Oberreuter, S. 201, Kiesinger, S. 195 ff.

14 Arndt/Freund, S. 33.

gen eines Notstandsrechts seien zwar nicht gänzlich unbegründet, inzwischen jedoch sei die Furcht vor dem Notstandsrecht größer als die vor dem eigentlichen Notstand. Gerade aber ein Notstandsgesetz sei die einzig wirksame Möglichkeit, einem Chaos in Notzeiten zu entgehen.

Die Belege indes machen deutlich, daß das Schlagwort vor allem von Gegnern der Notstandsgesetze benutzt wurde, um negative Assoziationen zu wecken (Belege 2, 3, 9, 11 - 13). Interessant ist in diesem Zusammenhang Beleg 4, da hier ein Befürworter der Notstandsgesetze für eine Umbenennung plädiert, wohl nicht zuletzt, um eine Reihe negativer Konnotationen, die mit dem Terminus *Notstandsgesetze* verbunden sind, auszuschalten. Daß der Terminus zwar exakt definierbar ist, aber in der öffentlichen Diskussion oft sehr vage gebraucht wurde, zeigen die Belege 1, 4, 9, 11. Die Belege 9 und 11 machen dabei besonders auf die Schlagwortträchtigkeit der Diskussion um die Notstandsgesetze aufmerksam. Recht deutlich wird der Schlagwortcharakter auch in den Belegen 5 - 11, in denen auf die breite öffentliche Diskussion und die affektive Besetztheit des Schlagwortes *Notstandsgesetze* eingegangen wird.

Nicht zuletzt die große Zahl von Zusammensetzungen mit dem Wort *Notstand* deutet auf seine Verbreitung und einen ausgeprägten ideologischen Hintergrund hin.

Seine Hauptzeit hatte das Schlagwort von 1965 bis zur Verabschiedung der Notstandsgesetze am 30. Mai 1968. Auch 1969 taucht das Wort noch auf, verliert jedoch eindeutig an Brisanz. Das Jahr 1969 dürfte damit der Zeitpunkt sein, von dem an das Schlagwort *Notstandsgesetze* allmählich wieder in den normalen Wortgebrauch zurückfällt.

Literatur

Arndt, Adolf und Freund, Michael: Notstandsgesetz - aber wie? Köln 1962

Avenarius, Hermann: Kleines Rechtswörterbuch [Lizenzausgabe für die Bundeszentrale für politische Bildung, Bonn], Bonn 1988

Holz, Hans Heinz und Neuhöffer, Paul: Griff nach der Diktatur? Texte, Kommentare, Stellungnahmen zur geplanten Notstandsgesetzgebung, Köln 1965

Jaspers, Karl: Wohin treibt die Bundesrepublik? Tatsachen. Gefahren. Chancen, München 1966

Kiesinger, Kurt Georg: Die Notstandsgesetze. Erklärung vor dem Deutschen Bundestag [am 30.05.68] zur Verabschiedung der Notstandsgesetze, in: Ders.: Die Große Koalition 1966 - 1969. Reden und Erklärungen des Bundeskanzlers. Hg. von Dieter Oberndörfer, Stuttgart 1979, S. 195 - 199

Krohn, Maren: Die gesellschaftlichen Auseinandersetzungen um die Notstandsgesetze, Köln 1981

Lenz, Carl Otto: Notstandsverfassung des Grundgesetzes. Kommentar, Frankfurt/M. 1971

Oberreuter, Heinrich: Notstand und Demokratie. Vom monarchischen Obrigkeits- zum demokratischen Rechtsstaat, (Phil. Diss. München 1976) München 1978

Ridder, Helmut: Notstand '66, Köln 1966

Schäfer, Friedrich: Die Notstandsgesetze. Vorsorge für den Menschen und den demokratischen Rechtsstaat, Köln und Opladen 1966

Seifert, Jürgen: Der Notstandsausschuß, (Jur. Diss. Münster) Frankfurt/M. 1968

Spiegel 46/1966 v. 07.11.66

Lexikographische Erfassung

DWB IV ((1982) 867: erwähnt werden die von "Gewerkschaften, Hochschullehrern und großen Teilen der SPD geübte Kritik an den N.-gesetzen", sowie "Demonstrationen u. Sitzstreiks der APO gegen die N.-gesetze"
WDG IV (1974): 00
WDS (1978): n.a.SchW

BHE XIII (1971) 587 ff: es werden "heftige Auseinandersetzungen" um die N.-gesetze vermerkt
XVI (1991) 16: "lebhafte öffentliche Auseinandersetzungen"
GBH (1979), MEL (1976): n.a.SchW
MNL V (1980) 624: "heftige Proteste aus Gewerkschaftskreisen und v.a. der Studentenbewegung"
NBH (1985), NDL (1984): n.a.SchW

AVW 121: SchW
BEC, WEI: n.a.SchW
KOP 00
NUN 156: "N-paket": SchW

Belege

(1)

Über das, was in Bonn unter dem Titel *Notstandsgesetze* ins Werk gesetzt worden ist und werden soll, wissen die Staatsbürger unverhältnismäßig wenig. Neun Zehntel, schätzungsweise, wissen entweder gar nicht, was darunter zu verstehen ist, oder halten die Regierung für die geeignete Instanz, welche zu erlassen. Auch die Gegner der *Notstandsgesetzgebung*, wiewohl zum Protestieren aufgelegt und mithin schon eine Stufe wacher, scheinen überwiegend nicht zu wissen, welche Fragen noch zur Entscheidung stehen - und welche schon entschieden sind.
In die Erinnerung eingeschrieben hat sich, daß die SPD im Wahljahr 1965 "den *Notstandsgesetzen*" nicht zugestimmt habe. Es sind aber sieben "einfache" Gesetze des sogenannten *Notstandspakets* bereits in Kraft [...]

Rudolf Augstein: Notstand - Das Ende aller Sicherheit? Gesetze zwischen Friedensordnung und Kriegsrecht,
in: Spiegel 16/1966 v. 11.04.66, S. 37 a

(2)

Innenpolitisch sind die *Notstandsgesetze* ein Mittel, die noch schwache und unsichere deutsche Demokratie zu zerstören. Sie zielen auf Wiederaufrichtung eines Obrigkeitsstaates und richten sich gegen die Ansätze bürgerlicher Verantwortlichkeit, die sich gebildet haben.

[Brief des Physikers Max Born an den IG-Metall-Vorsitzenden und erklärten Gegner der Notstandsgesetze Otto Brenner, zit. in:]

Spiegel 19/1966 v. 02.05.66, S. 30 a

(3)

Der Plan der *Notstandsgesetzgebung* ist innenpolitisch die bei weitem wichtigste Sache der nächsten Jahre. Durch sie kann das Instrument geschaffen werden, mit dem in einem verhängnisvollen Augenblick durch einen einzigen Akt die Diktatur errichtet, das Grundgesetz abgeschafft, ein nicht reversibler Zustand der politischen Unfreiheit herbeigeführt werden kann. (85 a) [...]
Die Verhinderung des Mißbrauchs verlangt den Verzicht auf die *Notstandsgesetze*. (94 c)

Karl Jaspers: Wohin treibt die Bundesrepublik?
2. Fortsetzung und Schluß,
in: Spiegel 19/1966 v. 02.05.66, S. 85 a, 94 c

(4)

L.: [...] Für mich wurde deutlich dabei, daß es entscheidend an der Aufklärung fehlt, vor allem an dem Wissen: Was wollen wir wirklich mit dieser *Notstandsverfassung*. Das Gesetz würde viel besser "Gesetz zum Schutz des deutschen Volkes in Notzeiten" heißen. Das würde dem Inhalt viel besser gerecht.

Wer entscheidet über den Notstand?
Spiegel-Gespräch mit Bundesinnenminister Paul Lücke,
in: Spiegel 20/1966 v. 09.05.66, S. 70

(5)

Seit sich die Gegner der *Notstandsplanung* vor über einem Jahr in Bonn zum ersten Male zum Protest versammelten, haben sie berühmte Einzelgänger und Massen dazugewonnen. Was anfangs noch als eine Schar unentwegter, aber unbedeutender Querköpfe aus purer Anti-Gesinnung erscheinen mochte, trat in Frankfurt in der geordneten Formation einer Bewegung auf. Sie ist dabei, zu einer respektablen Bürgermacht zu werden, die in Bonn nicht mehr als ein Verein eifernder Nörgler belächelt werden kann.

Zeit 45/1966 v. 04.11.66, S. 6 a

(6)

Die tiefe Kluft, die zwischen den sogenannten *Notstandsgegnern* und denjenigen besteht, die für die Änderung des Grundgesetzes durch zusätzliche *Notstandsbestimmungen* eintreten, wurde besonders deutlich in der am 31. Januar dieses Jahres vom Deutschen Gewerkschaftsbund mit den Vertretern der politischen Parteien geführten Diskussion. Ein Gespräch schien nicht mehr möglich zu sein.

Jürgen Seifert: Der vierte Entwurf eines Notstandsverfassungsgesetzes,
in: FH 06/1967, S. 377 a

(7)

Einen großen Tag hatte das Parlament nicht, als es den neuen Regierungsentwurf für eine *Notstandsverfassung* diskutierte. Ein Thema, das seit Jahren die Öffentlichkeit erregt, wurde in wenigen Stunden abgehandelt. [...] Das Mißtrauen gegen die *Notstandsgesetzgebung* rührt daher, daß manche Bürger befürchten, sie ebne den Weg zum autoritär regierten Obrigkeitsstaat. [...] Und so ist die Kritik an der *Notstandsgesetzgebung* oft nur ein Vehikel für den Protest gegen das ungeliebte "Establishment in Bonn".

Rolf Zundel: Lückes Notstands-Lücken: Die Regierungsvorlage läßt viele Wünsche offen,
in: Zeit 27/1967 v. 07.07.67, S. 3 c

(8)

Unter den links hustenden Studenten hat es immer die freundlichen Wirrköpfe, die Karrieremacher und die verbissenen Revoluzzer gegeben. Was heute Vietnam, war vor zehn Jahren Algerien. Was heute *Notstandsgesetz* war damals Antiatomtod-Kampagne.

z.Z. Blokus (Dänem.) Reinmar Cunis* [Leserbrief]

*Erster Vorsitzender des Sozialistischen Deutschen Studentenbundes (SDS) an der Freien Universität Berlin 1957/58
[Zusatz des Spiegel]

Spiegel 34/1967 v. 14.08.67, S. 6

(9)

Kein anderes Gesetzeswerk, auch nicht die bundesdeutsche Wiederbewaffnung, ist von den politisch engagierten Deutschen heftiger umstritten worden. "Die wichtigste Entscheidung, vor der die Bundesrepublik in ihrer Geschichte gestanden hat", nannte es Fernsehkommentator Joachim Fest. Es gehe "um nicht weniger als den Fortbestand unserer demokratischen Ordnung". Aber seine zehn Millionen Zuschauer hatten, wenn überhaupt, bis dahin allenfalls die Schlagworte des *Notstand-Streits* vernommen.
Die Gegner beschworen Alpträume vom "schleichenden Staatsstreich", vom "Polizeistaat auf Abruf" und vom "totalen *Notstandsstaat*".
An "Staatsvertrauen" und "Staatbewußtsein" appellierten die Befürworter.
[...]
Schwammige Rechtsbegriffe, bürokratischen Perfektionismus und mangelnde Abgrenzung der Machtbefugnisse monierten die *Notstands-Kritiker*.
[...] (36 c)
In Wahrheit freilich hat nie zuvor in der Geschichte der Bundesrepublik ein Gesetzeswerk in solcher Breite, quer durch die politischen Gruppierungen und sozialen Schichtungen des Bundesvolks, Opposition hervorgerufen - wenn auch vorwiegend außerhalb des (bei *Notstandsdebatten* meist nur dünn mit Abgeodneten besetzten) Parlaments.
Flugblätter, Broschüren und Bücher gegen die *Notstands-Entwürfe* füllen mittlerweile Bibliotheks-Regale. (38 a)

Spiegel 46/1967 v. 06.11.67, S. 36 c, 38 a

(10)

Die Protestwelle der *Notstandsgegner*, für den linken Gießener Professor Helmut Ridder "die erste demokratische Erneuerungs- und Bürgerrechtsbewegung", hatte ihren ersten Höhepunkt am vorletzten Sonnabend [dem 11.05.68] erreicht, als rund 40 000 Demonstranten in Bonn am "Sternmarsch" des "Kuratoriums Notstand der Demokratie" teilnahmen, um "das Bundesdorf agitatorisch durchzuschütteln" (Sternmarsch-Aufruf).

Spiegel 21/1968 v. 20.05.68, S. 28 b

(11)

Beschlossene Sache ist, was nach Ansicht der Befürworter den Bürger in Zeiten der Not schützen, nach Meinung der Gegner knebeln soll. Und das Volk, das kaum weiß, was in den Gesetzen [den Notstandsgesetzen] steht, vernahm das Für und Wider stereophonisch [...] Was diesen Gesetzen den Ruch des Fatalen verschafft, sind nicht die Paragraphen. Es ist das Trauma, was mit solchen Paragraphen in Deutschland angestellt werden kann - in einer von demokratischen Selbstverständnis allenfalls angehauchten Republik. Das war es, was selbst solche Studenten, die nicht den Umsturz wollen, wieder auf die Barrikaden trieb, Künstler zum Widerstand auf der Bühne drängte und Intellektuelle zu beschwörenden Appellen beflügelte. Es war die Rebellion einer geschlossenen Gesellschaft - mit einer Vehemenz gleichwohl, wie sie in Deutschland nicht mehr hervorgebrochen war seit der "Ohne mich"-Bewegung gegen die deutsche Wiederaufrüstung Anfang der fünfziger Jahre.

Spiegel 23/1968 v. 03.06.68, S. 21 a, b

(12)

Professor Helmut Ridder, Ordinarius für öffentliches Recht und Wissenschaft von der Politik, Gießen:
... Mit der Verabschiedung der *Notstandsverfassung* und ihrer Nebengesetze wird eine neue, mit dem Geist des Grundgesetzes nicht vereinbare Verfassung sichtbar. Es handelt sich um die undemokratische Schöpfung einer neuen Verfassung. Es handelt sich um die Vergewaltigung der verfassungsgebenden Gewalt des Volkes...

Spiegel 24/1968 v. 10.06.68, S. 30 c

(13)

Schafft wirklich die Große Koalition Voraussetzungen für Reformen, oder verhindert sie diese nicht vielmehr durch Außerkraftsetzung ihrer institutionellen Vorbedingungen? Was bedeutet in diesem Zusammenhang die *Notstandsgesetzgebung*?

Christian Graf von Krockow: Der Dinosaurier will überleben. Reform oder Revolution an den Universitäten?
in: Der Monat, August 1968, H. 239, S. 46 a

Paragraph 218

Syn./Var.: Abtreibung, Abtreibungs-Paragraph 218, Schwangerschaftsabbruch, Schwangerschaftsunterbrechung[1], polemisch: Holocaust, Embryocaust[2]

Paragraph 218 wurde ab 1970 in der BRD zum Schlagwort. Die im § 218 des Strafgesetzbuches (StGB) behandelte Thematik des Schwangerschaftsabbruchs war bereits seit der Jahrhundertwende Thema kontroverser Diskussionen[3].

Mit der Bildung einer sozialliberalen Koalition im Jahre 1969, die im Rahmen ihrer Reformpolitik (-> Innere Reformen) auch den § 218 neugestalten wollte, gewann das Thema erneut an Brisanz. Da der alte § 218 (bis auf eine medizinische Indikation) ein generelles Abtreibungsverbot enthielt, war "zu Beginn der sozial-liberalen Zeit weniger die Notwendigkeit als vielmehr der Inhalt der Reform [umstritten]"[4].

Diese Reform löste eine überaus emotionale Debatte über Schwangerschaftsabbrüche aus, an der vor allem neben Vertretern der politischen Parteien Frauengruppen und die katholische Kirche teilnahmen. Ein erster Höhepunkt dieser Debatte wurde im Juni 1971 erreicht, als 374 z. T. prominente Frauen nach französischem Vorbild[5] im *Stern* bekannten, abgetrieben zu haben[6].

> Die Aktion 218 war über Nacht zur Volksbewegung geworden. Überall entstanden Kampf- und Beratungsgruppen. Alle Frauen, die damals in Bewegung gerieten, sahen im hundertjährigen "Schandparagraphen"

---

1 BHE XVII, S. 104, weist darauf hin, daß *Schwangerschaftsabbruch* die korrektere Formulierung darstellt. In der öffentlichen Diskussion wurde die Ungenauigkeit von *Schwangerschaftsunterbrechung* jedoch nicht zum Thema. Auch die Unterscheidung von *Schwangerschaftsabbruch / -unterbrechung* (innerhalb der ersten drei Schwangerschaftsmonate) und *Abtreibung* (danach) findet sich in der öffentlichen Diskussion nicht wieder; vgl. dazu Baumann, S. 361 (Alternativ-Entwurf).

2 Diese Begriffe, die Schwangerschaftsabbrüche und die Massenvernichtungen der Nazis gleichsetzen, wurden zunächst von Abtreibungsgegnern aus den USA übernommen, später jedoch auch in der BRD verwendet; vgl. Eva Rühmkorf: Wie sich die Bilder gleichen... Der Feldzug der Lebensretter in den USA und bei uns, in: von Paczensky/Sadrozinski, S. 66 - 78, bes. S. 71.

3 Zur Geschichte des § 218 vgl. MEL XXI, S. 351, Gerd Dähn: Zur Geschichte des Abtreibungsverbots, in: Baumann, S. 329 - 339, König, S. 36 ff, 68 ff, Kristine von Soden: Auf der Suche nach den fortschrittlichen Ärzten oder "Aus dem Thema ist wirklich die Luft raus", in: von Paczensky/Sadrozinski, S. 127 - 138 sowie Zwerenz.

4 Bracher, Jäger, Link, S. 148.

5 Am 5. April 1971 hatte bereits der *Nouvel Observateur* eine Selbstbezichtigung von 343 Frauen veröffentlicht; vgl. ebd., S. 5, 40 ff.

6 Vgl. Stern 24/1971 v. 06.06.71, S. 16 ff.

> ein Kernstück der Frauenunterdrückung und hofften, mit seiner Abschaffung einen ersten wichtigen Befreiungsschritt zu erreichen.[7]

Ansatzweise wird aus diesem Zitat bereits die Programmatik des Schlagwortes deutlich. Zahlreiche Frauenorganisationen traten für die ersatzlose Streichung des Paragraphen 218 ein, da er ihr Selbstbestimmungsrecht in unzulässiger Weise beschneide und ein typisches Beispiel für männliche Dominanz über die Frau darstelle[8]. Dieses Argument kristallisiert sich etwa in den Parolen "Mein Bauch gehört mir!"[9] und "Ob Kinder oder keine, bestimmen wir alleine!"[10]. So sei es für Männer vergleichsweise leicht, eine ungewollte Vaterschaft abzulehnen, ohne gleich mit dem Gesetz in Konflikt zu kommen:

> Es scheint allerdings völlig aus dem gesellschaftlichen Bewußtsein ausgeblendet zu sein, daß es sich dabei um exakt denselben Vorgang handelt, wie wenn eine Frau es ablehnt, Mutter zu werden.[11]

Neben diesen Argumenten, die besonders die allgemeinere Forderung nach Gleichstellung (Emanzipation) der Frau anklingen lassen[12], wurde gegen den § 218 vor allem die gefährliche Praxis der illegalen Schwangerschaftsabbrüche ins Feld geführt. Während vermögende Frauen zur Abtreibung ins Ausland führen, würden jährlich mindestens 250 Frauen durch Kurpfuscherei sterben[13]. Da aber der § 218 ohnehin die 400.000 oder mehr Abtreibungen pro Jahr[14] nicht verhindern könne, also lediglich dazu diene, in eine Notlage geratene Frauen zu kriminalisieren, sei seine Abschaffung längst überfällig[15].

---

7 Susanne von Paczensky: Von den Gegnern lernen, in: von Paczensky/Sadrozinski, S. 8 - 16, Zitat: S. 8.

8 Vgl. König, S. 75 sowie Heilwig Droste: Brutkastenfunktion und Elend der Frau - über die tiefenpsychologischen Ursachen des bisherigen Diskussionsstandes zu § 218 StGB, in: Baumann, S. 71 - 82.

9 Vgl. Vogel, S. 185.

10 Von Paczensky, a.a.O., S. 13.

11 Dieter Schnack: "Der Bauch meiner Freundin gehört mir..." Anmerkungen eines überraschenderweise Beteiligten, in: von Paczensky/Sadrozinski, S. 140 - 151, Zitat: S. 144.

12 Vgl. dazu König, S. 75, Vogel, S. 185 f.

13 Vgl. König, S. 68 f, BHE XVII, S. 104, Der Spiegel 23/1971 v. 31.05.71, S. 136 b, nennt in diesem Zusammenhang die Zahl 50. Weitere Statistiken bei Wilkitzki/Lauritzen.

14 Vgl. König, ebd.

15 Vgl. ausführlich zu diesem Argument, das keineswegs die "normative Kraft des Faktischen" voraussetzt: Anselm Hertz: Moraltheologische und strafrechtliche Argumente zum Schutz des werdenden Lebens, in: Baumann, S. 83 - 105, bes. S. 94 ff sowie Eberhard Jüngel [u. a.]: Annahme oder Abtreibung. Thesen zur Diskussion über § 218 StGB, in: ebd., S. 135 - 143, bes. S. 138 f.

Weiterhin sei auch an die Zukunft der (ungewollten) Kinder zu denken. In ihrem Sinne sei eine Abtreibung oft die bessere Lösung als ein vorgezeichneter Weg ins Unglück:

> Für mich ist es wirklich absolut verantwortungslos, wenn ich das Kind kriegen würde, obwohl ich wüßte, das [!] ich mit dem Kind nichts anfangen kann, obwohl ich wüßte, daß der Vater überhaupt keine Lust hat, das Kind aufzuziehen, obwohl ich wüßte, daß ich sauer auf das Kind sein würde und dem nichts gutes tun würde. Das finde ich verantwortungslos.[16]

Diese Argumente wurden von den Gegnern einer Liberalisierung des § 218 verworfen. Vor allem die Vertreter der katholischen Kirche bestanden darauf, daß Abtreibung grundsätzlich Mord sei[17]. Die Tötung geborenen wie ungeborenen Lebens sei deshalb unter keinen Umständen gerechtfertigt. Eine Auflockerung des § 218 berge zudem die Gefahr in sich, allgemein den Schutz des Lebens zu relativieren[18].

Dieser Punkt wurde besonders von konservativer Seite häufig erwähnt, teilweise durch Vergleiche mit dem Massenmord an Juden und dem Euthanasie-Programm der Nazis mit negativen Affekten beladen. So behauptete der CSU-Politiker Hartwig Holzgartner:

> Die Nationalsozialisten haben die Juden getötet, und die internationalen Sozialisten töten ungeborenes Leben. Das, was in unserem Volk geschieht, ist der exakte Weg zurück nach Auschwitz.[19]

Allein diese Argumentation zeigt schon die Emotionalität, mit der die Debatte geführt wurde. Sie zeigt aber weiterhin ein für die Auseinandersetzung um Schlagwörter oft typisches Phänomen: die Vereinfachung, Vergröberung und Verfälschung von Zusammenhängen. Die plakative Parole "Mein Bauch gehört mir!" stellt (aus Gründen der Sprachökonomie und der Anschaulichkeit) eine Vereinfachung und Vergröberung des Problems dar, die Gegenargumente nicht zuzulassen scheint, jedoch auch als provokative Aufforderung zur Diskussion verstanden werden kann, ohne

---

16 Elisabeth Meyer: Die Frauen haben das Wort. Forschungsbericht aus dem Familienplanungszentrum Hamburg, in: von Paczensky/Sadrozinski, S. 79 - 117, Zitat: S. 90.

17 Vgl. Hirtenwort der deutschen Bischöfe zum Schutz des ungeborenen Lebens. Vom 25. April 1973, in: § 218, S. 175 - 182, bes S. 181.

18 Vgl. Jürgen Baumann: Eine Auseinandersetzung mit unseren Gegnern, in: Baumann, S. 31 - 325, bes. S. 305 sowie Hertz, a.a.O., S. 94. Auf die immer wieder aufkommende Diskussion, wann überhaupt menschliches Leben beginne, wird hier nicht näher eingegangen, da sie eher der wissenschaftlichen Auseinandersetzung vorbehalten blieb; vgl. etwa Arthur Kaufmann: Bemerkungen zur Reform des § 218 StGB aus rechtsphilosophischer Sicht, in: Baumann, S. 46 - 56, bes. S. 47 ff und zur aktuellen Diskussion Sass.

19 Ausführungen Holzgartners auf dem Gesundheitspolitischen Kongreß der CSU 1979, zit. nach König, S. 23. Ähnliche Äußerungen aus Kirchenkreisen zitiert bei Kaufmann: a.a.O., S. 46 f sowie bei Rühmkorf, a.a.O., S. 73.

jedoch den Diskussionsgegner zu diskreditieren. Die Behauptung Holzgartners dagegen beinhaltet jedoch eine Gleichsetzung von Massenmorden der Nazis mit Abtreibungen in der BRD und damit auch eine Gleichsetzung von Abtreibungsbefürwortern (und a fortiori von abtreibenden Frauen) mit Befürwortern der Nazigreuel bzw. mit den Nazis selbst. Sie stellt also alle, die Abtreibungen nicht generell verurteilen, auf eine Stufe mit massenmordenden Nazis.

Abtreibungsgegner betonten darüber hinaus, daß angesichts der Vielzahl von Verhütungsmitteln es heutzutage überhaupt nicht mehr nötig sei, daß Frauen ungewollt schwanger würden[20]. Selbst aber bei einer ungewollten Schwangerschaft dürfte nicht leichtfertig eine Abtreibung aus rein egoistischen Motiven erfolgen[21]. Sogar wenn es der Mutter tatsächlich unmöglich sein sollte, ihr Kind aufzuziehen, gebe es immer noch die Möglichkeit der Adoption[22]. Es gebe zahlreiche Paare, die gerne ein Kind adoptieren wollten. Im übrigen sei es kaum vorstellbar, daß es in unserer Wohlstandsgesellschaft soziale Notlagen gebe, die eine Abtreibung rechtfertigten[23]. Die soziale Sicherung in unserem Lande sei so gut, daß jede schwangere Frau auch die Möglichkeit habe, ihr Kind auszutragen und angemessen zu versorgen. Eine soziale Indikation sei daher überhaupt höchst bedenklich: "'Sozial' ist keine Indikation, sondern eine Aufforderung."[24]

Zusammenfassend spreche also nichts für eine Legalisierung von Schwangerschaftsabbrüchen.

Im Jahre 1974 beschloß die sozialliberale Regierung mit knapper Mehrheit die sogenannte Fristenlösung, die Straffreiheit für einen Schwangerschaftsabbruch innerhalb der ersten drei Monate vorsah[25]. Das Gesetz wurde jedoch am 25.02.75 vom Bundesverfassungsgericht für verfassungswidrig erklärt. Durch das 15. Strafrechtsänderungsgesetz wurde im Jahre 1976 schließlich vom Deutschen Bundestag die sogenannte Indikationenlösung beschlossen, die den Schwangerschaftsabbruch weiterhin grundsätzlich unter Strafe stellt, jedoch einen mit Einwilligung der Schwangeren durch einen Arzt vorgenommenen Schwangerschaftsabbruch

20 Vgl. zu den folgenden Punkten Meyer, a.a.O., S. 80 ff. Hier auch jeweils Gegenargumente.

21 Vgl. ebd., S. 85 ff.

22 Vgl., ebd., S. 93 ff.

23 Vgl. ebd., S. 95 ff.

24 Der Standpunkt des Arztes. Ein Gespräch mit dem Gynäkologen Hermann Hepp, in: § 218, S. 119 - 130, Zitat: S. 123.

25 Vgl. MEL XXI, S. 351. Die vier zur Diskussion stehenden Gesetzentwürfe sind abgedruckt bei Wilkens, S. 18 ff.

legalisiert, wenn er medizinisch, eugenisch, ethisch oder sozial indiziert ist[26].

Die Diskussion des Themas § 218 verlor damit zwar an Aktualität und Brisanz, war damit jedoch noch keineswegs abgeschlossen: noch im Jahre 1988 geriet der § 218 anläßlich der Verurteilung eines Memminger Frauenarztes wegen illegaler Abtreibungen in die Diskussion[27]. Weiterhin löste die Vereinigung von BRD und DDR eine Diskussion um die Neugestaltung des § 218 aus, da in der ehemaligen DDR im Gegensatz zur BRD der Schwangerschaftsabbruch bereits seit 1972 innerhalb der ersten drei Monate straffrei war und eine einheitliche Regelung des § 218 durch den Einigungsvertrag gefordert war[28].

Mit der Verabschiedung des sogenannten Gruppenentwurfs, der den Schwangerschaftsabbruch nach einer Pflichtberatung in den ersten zwölf Wochen straffrei läßt, durch den Deutschen Bundestag am 25./26.06.92 war der Streit um den § 218 erst vorläufig beendet, da auch diese Neuregelung vom Bundesverfassungsgericht am 28.05.93 auf Antrag von Abgeordneten der CDU und CSU[29] für verfassungswidrig erklärt wurde[30].

Die Belege zeigen besonders deutlich die Umstrittenheit des Themas: die besondere Emotionalität der Debatte erwähnen die Belege 2, 4 - 11. Hervorgehoben werden die polemischen Stellungnahmen der katholischen Kirche (Belege 2, 10) wie auch die Parolen der Abtreibungsgegner und -befürworter (Beleg 4). Daß die Diskussion auf weiten Strecken nicht mehr im Austausch von Argumenten, sondern nur noch in gegenseitigen Schuldzuweisungen bestand, verdeutlichen die Belege 5, 6, 10 und 11.

---

26 Vgl. MEL, ebd., Bracher, Jäger, Link, S. 148 f. Ausführlich zu den einzelnen Indikationen: Wilkitzki/Lauritzen, S. 46 ff.

27 Zum Hintergrund des Verfahrens und der sich daran entzündenden Diskussion vgl. folgende Nummern des Spiegel: 36/1988 v. 05.09.88, S. 54 - 59, 38/1988 v. 19.09.88, S. 24 - 32, 43/1988 v. 24.10.88, S. 65 - 74, 5/1989 v. 30.01.89, S. 64 f, 6/1989 v. 06.02.89, S. 82 - 86, 19/1989 v. 08.05.89, S. 30 - 32.

28 Vgl. Informationen zur politischen Bildung, S. 25 sowie Spiegel 20/1991 v. 13.05.91, S. 20 - 31.

29 Vgl. Süddeutsche Zeitung v. 27./28.06.92, S. 1; der Gruppenentwurf und der Entwurf der Unionsparteien zur Reform des § 218 sind abgedruckt in: Süddeutsche Zeitung v. 25.06.92, S. 11.

30 Vgl. Süddeutsche Zeitung v. 29./30./31.05.93, S. 1

Literatur

Augstein, Renate und Koch, Hans-Georg: Was man über den Schwangerschaftsabbruch wissen sollte. Information und Rat (nicht nur) für Schwangere, Ärzte und Berater, München (o. J.) [1985 ?]

Baumann, Jürgen (Hrsg.): Das Abtreibungsverbot des § 218 StGB. Eine Vorschrift, die mehr schadet als nützt, Neuwied und Berlin 1971 [Demokratie und Rechtsstaat. Kritische Abhandlungen zur Rechtsstaatlichkeit in der Bundesrepublik, hg. von Frank Benseler, Bd. 20]

Bracher, Karl Dietrich, Jäger, Wolfgang, Link, Werner: Republik im Wandel 1969 - 1974. Die Ära Brandt, Stuttgart, Mannheim 1986 (Geschichte der Bundesrepublik Deutschland, hg. von K. D. Bracher [u. a.], Bd. 5/I)

Dirks, Walter: Argumente für die "Fristenlösung", in: Frankfurter Hefte 4/1974, S. 257 - 266

Gründel, J[ohannes] (Hrsg.): Abtreibung - pro und contra, Innsbruck [u. a.] 1971

Hogreve, Stefanie: Abtreibung § 218. Auswahlverzeichnis 1975 - 1978 Universität Bremen - Bibliothek - 1979 [Veröffentlichung der Abteilung Gesellschaftswissenschaften und der Spezialabteilung, Nr. 22]

Informationen zur politischen Bildung, hg. von der Bundeszentrale für politische Bildung, Heft 229, 4. Quartal 1990: Bundestagswahl 1990

König, Uta: Gewalt über Frauen. Berichte, Reportagen, Protokolle zur Diskussion über den Paragraphen 218, Hamburg 1980 [Stern-Buch]

Le Nouvel Observateur v. 05.04.71

Oeter, Karl und Nohke, Anke: Der Schwangerschaftsabbruch. Gründe, Legitimationen, Alternativen, Stuttgart [u. a.] 1982 [Schriftenreihe des Bundesministers für Jugend, Familie und Gesundheit, Bd. 123]

Paczensky, Susanne von/Sadrozinski, Renate (Hrsg.): Die Neuen Moralisten. § 218 - Vom leichtfertigen Umgang mit einem Jahrhundertthema, Reinbek bei Hamburg 1984

§ 218. Dokumente und Meinungen zur Frage des Schwangerschaftsabbruchs. Ausgewählt, eingeleitet und erläutert von Erwin Wilkens, Gütersloh 1973

Sass, Hans-Martin: Wann beginnt das Leben? in: Zeit 49/1990 v. 30.11.90, S. 95

Schwangerschaftsunterbrechung, in: Brockhaus Enzyklopädie, Bd. XVII (1973), S. 104 - 105

Schwangerschaftsunterbrechung, in: Meyers Enzyklopädisches Lexikon, Bd. XXI (1977), S. 351

Spiegel 23/1971 v. 31.05.71
Spiegel 36/1988 v. 05.09.88
Spiegel 38/1988 v. 19.09.88
Spiegel 43/1988 v. 24.10.88
Spiegel 05/1989 v. 30.01.89
Spiegel 06/1989 v. 06.02.89
Spiegel 19/1989 v. 08.05.89
Spiegel 20/1991 v. 13.05.91

Stern 24/1971 v. 06.06.71

Süddeutsche Zeitung v. 25.06.92
Süddeutsche Zeitung v. 27./28.06.92
Süddeutsche Zeitung v. 29./30./31.05.93

Vogel, Angela: Frauen und Frauenbewegung, in: Benz, Wolfgang (Hrsg.): Die Geschichte der Bundesrepublik Deutschland, Band 3: Gesellschaft, S. 162 - 206, Aktualisierte u. erw. Neuausg., Frankfurt 1989

Vogt-Hägerbäumer, Barbara: Ein bißchen schwanger gibt es nicht. Das Buch zum Thema Abtreibung, Reinbek bei Hamburg 1982

Wilkitzki, Peter/Lauritzen, Christian: Schwangerschaftsabbruch in der Bundesrepublik Deutschland, Heidelberg 1981 [Kriminalistik Diskussion, Bd. 4]

Zwerenz, Ingrid: Frauen. Die Geschichte des § 218, Frankfurt/Main 1980

Lexikographische Erfassung

DWB (1980), (1983), WDG (1964), (1976), WDS (1976), (1980): n.a.SchW

BHE XVIII (1973) 104: "In der Öffentlichkeit lebhaft diskutierte Reformbestrebungen wollen die S. in wesentlich weiterem Umfang als bisher zulassen."
(1976): n.a.SchW
IXX (1992) 595: "sind in den 1980er Jahren die Ansichten über S[chwangerschaftsabbrüche] widersprüchlicher geworden."
GBH (1977), (1980): n.a.SchW
MEL (1971): n.a.SchW
XXI (1977) 351: "Die Reformbestrebungen zum § 218 StGB führten nach einer mit großer Heftigkeit geführten öffentlichen Diskussion am 25. April 1974 zu einer abschließenden Abstimmung über vier Reformmodelle im Bundestag."
(^{2}1984): n.a.SchW
MNL VII (1980) 214: "Nach kontroversen Auseinandersetzungen im Parlament und in der Öffentlichkeit wurde statt der [...] Fristenlösung [...] eine umfassende medizin.-soz. Indikationenkonzeption eingeführt."
NBH (1984), (1985), NDL (1984): n.a.SchW

NUN 00

Belege

(1)

Mit einem Griff in die Kassen seiner Kollegen wollte Justizminister Gerhard Jahn seine umstrittene Reform des *Abtreibungs-Paragraphen 218* retten.

Spiegel 8/1972 v. 14.02.72, S. 23 b

(2)

Die katholische Kirche, von der Spitze bis zu vielen Dorfgeistlichen, führt einen Feldzug gegen die Reform des *Abtreibungs-Paragraphen 218*, den die Bundesregierung mildern will. Und wenige Tage nachdem das offizielle Vatikanblatt "L'Osservatore Romano" die Bonner Reform-Pläne mit Hitlers Mord-Taten verglichen hatte [...], holte Kölns Kardinal Höffner noch einmal zum kräftigen Nachschlag aus: "Abgeordnete, die nicht bereit sind, die Unantastbarkeit menschlichen Lebens, auch des ungeborenen Kindes zu gewährleisten, sind für einen gläubigen katholischen Christen nicht wählbar."

Spiegel 11/1972 v. 06.03.72, S. 36 a

(3)

Was den *Abtreibungsparagraphen 218* angeht, so befindet sich die Bundesrepublik auf einem der längsten unter den Märschen. Gelassenheit gegenüber dem Hearing der letzten Woche fällt schwer. [...] Der Kampf gegen den § *218* geht weiter. Er ist kein Kampf für zügellos auszuschöpfende Freiheit. Er gilt jener Rücksichtslosigkeit gegenüber dem gewordenen Leben, die sich hinter der aufgeregten Sorge um das werdende Leben verbirgt.

Gerhard Mauz: § 218: Die merkwürdige Fürsorge,
in: Spiegel 17/1972 v. 17.04.72, S. 55 b

(4)

Seit vier Jahren wird in der Bundesrepublik um die Reform des *Abtreibungs-Paragraphen 218* gestritten - mit soviel Emotionen und Agitationen wie kaum je seit dem Jahrhundertstreit um die Todesstrafe. Anspruch auf der einen Seite: "Mein Bauch gehört mir!"; Entrüstung auf der anderen: "Mord bleibt Mord."

Spiegel 8/1974 v. 18.02.74, S. 48 a

(5)

Während der Bekenntniskrieg um die §-*218-Reform* durch Presse, Funk und Fernsehen neu angeheizt wird, ist es in Bonn ruhig geworden.

Heribert v. Koerber: "Wir lassen die Frauen nicht im Stich" [Zeit-Serie zum § 218],
in: Zeit 13/1974 v. 22.03.74, S. 62 a

(6)

In dieser Woche ist das Relikt fällig. Der *Abtreibungs-Paragraph 218*, mehr als hundert Jahre alt und seit langem die umstrittenste Bestimmung des deutschen Strafgesetzbuchs, soll abgeschafft werden - notwendige Reform, soziales Gebot bedeutet das den einen, Frevel, Verfall den anderen. Und was anstelle des antiquierten Paragraphen treten soll, die neue Gesetzesregelung, ist so umstritten wie bisher die alte. (19 a) [...]
Argumente waren in der Auseinandersetzung kaum noch zu vernehmen - gar nicht einmal verwunderlich. Die Sache ist längst ausdiskutiert, in den Medien wie unter Parlamentariern. Die Standpunkte scheinen unverrückbar.
Kaum je waren die Meinungen im Parlament so geteilt, die unterschiedlichen Überzeugungen so fixiert. (19 c)

Spiegel 17/1974 v. 22.04.74, S. 19 a, c

(7)

Das andere Beispiel für die Wirrnis, in der wir uns befinden und in die wir anscheinend unaufhaltsam weiter hineingeraten, ist die "Information" in Sachen *Paragraph 218*. [...] Jetzt hingegen ist es doch so, daß selbst hinsichtlich des Informationsrechtes und der Informationspflicht des Fernsehens [...] Konsens überhaupt nicht mehr herzustellen ist: Kirchensprecher sollen den Mund halten und verlangen ihrerseits, daß gegen Journalisten, die ihnen nicht angenehm sind, Sanktionen verhängt werden; [...] die Staatsanwälte werden aufgefordert, rigoros, obschon notorisch vergeblich, die Einhaltung eines Paragraphen, die unkontrollierbar geworden ist, dennoch zu erzwingen; und Ärzte über die Wirksamkeit der verschiedenen

Abtreibungsmethoden zerstritten, werfen einander teils standeswidriges, teils reaktionäres Verhalten vor.

Eugen Kogon: Wirrnis statt Information,
in: FH 04/1974, S. 236 b, 237 a

(8)

Die Front für oder gegen eine Reform des *Paragraphen 218*, mehr noch die für oder gegen bestimmte Modelle dieser Reform laufen quer durch die Parteien. [...] Vermutlich werden unter diesen Umständen die Emotionen auf allen Seiten noch heftiger werden, als sie es ohnehin sind, wenn es nun [...] im Bundestag zum Schwur kommt. Dabei ist auch ohne Aufheizung der Emotionen die Entscheidung schwierig und heikel genug.

Walter Dirks: Argumente für die "Fristenlösung",
in: FH 04/1974, S. 257

(9)

Die Reform des *Paragraphen 218*, die viel umstrittene Fristenregelung, muß noch einmal vors Parlament.

Spiegel 21/1974 v. 21.05.74, S. 44 a

(10)

Man darf Kardinal Döpfner und manchen anderen Streitern gegen beide Modelle einer Reform des *Paragraphen 218* den guten Willen, ein gutes Prinzip und menschliches Leben zu verteidigen, nicht absprechen. Aber er entstellt, wenn er sehr öffentlich formuliert, die Reform "erlaube" die *Abtreibung*: straffrei lassen ist nicht erlauben. [...] Soweit Katholiken nicht argumentieren, sondern praktizieren, soweit sie sich auf die Argumente der anderen Seite nicht einlassen, soweit sie Mitbürger anderer Meinung zu Mördern stempeln und mit dem Pathos, Gottes und der Menschen Sache zu führen, dumpfe Emotionen aufheizen, so lange beteiligen sie sich mindestens ungewollt an dem Kesseltreiben gegen die sozialliberale Koalition, das seit einigen Monaten unorganisiert und organisiert das Klima der Bundesrepublik verschlechtert. Wenn solche Katholiken sich dessen nicht bewußt sind, sondern arglos das Thema "*Abtreibung*" isolieren, lassen sie sich mißbrauchen. Andere Katholiken dieser Front aber ordnen die Kampagne gegen die Reform bewußt in die größere ein, für deren Entfesselung die Wahlniederlage der SPD in Hamburg und anderswo Signal gegeben hat.

FH: Kesseltreiben,
in: FH 05/1974, S. 317 a

(11)

Es ist das gleiche wie beim Streit um die Reform des *Paragraphen 218*. Auch die Befürworter der Fristenlösung werden mit massiven Vorwürfen eingedeckt, weil sie angeblich nichts anderes im Sinn haben als eine Durchlöcherung des Schutzes von Lebensrechten. Sie können hundertmal erklären, daß ihnen nur daran liegt, eine Situation in den Griff zu bekommen, die durch eine erschreckend hohe Dunkelziffer "krimineller" Aborte charakterisiert ist. Es nützt ihnen gar nichts. Denn wenn einer bei uns nur laut genug verkündet, er sei "gegen Tötung von Leben in welcher Form auch immer", dann setzt von allen Seiten schon prasselnder Beifall ein, bevor noch jemand Gelegenheit zu der unziemlichen Frage hat, wie denn diesem gewiß lobenswerten Grundsatz in der Realität eine Chance gegeben werden soll. So daß dann, wer lauthals die Unverletzlichkeit des Lebens proklamiert, letztlich die Verantwortung zu tragen hätte, wenn ein Weg unbegangen bleibt, auf dem es möglich werden könnte, die Zahl der tatsächlich erfolgenden Unterbrechungen zu reduzieren.

Hoimar von Dithfurth: Zweifel an der Zwangsernährung. Spiegel-Essay,
in: Spiegel 53/1974 v. 30.12.74, S. 79 b

Pop

-> Happening

Syn./Var. zu Pop: Popkultur, Pop-Literatur, Pop-Mode, Pop-Farben, poppig, verpopt[1]

Syn./Var. zu Pop-Art: Neuer Realismus, Nouveau Réalisme, Pop Art, Pop-art

Syn./Var. zu Popmusik: Beat, Beatmusik, Rock, Rockmusik

Das international verbreitete Schlagwort *Pop* wird in diesem Artikel zusammen mit den Begriffen *Pop-Art* und *Popmusik* behandelt, da es einen Oberbegriff für alle Erscheinungen des *Pop* darstellt und ab Mitte der sechziger Jahre allmählich den Begriff *Pop-Art* verdrängt.

Dennoch ist das Schlagwort *Pop* nicht ohne eine Darstellung von *Pop-Art* verständlich.

Pop-Art ist eine Kunstrichtung, die sich in den späten fünfziger Jahren in England und den USA unabhängig voneinander entwickelte. Lawrence Alloway wird der Begriff *Pop-Art* zugeschrieben. Ein Erstbeleg läßt sich nicht angeben. Alloway selbst geht davon aus, daß "der Ausdruck irgendwann zwischen dem Winter 1954/55 und 1957 ins Gespräch" kam[2]. Der Begriff wird meistens von den englischen Begriffen *popular* (volkstümlich, beliebt) und *pop* (Puff, Knall) hergeleitet. Auf einer Collage Richard Hamiltons mit dem Titel *Just What Is It that Makes Today's Homes so Different, so Appealing?* taucht der Begriff 1956 in diesem zweiten Sinne auf[3]. Diese Collage wird auch als die Geburtsstunde des Pop angesehen[4].

Der Begriff wurde von der Öffentlichkeit aufgenommen und recht bald auch in der BRD zum Schlagwort:

> Daß unter dem Markenzeichen Pop eine Unzahl von Gütern und Informationen gehandelt und konsumiert wurden, läßt sich schwer bestreiten. Selten, wenn überhaupt jemals zuvor, ist in der Kulturgeschichte ein einzelnes Schlagwort derart extensiv verwendet worden wie das Schlagwort Pop in den sechziger Jahren.[5]

---

1 Weitere okkasionelle Bildungen in: BHE XIV, S. 808.

2 Lawrence Alloway in: Lippard, S. 27.

3 Die Collage ist abgedruckt in Ohff, S. 20, Lippard, S. 38 und jetzt wieder in Pop art [Ausstellungskatalog 1992], Tafel 101.

4 Vgl. Pop-Sammlung Beck, S. 20.

5 Brock, S. 95.

Pop-Art verstand sich als neorealistische Gegenbewegung zur abstrakten Malerei. Ihre bevorzugten Objekte waren die Konsumgüter des täglichen Lebens, die häufig durch Vergrößerung und andere Verfremdungstechniken zu Kunstobjekten gemacht wurden:

> [...] überall sieht man sich in den frühen sechziger Jahren mit gewaltigen Coca-Cola-Flaschen, Elvis-Presley-Porträts, überdimensionalen Hot-Dogs, Äpfeln aus Bronze, Campbell's Tomato-Soup-Cans, Gipsabdrücken von Schreibmaschinen, Pin-up Girls, Comic-Strip-Figuren oder Marilyn-Monroe-Posters konfrontiert, deren krasse Vulgarität jede hochgespannte Kulturerwartung von vorneherein zunichte macht.[6] Pop ist der Inbegriff des Plastic-Age, der Jukebox, des Amusement Park und der Science-Fiction-Western-Thriller-Comix-World.[7]

Die Programmatik von *Pop-Art* bzw. von *Pop* überhaupt wird bereits aus diesem Zitat deutlich: die Pop-Künstler - hier sind v. a. Peter Blake, Richard Hamilton, David Hockney, Allen Jones für England sowie Roy Lichtenstein, Claes Oldenburg und Andy Warhol für Amerika zu nennen[8] - betonen bewußt die Schönheit und Bedeutung der banalen und alltäglichen Massenware gegenüber erlesenen und kostbaren Kunstwerken.

> **Der Grundzug der Programmatik einer Popkultur ist es, die Unterscheidung zwischen Subkultur und Hochkultur, Massen- und Elitekultur aufzuheben, und zwar nicht, indem man die hochkulturellen Errungenschaften popularisiert und damit auf die Ebene der Massenkultur absenkt [...]; vielmehr sollte die Differenz von Hoch-und Subkultur überformt werden, indem man die Massenkultur mit Hilfe der entwickelten hochkulturellen Techniken zu einem neuen eigenständigen System kulturellen Lebens ausbaute.**[9]

Dieses Programm einer Demokratisierung der Kunst[10] oder "Romantisierung der Banalität"[11] fand jedoch auch erbitterten Widerspruch. Vor allem wurde an der Pop-Art kritisiert, daß sie kritiklos Konsumgüter darstelle und somit lediglich die Alltagswelt verdoppele[12]. Pop-Art sei "eine bloße

6 Hermand (1971), S. 12; vgl. die Abbildungen bei Hahn-Woernle, S. 49 ff sowie in Pop art [Ausstellungskatalog 1992].

7 Hermand (1971), S. 13; vgl. auch die Äußerungen Oldenburgs, Lichtensteins u. a., zit. ebd., S. 14 f, sowie Lippard, S. 80.

8 Kurzbiographien dieser und zahlreicher anderer Pop-Art-Künster in Pop art [Ausstellungskatalog 1992], S. 270 - 291.

9 Brock, S. 95.

10 Vgl. Hermand (1971), S. 40.

11 Dienst, S. 13.

12 Vgl. Brock, S. 97 sowie die Gegenargumente bei Brock, ebd., José, S. 14, Lippard, S. 80.

Un-Art, eine Warenhaus-Art, eine Kitsch-Art, das heißt [...] viel zu vulgär und primitiv, um wirklich ernstgenommen zu werden"[13]. Manche Kritiker weigerten sich überhaupt, Pop-Art als Kunst anzuerkennen[14]; Pop-Art betone immer nur den Warencharakter aller Dinge, sei allenfalls "Supermarkt-Kunst"[15].

In Deutschland wurde die Diskussion um Pop-Art etwa in den Jahren 1962 - 1965 geführt[16]. Zusätzlich wird hier von Kritikern die spezifisch amerikanische Attitüde der Pop-Art zum Thema gemacht: so etwas wie Pop-Art könne sich nur in einem Land ohne künstlerische Tradition entwickeln. Weiterhin wurde Pop-Art sogar als Propagandamanöver der USA gewertet, die durch diese "Coca-Colonialisierung" ihre wirtschaftliche Vormachtstellung auf die Kunst ausdehnen wolle.

Etwa ab Mitte der sechziger Jahre verlor Pop-Art bereits an Bedeutung gegenüber den auf sie folgenden Kunstrichtungen wie Op-Art, Minimal-Art etc[17].

Das Schlagwort *Pop* jedoch bleibt in Deutschland in der Diskussion. Es wird jetzt vor allem in Verbindung mit moderner Musik genannt und steht in Prägungen wie *Pop-Kultur* und *Pop-Bewegung* für das Aufbegehren der Jugendlichen am Ende der sechziger Jahre.

Deutlichstes Beispiel für die Auseinandersetzungen um *Pop* dürfte die *Popmusik* sein, die im Anschluß an den Rock'n Roll der fünfziger Jahre weite Verbreitung fand und hier exemplarisch behandelt wird.

In der BRD kam die Pop- oder Beatmusik ab 1965/66 vermehrt in die öffentliche Diskussion. Mit der Auseinandersetzung um diese Musik zeichnete sich eine Auseinandersetzung der Generationen ab: während die Erwachsenen in der Popmusik mit ihren Begleiterscheinungen einen deutlichen Werteverfall und Barbarei sahen, waren Jugendliche von dieser Art der Musik und ihren Interpreten durchweg begeistert[18]. Dabei spielt weniger die Auseinandersetzung um die Musik selbst[19] die entscheidende Rolle als vielmehr Assoziationen und Affekte, die durch Popmusik ausgelöst werden.

Während Jugendliche von der Popmusik fast ausnahmslos begeistert sind, ja in ihr eine eigene Lebensform und Identität zu finden glauben,

---

13 Hermand (1971), S. 46.

14 Vgl. Erhard, S. 8, Hermand (1971), S. 47 ff.

15 Hermand (1971), S. 49.

16 Ebd.; hier auch die folgenden Argumente.

17 Zum Wiederaufleben des Pop in den achtziger Jahren vgl. Dan Cameron: Neo-Dies, Neo-Das: Pop-Art-Ansätze in den achtziger Jahren, in: Pop art [Ausstellungskatalog 1992], S. 262 - 268.

18 Vgl. Baacke (Beat), S. 45.

19 Zur musikalischen Charakterisierung der Popmusik vgl. BHE XIV, S. 809, BHE XXIII, S. 382, Baacke (Jugend und Subkultur), S. 78 ff sowie Schmidt-Joos, S. 13 ff.

denken ihre Eltern eher an "Gammeln, lange Haare, Promiskuität und musikalische Primitivität"[20].

Mit der Pop- oder Beatmusik protestieren zahlreiche Jugendliche "gegen die Erwachsenen und die von ihnen eingerichtete Welt"[21]. Auch in diesem Zusammenhang ist das äußere Erscheinungsbild von der Kleidung bis zur Frisur zu sehen, die oftmals dem Aussehen der favorisierten Musiker angepaßt wurden.

Ihren Höhepunkt erlebte die Popmusik 1969 mit den bereits legendären Festivals in Woodstock und Altamont. Inzwischen war die Popmusik jedoch auch schon derart kommerzialisiert und durch die Massenmedien verbreitet[22], daß sie kaum mehr als spezifischer Protest gesehen werden konnte.

Im Laufe der siebziger Jahre verliert daher der Begriff *Popmusik* eindeutig seine Brisanz: er steht nicht mehr für eine Musik, die Protest gegen die Normen der Elterngeneration ausdrückt, sondern allgemein für jegliche Art der Unterhaltungsmusik bis hin zur Disko-Musik. Die Funktion des Begriffes *Popmusik* wird jetzt teilweise vom Begriff *Rockmusik* übernommen, in dem zumindest ansatzweise noch eine Abgrenzung gegen die rein kommerzielle Popmusik[23] mitschwingt. Zum Schlagwort indes wird *Rockmusik* nicht mehr.

Die Belege zeigen deutlich die Entwicklung des Schlagwortes auf. Während die Belege 1 und 2 noch vor allem *Pop-Art* thematisieren und zu erklären versuchen, zeigt Beleg 3 bereits die gesellschaftlichen Auswirkungen von Pop. Die Belege 4, 5 und 6 betonen v. a. die programmatische Bedeutung des Pop für die Jugend, während Beleg 8 die außerordentliche Bedeutung und Brisanz der Popmusik darstellt. Beleg 9 deutet bereits das Ende der Pop-Ära in den späten sechziger Jahren an.

---

20 Baacke (Beat), S. 52.

21 Ebd., S. 84; vgl. Schmidt-Joos, S. 17.

22 Vgl. Baacke (Beat), S. 60 und Beleg 8.

23 Vgl. dagegen Baacke (Jugend und Subkultur), S. 79 und Bieling, S. 79.

Literatur

Baacke, Dieter: Beat - die sprachlose Opposition, München [3]1972

Ders.: Jugend und Subkultur, München 1972

Becker, Jürgen und Vostell, Wolf (Hrsg.): Happenings, Fluxus, Pop Art, Nouveau Réalisme, Reinbek bei Hamburg 1965

Bieling, Rainer: Die Tränen der Revolution. Die 68er zwanzig Jahre danach, Berlin 1988

Brock, Bazon: Popkultur - kaum bemerkt und schon vergessen? in: Meyers Enzyklopädisches Lexikon, Bd. XIX (1977), S. 95 - 101

Claus, Jürgen: Kunst heute, überarb. u. erg. Neuauflage, Frankfurt, Berlin 1986

Dienst, Rolf-Gunter: Pop-Art. Eine kritische Information, Wiesbaden 1965

Erhard, Ernst-Otto: Pop Kitsch Concept-Art. Aufsätze zur gegenwärtigen Situation der Kunst, Ravensburg 1974

Hahn-Woernle, Birgit: Pop-Art, München 1974

Hermand, Jost: Pop International- eine kritische Analyse, Frankfurt 1971 [Schriften zur Literatur, hg. von Reinhold Grimm, Bd. 16]

Ders.: Stile, Ismen, Etiketten. Zur Periodisierung der modernen Kunst, Wiesbaden 1978 [Athenaion Literaturwissenschaft, Band 10]

José, Pierre: Du Mont's kleines Lexikon der Pop Art, Köln 1978

Lippard, Lucy R.: Pop Art. Mit Beiträgen von Lawrence Alloway, Nancy Marmer, Nicolas Calas, München/Zürich 1968

Ohff, Heinz: Pop und die Folgen oder die Kunst/Kunst auf der Straße zu finden, Düsseldorf [2]1969

Pehnt, Wolfgang: Das verdinglichte Kunstwerk und sein Publikum, in: Merkur, März 1969, H. 251, S. 240 - 250

Pop, in: Brockhaus Enzyklopädie, Bd. XIV (1972), S. 808 - 809

Pop, in: Brockhaus Enzyklopädie, Bd. XXIII (1976), S. 382

Pop art [Katalog anläßlich der Ausstellung 'Die Pop-Art-Show im Museum Ludwig' Köln, 22.01. - 21.04.92], hg. v. Marco Livingstone, München 1992

Pop-Sammlung Beck, Düsseldorf 1970 [Kunst und Altertum am Rhein. Führer des Rheinischen Landesmuseums in Bonn, hg. im Auftrag des Landschaftsverbandes Rheinland, Nr. 24]

Schmidt-Joos, Siegfried: Alle unsere Lieder meinen dasselbe: Seid frei! in: Kaiser, Rolf-Ulrich (Hrsg.): Protestfibel. Formen einer neuen Kultur, Bern, München, Wien 1968, S. 12 - 25

Lexikographische Erfassung

DWB (1983), WDS (1980): n.a.SchW
WDG (1974): 00

BHE (1972), (1976), (1992), GBH (1980): n.a.SchW
MEL (1977): n.a.SchW (jedoch ausführlicher Beitrag von Bazon Brock, s. Literaturverzeichnis)
MNL (1980), NBH (1985), NDL (1984): n.a.SchW

Belege

(1)

Pop Art sucht nicht das Banale durch Kunst zu veredeln oder zu ersetzen, sondern es im Gegenteil als Kunst auszugeben; sie löst es aus seinem Funktionszusammenhang und stellt es auf sich selbst. [...] Spaß und Kritik, Bestätigung und Protest halten sich die Waage.

Wolfgang Pehnt: Utopia 66. Ein Rückblick auf die 33. Kunstbiennale in Venedig,
in: FH 10/1966, S. 715

(2)

Pop leitet sich von popular ab, - eine populäre Kunst, die keine esoterische Haltung kennt. [...] *Pop* will von jedem verstanden werden. Gestaltungsanlaß und alleinige Sinngebung gibt die second hand-Wirklichkeit der Umwelt, - das Reklamemeer und die Gegenstände der Konsumwelt. (719)
[...]
Allmählich verebbt das Interesse an der *Pop Art*. Das ist einerseits auf die Kurzlebigkeit gegenwärtiger Kunstrichtungen überhaupt zurückzuführen, andererseits liegt es gerade bei *Pop* nahe, da bildnerisches Tun im Sinne eines Reproduzierens sich schneller erschöpft. (720)

Rainer Hespe: Rigorose Ästhetik. Marcel Duchamp und die Pop Art,
in: FH 10/1966, S. 719, 720

(3)

Heute umgreift *Pop* den Mini-, Astronauten- und Oben-ohne-Look, Beat, Beatles und Batman, James-Bond-Filme, Gammler und Aluminiumperükken. US-Kritiker Peter Benchley: "*Pop* ist etwas Phantastisches, Unernstes, Rebellisches, Neues. Irgend etwas. Eigentlich Scherz."

Spiegel 15/1967 v. 03.04.67, S. 60 c

(4)

Das Schauspiel der *verpopten* und provozierenden, der swingenden und gammelnden, der demonstrationswütigen und drogenseligen Jugend kann zu einer - schockierenden oder faszinierenden - optischen Täuschung verführen. [...]
Die Mehrheit, in der Tat, ist halb so wild. Sogar im vietnamverstörten und sexaltierten Amerika, und nicht etwa nur im wohltemperierten Bonner Mutti-Staat. (164) [...]
In der Wir-sind-wieder-wer-Bundesrepublik findet sich gar, hinter allem modisch-kecken Aufputz, "erstmals wieder eine (Jugend-)Generation, die als 'völlig normal' zu bezeichnen man allen Grund hat" - jedenfalls ist dies die Meinung des Meinungsforschers Viggo Graf Blücher [...] (165 a)

Spiegel 41/1967 v. 02.10.67, S. 164, 165 a

(5)

Der unangepaßte Lebensstil einer Generation bunter *Pop-Gören* und Narziß-Jünger ist doch weitaus erträglicher als der kleinkarierte Habitus unseres stumpfen Spießer-Volkes.

Hamburg Joachim Henkel stud.med. [Leserbrief]

Spiegel 44 /1967 v. 23.10.67, S. 16

(6)

Sp.: [...] Das breite Publikum hat Op Art und *Pop Art*, um nur davon zu reden, noch keineswegs akzeptiert.
Schm.: [...] Aber im Kunstbetrieb [...] hat die Jugend eine größere Publizität als jemals zuvor. [...]
Es findet heute überhaupt eine Explosion der Jugend statt - auf allen Ebenen; wir haben sie auf dem Kurfürstendamm, wir haben sie bei den Studenten und genauso in der bildenden Kunst.

"Die Kunst vom Montag ist am Dienstag vergessen"
Interview mit dem Düsseldorfer Museumsdirektor Werner Schmalenbach,
in: Spiegel 47/1967 v. 13.11.67, S. 204 b

(7)

Pop ist, wenn man so will, die Reaktion der Kunst auf die totale Verwurstung der Welt zur Ware, der Dinge zum Konsumprodukt. [...]

Hermann Peter Piwitt: Pop, Protest, Sex, Vitalismus,
in: Der Monat 11/1968, H. 242, S. 71 a

(8)

Eine in Deutschland *Beat*, in England *Pop*, in Amerika *Rock* genannte Musik rauscht unablässig auf Rundfunkwellen und Fernsehfrequenzen, auf Schallplatten und Magnetbändern über die Erde. (114 a) [...]
Denn *Beat, Rock* und *Pop* sind mehr als nur Musik: Sie artikulieren eine mächtige Jugend- und Kulturrevolution. (114 b) [...]
Die Plattenhersteller, die mit dem Schlagwort "Underground Music" das Geschäft anheizen und ihr sogenanntes progressives Produkt nun schon auf eigens dafür eingerichteten Spezial-Labels feilbieten [...] helfen dabei kräftig nach. (118 a) [...]
Dort [in den Underground-Kellern, bei Pop-Konzerten und Rock-Festivals] haben sich die verlorenen Söhne und Töchter zu einer jugendlichen Anti-Gesellschaft mit neuen Wertnormen und Verhaltensweisen formiert. Dort gilt das Lust- und nicht mehr das Leistungsprinzip. (126 c)

Spiegel 25/1970 v. 15.06.70, S. 114 a, b, 118 a, 126 c

(9)

Pop Art in ihrer amerikanischen Form (eine britische Variante ging voraus) hatte der westlichen Kunst-Hemisphäre unwiderstehlich ihr Image aufgedrückt. [...] Rasch eroberten die einprägsamen Bildformeln der führenden *Pop-Amerikaner* nicht nur repräsentative Ausstellungssäle sowie das Interesse (erst allmählich das Wohlwollen) der Kritik. Der *Pop-Stil* ging auch wiederum in die Werbung ein [...]; er wirkte auf Design und Kunstgewerbe und wurde, in diesem Sinne, tatsächlich so populär wie früher allenfalls der Jugendstil.
Doch die Zeit seiner Herrschaft war bemessen. Beim ersten Kollektiv-Auftritt amerikanischer *Pop-Künstler,* 1962 in der New Yorker Galerie Sidney Janis, hatten die Kritiker "Erdbeben"-Gefühle verspürt, sieben Jahre später wurde eine Londoner *Pop-Übersicht* bereits als "Requiem" ("L'Express") verbucht.

Spiegel 13/1972 v. 20.03.72, S. 148 b, c

Sex-Welle

<u>Syn./Var.:</u> Porno, Pornographie, Pornowelle, Sex, Sexwelle

Sex-Welle ist ein Schlagwort, das in der zweiten Hälfte der sechziger Jahre besondere Aktualität gewann[1].

> **Sex-Welle bezeichnet das gehäufte Vorkommen von Sexuellem in der Öffentlichkeit, besonders in Presse, Film und Fernsehen[2].**

Bereits diese von quantitativen Merkmalen ausgehende Definition macht deutlich, daß *Sex-Welle* lediglich einen relativen Vergleich über das Vorkommen von Sexuellem zu verschiedenen Zeiten in der Öffentlichkeit anstellt. Die Beantwortung der Frage also, ob gerade eine Sex-Welle die Gesellschaft überflute, hängt somit stark vom subjektiven Empfinden des Einzelnen ab (vgl. auch Beleg 1). Daß eine Sex-Welle jedoch immer nur eine zeitlich begrenzte Erscheinung sei, macht die Wortbildung deutlich: eine Welle kommt und verläuft sich am Ufer, mit ihrem Herannahen hat sie auch immer schon ihren Höhepunkt überschritten.

Unbestritten ist, daß im Laufe der sechziger Jahre die in allen gesellschaftlichen Bereichen geforderte Liberalisierung auch vor der Sexualität nicht halt machte:

> Neu heraufziehende Vorstellungen über Moral, die in den die "Freß-", "Kleidungs-" und "Einrichtungswelle" ablösenden "Tourismus-", "Sex-" und "Emanzipationswellen" allmählich stärker zum Vorschein kamen, wiesen eher auf Veränderung als auf Bewahrung der Tradition.[3]

So kristallisieren sich im Schlagwort neben der Forderung nach Freiheit im sexuellen Bereich auch moralische Momente, die mit für eine anhaltende Diskussion in der Öffentlichkeit sorgten.

Vor allem die Gegner von kirchlicher und rechtskonservativer bzw. nationalistischer Seite benutzten das Schlagwort und führten den Kampf gegen die Sex-Welle (vgl. Belege 4, 10). *Sex-Welle* stand aus dieser Sicht nicht für einen Teil eines umfassenderen Befreiungs- und Aufklärungskonzeptes, sondern für den bedauernswerten Verfall sittlicher Werte. Die Sex-Welle bedeute keineswegs Befreiung, sondern sei in ihrer Fixierung auf das Sexuelle ohne Berücksichtigung spezifisch menschlicher Qualitäten moralisch verwerflich, sie sei "widersittliche Entartung" [!] (Beleg 11).

---

1 Zahlreiche Belege aus den Jahren ab 1966 (besonders Beleg 8) sprechen gegen Heberths Behauptung (Bd. 1, S. 184), daß das Wort 1969 aufgekommen sei. Interessant ist jedoch die bei Heberth verzeichnete Vielfalt der Zusammensetzungen mit *Sex-* (vgl. ebd., S. 183 ff und Bd. 2, S. 57). Zusammensetzungen mit *-welle* verzeichnet Knobloch, S. 325 ff.

2 Vgl. Heberth, Bd. 1, S. 184.

3 Hildebrand, S. 151.

Gerade für die Kirche wurde ein Dissens zwischen der offiziellen Lehre und den Moralvorstellungen der Gläubigen in Fragen der Sexualmoral deutlich: während die Enzyklika "Humanae Vitae" (Juli 1968) Papst Pauls VI. eine künstliche Empfängnisverhütung generell ablehnte[4], legten

> Enttabuisierung und Wandel der Geschlechtsmoral zusammen mit Anforderungen und Angeboten der modernen Arbeits- und Konsumwelt es weiten Kreisen nahe [...], von der revolutionär wirkenden Erfindung bequem anwendbarer und leicht zugänglicher Empfängnisverhütung Gebrauch zu machen.[5]

Das Schlagwort steht also nicht nur für vordergründige Modeerscheinungen, sondern für auch die Auseinandersetzung um moralische Fragen bzw. die moralische Bewertung von Verhaltensweisen in einer modernen Industriegesellschaft.

Der größte Teil der öffentlichen Meinung (vgl. Beleg 10) betrachtete die Sex-Welle denn auch unter globalem Aspekt (vgl. Belege 7, 8, 12): sie wurde als Randerscheinung einer viel weitergehenden Liberalisierung, als Teil eines generellen Aufbegehrens gegen überkommene Traditionen und 'diktatorische Bevormundung'[6] gesehen.

Vor diesem Hintergrund gewinnt *Sex-Welle* eine zusätzliche politische Dimension: sie wird von ihren Befürwortern, die häufig den Begriff *Aufklärung* in die Diskussion einbeziehen (vgl. Belege 8, 11) in einem zeitgeschichtlichen Kontext begriffen, in dem Studentenunruhen (-> APO, Neue Linke, Vietnamkrieg, Establishment), das Aufbegehren einer jungen Generation in einem bisher nicht gekannten Ausmaß das Bild der BRD bestimmten. So diene auch die Befreiung von sexuellen Tabus dem generellen Kampf gegen die Repression in vielen Bereichen (vgl. Beleg 8). Die Sex-Welle sei trotz mancher Übertreibungen prinzipiell doch zu begrüßen:

> Wenn das, was noch vor einem Jahrzehnt als Pornographie empfunden worden ist, uns nun von vielen Seiten zur Wahrnehmung gebracht und ins Bewußtsein gezerrt werden will, so kann dies lediglich als eine Reaktion auf die bisher geforderte Verdrängung verstanden werden. Da wir die Sex-Welle als Aktivierung bisher kaum gewagter Stellungnahmen und Befreiungsversuche aus diktatorischer Bevormundung betrachten, verstehen wir auch die oft schockierende Art und Weise, in der solche Experimente vollzogen wurden und auch noch werden. Es ist eine alte Erfahrung, daß Extremes auch extrem beantwortet wird.

---

4 Zur Enzyklika vgl. Savramis, S. 123 ff.

5 Hildebrand, S. 437.

6 Vgl. Fischle-Carl, S. 35.

Neue Maße und Normen zu entwickeln, ist erst bei einer Weiterentwicklung der eingeleiteten Prozesse möglich.[7]

Die Sex-Welle habe dazu geführt, daß Sexualität aus dem Tabubereich geholt worden sei und "Bedeutung und Möglichkeit des Sexualerlebnisses als eines positiven Lebensfaktors"[8] neu dargestellt worden sei. Nicht so sehr die Auswüchse der Sex-Welle - deutlich etwa in der Tendenz, Sexualität zum überall käuflichen Konsumgut zu machen oder "in dem Slogan der Extremisten: 'Wer zweimal mit derselben pennt, gehört schon zum Establishment'"[9] -, sondern ihre aufklärerische Wirkung seien der wesentliche Beurteilungsmaßstab. Die Enttabuisierung der menschlichen Sexualität könne unbewältigte Leibfeindlichkeit und Sexualängste abbauen helfen[10] und sei daher eher als positiver Beitrag zu Aufklärung der Menschen in einer modernen Gesellschaft zu verstehen.

Die Belege zeigen durch Indikatoren ("sogenannte", Belege 4, 11, 13, Verwendung von Anführungszeichen, Belege 7, 13) und durch eine Anzahl okkasioneller Bildungen (*Sexkult*, Beleg 1; *Sexflut*, Beleg 5; *Sex-Rummel*, *Sex-Flut*, Beleg 7; *Supersexwelle*, Beleg 9) ein Schlagwort an. Auch inhaltlich wird *Sex-Welle* als Schlagwort charakterisiert: *Sexflut* und *Sexkult* deuten auf die außerordentliche Verbreitung des Phänomens hin. Beleg 8 konstatiert sogar die Erleichterung der Initiatoren der Sex-Welle über deren allmähliches Abflauen im Jahre 1969. Die programmatische Komponente des Schlagwortes wird besonders in den Belegen 7, 8, 11 und 13 angesprochen, während die Belege 2, 4, 5, 7, 8, 11, 12 und 15 auch besonders auf die gesteigerte Aktualität des Themas in den Jahren 1966 - 1970 eingehen.

In den siebziger Jahren verliert *Sex-Welle* an Brisanz, wohl auch, weil einiges, das vorher noch die Gemüter erregte, inzwischen kaum mehr als provokativ, geschweige denn als sittlich verwerflich empfunden wurde. Mit der vergleichsweise weitgehenden Enttabuisierung der Sexualität ebbt die Welle ab, wird das Schlagwort *Sex-Welle* unnötig.

---

7 Ebd.; vgl. Belege 12, 13.

8 Fischle-Carl, ebd.

9 Ebd., S. 38.

10 Vgl. ebd., S. 36.

Literatur

Christensen, Harold T.: Sexualverhalten und Moral. Eine kulturvergleichende Untersuchung, Reinbek bei Hamburg 1971

Fischle-Carl, Hildegund: Sexualverhalten und Bewußtseinsreife. Gedanken zur Sexwelle, Stuttgart 1972 [psychologisch gesehen Nr. 17, hg. von H. Fischle-Carl]

Heberth, Alfred: Neue Wörter. Neologismen in der deutschen Sprache seit 1945 (2 Bde), Wien 1977, 1982

Hildebrand, Klaus: Von Erhard zur Großen Koalition. 1963 - 1969, Stuttgart, Wiesbaden 1984 (Geschichte der Bundesrepublik Deutschland, hg. v. K. D. Bracher [u. a.], Bd. 4)

Knobloch, Johann: Donnerhall und Widerhall von Schlagwort und Schlagzeile, in: Sprachwandel und Sprachgeschichtsschreibung. Jahrbuch 1976 des Instituts für deutsche Sprache, Düsseldorf 1977, S. 311 - 331

May, Rollo: Der verdrängte Eros, Hamburg 1970

Reich, Wilhelm: Die sexuelle Revolution. Zur charakterlichen Selbststeuerung des Menschen, Frankfurt/Main ^{2}1969

Reiche, Reimut: Sexualität und Klassenkampf. Zur Abwehr repressiver Entsublimierung, Frankfurt/Main 1968 [Probleme sozialistischer Politik 9]

Reiss, Ira L.: Freizügigkeit, Doppelmoral, Enthaltsamkeit. Verhaltensmuster der Sexualität, Reinbek bei Hamburg 1970

Savramis, Demostenes: Religion und Sexualiät, Bonn 1980

Lexikographische Erfassung

DWB V (1983) 752: "Ende der 60er Jahre einsetzende offene, auch in den Massenmedien geführte Diskussion über die Sexualität"
WDG (1976): 00
WDS (1980): n.a.SchW

BHE (1973), (1993), GBH (1980): 00
MEL XXI (1977) 631: "Sex wurde v. a. Mitte der 1960er Jahre in den westl. Industrieländern zum Schlagwort"
MNL (1980), NBH (1985), NDL (1984): 00

Belege

(1)

Die populäre Presse spiegelt nur Bedürfnisse, nicht Tatsachen - die uneingestandenen und unausgelebten Bedürfnisse ihres Millionenpublikums.
Auch Ewald Struwe, Chefredakteur der "Neuen Illustrierten", behauptet, die *Sex-Welle* existiere nur, weil die Leute durchaus glauben wollten, daß es sie gibt. [...] (58 a)
Aus Geschäftsinteresse hat der *Sexkult* die exotische Utopie zu dem Wahn verdreht (und verharmlost), der Garten der Lüste lasse sich durch den Kauf von Markenartikeln und Gesellschaftsreisen erschließen. Und doch ist dieser Wahn ein lebenswichtiger Bestandteil der Überflußgesellschaft. (69 c)

Spiegel 19/1966 v. 02.05.66, S. 58 a, 69 c

(2)

An österreichischen Kiosken hatten die Halbnackten aus München schon mehrfach Mißfallen erregt. "Quick"-Verleger Diedrich Kenneweg ließ deshalb erstmals im Herbst letzten Jahres seinen Vertriebspartner in Österreich, Dr. Emmerich Morawa, wissen, daß die *Sexwelle* in "Quick" und "Revue" "bis Ende 1965 überstanden" sei.

[Bericht über ein zeitweiliges Verkaufsverbot für die deutschen Illustrierten "Quick" und "Revue" in Österreich]

Spiegel 20/1966 v. 09.05.66, S. 66 c

(3)

Ein Unbehagen geht um im Land. Die kleinen Leute fühlen es. Die Klugen geben ihm einen Namen, die Weisen eine Philosophie. Gelöst hat das Dilemma keiner.
"Jeder Mann und jede Frau", so hat Sebastian Haffner ("Ich bin kein großer Freund der *Sex-Welle*") konstatiert, "findet sich heute ganz direkt einer wirklich doppelten, widersprüchlichen Moral gegenübergestellt, einer

gesellschaftlichen, die *Sex* anpreist, und einer staatlichen, die Unzucht verpönt.

Leona Siebenschön: Hat die deutsche Frau keinen Sex? Da bleibt die Bonner Enquete einiges schuldig,
in: Zeit 42/1966 v. 14.10.66, S. 64 c

(4)

Sp.: Trotzdem polemisiert Ihre Partei gegen die sogenannte *Sex-Welle* und gegen die politische Berichterstattung in Fernsehen und Rundfunk. Man hat den Eindruck, die NPD wünsche sich eine Zensur.
H.: Derartige Absichten und Vorstellungen gibt es bei uns nicht, auch wenn wir der Auffassung sind, daß es besser wäre, wenn sich die merkantile *Sex-Welle* auf ein vernünftiges Maß zurückentwickeln würde ...

Mit 90 Abgeordneten in den nächsten Bundestag?
Spiegel-Interview mit Otto Heß, Mitglied des NPD-Bundesvorstandes,
in: Spiegel 49/1966 v. 28.11.66, S. 47 a

(5)

Es ist der jüngste Versuch der Godesberger Sittenrichter, die *Sexflut* einzudämmen, die neuerdings mehr als zwei Dutzend sogenannter Herrenmagazine auf den deutschen Markt geschwappt hat.

Spiegel 18/1967 v. 24.04.67, S. 102 c

(6)

An Kühnheit, aber auch an Niveau übertrifft der Film von Hochheimer [Titel: "Du. Zwischenzeichen der Sexualität"] [...] seine Vorläufer in der neuen *Sexfilm-Welle* - von "Helga" über Oswalt Kolles "Wunder der Liebe" bis zur Van-de-Velde-Verfilmung "Die vollkommene Ehe" [...]

Spiegel 34/1968 v. 19.08.68, S. 101 a

(7)

"Eine *Sex-Welle* geht durch die zivilisierten Länder", befand der Münchner Oberhirte Kardinal Julius Döpfner, "wie sie wohl noch nie erlebt wurde." (52 a) [...]

In der Tat scheint, was obenhin als "*Sex-Welle*" beklatscht oder beklagt wird, in Wahrheit nur überschießende Begleitaktion, nur lärmende Kulisse jenes viel tiefergreifenden Umbruchs. Marshall McLuhan, Amerikas Pop- & Media-Philosoph, nannte es "das Todesrasseln eines Zeitalters". (52 c) [...]
Quer durch die Gesellschaft ist der moralische Konsensus in Auflösung begriffen - betreffe es nun die amerikanische Politik in Vietnam, die Pillen-Enzyklika des Papstes oder die Sozialstrukturen in kapitalistischen wie in kommunistischen Nationen. (52 c, 54 a) [...]
Alle Befunde dieser Art widersprechen entschieden der These, der allgegenwärtige *Sex-Rummel* sei Vorstufe zu sexuellem Chaos - oder Anzeichen einer wirklichen Befreiung aus den Fesseln überkommener Sexualmoral.
Vielmehr erweist sich die gedruckte, gefilmte, öffentlich zur Schau gestellte, genüßlich konsumierte, die halbe Welt überschwemmende *Sex-Flut* in Wahrheit als gigantische Maulhurerei, als eine von *Sex-Träumen* schillernde Seifenblasenwolke - erzeugt noch unter dem Druck abendländischer Triebverdrängung. (65 a)

Spiegel 47/1968 v. 18.11.68, S. 52 a, c, 54 a, 65 a

(8)

Eine *Sex-Welle* geht über Deutschland hin, die selbst jenen beängstigend vorkommt, die seit Jahren dieses Ziel angesteuert haben und nun fast aufatmend feststellen, daß der Kulminationspunkt überschritten ist. [...]
Die deutsche *Sex-Welle* hat ihre politische Komponente. Wer in politisch-psychologischen Schriften blättert, erfährt, wie politische und sexuelle Aufklärung Hand in Hand gehen, wie der Kampf gegen politische und sexuelle Repression, gegen politische und sexuelle Tabus demselben großen Ziel gilt. [...]

Sex teutonisch. Bericht des Bonner Korrespondenten,
Neue Zürcher Zeitung, Dezember 1968,
zit. in: Der Monat, März 1969, H. 246, S. 10 a, b

(9)

Eigentlich wollte Blattmacher Ewald Struwe mit Sex nichts mehr zu tun haben. Er hatte die *Sexwelle* erfunden und mit Oswalt Kolles Hilfe einst die "Neue Revue" zur Millionen-Illustrierten gemacht. Als Struwe aber den Bauer-Verlag verließ und Chef der daniederliegenden "Constanze" wurde, folgte ihm Kolle trotz verlockender Angebote nicht. Folgerichtig erkannte Struwe: Die *Sexwelle* ist "ein lahmer Gaul", sie ist tot. [...]
Da entdeckte Altmeister Struwe, daß er einen Totenschein zu früh ausgestellt hatte. Er erfand die *Supersexwelle.*

Otto Köhler: Ufer der Zügellosigkeit,
in: Spiegel 26/1969 v. 23.06.69, S. 150 b

(10)

Die sogenannte "*Sexwelle*" hielt ich immer für ganz harmlos. Es ist ja nur eine *Sex-Geschwätzwelle.* [...]
Jetzt sehe ich, daß die *Sexwelle* manchmal doch gefährlich sein kann. Sie stiftet Verwirrung; und die Köpfe sind vom andauernden *Sex-Bla-Bla* schon so verdreht [,] daß man glaubt, alles sei möglich.

Gabriel Laub: Männliche Mütter?
in: Zeit 16/1970 v. 17.04.70, S. 74 e

(11)

Ähnlich positiv wie Dirks [der Publizist Walter Dirks] äußern sich viele über die Massenaufklärung durch massiven Sex, anders nur wenige. Das Heer derjenigen, die noch vor wenigen Jahren die "Saubere Leinwand" verlangten, scheint sich in alle Winde zerlaufen zu haben. Selten nur wird noch zur *Sex-Welle* ein Bischofswort publik. (36 b) [...]
Die Kardinäle Döpfner, Höffner und Jaeger lassen es mit gelegentlichem Protest genug sein. Münchens Döpfner: "Die sogenannte *Sex-Welle*, die wir heute in so vielen Bereichen des kulturellen Lebens mitmachen, ist nicht Fortschritt und Befreiung, sondern menschenunwürdige und widersittliche Entartung." (36 c)

Spiegel 32/1970 v. 03.08.70, S. 36 b, c

(12)

Jetzt ist sie bis zu Biedermanns und Bertelsmanns gelangt. Nun endlich ist die *Welle* wirklich richtig da.
Was in diesen Tagen allerorten eilig gesetzt, gedruckt, gebunden, abgepackt wird - die Herbstproduktion der deutschen Verlage zeigt, daß immer mehr Buch-Macher ihre Bestseller-Hoffnungen auf Betten-Belletristik und Potenz-Protz-Produkte setzen. *Sex* verspricht, neben der beliebten Gattung des Frauen-und Familien-Romans, immer noch, immer mehr noch, das beste Geschäft.

Spiegel 33/1970 v. 10.08.70, S. 104 a

(13)

Professor Alexander Mitscherlich, Psychologisches Institut der Universität Frankfurt: [...] Es werden quasi Nachholbedürfnisse in der sogenannten "*Sex-Welle*" befriedigt ...

"Im Unbewußten wirkt der Reiz oft anders"
Bonner Hearing über die Reform des Sexualstrafrechts

Spiegel 49/1970 v. 30.11.70, S. 52 c

(14)

Über die Freigabe der *Pornographie* zum Beispiel geraten sich Bürger und Politiker sogleich in die Haare. Da wird ein Parlaments-Hearing abgehalten, die schweren Geschütze der Weltanschauung werden in Stellung gebracht, Heils- und Unheilsprediger treten auf. Dabei stehen Aufwand und Effekt in einem grausamen Mißverhältnis: Ob Freigabe oder Beibehaltung des Verbots - ändern wird sich praktisch nichts. Die *Pornowelle* rollt, mit oder ohne Verbot.

Rolf Zundel: Trotzdem: innere Reformen. Die Koalition ist besser als ihr Ruf,
in: Zeit 50/1970 v. 11.12.70, S. 1 a

(15)

Was gestern noch *Pornographie* war, ist in rasanter Marktausweitung zum Massenartikel mit Konsumzwang geworden. Die sittliche Problematik tritt demgegenüber zurück.

Spiegel-Essay. Anmerkungen zum Untergang der Wohlanständigkeit. Von Alexander Mitscherlich,
in: Spiegel 53/1970 v. 28.12.70, S. 87 c

(16)

Die Umweltverschmutzung ist nur das "grauenhafte Zeichen einer viel schlimmeren Verschmutzung, nämlich durch *Porno* und *Sex*, und am Ende steht der biologische Tod". So predigte es zum Jahreswechsel Regensburgs Bischof Rudolf Graber. (54 b) [...]
Augsburgs Stimpfle [Bischof Josef Stimpfle] hält es nicht nur für notwendig, "sich zu stemmen gegen die *pornographische Schmutzflut*, die sexualisierte Mode, die schamlose Enthüllung der familiären Intimsphäre in Wort und Bild, die wachsende Verschmutzung der Innenwelt". (54 c, 55 a)

Spiegel 4/1972 v. 17.02.72, S. 54 b, c, 55 a

Staatsbürger in Uniform / Innere Führung

Syn./Var.: Bürger in Uniform

Staatsbürger in Uniform ist ein Schlagwort, das von Wolf Stefan Traugott Graf von Baudissin, dem Leiter des Referates "Innere Führung" im Amt Blank[1], geprägt wurde[2]. Sowohl *Staatsbürger in Uniform* wie auch *Innere Führung* wurden bereits in den fünfziger Jahren von den Verantwortlichen im Amt Blank bei der Planung der Bundeswehr diskutiert[3]. In die öffentliche Diskussion kamen beide Begriffe in der zweiten Hälfte der sechziger Jahre[4].

> ***Staatsbürger in Uniform* betont die Eingebundenheit des Soldaten in die demokratische Gesellschaftsordnung, innerhalb derer dem Soldaten keinerlei Sonderstatus zukommen soll[5]. Der Begriff betont, "daß der Soldat dem zivilen, d. h. demokratischen Wertsystem verpflichtet bleibt und aus den gleichen geistigen und politischen Bezügen lebt wie die anderen Staatsbürger"[6].**
> ***Innere Führung* betrifft das Verhalten militärischer Vorgesetzter[7], das ebenfalls demokratischen Maßstäben gerecht werden soll[8]. Soldaten sollen als mündige Bürger zur Mitarbeit motiviert werden, nicht aber durch Drill zu Aufgaben gezwungen werden, über deren Sinn sie nicht aufgeklärt worden sind[9].**

Der Streit um *Staatsbürger in Uniform* und *Innere Führung* drehte sich weniger darum, ob diese Konzeptionen zu befolgen seien, sondern wie ihre weitere Ausgestaltung angemessen zu verwirklichen sei[10], da beide Schlagwörter ein Programm und eine Zielvorstellung implizieren - von

---

1 Dieses Amt war Vorgänger des 1955 geschaffenen Bundesverteidigungsministeriums. Theodor Blank wurde am 06.06.55 von Konrad Adenauer zum Bundesminister für Verteidigung ernannt; zur Errichtung des Verteidungsministeriums vgl. Schwarz, S. 292 ff.

2 Vgl. NDL I, S. 343.

3 Vgl. de Maizière, S. 11.

4 Vgl. von Schubert, S. 309. Simon, S. 111 ff, setzt als "Phase des offenen Konflikts" die Jahre 1969 - 1971 an.

5 Vgl. von Baudissin, S. 166.

6 Ebd. Weitere Deutungen bei de Maizière, S. 16 ff, Nobbe, S. 54 ff, Obermann, S. 423 ff, von Schubert, S. 308, Schwarz, S. 287 ff.

7 Ausführlich dazu: Krause, S. 186 ff.

8 Vgl. Simon, S. 145.

9 Vgl. Nobbe, S. 55. Weitere Interpretationen des Begriffs bei von Baudissin, S. 155 ff, 206, de Maizière, S. 22 ff, 99 f, Obermann, S. 455 ff, von Schubert, S. 308 f.

10 Vgl. Simon, S. 31.

Baudissin spricht in diesem Zusammenhang von "Leitbild", "Postulat und Zielgestalt"[11] -, ohne diese jedoch inhaltlich zu füllen.

Zunächst lassen sich bei dieser Diskussion zwei "Denkschulen"[12] ausmachen, die in der Öffentlichkeit als "Reformer" bzw. "Traditionalisten" bezeichnet wurden[13].

Reformer wie von Baudissin betonten den Gedanken eines demokratischen Heeres, das lediglich zu Abschreckungszwecken existiere. Nicht das Töten, sondern Schutz der Bevölkerung sei die wesentliche Bestimmung des Soldaten[14]. Zahlreiche Traditionen, die in Offizierskreisen gepflegt würden, seien "feudal" und daher kritisch zu beurteilen[15]. Ebenso seien Exerzierdienst und Paradedrill entbehrlich, wenn nicht gar schädlich[16]. Vielmehr sollten die Soldaten zu verantwortlichem Handeln ermutigt werden, das auch die Kritik an Entscheidungen von Vorgesetzten einschlösse[17]. Loyalität gegenüber Vorgesetzten sei keine unbedingte Verpflichtung, sittliche und politische Konflikte könnten sie durchaus infrage stellen[18].

Soldaten seien also Mitglieder der Gesellschaft, die nicht besondere Rechte für sich in Anspruch nehmen könnten. Allerdings seien sie auch mündige Bürger, die alle staatsbürgerlichen Rechte für sich beanspruchen dürften.

Dementsprechend sei auch das Konzept der Inneren Führung zu verstehen:

> Der Ausbildungs-/ Bildungs-/ Erziehungsprozeß verspricht nur Erfolg, wenn die Geführten als Staatsbürger des freiheitlichen Rechtsstaates und Mitglieder einer pluralistischen Gesellschaft anerkannt werden und wenn ihnen der innen- und außenpolitische Bezugsrahmen verdeutlicht wird, in den die Streitkräfte einzuordnen sind.[19]

Vor allem sei die soziale Dimension zu berücksichtigen, die es nicht erlaube, gruppendynamische Vorgänge zu ignorieren und stets in Vorgesetzter-Untergebener-Strukturen zu denken. Ebenso seien Ordnung und

11 Von Baudissin, S. 166.

12 Vgl. von Schubert, S. 309.

13 Vgl. ebd. Daß diese Klassifizierung recht grob ist und in der Diskussion nicht nur Extrempositionen vertreten wurden, betont Simon, S. 28 ff. Für unsere Zwecke indes ist diese Einteilung durchaus brauchbar, da sie durch ihre Zuspitzung auf die Extreme die Gegensätzlichkeit der Positionen akzentuiert.

14 Vgl. Simon, S. 28.

15 Vgl. von Baudissin, S. 120 f, Nobbe, S. 56.

16 Vgl. Nobbe, S. 55 ff.

17 Vgl. von Baudissin, S. 122 ff.

18 Vgl. ebd., S. 124 f.

19 Ebd., S. 206.

Gehorsam als "Teilaspekte der Funktionstüchtigkeit"[20] berechtigt, nicht aber als absolute Werte. Das Formale dürfe nicht überbewertet werden, da es jegliche Motivation erschwere[21].

Demgegenüber vertraten die "Traditionalisten" - wichtige Vertreter, jedoch keine Ausnahmen[22] sind die Generale Karst und Schnez - die Auffassung, Soldat sei nicht ein Beruf wie jeder andere, sondern eine Aufgabe sui generis[23]. Daher sei seine Integration in die zivile Umwelt nicht ohne weiteres möglich. Das Modell der Inneren Führung sei zu intellektuell, um sich in der Praxis überhaupt anwenden zu lassen. Außerdem lege es ein zu idealistisches Menschenbild zugrunde[24]. Im übrigen sei die Diskussion um die Innere Führung müßig, da sie von fürsorglichen Truppenführern ohnehin schon immer praktiziert worden sei[25].

Besonders General Schnez ging in der von ihm verantworteten[26] sogenannten Schnez-Studie "Gedanken zur Verbesserung der Inneren Ordnung des Heeres" (1969) besonders weit mit Forderungen, die heftigen Protest in der Öffentlichkeit auslösten: so forderte er u. a. eine Einschränkung der Rechte auf Kriegsdienstverweigerung und auf Anrufung des Wehrbeauftragten wie eine "Reform an 'Haupt und Gliedern' an Bundeswehr und Gesellschaft"[27].

Interessant für *Bürger in Uniform* und *Innere Führung* ist in diesem Zusammenhang nun, daß sowohl Reformer wie auch extreme Traditionalisten sich auf sie beriefen, da beide Begriffe eindeutig positiv besetzt waren:

> Wenngleich der Begriff der Inneren Führung schon in der Mitte der sechziger Jahre so substanzlos geworden war, daß ihn selbst Ultrakonservative benutzen konnten, ohne sich lächerlich zu machen, so blieb das Bekenntnis zur Inneren Führung für jeden Offizier eine Pflichtübung, der er sich in der Regel nicht entziehen konnte, ohne zugleich unangenehme Konsequenzen für seine Laufbahn befürchten zu müssen.[28]

---

20 Ebd., S. 207.

21 Vgl. ebd.

22 Vgl. dazu Nobbe, S. 43 ff, Simon, S. 111.

23 Vgl. Nobbe, S. 66 f, Simon, S. 65.

24 Vgl. Nobbe, S. 66 f.

25 Vgl. ebd. sowie Simon, S. 107.

26 Die Identität der Autoren scheint sich nicht endgültig klären zu lassen; vgl. Simon, S. 66 f. Die Studie ist teilweise abgedruckt in: Spiegel 1/2 1970 v. 05.01.70, S. 23 ff; vgl. auch Meyer.

27 Zit. nach Simon, S. 66.

28 Nobbe, S. 89.

Simon stellt in diesem Zusammenhang fest, daß gegen das Konezpt der Inneren Führung kaum offen Stellung bezogen wurde. Entwertet wurde es jedoch durch

> das Wuchern eines Gestrüpps von Interpretationen, das den Blick auf die ursprünglichen Gehalte der Reformkonzeption verstellte und den Begriff "Innere Führung" zeitweilig bis zur Leerformelhaftigkeit abnutzte[29].

Auch in der Öffentlichkeit wurde eine heftige Diskussion um die durch die beiden Schlagwörter aufgerufenen Themen geführt, zumal die Bundeswehr durch zahlreiche Krisen und Affären immer wieder in die Schlagzeilen geriet. So heizten die Generalskrise[30], die Schnez-Studie und die Affäre Grashey[31] die Diskussion an[32].

Bemerkenswert sind die Äußerungen Grasheys, die schließlich zu seiner Versetzung in den einstweiligen Ruhestand führten, weil sie die einzige offene Polemik eines ranghohen Militärs gegen die Konzeption der Inneren Führung darstellten[33]. Grashey bezeichnete die Innere Führung als Maske, die die Bundeswehr habe tragen müssen, um die SPD für die Wiederbewaffnung zu gewinnen. Diese Maske müsse sie nun ablegen[34].

Abgesehen von dieser deutlichen Absage an das Programm der Inneren Führung, die vom Bundesminister der Verteidigung Helmut Schmidt im Weißbuch der Bundesregierung 1970 zurückgewiesen wurde[35], muß festgehalten werden, daß sowohl *Staatsbürger in Uniform* wie *Innere Führung* Schlagwörter waren, die trotz (oder gerade wegen) ihrer inhaltlichen Unbestimmtheit[36] positiv besetzt waren, und daher von Reformern wie Traditionalisten in Anspruch genommen wurden. Begünstigt wurde dies durch die Vagheit beider Begriffe, die auch definitorische Umdeutungen möglich machten[37]:

> Die sachliche Diskussion wurde erschwert, weil zwar viele über den "Staatsbürger in Uniform" reden, manchen aber eine klare Vorstellung fehlt, was im einzelnen damit gemeint ist. Ja, gelegentlich las und liest

---

29 Simon, S. 97; vgl. auch S. 101 f, 107 ff; vgl. auch Kiesinger, S. 288 ff.

30 Vgl. Simon, S. 63 f, Hildebrand, S. 211 ff.

31 Vgl. Simon, S. 64 f. Ausführlich berichtet über die Affäre Grashey und die Schnez-Studie Krause, S. 223 ff; vgl. auch Mackensen.

32 Weitere Ereignisse vom Jahr 1963 an, die die Innere Führung in die öffentliche Diskussion brachten, bei Simon, S. 61 ff.

33 Vgl. ebd., S. 64 f.

34 Vgl. ebd. und Spiegel 15/1969 v. 07.04.69, S. 33 b.

35 Vgl. von Schubert, S. 309 f.

36 Vgl. auch Schwarz, S. 291 f.

37 Vgl. Simon, S. 107 ff.

> man sogar so entstellende Darlegungen, daß Mißdeutungen zu unrichtigen Eindrücken und Folgerungen führen mußten.[38]

Bis etwa zum Jahre 1972[39] dauerte die öffentliche Diskussion um beide Schlagwörter an,

> sie endete mit dem heute teils begrüßten, teils beklagten, als Faktum aber auf jeden Fall feststehenden Leiserwerden und letztlichen Verstummen der Grundsatzdiskussion um die Innere Führung[40].

Die Belege 1, 2, 5 und 8 verdeutlichen, daß *Staatsbürger in Uniform* eine programmatische Formulierung ist: ausdrücklich wird von einem "Leitbild" gesprochen. Beleg 3 kritisiert die Formulierung, da Wehrpflichtige noch keine Staatsbürger seien [!]. Die Belege 4, 8 und 9 thematisieren die Vagheit des Begriffs, die zwar einerseits Aktualität über kurzfristige Kontroversen hinaus gewährleisten könne, andererseits aber rein emotionale Vorstellungen begünstige. Beleg 9 a spricht diese Vagheit ebenfalls an und betont zusätzlich noch die Affektbesetztheit beider Schlagwörter ("Blütenträume"). In allen Belegen verweisen die Anführungszeichen ebenfalls auf die Existenz eines Schlagwortes.

38 De Maizière, S. 11 f.

39 Vgl. Simon, S. 111 ff.

40 Ebd., S. 112.

Literatur

Baudissin, in: Das neue Duden-Lexikon, Bd. I (1984), S. 343

Baudissin, Wolf Graf von: Nie wieder Sieg! Programmatische Schriften 1951 - 1981, hg. von Cornelia Bührle und Claus von Rosen, München 1982

Handbuch Innere Führung. Hilfen zur Klärung der Begriffe, hg. vom Bundesministerium der Verteidigung, Führungsstab Bundeswehr I, (o.O.) ³1964

Hildebrand, Klaus: Von Erhard zur Großen Koalition. 1963 - 1969, Stuttgart, Wiesbaden 1984 (Geschichte der Bundesrepublik Deutschland, hg. v. K. D. Bracher [u. a.], Bd. 4)

Kiesinger, Kurt Georg: Eine Schule der Nation. Rede im Deutschen Bundestag [am 27.06.69], in: Ders.: Die Große Koalition 1966 - 1969. Reden und Erklärungen des Bundeskanzlers. Hg. von Dieter Oberndörfer, Stuttgart 1979, S. 285 - 291

Krause, H. Fred: Das Konzept der Inneren Führung und die Hochschulen der Bundeswehr. Realisierung einer Prämisse, konsistente Weiterentwicklung oder Diskontinuität, Bochum 1979

Mackensen, Ulrich: Die subtilen Reaktionäre. Karst und Grashey: ein Doppelporträt, in: Der Monat, Februar 1970, H. 257, S. 34 - 41

Maizière, Ulrich de: Soldatische Führung - heute. Vorträge und Reden zur Aufgabe und Situation der Bundeswehr, Hamburg - Berlin 1966 [Truppe und Verwaltung, hg. von Johann Adolf Graf Kielmansegg und Wilhelm Casper, Bd. 12]

Meyer, Claus Heinrich: "Gedankendienst mit der Waffe". Die Torheit der Generale, in: Der Monat, Februar 1970, H. 257, S. 27 - 33

Nobbe, Manfred: Erziehung und Bildung in der Bundeswehr. Untersuchungen über die Schriften zur Bildung in der Truppe und die Konzepte der "Inneren Führung", Köln 1985 [Pahl-Rugenstein Hochschulschriften Gesellschafts- und Naturwissenschaften 194]

Obermann, Emil (Hrsg.): Verteidigung der Freiheit. Idee - Weltstrategie - Bundeswehr, Stuttgart 1966

Schubert, Klaus von: Sicherheitspolitik und Bundeswehr, in: Benz, Wolfgang (Hrsg.): Die Geschichte der Bundesrepublik Deutschland, Band 1: Politik, S. 279 - 323, Aktualisierte u. erw. Neuausg., Frankfurt 1989

Schwarz, Hans-Peter: Die Ära Adenauer. Gründerjahre der Republik. 1949 - 1957, Stuttgart, Wiesbaden 1981 (Geschichte der Bundesrepublik Deutschland, hg. v. K. D. Bracher [u. a.], Bd. 2)

Simon, Ulrich: Die Integration der Bundeswehr in die Gesellschaft. Das Ringen um die Innere Führung, Heidelberg, Hamburg 1980

Spiegel 15/1969 v. 07.04.69
Spiegel 1/2 1970 v. 05.01.70

Lexikographische Erfassung

Staatsbürger in Uniform

DWB (1983), WDS (1976), (1981): n.a.SchW
WDG (1976): 00

BHE (1973): 00, (1976): n.a.SchW
XXI (1993) 19: "im Soldatengesetz (SG) für verbindlich erklärtes Leitbild des Soldaten der dt. Bundeswehr"
GBH X (1980) 658: "in der BRD Leitbild soldat. Erziehung und soldat. Handelns"
MEL (1978): Verweis auf 'Innere Führung'
MNL (1980): n.a.SchW
NBH (1985), NDL (1984): 00

BEC, NUN: 00

Innere Führung

DWB (1981), WDS (1976): n.a.SchW
WDG (1967), (1969): 00

BHE (1970), (1989), GBH (1979): n.a.SchW
MEL XII (1974) 608: "Das Konzept der i.n F. wurde in Kreisen der Öffentlichkeit und des Militärs wiederholt Gegenstand von Diskussionen."
MNL (1979), NBH (1984), NDL (1984): n.a.SchW

BEC n.a.SchW
NUN 00

Belege

(1)

Zusammen mit den Grafen Kielmansegg und Baudissin schuf Maizière in der Bundeswehr das Leitbild vom "*Bürger in Uniform*". Dabei bewies er Vorsicht und diplomatisches Geschick; stets pflegte er auch die Verbindung zur SPD.

Spiegel 36/1966 v. 29.08.66, S. 29 a

(2)

Im vergangenen Monat machte der Graf [Baudissin], der nach dem zweiten Weltkrieg der Bundeswehr das demokratische Leibild vom "*Staatsbürger in Uniform*" bescherte, noch einen anderen Verband nobel: Er trat der Gewerkschaft Öffentliche Dienste, Transport und Verkehr (ÖTV) bei [...]
Für sich selbst erhofft der Gewerkschafts-General, dem schon die Idee vom "*Staatsbürger in Uniform*" im Offizier-Korps genug Gegner eingetragen hat, dabei allerdings keine Wunder: "Persönliche Vorteile erwarte ich nicht."

Spiegel 3/1967 v. 09.01.67, S. 34 b, c

(3)

Das "Handbuch Innere Führung" gründet sich auf den "*Staatsbürger in Uniform*", den es nicht gibt. Der junge Mensch, der zur Bundeswehr geht, ist noch kein Staatsbürger. Er ist so unfertig wie nur möglich, vor allem dann, wenn er einige Semester studiert hat.

Spiegel 38/1967 v. 11.09.67, S. 41

(4)

Der Rechenschaftsbericht des Wehrbeauftragten des Bundestages, Matthias Hoogen, für das Jahr 1968 war diesmal fast ganz der systematischen Behandlung einer Frage gewidmet: der "*Inneren Führung*". Besorgt über die allmähliche Ausdörrung dieses Grundsatzes, der als Führungskonzept nur gerechtfertigt ist, wenn er ständig den gesellschaftlichen Veränderungen angepaßt wird, stellt Hoogen fest: Ein Teil der "Fehlinterpretationen, Mißverständnisse und Überzeichnungen" der *Inneren Führung* sei darauf zurückzuführen, daß der Begriff nicht systematisch fundiert worden sei. Tatsächlich ist auch das "Handbuch Innere Führung" zuletzt 1966 ohne Überarbeitung aufgelegt worden und seit längerem vergriffen.

Kurt Fischer: Gesucht: Der moderne Offizier. Die "Innere Führung" braucht neue Impulse,
in: Zeit 13/1969 v. 28.03.69, S. 3 b

(5)

Heftiger denn je ist der Streit um die "*Innere Führung*", jenes Konzept, mit dem der Integrationsprozeß beschleunigt, in der Bundeswehr selbst das Leitbild vom "*Staatsbürger in Uniform*" verwirklicht werden sollte.

Ulrich Mackensen: Die subtilen Reaktionäre. Karst und Grashey: ein Doppelporträt,
in: Der Monat, Februar 1970, H. 257, S. 34

(6)

Die Bundeswehr, vor allem die "*Innere Führung*", das Konzept vom "*Staatsbürger in Uniform*", ist seit Monaten umstritten.

Christian Graf von Krockow: Die Krise der Bundeswehr. Uniform ohne Staatsbürger. Warum die "geistige Revolution" des Grafen Baudissin einstweilen scheitern mußte,
in: Zeit 10/1970 v. 06.03.70, S. 46 a

(7)

Die "*Innere Führung*" wird im Weißbuch nur noch mit kleinem "i" geschrieben - nicht aus Mißachtung, sondern als Ausdruck der Entkrampfung. Sie gilt zumindest auf der Truppenebene nicht mehr als Problem.

Kurt Becker: Roßkur für die Bundeswehr. Weniger Rüstung, kürzere Dienstzeit, neue Wehrstruktur,
in: Zeit 21/1970 v. 22.05.70, S. 3 b

(8)

Was benötigt würde, wären Spezialuntersuchungen über das Thema "Soldat und Gesellschaft heute und morgen". Sie allein könnten die Grundlage bilden für die Weiterentwicklung des Leitbildes vom "*Staatsbürger in Uniform*", nicht aber, wie es leider geschah, emotionale Vorstellungen, die nur auf der Erinnerung an das Vergangene beruhten. [...] Ein Mann wie Graf Baudissin könnte hier eine neue Aufgabe gestellt sehen und gemeinsam mit seinen Hamburger Schülern und Kollegen, seinen ersten, notwendigerweise mehr intuitiven Entwurf vom "*Staatsbürger in Uniform*" wissenschaftlich weiterentwickeln. (54 b, c)

[...] Ich meine, der Begriff "*Staatsbürger in Uniform*" ist bewußt so weit gefaßt, daß er als Formel für das soldatische Leitbild unverändert in das nächste Jahrzehnt übernommen werden kann. (57 c)

Einige Rückwärtsgänge ausbauen. Aus einem Vortrag des Brigadegenerals Gerd Schmückle

Spiegel 23/1970 v. 01.06.70, S. 54 b, c, 57 c

(9)

Das im Bericht [des Wehrbeauftragten Fritz-Rudolf Schultz] gerügte undisziplinierte Verhalten der Vorgesetzten verstößt zugleich gegen die Regeln der *Inneren Führung*, nach denen vom *Staatsbürger in Uniform* nur das verlangt werden darf, was für den Militärdienst notwendig ist. Streng tadelt Schultz denn auch die Offiziere, daß sie diese seit 16 Jahren verbindlichen Grundsätze noch immer nicht praktizieren, vielmehr "heute eine weitverbreitete Verdrossenheit gegenüber dem Gesamtbereich der *Inneren Führung* an den Tag legen".
Schärfer noch als mit den Vorgesetzten geht der Wehrbeauftragte mit dem Ministerium ins Gericht, das "auch im 16. Jahr der Bundeswehr trotz parlamentarischen Auftrages" diese Grundsätze "nicht so konkretisiert hat, daß sie verhaltensleitende Kraft entwickeln und im Alltag der Truppe ohne Schwierigkeiten angewendet werden konnten".

Spiegel 12/1972 v. 13.03.72, S. 41 c

(9 a)

Wenn auch die Blütenträume der Väter jener niemals mit nötiger Klarheit definierten Begriffe vom "*Bürger in Uniform*" und von der "*Inneren Führung*" nicht reiften, so schritt doch die Konsolidierung der Bundeswehr in den Jahren der kurzen "Ära Erhard" voran.

Klaus Hildebrand: Von Erhard zur Großen Koalition. 1963 - 1969, Stuttgart, Wiesbaden 1984, S. 214

Umweltschutz

Syn./Var.: Umweltverschmutzung

Umweltschutz wird ab 1970 in der BRD zum Schlagwort. Es handelt sich um eine Übersetzung von *environmental protection*, die von den Medien und Politikern aufgegriffen wird und sich schon sehr bald zum Schlagwort entwickelt[1].

> **Umweltschutz ist der Oberbegriff für die "Gesamtheit der Maßnahmen (und Bestrebungen), die dazu dienen, die natürl. Lebensgrundlagen von Pflanze, Tier und Mensch zu erhalten bzw. ein gestörtes ökolog. Gleichgewicht wieder anzugleichen"[2].**
>
> **Die Variante *Umweltverschmutzung* weist auf die Verunreinigung von Luft und Wasser sowie auf die Zerstörung von Natur und Landschaft hin und betont so die Notwendigkeit eines konsequenten Umweltschutzes[3].**

Die Diskussion um die Probleme der Umweltverschmutzung und ihrer Beseitigung wurde in der BRD bereits in den sechziger Jahren geführt, ohne daß jedoch ein prägnanter Begriff, in dem sich die Programmatik einer Umweltschutzpolitik kristallisierte, gefunden wurde[4]. Bis zur Mitte der sechziger Jahre blieb diese Diskussion im wesentlichen eine parteiinterne[5]. Dabei war die SPD die erste Partei, die die Notwendigkeit des Umweltschutzes betonte, etwa mit Willy Brandts Forderung von 1961: "Der Himmel über dem Ruhrgebiet muß wieder blau werden"[6]. Konservative Kreise beteiligten sich zunächst kaum an der Diskussion um Umweltschutz. Dies änderte sich jedoch, nachdem das Thema aus der öffentlichen Diskussion nicht mehr wegzudenken war:

> Heute kommt kein Politiker mehr am Thema Umwelt vorbei. [...] Auch für die Unionsparteien ist das Thema "Umwelt" inzwischen längst zur Selbstverständlichkeit geworden. Das war nicht immer so.[7]

---

1 Vgl. BHE IXX, S. 227.

2 MEL XXIV, S. 138 f, vgl. auch Gräff/Spegele, S. 134 ff, Art. 'Umweltschutz'.

3 Vgl. Gruhl (1979), S. 133.

4 Zur Geschichte des Umweltschutzes seit der Jugendbewegung vgl. Guggenberger, S. 394 ff, 410 ff sowie WEY.

5 Vgl. Decker, S. 32.

6 Vgl. Volker Hauff: Haben wir den Wettlauf zwischen Umweltzerstörung und Umweltpolitik bereits verloren?, in: Buddenberg, S. 129 - 153, bes. S. 132, Brandt, S. 425 f, Guggenberger, S. 411, Wey, S. 158 f.

7 Decker, S. 31, 41.

Ab dem Ende der sechziger drängen Probleme der Umweltverschmutzung immer nachhaltiger in die öffentliche Diskussion, um bis heute darin einen herausragenden Platz einzunehmen:

> Ohne Zweifel haben Presse, Rundfunk und Fernsehen einen ganz wesentlichen Anteil an der Verbreitung und schließlichen Beachtung des "neuen Themas".[8]

Das Programm, das sich im Schlagwort kristallisiert, daß der größtmögliche Schutz der Umwelt angestrebt werden sollte und bereits erfolgte Schädigungen zu beheben seien, war und ist in der Öffentlichkeit generell unumstritten:

> Die eigentliche umweltpolitische Diskussion wird heute nicht mehr über die Frage geführt, ob Umweltschutz notwendig ist, sondern wie er ausgestaltet werden soll. Was umstritten ist, sind die Wege, das generelle Ziel Umweltschutz zu erreichen.[9]

Dies dürfte auch auf die appellative Wortprägung, die die Schwierigkeiten des Begriffes zunächst in den Hintergrund treten läßt, zurückzuführen sein. Fachleute für den Umweltschutz jedoch kritisieren den Terminus *Umweltschutz*, weil er undifferenziert den Schutz von Umwelt fordert, ohne auf deren Verfassung (wie z. B. die Verbreitung von Krankheitserregern oder die Vorschädigungen durch menschliche Zivilisation) zu berücksichtigen[10]:

> Daher werden oft die Begriffe Umwelthygiene, Umweltgestaltung, Umweltpflege u. a. bevorzugt und das Wort U. bei der Benennung von Ministerien und Behörden vermieden.[11]

Eine weitere Schwierigkeit ergibt sich bei der Diskussion um konkrete Maßnahmen des Umweltschutzes: so erlaubt das Schlagwort durch seine Vagheit, *Umweltschutz* lediglich als technischen Umweltschutz zu verstehen, der durch Gesetze und Bestimmungen einzelne Umweltfaktoren vor den Folgen moderner Technik schützen oder aber diese Folgen beseitigen soll:

---

8 Decker, S. 40.

9 Kurt H. Biedenkopf: Wegzeichen für die Soziale Marktwirtschaft zum Zielpunkt einer ökologischen Marktwirtschaft, in: Buddenberg, S. 17 - 61, Zitat: S. 30 f; vgl. auch Decker, S. 41 sowie Strauß, Haß, Harras, S. 398 f.

10 Vgl. BHE IXX, S. 227 sowie Global 2000, S. 493 f.

11 BHE ebd. Die hier genannten Termini allerdings spielen in der öffentlichen Diskussion eine eher marginale Rolle; als Schlagwort-Synonyme kommen sie schon allein wegen ihrer vergleichsweise niedrigen Frequenz nicht in Betracht.

> Es stellte sich aber sehr schnell heraus, daß es vernünftiger ist, Schäden gar nicht erst entstehen zu lassen, statt sie nachher zu beseitigen, zumal die nachträgliche Beseitigung sehr oft technisch undurchführbar ist.[12]

Gerade diese Forderung nach einer globaleren Sichtweise, die Umweltschutz nicht mehr nur als Beseitigung von Umweltschäden, sondern als präventive Maßnahme, als "Umweltvorsorge"[13] versteht, macht die Brisanz der Diskussion um Umweltschutz aus. Vor allem geraten hier die Bereiche des Wirtschaftswachstums und der -> Lebensqualität ins Blickfeld, da ungehemmtes Wirtschafts- und Technikwachstum zu einer Zunahme der Umweltbelastungen führen[14], damit aber auch immer die Lebensqualität mindern[15].

So verstanden impliziert das Schlagwort *Umweltschutz* jeweils auch eine Kritik am Wirtschaftssystem der Industriestaaten. Nur eine tiefgreifende Änderung des Wirtschafts- (und Gesellschafts)systems könne die Natur vor der engültigen Zerstörung bewahren:

> Seit mehr als zwanzig Jahren gilt in der Bundesrepublik das Dogma, daß wirtschaftliches Wachstum absoluten Vorrang vor allen Lebensfragen habe. [...] Die Profitideologie der Wirtschaft, die nach wie vor über den Belangen des Gemeinwohls steht, hat ihre äußerste Grenze erreicht, die ohne irreparable Schädigung der Umwelt nicht mehr überschritten werden kann. [...] Die zur Zeit bestehende Eigentums- und Wirtschaftsordnung ist ungeeignet für effektive Umweltschutzmaßnahmen.[16]

Aus dieser Verknüpfung des Umweltschutzgedankens mit Forderungen nach einem generellen Umdenken in Wirtschaftsfragen ergibt sich erst die besondere Affektivität des Schlagwortes, die für eine emotionsgeladene Diskussion sorgt:

> Angesichts dieser erfreulichen Tatsache [,daß die Auffassung unbestritten ist, Natur- und Umweltschutz seien unverzichtbar für den Menschen], muß jedoch auch mit Sorge festgestellt werden, daß heute neben der Frage nach der rechten Art der Friedenssicherung wohl kein anderes Problem so sehr in Gefahr ist, in der öffentlichen Diskussion "neurotisiert" zu werden wie die Umweltdiskussion. Statt des nüchternen Erforschens der Ursachen und des Suchens nach vernünftigen und

---

12 Gruhl (1979), S. 134; vgl. Guggenberger, S. 418, MEL XXIV, S. 139.

13 MEL, ebd., vgl. BHE IXX, S. 229.

14 Vgl. Kumm, S. 7 ff, 154 ff, BHE IXX, S. 227.

15 Zum Zusammenhang von Wirtschaftswachstum und Lebensqualität -> Lebensqualität.

16 Lützenkirchen, S. 7 f.

wirksamen Gegenmaßnahmen werden vielfach Emotionen aufgeheizt und Ängste geweckt.[17]

Engagierte Befürworter des Umweltschutzgedankens wiesen demgegenüber immer wieder auf die Gefahren eines exponentiellen Wachstums der Umweltbelastung und des Energieverbrauchs hin[18]. Es sei daher dringend erforderlich, in kürzester Zeit zu einem völligen Umdenken zu kommen, solle die Zerstörung der Lebensbasis des Menschen noch aufgehalten werden[19]: "Die Umweltfrage, im weitesten Sinne verstanden, ist zu einer Überlebensfrage geworden."[20]

Derartige Fakten sowie durch sie geschürte Emotionen, die sich auch im Schlagwort *Umweltschutz* ausdrücken, finden ab 1970, dem Europäischen Naturschutzjahr, ihren Niederschlag in der Erweiterung und Umstrukturierung zahlreicher Institutionen des Naturschutzes zu Umweltbehörden bzw. Umweltverbänden[21]. Die Dachorganisation zahlreicher Naturschutz- und Umweltverbände erhält ebenfalls 1970 den Untertitel "Bundesverband für Umweltschutz". Im Juni 1972 schließen sich zahlreiche Bürgerinitiativen zum "Bundesverband Bürgeninitiativen Umweltschutz (BBU)" zusammen[22]. Institutionen des öffentlichen Lebens, wie z. B. Parteien, Gewerkschaften und Industriebetriebe, ernennen Umweltbeauftragte und errichten Fachausschüsse für den Umweltschutz. Im Januar 1980 schließlich wird die Bundespartei "Die Grünen" in Karlsruhe gegründet, die 1983 mit 5,6 % der Stimmen in den Deutschen Bundestag gewählt wird[23] und bis zur Bundestagwahl 1990 dort vertreten ist[24].

Mit dieser Entwicklung einher geht auch die 'Sinnentleerung' des Schlagworts *Umweltschutz*[25]. Es ist zwar weiterhin ein positiv besetzter Begriff, der aber durch immer häufigere und unreflektiertere Verwendung kontinuierlich von seinem ursprünglichen programmatischen Gehalt verliert. Dennoch bleibt der Begriff bis heute in der öffentlichen Diskussion

---

17 Franz Josef Strauß: Wir müssen lernen, den künftigen Generationen die natürlichen Lebensgrundlagen zu erhalten, in: Buddenberg, S. 275 - 303, Zitat: S. 278 f.

18 Vgl. Gruhl (1979), S. 134 f sowie Global 2000 und Meadows.

19 Vgl. Gruhl (1979), S. 136 f.

20 Ebd., S. 137.

21 Vgl. zum folgenden: BHE IXX, S. 229.

22 Zur Bürgerinitiativbewegung vgl. Guggenberger, S. 398 ff.

23 Vgl. Decker, S. 34 f.

24 Einen kurzen Abriß der Geschichte der Grünen bietet der Artikel von Drieschner [u. a.].

25 Zweifelhaft erscheint aber die These Carstensens, der bereits im Februar 1972 eine "Übersättigung mit diesen Wörtern" [Umweltverschmutzung, Luftverschmutzung, Umweltschutz] und eine bereits eingetretene "gefährliche Abstumpfung" festgestellt haben will (Carstensen, S. 50). Vgl. dagegen: Bracher, Jäger, Link, S. 145 f, Guggenberger, S. 393.

präsent; ob ihm eine besondere Affektivität in weiten Bevölkerungskreisen noch zukommt, scheint jedoch fraglich.

Bereits in der zweiten Hälfte der siebziger Jahre treten die Begriffe *Atomkraft* und *Kernenergie* allmählich die Nachfolge des Schlagwortes *Umweltschutz* an[26].

Die Belege geben die Bedeutung des Schlagwortes adäquat wieder: während die Belege 1 und 2 die Phase repräsentieren, in der noch kein fester Begriff für das Problem gefunden wurde, liefert Beleg 3 bereits eine umfassende Beschreibung des Problems *Umweltschutz* sowie den ab jetzt nicht mehr aus der Diskussion wegzudenkenden Begriff. Die Belege 6, 7, 9, 10 - 12 und 15 zeigen, daß *Umweltschutz* ab 1970 ein zentraler Begriff der öffentlichen Diskussion ist. Kritisch wird in den Belegen 6 und 16 die Begriffsbildung angemerkt, während die Emotionalität der Debatte in den Belegen 4, 6 und 18 deutlich wird.

26 Vgl. auch Bracher, Jäger, Link, S. 146 sowie Haß.

Literatur

Bracher, Karl Dietrich, Jäger, Wolfgang, Link, Werner: Republik im Wandel 1969 - 1974. Die Ära Brandt, Stuttgart, Mannheim 1986 (Geschichte der Bundesrepublik Deutschland, hg. von K. D. Bracher [u. a.], Bd. 5/I)

Bundeskanzler Brandt: Reden und Interviews (II), hg. vom Presse- und Informationsamt der Bundesregierung, (o. O., o. J.)

Buddenberg, Hellmuth (Hrsg.): Rettet die Umwelt! Herford 1985

Carstensen, Broder: Die Wörter des Jahres 1971, in: Der Sprachdienst 16 (1972) H. 2, S. 49 - 50

Dahmen, F. Wilhelm und Heiss, Werner: Umwelt - Schlagwort oder rettende Einsicht? Siegburg ²1973

Decker, Rudolf: Operation Umwelt. Ideen zur Bewältigung einer Krise, Neuhausen-Stuttgart 1988

Drieschner, Frank [u. a.]: Wie die Zukunft aus dem Parlament verschwand, in: Die Zeit 51/1990 v. 14.12.90, S. 9 - 12

Global 2000. Der Bericht an den Präsidenten, dt. Übersetzung hg. von Reinhard Kaiser, Frankfurt ¹⁴1981

Gräff, Bruno und Spegele, Herbert: Wörterbuch des Umweltschutzes. Begriffe, Erläuterungen, Abkürzungen, Stuttgart 1972

Gruhl, Herbert: Ein Planet wird geplündert. Die Schreckensbilanz unserer Politik, Frankfurt 1975

Ders.: Umwelt: Wie lange leben wir noch, in: Meyers Enzyklopädisches Lexikon, Bd. XXIV (1979), S. 133 - 137

Guggenberger, Bernd: Umweltpolitik und Ökologiebewegung, in: Benz, Wolfgang (Hrsg.): Die Geschichte der Bundesrepublik Deutschland, Band 2: Wirtschaft, S. 393 - 427, Aktualisierte u. erw. Neuausg., Frankfurt 1989

Haß, Ulrike: Umwelt (2. Lexikonausschnitt), in: Strauß, Gerhard, Haß, Ulrike, Harras, Gisela: Brisante Wörter von Agitation bis Zeitgeist. Ein Lexikon zum öffentlichen Sprachgebrauch, Berlin, New York 1989 [Schriften des Instituts für deutsche Sprache, hg. von J. Erben, I. Reiffenstein, G. Stickel, Bd. 2], S. 395 - 557

Industriegewerkschaft Metall (Hrsg.): Umweltschutz zwischen Reparatur und realer Utopie. Wege aus der Bedrohung, Köln 1988

Kumm, Jürgen: Wirtschaftswachstum Umweltschutz Lebensqualität. Eine systemanalytische Umweltstudie für die Bundesrepublik Deutschland bis zum Jahr 2000, Stuttgart 1975

Lützenkirchen, Willy R.: Verbrechen ohne Richter. Mord an der Umwelt in der Bundesrepublik, Köln 1972

Meadows, Dennis [u. a.]: Die Grenzen des Wachstums. Bericht des Club of Rome zur Lage der Menschheit, Reinbek bei Hamburg 1973

Mielke, Hans Jürgen: Umweltschutz von A - Z, Köln 1979 [Unterrichtshilfen Naturwissenschaften, hg. von Hans Grupe, Lüneburg]

Müller, Willi und Renger, Rolf: Wer verteidigt unsere Umwelt? Grundlagen und Organisation des Umweltschutzes in der Bundesrepublik, Köln 1973

Poll, Roswitha: Literatur zu Umweltschutz und Umweltforschung, 2., erw. Aufl., Erlangen 1979 [Schriften der Universitätsbibliothek Erlangen-Nürnberg, hg. von Bernhard Sinogowitz]

Siebert, Horst: Das produzierte Chaos. Ökonomie und Umwelt, Stuttgart [u. a.] 1973

Strauß, Franz Josef: Die Erinnerungen, Berlin ^{2}1989

Umweltlexikon [hg. von der Katalyse Umweltgruppe Köln], Köln 1985

Umweltschutz, in: Brockhaus Enzyklopädie, Bd. IXX (1979), S. 226 - 230

Umweltschutz, in: Meyers Enzyklopädisches Lexikon, Bd. XXIV (1979), S. 138 - 139

Wey, Klaus-Georg: Umweltpolitik in Deutschland. Kurze Geschichte des Umweltschutzes in Deutschland seit 1900, Opladen 1982

<u>Lexikographische Erfassung</u>

DWB (1984), WDG (1976), WDS (1981): n.a.SchW

BHE IXX (1974) 227: "Der Begriff U. wurde 1970 als dt. Übersetzung der engl. Wortbildung 'environmental protection' übernommen und ist in kurzer Zeit zum Schlagwort geworden." (1976), (1981): n.a.SchW
GBH XI (1980) 589: "Der Begriff U. wurde 1970 als dt. Übersetzung der engl. Wortbildung 'environmental protection' übernommen und ist in kurzer Zeit zum Schlagwort geworden."
MEL (1979): n.a.SchW; ausführlicher Beitrag v. Herbert Gruhl, s. Literaturverzeichnis (^{2}1984): n.a.SchW
MNL (1981), NBH (1985), NDL (1984): n.a.SchW

AVW 00
BEC 957 ff: n.a.SchW
NUN 00

Belege

(1)

Das "SOS für Wasser und Luft" ist alarmierend geworden. Unterlassungssünden der Vergangenheit und die Naivität unserer weithin ahnungslosen Gesellschaft beginnen sich zu rächen. Das Problem der *Umwelthygiene* droht vor allem für die Industrienationen zur Existenzfrage zu werden.

Zeit 28/1969 v. 11.07.69, S. 45 a

(2)

Es gibt Bezeichnungen, die eine an sich wichtige Sache schon von vornherein wenn nicht abwerten, so doch mit dem Odium einer gewissen Sentimentalität und eigenbrötlerischen Weltfremdheit belasten. Dies trifft zweifellos für den Tierschutz zu, doch auch der Naturschutz blieb davon nicht verschont. Beide Begriffe nun, von der Bundesregierung in ihren Presseverlautbarungen zusammengebracht, kennzeichnen leider keineswegs die tatsächliche Situation und den Blickwinkel, aus dem unsere Politiker die *Probleme unserer Umwelt* sehen sollten. Warum, zum Beispiel, hat man nicht auf den Namen Landespflege zurückgegriffen, der sich für eine umfassende Betrachtung eingebürgert hat?
Das allerdings würde bedeuten, daß man in Bonn den Naturschutz auch als Teil der *Umweltprobleme* betrachtet, doch dies scheint nicht der Fall zu sein.

Henry Makowski: Ist die Landschaft noch zu retten? Was wirklich getan werden muß,
in: Zeit 4/1970 v. 23.01.70, S. 46 a

(3)

"Wenn wir nicht schnellstens handeln", so hatte auch Bundesinnenminister Hans-Dietrich Genscher im Mai dieses Jahres formuliert, "werden meine Enkelkinder eine Gasmaske aufsetzen müssen, wenn sie draußen spielen wollen." Und: "Die *Verteidigung unserer Umwelt* wird Milliarden kosten." (77 b) [...]
Fast schon verzweifelt fragen sich auch in der Bundesrepublik die wirklich Sachkundigen, wie wohl den Nichteingeweihten - Politikern und Wählern etwa - das wahre Ausmaß der Bedrohung ins Bewußtsein gerückt werden könne.

Denn zum großen Teil sind die Gefahren unsichtbar, unmerklich, schleichend - wie der Gattenmord mit der täglichen Arsen-Dosis im Morgenkaffee. (80 c) [...]
Solange sich Autokolonnen an Wochenenden in die scheinbar noch giftfreie Landschaft wälzen, wo Sonnenschein und vielleicht sogar Vogelgezwitscher ungestörte Natur vorgaukeln, solange Hilfskräfte die angeschwemmten Plastikeimer und Bierkästen aus PVC am Kampener Sandstrand wegräumen - so lange werden die meisten glauben, mit der Lösung der *Umwelt-Probleme* habe es noch Zeit.
Aber die Wissenschaftler sind überzeugt, daß gerade das Aufschieben oder nur zögernde Angehen der *Umwelt-Probleme* die größte Gefahr birgt. Denn zum erstenmal sieht sich die Menschheit einer Entwicklung konfrontiert, die schon in wenigen Jahrzehnten [...] den "point of no return", den Zeitpunkt der Unumkehrbarkeit, überschritten haben könnte. (85 a) [...]
Angesichts der Milliardensummen, die vonnöten sind, lassen die Umwelt-Experten jedoch keinen Zweifel daran, daß jeder einzelne Bürger für eine saubere Umwelt wird Opfer bringen müssen [...] Freilich: Mit aller Initiative der Gesetzgeber, wie sie der Welt-Krieg gegen Gift und Schmutz verlangt, wird ein tiefgreifender Umdenkprozeß einhergehen müssen, für den in der Bundesrepublik bislang nicht die leisesten Anzeichen, in Ländern wie den USA, Japan und Schweden allenfalls erste Ansätze zu erblicken sind. (96 a) [...]
Doch solche Alternativen - Überschallflugzeug oder *Umweltschutz,* Vietnamkrieg oder Gewässerreinhaltung - , so eingängig sie klingen, laufen am Ende noch auf Augenwischerei hinaus. Politische Entscheidungen von weit größerer Tragweite könnten fällig werden, etwa: Wie viel Aufwand für Bildung kann sich diese Gesellschaft leisten? Die Alternative hieße dann: bessere Klassenräume oder eine vor dem Umwelt-Tod gerettet Welt. Und fragwürdig wird schließlich auch, ob das Kredo der industrialisierten Welt - der Glaube an unbegrenztes wirtschaftliches Wachstum und an ein besseres Leben durch immer mehr sich steigernden Konsum - uneingeschränkt aufrechterhalten werden darf. [...] Erstmals sehen sich die Menschen vor der Notwendigkeit, eine neue Art von Bewußtsein zu entwikkeln: zukunftsgerichtet, über die eigene Lebensversicherung, das Sterbegeld und die gute Ausbildung der Kinder weit hinaus. (96 c)

Spiegel 41/1970 v. 05.10.70, S. 77 b, 80 c, 85 a, 96 a, c

(4)

Eine Gruppe von Menschen hat jedes Recht verwirkt, an dem allgemeinen Protest gegen die *Umweltverschmutzung* teilzunehmen ...

[Leserbrief von Fritz von Opel]

Spiegel 44/1970 v. 26.10.70, S. 17

(5)

Zumindest der Blick zurück muß für Zuschauer der Nachkriegsgeneration gespenstisch gewesen sein - ein Disput aus dem politischen Jenseits, der gerade deshalb, weil er so vehement ausgetragen wurde, die Abgestandenheit der Sache verdeutlichte. Die gleiche Vehemenz, das gleiche Engagement, die gleiche TV-Aktualität etwa bei einer Diskussion über Mitbestimmung oder über *Umweltschutz* - wo hätte es das im westdeutschen Fernsehen je gegeben?

[Spiegel-Bericht über eine Fernsehdiskussion mit Henri Nannen und Gerhard Loewenthal über die Verstrickung eines Nannen-Mitarbeiters in NS-Verbrechen]

Spiegel 52/1970 v. 21.12.70, S. 67 b

(6)

Mit der Verspätung von etwa einem Jahr übernehmen wir nun ein zunehmend heißeres Thema der amerikanischen Innenpolitik. Damit sind wir jedoch anderen Ländern, wie Italien und Frankreich, zeitlich noch immer voraus. Es scheint so gesehen ein direkter Zusammenhang zu bestehen zwischen der Sorge um die Umwelt, die Menschen krank mache, und der Höhe des Lebensstandards eines Landes. (12 a) [...]
Es scheint zunächst so einfach, für eine saubere Umwelt zu sein; so einfach, wie gegen Sünde und für Frieden zu sein. In der Praxis [...] wird das Umsetzen von Wünschen in Wirkungen zum Problem. (12 b) [...]
Es ist einfach, sich für eine saubere Umwelt auszusprechen; nicht immer sind die Kosten zu vertreten. (13 a) [...] Wenn ein Thema wie *Umweltschutz* einmal, wie heute in der Bundesrepublik, zum Gegenstand des politischen Tageskampfes wird, dann wird sicherlich irgendwann irgendwo auch irgend etwas Nützliches geschehen. [...] Diese Nützlichkeit wird erkauft durch eine Vereinfachung des Problems zum Klischee. Vielleicht gibt es hier in der Bundesrepublik, im Gegensatz zu den USA, noch Gele-

genheit zu einer vernünftigen Abgrenzung dessen, was mit *Umweltschutz* nur ungenau umschrieben wird. (13 a)

Erwin K. Scheuch: Umweltschutz - und Schutz vor der Umwelt. Ein Problem, das sich in Kalkutta anders stellt als in Köln,
in: Der Monat, Dezember 1970, H. 267, S. 12 b, 13 a

(7)

Seit Bürger und Behörden, Professoren und Politiker Ausmaß und Gefahren der *Umweltverschmutzung* erkannt haben, müssen Unternehmer mit Beobachtung und Strafbefehlen rechnen (57 a) [...]
Zwar hatte Generaldirektor Kurt Hansen von den Bayer-Werken in Leverkusen im März 1971 abgewinkt: "Wir von der Chemie haben nicht erst mit der Aktion sauberes Wasser begonnen, als dieses Thema in der Öffentlichkeit dem Sex und dem Verbrechen den Rang streitig machte." Aber gerade die in jüngster Zeit publik gewordenen Ermittlungen gegen einige Industrie-Giganten legten rücksichtsloses und rückständiges Umwelt-Verhalten mancher Unternehmen bloß. (57 b, c)

Spiegel 17/1972 v. 17.04.72, S. 57 a - c

(8)

Bisher beschränkt sich die öffentliche Diskussion der Umweltfragen auf Oberflächensymptome eine Zerstörungsprozesses, von dem nur Ausschnitte bekannt sind. Die Zeitungen überschwemmen uns mit Berichten über die Verschmutzung von Wasser und Luft, über die chemische Vergiftung von Boden, Tieren, Pflanzen und über die alarmierenden Folgen von Störungen des biologischen Gleichgewichts.

Georg Picht: Wissenschaftliche Politikberatung und Umweltschutz,
in: Merkur, April 1972, H. 288, S. 310

(9)

Geraume Zeit hat sich der Wohlstandsbürger gegen die unerfreulichen Folgen der industriewirtschaftlich verwurzelten Umweltveränderung dadurch schützen können, daß er die rußgeschwängerten Fabrik- und Elendsviertel dem Arbeiter überließ und sich selbst in abgeschirmten freundlichen Vorortgebieten ansiedelte. Nun aber findet er sich mehr und mehr in der Nachbarschaft der Autofriedhöfe, in Sicht- und Geruchweite von Abfallhalden, im Stadtverkehr umgeben von verpesteter Luft, die in manchen Riesenstädten unter dichter Dunstglocke Tag für Tag kaum weniger die Augen ätzt, als der berüchtigte londoner Novembernebel [...] Zu Hause findet er das Trinkwasser gechlort, und er weiß, daß er möglicherweise mit dem Genuß von Milch und Frischobst, Fleisch und Fisch auch eine allzu reichliche Portion der Giftstoffe zu sich nimmt, die [...] jetzt in seinen eigenen Magen gelangen. [...] Durch die Summierung dieser - und weiterer - Einzeleffekte ist die zunehmende *Umweltverschmutzung* nun zum anerkannt vordringlichen Problem geworden.

Hans Apel: Umweltschutz durch Wirtschaftsdrosselung?
in: FH 07/1972, S. 496

(10)

Umweltschutz ist "in". Was "in" ist, verkauft sich gut, - und so ist es kein Wunder, daß wir mit einer Flut von Büchern überschüttet werden, die dieses Thema behandeln.

Werner Peter: Von Klippe zu Klippe hinab?
in: FH 09/1972, S. 675 a

(11)

Dabei streiten diese aufgeklärten *Umweltschützer* mit ökologischen Gutachten und juristischen Schriftsätzen - nicht mit romantischer Realitätsferne wie manche ihrer grünen Vorläufer. (60 b) [...]
Im sozialdemokratischen Theorie-Blatt "Neue Gesellschaft" schrieb Willy Brandt letzten Monat, Themen wie *Umwelt,* Volksgesundheit und Stadterneuerung [...] würden "in der unmittelbar vor uns liegenden Zeit" ein ähnliches Gewicht erlangen, "wie die Massenarbeitslosigkeit in den dreißiger Jahren". In den fünfziger und auch noch Anfang der sechziger Jahre hätten derlei Visionen nur ungläubiges Erstaunen hervorgerufen. (62 b)

Spiegel 48/1972 v. 20.11.72, S.60 b, 62 b

(12)

Der *Umweltschutz* ist auch nach amtlicher Bonner Auffassung "eine der großen Aufgaben der kommenden Jahrzehnte"; aber er darf nicht viel kosten - jedenfalls nicht den öffentlichen Haushalten. [!] [...]

Wie sehr aber allzuoft die Praxis der *Umweltschutzpolitik* all diesen Erklärungen widerspricht, erfuhren zuletzt die Teilnehmer der jüngsten Konferenz der Rheinanlieger-Staaten in Den Haag.

Dieter Piel: Milliarden in die Luft. Umweltschutz ist leicht zu fordern, aber kaum zu bezahlen,
in: Zeit 47/1972 v. 24.11.72, S. 53 a

(13)

Wenn ihr [der Unionsparteien CDU/CSU] designierter Innenminister Dregger der Ansicht ist, zur inneren Sicherheit in der Bundesrepublik bedürfe es der religiösen Bindung, trifft er damit zweifellos eher die Grundstimmung potentieller CDU/CSU-Wähler, als es den Parolen vom notwendigen *Umweltschutz* gelingen mag.

Hans Schwab-Felisch: Welche Mitte?
in: Merkur, November 1972, H. 295, S. 1164 a

(14)

Seitdem Bonn und Bürger mit *Umweltschutz-Gesetzen* und Protesten sich um mehr Lebensqualität kümmern, entdecken immer mehr Kaufleute und Konzerne die Umwelt - als Zukunftsgeschäft ohne Grenzen.

Spiegel 7/1974 v. 11.02.74, S. 41 a

(15)

Ausbeutung, Belastung und Zerstörung der Umwelt durch ungezügeltes Wachstum der Wirtschaft und des Konsums sind gängige Themen geworden. Die Masse der Literatur zum Thema *Umwelt* wurde bereits mit der Masse der Schadstoffe verglichen, von der sie handelt.

Dietrich Bächler: Vor Ideologen wird gewarnt. Marx und Naturromantik helfen dem Umweltschutz nicht,
in: Zeit 23/1974 v. 31.05.74, S. 46 a

(16)

[...] in einer Zeit, da Begriffe wie Unterdrückung und *Umweltschutz* rundgelutschte Wörter sind, rührt Schwester Esther den Patriarchen eine neue Nährlösung an.

Marie-Luise Scherer: Die Macht der Möpse [Buchbesprechung: Esther Vilar, Das polygame Geschlecht - Das Recht des Mannes auf zwei Frauen, München 1974]
in: Spiegel 34/1974 v. 19.08.74, S. 86 a

(17)

Erst als Journalisten Ausmaß und mögliche Folgen einer *Umweltverschmutzung* enthüllt und die Sorglosigkeit der Behörden dargetan hatten [...], wurde die Affäre auch amtlich mit Nachdruck verfolgt.

Spiegel 44/1974 v. 28.10.74, S. 80 b, c

(17 a)

Das Ausland empfindet es als schlichtweg unerträglich, von der Bundesrepublik Deutschland ohne Unterlaß ermahnt und belehrt zu werden. *Die Politik zum Schutze der Umwelt* ist dafür nur ein Beispiel. Kein vernünftiger Mensch und schon gar nicht ein konservativer Politiker, für den das Bewahren ein wichtiges Wesenselement darstellt, wird sich dieser Herausforderung verweigern. Der emotionsgeladene Fanatismus aber, der in dieser Frage hierzulande insbesondere von linken und grünen Kreisen praktiziert wird, stößt ab und alarmiert. Er weckt draußen Mißtrauen gegen die irrationalen Deutschen, die offensichtlich wieder einmal glauben, am deutschen Wesen müsse die Welt genesen.

Franz Josef Strauß: Die Erinnerungen,
Berlin [2]1989, S. 440

Vietnamkrieg

Syn./Var.: Krieg in Vietnam, Vietnam

Etwa ab Mitte der sechziger Jahre wird *Vietnamkrieg* in der BRD zum Schlagwort.

Bereits dieser Zeitpunkt ist ein Indiz dafür, daß *Vietnamkrieg* mehr meint als die bewaffneten Auseinandersetzungen in Indochina von 1946 bis 1975.

Das Schlagwort *Vietnamkrieg* steht für einen moralischen Protest gegen das Engagement der USA in Vietnam.
Sowohl die Tatsache, daß die USA überhaupt zugunsten Süd-Vietnams ab 1964 militärisch direkt eingreifen, wie auch die dabei von den USA verfolgten Ziele werden im Schlagwort *Vietnamkrieg* kritisiert.

In erster Linie wendet sich das Schlagwort gegen die Tatsache, daß eine westliche Demokratie einen äußerst brutalen Krieg in Indochina führt. Bei den Kritikern des Vietnamkrieges, die das Schlagwort in diesem Sinne benutzen, gibt es keine Zweifel daran, daß die von den USA vorgetragenen Gründe für ihre Beteiligung am Vietnamkrieg nur ein Alibi für ihre tatsächlichen Machtinteressen seien. Die militärische Intervention der USA sei nicht - wie behauptet - auf Wunsch der Regierung von Süd-Vietnam erfolgt, die Hilfe gegen die Aggressionen des kommunistischen Nord-Vietnam gebraucht habe[1]. Vielmehr sei die Eskalation durch die USA von langer Hand geplant gewesen[2].

Darüber hinaus sei das vietnamesische Volk mehrheitlich für Ho Chi Minh, der ohne Zweifel Wahlen gewinnen würde[3], die die USA jedoch unter allen Umständen zu verhindern gewußt hätten.

Die USA also, so läßt sich die Argumentation zusammenfassen, leiste nicht einer demokratischen Regierung gegen einen kommunistischen Aggressor Hilfe, sondern versuche mit allen Mitteln, einen militärischen Stützpunkt zu erhalten.

Diese Argumentation, die in der BRD vor allem zunächst von Vertretern der -> APO und der -> Neuen Linken vorgetragen wurde, fand durch zahlreiche Enthüllungen im Laufe des Vietnamkrieges Bestätigung: es zeigte sich, daß US-Soldaten Massaker unter der Zivilbevölkerung Vietnams angerichtet hatten[4] und daß die US-Regierungen unter den Präsi-

---

1 Vgl. Russel/Sartre (1968), S. 159; Chesneaux, S. 108.

2 Vgl. Chesneaux, S. 107 ff.

3 Vgl. Chesneaux, S. 101 f, Halberstam, S. 10.

4 Vgl. Chesneaux, S. 151 ff, Russel/Sartre (1968), S. 75 ff, 93 ff et passim, Russel/Sartre (1969), S. 120 ff.

denten Truman, Kennedy und Johnson oft die Öffentlichkeit über ihre wahren Absichten getäuscht hatten[5].

Gerade diese Enthüllungen diskreditierten die offiziellen Stellungnahmen der USA und führten zu einer öffentlichen Diskussion über den Vietnamkrieg.

Bei der Benutzung des Schlagwortes wird ein Programm deutlich, das sich als moralisches Aufbegehren gegen das Gebaren einer Weltmacht charakterisieren läßt, die unter dem Vorwand, die Freiheit des vietnamesischen Volkes zu schützen, Kriegsverbrechen begeht, um das ihr mißliebige Regime in Nord-Vietnam zu eliminieren.

Inwieweit die Benutzer des Schlagwortes jeweils gegen bestimmte Vorfälle des Vietnamkrieges protestieren oder allgemein gegen die Machtpolitik der USA und sogar gegen ihr Gesellschaftssystem, läßt sich nicht immer genau festlegen, da das Schlagwort oft vage verwendet wird.

Für die BRD kommt als weitere Konnotation hinzu, daß mit der Kritik an Positionen der verbündeten USA oft eine Kritik am bundesrepublikanischen Gesellschaftssystem beabsichtigt ist, das sich qualitativ nicht vom US-Imperialismus unterscheide.

Wie unterschiedlich der Vietnamkrieg eingeschätzt wird, zeigen bereits die Belege 1 und 2. Die öffentliche Debatte und die ihr innewohnende Emotionalität zeigen darüber hinaus die Belege 3, 4, 5, 12, 15, 17, 18, 20. Interessant ist dabei, daß in den Belegen 12, 17, 18, 25 und 26 der Vietnamkrieg als ein moralisches Problem angesehen wird. Dies dürfte mit eine Erklärung für den gesteigerten Gefühlswert sein, mit dem die Diskussion um den Vietnamkrieg geführt wird.

Daß v. a. die APO sich des Themas Vietnam annahm, zeigen die Belege 5, 6, 7, 10, 14, 17, 21.

In allen Belegen wird zudem deutlich, daß *Vietnamkrieg* weniger für die konkreten bewaffneten Auseinandersetzungen in Vietnam als für einen Komplex von Gefühlen und Bewertungen steht, die von Erstaunen und Hilflosigkeit (Belege 1, 3, 4, 12) bis hin zu Wut über die herrschenden Zustände (auch in der BRD) reichen (Belege 2, 5, 10, 15, 17, 21).

Bestätigt wird dieser Befund auch dadurch, daß das Schlagwort *Vietnamkrieg* 1973 mit dem Abzug der USA aus Vietnam aus der öffentlichen Diskussion in der BRD verschwindet, wiewohl die kriegerischen Auseinandersetzungen in Vietnam zunächst noch bis 1975 andauern (vgl. Beleg 27).

5 Vgl. Sheehan, S. XVII ff.

Literatur

Chesneaux, Jean: Vietnam. Geschichte und Ideologie des Widerstands, Frankfurt 1968

Halberstam, David: Vietnam oder Wird der Dschungel entlaubt? Reinbek bei Hamburg 1965

Russel, Bertrand und Sartre, Jean Paul: Das Vietnam-Tribunal oder Amerika vor Gericht, Reinbek bei Hamburg 1968

Dies.: Das Vietnam-Tribunal II oder Die Verurteilung Amerikas, Reinbek bei Hamburg 1969

Scholl-Latour, Peter: Der Tod im Reisfeld. Dreißig Jahre Krieg in Indochina, Stuttgart [4]1980

Sheehan, Neil (Hrsg.): Die Pentagon-Papiere. Die geheime Geschichte des Vietnamkrieges, München/Zürich 1971

Taylor, Maxwell D.: Testfall Vietnam. Amerikas neue Strategie in einer multipolaren Welt, Frauenfeld 1967

Weiler, Heinrich: Vietnam [,] eine völkerrechtliche Analyse des amerikanischen Krieges und seiner Vorgeschichte, 2., erw. Auflage, Meisenheim am Glan 1973 [Marburger Abhandlungen zur Politischen Wissenschaft, hg. von Wolfgang Abendroth, Bd. 25]

Lexikographische Erfassung

DWB (1984), WDG (1977), WDS (1981): 00

BHE IXX (1974) 626: "Linksradikale Stud.bewegungen nahmen gegen das amerikan. Engagement in Vietnam Stellung und verbanden dies mit ihren eigenen innenpolitischen Zielen";
(1976): n.a.SchW
GBH (1981): n.a.SchW
MEL XXIV (1979) 586: "Unterdessen [1968] nahm in den USA und weltweit die Kritik an der amerikanischen Vietnampolitik zu, sowohl an ihren Mitteln und Begleiterscheinungen [...] als auch an ihren Zielen"
MNL (1981), NBH (1985), NDL (1984): n.a.SchW

AVW, NUN, WEI: 00
KOP 86 f: n.a.SchW

Belege

(1)

Unsere amerikanischen Freunde meiden uns, und wir sie. Wir begegnen ihrem Blick in der leisen Hoffnung, nicht über Politik sprechen zu müssen. Es gibt keine Übereinstimmung mehr zwischen ihnen und uns. Der *Krieg in Vietnam* trennt uns von ihnen, wahrscheinlich dauernder, als selbst Kulturpessimisten vorauswissen.
Der Krieg in Vietnam verändert eine ganze Nation und unser Verhältnis zu ihr, er spaltet den Westen in zwei Lager. Europa und Asien, de Gaulle und U Thant treffen sich in ihrer Abneigung gegen das Vorgehen der Vereinigten Staaten.

Rudolf Augstein: Die Moral des Schreckens,
in: Spiegel 38/1966 v. 12.09.66, S. 18 a

(2)

Martin Walser: *Dieser Krieg (in Vietnam)* hat bei uns eine freundliche Presse ... Die Tagesschau und hundert hilfswillige Zeitungen singen das Lied vom grausamen Krieg, den die USA widerwillig, aber sachlich tapfer führen, eine von Computern befohlene und gedeckte Menschenjagd ...
[...]
In der Bevölkerung, sagen die Meinungsforscher, wächst allmählich die Ablehnung, aber diese Ablehnung findet nicht den geringsten politischen Ausdruck, weder im Parlament noch in der Regierung.

[aus einer Rede Martin Walsers zur Eröffnung einer "Vietnam"-Protestausstellung deutscher Künstler in München über den "Verfall der USA" und die deutsche "Verfallenheit" an die amerikanische Vietnam-Politik]

Spiegel 41/1966 v. 03.10.66, S. 162

(3)

An Appellen und Aufforderungen hat es gerade während der letzten Wochen nicht gefehlt. Doch ist dem *Vietnamkrieg* mit Emotionen nicht beizukommen. Der Ruf "Raus mit den Amerikanern!" wird dem über alle Maßen komplizierten Sachverhalt ebensowenig gerecht wie das von radikalen amerikanischen Politikern jüngst ausgestoßene Kampfgeschrei: "Zum

Teufel mit der Weltmeinung! Wir müssen Hanoi dem Erdboden gleichmachen."

Hans Gresman: Krieg wider Willen. Bombenpause - eine Chance für Verhandlungen in Vietnam?
in: Zeit 01/1967 v. 06.01.67, S. 1 a

(4)

Wer aufrichtig genug ist, seine Urteilslosigkeit einzugestehen, und noch nicht so abgestumpft, die neuesten Vietnam-Kriegsberichte beim Umrühren des Frühstückstees querzulesen, der muß sich in Deutschland quälen um eine eigene Antwort, was der *Vietnam-Krieg* nun eigentlich ist: eine Bewährungsprobe des Westens und seiner Schutzmacht, über der im Falle des Versagens zunächst Südostasien, dann ganz Asien verlorengeht und schließlich das Weltsystem der freien Demokratien zerfällt wie eine gerissene Perlenkette, oder ein schauriges Blutgericht an alten und geschäftigen Völkern um ihrer verderbten Herren willen?

Spiegel 29/1967 v. 10.07.67, S. 3

(5)

Die Flugblätter, die am 24. Mai dieses Jahres von der Kommune in Berlin verteilt wurden, können geschmacklos genannt werden, man mag ihnen einen Übergriff in der Wahl der Mittel ankreiden. Unter der Überschrift "Wann brennen die Berliner Kaufhäuser?" benutzte die Kommune den Brüsseler Warenhausbrand, um ein Gefühl für das zu wecken, was in *Vietnam* geschieht. Denn für die Kommune "zeigt *Vietnam*, welcher Handlungen die Demokratie fähig ist, in der wir leben".

Spiegel-Reporter Gerhard Mauz im Prozeß gegen die Studenten Langhans und Teufel in Berlin

Spiegel 29/1967 v. 10.07.67, S. 26 a

(6)

Der heutige Protest gegen den *Vietnam-Krieg* und für die Demokratisierung der Gesellschaft, darin der Universität, ist ein Herunterkommen von den Höhen eines abstrakten, idealen Protestierens in das konkrete Protestieren und Kämpfen um Erneuerungen hier und jetzt. Konkretheit aber ist in unserer Geisteswelt, auch in der politischen Welt, schon oft verübelt worden.

Friedrich Wilhelm Marquardt: Rede über ungefähr 2000 protestierende Studenten an deren Mitbürger in Berlin,
in: FH 07/1967, S. 473

(7)

Unter den links hustenden Studenten hat es immer die freundlichen Wirrköpfe, die Karrieremacher und die verbissenen Revoluzzer gegeben. Was heute *Vietnam*, war vor zehn Jahren Algerien. Was heute Notstandsgesetz war damals Antiatomtod-Kampagne.

z.Z. Blokus (Dänem.) Reinmar Cunis* [Leserbrief]

*Erster Vorsitzender des Sozialistischen Deutschen Studentenbundes (SDS) an der Freien Universität Berlin 1957/58 [Zusatz des Spiegel]

Spiegel 34/1967 v. 14.08.67, S. 6

(8)

Wer glaubt, daß die *Vietnam-Proteste* hier und in der ganzen Welt "spontane Ereignisse" sind, dem sei, vermutet Springer, "nicht zu helfen". Deutschlands größter Zeitungsmann spricht fast wie seine größte Zeitung.

"Viel Lärm um ein Zeitungshaus"
Spiegel-Reporter Ernst Hess bei Axel Springers Vortrag vor dem Hamburger Übersee-Club,
in: Spiegel 45/1967 v. 30.10.67, S. 34 c

(9)

In dieser Woche muß sich die kleine Opposition zur Großen Koalition entscheiden, ob sie im Bonner Bundestag eine öffentliche Debatte über den schmutzigen *Krieg in Vietnam* ertrotzen will.
Walter Scheel [...] ist dafür, "weil das, was die Menschen in unserem Land erregt, auch im Parlament besprochen werden sollte". (21 c) [...]
Der hessische Ministerpräsident Georg-August Zinn verlangte energisch, die Partei müsse nun endlich der wachsenden Unruhe deutscher Menschen über den *Krieg in Vietnam* Rechnung tragen und die amerikanischen Freunde zur Beendigung dieses Krieges drängen. (22 a)

Spiegel 3/1968 v. 15.01.68, S. 21 c, 22 a

(10)

Es rumort wieder in Deutschland. Die junge Linke krakeelt, die alte Rechte zetert. Scheiben klirren, Knüppel sausen. Wie die Grippe grassiert die Demonstritis [...] Kein Tag ohne Auflauf, ohne Demonstration. "Unser *Vietnam* ist hier", verkündete Rudi Dutschke letzte Woche in Frankfurt und zog mit 2000 Studenten erst vor das US-Generalkonsulat, dann vor das Amerikahaus. (31 a) [...]
Was vor Jahresfrist als Studenten-Aufstand in West-Berlin aufflackerte, züngelte letzte Woche wie ein Steppken-Brand [!] über die Bundesrepublik. (33 b)

Spiegel 7/1968 v. 12.02.68, S. 31 a, 33 b

(11)

Verblüffung und Bestürzung konstatierte das französische Weltblatt "Le Monde" als bundesdeutsche Presse-Reaktion auf die Großoffensive der Vietcong. "Le Monde" hat eine Erklärung für diese Reaktion: "Die westdeutsche Presse hat bis jetzt aus mangelndem Interesse oder aus bewußter Überlegung ihre Leser wenig oder schlecht informiert über die wahre Situation in *Vietnam*."

Otto Köhler: Terror-Kunde,
in: Spiegel 7/1968 v. 12.02.68, S. 116 a

(12)

Es scheint immer unsere Möglichkeiten überschritten zu haben, das *Vietnam-Problem* in allen seinen Dimensionen zu verstehen, ja es war immer schwer, über alle seine Faktoren auch nur zuverlässig unterrichtet zu sein. (74 a) [...]
Das Problem *Vietnam* mag anfangs ein politisches Problem gewesen sein, aber es ist dann ein moralisches Problem inzwischen mindestens [!] geworden, durch vielfache und immer erneute Umschläge von Quantitäten in Qualitäten, vor allem durch die ungewollte Eskalation dessen, was eine Hilfsaktion sein wollte, zu einer Hölle technischer Vernichtung menschlichen Lebens, menschlicher Würde, menschlicher Freiheit. (75 b)

Walter Dirks: Eskalationen,
in: FH 02/1968, S. 74 a, 75 b

(13)

60 Prozent der Deutschen zwischen 18 und 65 halten es nicht für richtig, daß in *Vietnam* amerikanische Soldaten kämpfen. [...] Doch die kritische Einstellung zum amerikanischen Krieg ist für viele Deutsche nicht gleichbedeutend mit einer antiamerikanischen Haltung. [...] 42 Prozent der Befragten glauben, daß die Amerikaner in *Vietnam* Kriegsverbrechen begehen; bei den Studenten sind es sogar 63 Prozent. (30 b) [...]
Die meisten Deutschen sind davon überzeugt, daß den *Vietnam-Krieg* niemand mehr gewinnen kann. (31 a)

[Ergebnisse einer Spiegel-Umfrage über Vietnam]

Spiegel 10/1968 v. 04.03.68, S. 30 b, 31 a

(14)

Sp.: Der militanteste Beschluß, den Sie hier in München faßten, war die *Vietnam-Erklärung.* Sie haben nicht nur den Kampf der US-Truppen als "Völkermord" bezeichnet, sondern auch Aktionen beschlossen, darunter "Desertionskampagnen" unter US-Soldaten.

"Nichts geht uns nichts an"
Spiegel-Gespräch mit Christoph Ehmann, Vorsitzender des Verbandes Deutscher Studentenschaften (VDS),
in: Spiegel 12/1968 v. 18.03.68, S. 85, 86 b

(15)

Junge Leute nennen ja als Beispiele dafür, daß die Wahrheit nicht gesagt wird, Oder-Neiße, Wiedervereinigung, *Vietnam.*
Joachim Raffert, SPD, in der Bundestagsdebatte am 14. März 1968

[...] Dabei dachte offenbar keiner mehr daran, daß die Studenten-Unruhen gar nicht zur Debatte stünden, wenn die Amerikaner nicht *Krieg in Vietnam* führten; und an diesem Krieg hat sich der Lagebericht und hat sich die Debatte auf ganz genau die Art vorbeigedrückt, die die Studenten auf die Straße treibt.

"Beitrag zur atomaren Hi..."
Martin Walser über die Vietnam-Debatte des Bundestages,
in: Spiegel 12/1968 v. 18.03.68, S. 185

(16)

Zum Abendessen serviert das Fernsehen, zum Frühstück liefert die Zeitung Kriegsgreuel aus *Vietnam.*
Genau und grausam wie noch nie dringt ein Krieg in die Wohnstuben der ganzen Welt. Russen und Amerikaner, Deutsche und Chinesen, Hausfrauen und Schüler sehen die Schlacht um die Dschungelfestung Khe Sanh, sehen Terror, Tod und Verwüstung.

Spiegel 13/1968 v. 25. 03.68, S. 156 b

(17)

In der *Vietnam-Frage* verbindet sich für sie [die Studenten] die grundsätzliche Infragestellung der moralischen Position des Westens mit der Tabuisierung zentraler politischer Probleme in der Bundesrepublik. Allerdings geraten sie dabei meines Erachtens zu schnell in Gefahr [...], einfach das Gegenteil von dem für richtig zu halten, was lange Jahre als unumstößliche Weisheit verkündet worden ist.

Horst Ehmke: Die Generation, auf die wir gewartet haben.
Referat auf dem SPD-Parteitag in Nürnberg,
in: Der Monat, April 1968, H. 235, S. 9 b

(18)

Quer durch die Gesellschaft ist der moralische Konsensus in Auflösung begriffen - betreffe es nun die amerikanische Politik in *Vietnam,* die Pillen-Enzyklika des Papstes oder die Sozialstrukturen in kapitalistischen wie in kommunistischen Nationen.

Spiegel 47/1968 v. 18.11.68, S. 52 c, 54 a

(19)

Vietnam sollte unser ruhiges Soldatengewissen aufschrecken lassen! Eine Mahnung an die vielen, die in jedem Kriegsdienstverweigerer einen Drükkeberger sehen!

Rheine (Nrdrh.-Westf.) Wolfgang Rieger [Leserbrief]

Spiegel 6/1969 v. 03.02.69, S. 15

(20)

Vietnam - das Wort steht für die Leiden eines Volkes, welches auf seinem Weg zur nationalen Selbständigkeit und teilweise auch zur sozialen Revolution in den blutigsten Krieg der Epoche geriet. Diese Leiden können nicht gleichgültig lassen. Sie wecken Emotionen, aber sie fordern noch mehr zur kritischen Reflexion, zur politischen Stellungnahme heraus...

"Auf die Seite der Schwächeren"
Auszüge aus der Vietnam-Denkschrift des Bensberger Kreises*

* "Die Christen und der Krieg in Vietnam". Ein Memorandum deutscher Katholiken, herausgegeben vom Bensberger Kreis.
Mathias-Grünewald-Verlag, Mainz [Anmerkung des Spiegel]

Spiegel 22/1969 v. 26.05.69, S. 44 b, c

(21)

Überall in der Welt waren es die Probleme *Vietnams,* in denen Studenten die Probleme ihrer eigenen Gesellschaft erkannten, und ihr politisches Bewußtsein wurde von keinem Ereignis stärker geprägt als vom *Krieg in diesem Land*. Ihr Protest gegen eine ständig inhumaner werdende Welt wurde von keinem Ereignis stärker geprägt als vom *Krieg in diesem Land*.

Renate von Gizycki: Vietnam nach Vietnam. Zukunftsvorstellungen vietnamesischer Studenten (I),
in: FH 01/1970, S. 9

(22)

Zu Tausenden kehren amerikanische Soldaten aus *Vietnam* in die Heimat zurück. Sie überlassen ihren Krieg den Asiaten; er geht weiter unter Nixons Schlagwort von der "*Vietnamisierung*". Hauptziel: "Die Farbe der Leichen soll sich ändern."

Renate von Gizycki: Wohlfahrt oder Endlösung. Materialien zur Situation der Bergvölker in Indochina und Thailand (I),
in: FH 03/1972, S. 175

(23)

Nixon mag recht haben, daß die USA in *Vietnam* nicht besiegt werden können. Doch das ändert wenig an der Tatsache, daß in *Vietnam* die amerikanische Anmaßung, den Welt-Gendarmen zu spielen, zunichte gemacht worden ist.

Hilden (Nrdrh.-Westf.) Herbert Kunze [Leserbrief]

Spiegel 24/1972 v. 05.06.72, S. 7 a

(24)

Heute, da auf *Vietnam* mehr Bomben fallen, denn je zuvor, bleibt die Empörung allenthalben erstaunlich gering. Auch in den Metropolen der kommunistischen Weltmächte ist sie schon fast auf ein Lippenbekenntnis reduziert.

Karl-Heinz Janßen: Zerbombte Moral. Gilt Nürnberg auch in Vietnam?
in: Zeit 28/1972 v. 14.07.72, S. 1 c

(25)

Und die apokalyptische Vorstellung eines ertränkten Landes mit Millionen Toten rüttelte die *Vietnam-müde* Weltöffentlichkeit noch einmal auf. Denn wenn Amerika die Wasserschutzanlagen tatsächlich gezielt zerstört, wäre eine solche Handlung als Kriegsverbrechen zu qualifizieren [...] (52 b, c) Washington wies die Beschuldigungen jedesmal zurück [...] Doch in Sachen *Vietnam* genießt Washington in der Welt kaum noch Glaubwürdigkeit. Nicht nur frühere, von der US-Regierung stets bestrittene Ereignisse, die sich später als wahr erwiesen, weckten Zweifel an der Lauterkeit des amerikanischen Deich-Dementis: Schon zu Johnsons Zeiten hielten sich die Piloten wenig an die Ziel-Listen ihrer Befehlshaber. Sie bombardierten oft, was ihnen persönlich als lohnendes Ziel erschien. (53 a, 54 a)

Spiegel 32/1972 v. 31.07.72, S. 52 b, c, 53 a, 54 a

(26)

Pfarrer Hans Dieter Osenberg: Vor ein bis anderhalb Jahren kam der Widerspruch massiv aus allen Ecken: Behelligt uns nicht dauernd mit *Vietnam*! Wenn es auch schlimm ist, wir sind des Wortes überdrüssig, und ändern können wir schon garnichts. [...]
Es gibt endgültig keine Möglichkeit mehr, das, was in *Vietnam* geschieht, anders zu bezeichnen als mit dem Wort "Kriegsverbrechen". Und es ist nur eine Frage des Blickwinkels, um wen man mehr Trauer tragen will, um die Betroffenen eines nun dreißigjährigen Krieges oder um diejenigen, die einer ideologischen Rechtfertigung dieser Verbrechen immer noch Glauben schenken.

Zur Dokumentation: Ein Pfarrer und ein Intendant kommentieren Vietnam "aus kirchlicher Sicht",
in: FH 11/1972, S. 789

(27)

Amerikaner und Vietnamesen hatten ihren mehr als zehnjährigen Krieg in Südostasien beendet. Die Nixon-Parole "Den Krieg beenden und den Frieden gewinnen" schien Wirklichkeit zu werden.
Doch das gefeierte Abkommen diente nur als Deckmantel für den US-Abzug. Zwölf Monate nach dem Friedensschluß ist in Indochina fast unbemerkt der dritte *Vietnamkrieg* - diesmal ohne Franzosen, ohne Amerikaner - entbrannt.

Spiegel 6/1974 v. 04.02.74, S. 77 a

Watergate

Syn./Var.: Watergate in Bonn, Waterkantgate (1987/88)

Watergate stellt eine Besonderheit unter den behandelten Schlagwörtern dar: es handelt sich um ein amerikanisches Schlagwort, das sich auf den 'bedeutendsten polit. Skandal des 20. Jh.s in den USA' bezieht[1]. Da es jedoch auch auf mindestens zwei politische Skandale in der BRD bezogen wurde und hier auch im übertragenen Sinne von *Watergate* gesprochen werden konnte, ohne daß eine weitere Erklärung dieses Schlagwortes nötig wurde, liegt der Schluß nahe, daß *Watergate* zum international verständlichen Schlagwort wurde.

Ursprünglich steht *Watergate* für die verbrecherischen Machenschaften des amerikanischen Präsidenten Richard M. Nixon und des 'Komitees für die Wiederwahl des Präsidenten' (CREEP). Das Schlagwort leitet sich aus dem Namen eines Hotelkomplexes in Washington ab, in dem sich das demokratische Wahlkampfhauptquartier befand, in das Nixon im Sommer 1972 einbrechen ließ, um Abhörgeräte installieren zu lassen[2]. Der Einbruch in das Watergate-Hotel machte jedoch nur einen "Bruchteil der in diesem Jahr ins Werk gesetzten heimlichen Aktivitäten" aus[3]; sie bestanden darüber hinaus aus einem

> System von Telefonanzapfungen, Einbrüchen, Lügen, Fälschungen, Gewaltanwendungen und verleumderischer Propaganda, das einzig und allein darauf abzielte, das 'richtige' Wahlergebnis sicherzustellen[4].

Das Schlagwort steht aber weniger für die einzelnen von Nixon zu verantwortenden Gesetzesübertretungen, die ihn im August 1974 zum Rücktritt zwangen, als allgemein für den Niedergang einer Demokratie durch derartige Machenschaften. *Watergate* wird somit zum "Symbolwort für (politischen) Skandal"[5]. In dieser Bedeutung wurde *Watergate* schließlich auch auf deutsche Verhältnisse angewandt.

Ab Mai 1973 geriet die sogenannte Steiner/Wienand-Affäre in die Schlagzeilen[6]. Es kursierten Gerüchte, daß das Konstruktive Mißtrauensvotum Rainer Barzels gegen den amtierenden Bundeskanzler Willy Brandt

---

1 Vgl. MEL XXV, S. 74.

2 Vgl. ebd. sowie BHE XX, S. 78.

3 Chester [u. a.], S. 8.

4 Ebd. Eine ausführliche Darstellung der Watergate-Affäre liefern Chester [u. a.] wie auch Woodward/Bernstein.

5 Heberth, Bd. 1, S. 232.

6 Vgl. zum folgenden: Bracher, Jäger, Link, S. 112 ff, Baring, S. 580 ff.

am 27.04.72 nur durch Bestechung von Abgeordneten der CDU gescheitert sei: der CDU-Abgeordnete Steiner bekannte, vom Parlamentarischen Geschäftsführer der SPD-Fraktion Karl Wienand DM 50.000 dafür bekommen zu haben, daß er nicht für Barzel votiert habe. Ein parlamentarischer Untersuchungsausschuß, der von Juni 1973 bis März 1974 tagte, erbrachte kein eindeutiges Ergebnis[7].

In der öffentlichen Diskussion wurde diese Affäre, die auch das Ansehen des Bundeskanzlers und der sozialliberalen Bundesregierung erheblich schwächte[8], als *Watergate in Bonn* apostrophiert.

Das Schlagwort steht hier - wie sein amerikanisches Vorbild - für illegale Machenschaften von Politikern, die allein für den eigenen Machterhalt arbeiten und dadurch das Vertrauen der Bevölkerung in die Regierung und das gesamte politische System zerstören. *Watergate* prangert die Korruptheit der politisch Herrschenden an, erklärt und rechtfertigt dadurch gleichzeitig das tiefe Mißtrauen der Bevölkerung gegen Politiker, insbesondere gegen die der jeweiligen Regierungsparteien.

Mit Nixons Rücktritt im Jahre 1974 dürfte *Watergate* allmählich an Bedeutung verloren haben. Es wurde zwar in der Bundesrepublik noch auf einzelne politische Skandale bezogen (vgl. Belege 8 - 10), sein Gebrauch dürfte jedoch schließlich bloß noch zitierend gewesen sein.

Im Jahre 1987 wurde jedoch die Variante *Waterkantgate* für die Barschel-Affäre geprägt[9]. Einerseits wird hier durch ein Wortspiel die Verbindung von *Watergate* und Schleswig-Holstein hergestellt, andererseits macht *Waterkantgate* auf die weitgehenden Parallelen zwischen Nixons und Barschels Handeln aufmerksam. Hier wie dort hatten sich Politiker zum Zwecke des Machterhalts über jegliche gesetzliche Regelungen hinweggesetzt, um Oppositionspolitiker bespitzeln zu lassen, nicht nur, um über deren politische Strategie, sondern auch über ihr Privatleben Auskunft zu erhalten[10]. So prangert auch *Waterkantgate* die moralische Verkommenheit regierender Politiker an, denen jedes noch so schäbige Mittel recht ist, um ihre politischen Gegner zu besiegen und die eigene Macht zu erhalten bzw. zu vergrößern.

Daß aber eine Prägung wie *Waterkantgate* mehr als zehn Jahre nach der Watergate-Affäre überhaupt verständlich ist, spricht noch im Nachhinein für die Qualität des Schlagwortes *Watergate*[11].

---

7 Zur Mitwirkung des Staatssicherheitsdienstes der DDR (Stasi) an dieser Bestechung vgl. Spiegel 29/1991 v. 15.07.91, S. 32 c, 34 ff sowie Süddeutsche Zeitung v. 09./10.06.93, S. 6 und Süddeutsche Zeitung v. 09.08.93, S. 1, 2.

8 Vgl. Bracher, Jäger, Link, S. 112, Baring, S. 587 ff.

9 Vgl. Spiegel 37/1987 v. 07.09.87, S. 21.

10 Zu den Einzelheiten der Barschel-Affäre vgl. Spiegel Nr. 37 - 51/1987 sowie Nr. 4, 6, 9/1988 und Stern 43/1987 v. 15.10.87, S. 23 ff.

11 In diesem Zusammenhang sei auf weitere Zusammensetzungen mit *-gate* verwiesen: *Iran-Contra-gate, Iraqgate*. Joffe beschreibt *gate* als "Inbegriff des politischen Skandals".

Dieser Befund wird auch durch die Belege bestätigt: während die Belege 1 und 2 *Watergate* als amerikanisches Schlagwort ausweisen, zeigen die Belege 3 - 6 und 8 - 10 die Übertragung des Schlagwortes auf Skandale in der deutschen Politik. Daß *Watergate* sowohl auf die Steiner/Wienand-Affäre (vgl. Belege 3 - 6) wie auch auf die Guillaume-Affäre und den Zusammenbruch der Herstatt-Bank angewendet wurde (vgl. Belege 8 - 10), kann ebenfalls als Indiz für seinen Schlagwortcharakter gedeutet werden.

Literatur

Baring, Arnulf: Machtwechsel. Die Ära Brandt-Scheel, Stuttgart [4]1983

Bracher, Karl Dietrich, Jäger, Wolfgang, Link, Werner: Republik im Wandel. 1969 - 1974. Die Ära Brandt, Stuttgart, Mannheim 1986 (Geschichte der Bundesrepublik Deutschland, hg. von K. D. Bracher [u. a.] Bd. 5/I)

Chester, Lewis [u. a.]: Watergate oder Die Arroganz der Macht, München 1974

Heberth, Alfred: Neue Wörter. Neologismen in der deutschen Sprache seit 1945 (2 Bde), Wien 1977, 1982

Joffe, Josef: Wie Watergate weitergeht, in: Süddeutsche Zeitung v. 17/18.06.92, S. 4

Kramer, David: Watergate oder die Verschwörung der Regierung gegen die Regierungsform, in: Das Argument 15 (1973) Nr. 81, S. 629 - 648

Der Spiegel 37 - 51/1987, 4, 6, 9/1988, 29/1991

Stern 43/1987 v. 15.10.87

Süddeutsche Zeitung v. 09./10.06.93 und v. 09.08.93

Watergate-Affäre, in: Brockhaus Enzyklopädie, Bd. XX (1974), S. 78

Watergate-Affäre, in: Meyers Enzyklopädisches Lexikon, Bd. XXV (1979), S. 74

Woodward Bob und Bernstein, Carl: Amerikanischer Alptraum. Das unrühmliche Ende der Ära Nixon, (o. O.) [Köln] 1976

Lexikographische Erfassung

DWB (1984), WDG (1977), WDS (1981): 00

BHE (1974), (1976), GBH (1981), MEL (1979), MNL (1981), NBH (1985), NDL (1984): n.a.SchW

BEC, NUN: 00

Belege

(1)

Nun wird Nixon aber wohl nicht nur als kühner China-Politiker, sondern auch als *Watergate-Präsident* in die Geschichte seines Landes eingehen, als der Präsident, dessen persönliches Regiment auch die häßlichsten Folgen zynischer Machtausübung an den Tag gebracht hat.

Rudolf Augstein: Kissingers Charta,
in: Spiegel 18/1973 v. 30.04.73, S. 24 a

(2)

Watergate, der Schauplatz des Polit-Einbruchs in Washington, wurde für die Amerikaner zum Synonym für Lüge, Meineid, Fälschung, Korruption - und alles können sie seit vergangenen Donnerstag am Fernsehschirm verfolgen. Immer mehr Amerikaner meinen, Präsident Nixon könne nur noch eines für sein Land tun: zurücktreten. (92) [...]
"*Watergate*" beschreibt den systematischen Versuch der Männer um Richard Nixon, dem Präsidenten mit allen Mitteln seine Macht zu erhalten - mit Einbrüchen und Diebstählen, mit Lügen und Meineiden, Fälschungen und Bestechungen, Rechtsbeugungen und Propaganda. "*Watergate*" zeigt "in Zeitlupe, wie ein autoritäres Regime seine Macht konsolidieren würde" ("The New York Times"). (93 b)

Spiegel 21/1973 v. 21.05.73, S. 92, 93 b

(3)

Affäre Steiner - Der Mann der gegen Barzel stimmte - *Watergate* in Bonn?

Spiegel 23/1973 v. 04.06.73, Titelblatt

(4)

Was zunächst nur Frage war, wird zur Gewißheit. Die Regierungsparteien SPD und FDP sind in einen politischen Skandal verstrickt - in seiner Dimension dem amerikanischen *Watergate* mehr und mehr vergleichbar.

Der SPD-Fraktionsgeschäftsführer Karl Wienand und Ex-MdB Peters (FDP) sind in Bestechungsverdacht geraten.

Spiegel 24/1973 v. 11.06.73, S. 21

(5)

Watergate in Bonn? Im Vordergrund der Bonner Untersuchungen hat dieser Vergleich gewiß keine Bleibe. Denn da wird vom eigentlichen Skandal sowieso nicht geredet: vom beschädigten moralischen Anspruch der Regierung, vom Schweigen des Kanzlers, vom Vertrauensvotum der SPD-Fraktion für Wienand. Sondern da hört sich ein Parlamentsausschuß ohne richterliche Gewalt, in dem jedes Mitglied so oder so Partei ist, einander widersprechende Aussagen an, deren Widersprüchlichkeit er letztendlich doch nur auf sich beruhen lassen kann. Da dekuvrieren sich - durch schlichte Selbstdarstellung - allenfalls der Verfassungsschutz und der Geheimdienst als bürokratisierte Indianerspielerei für Männer mit mancherlei Machtneurose.

Hermann Schreiber: Wie arm die Wahrheit dran ist,
in: Spiegel 28/1973 v. 09.07.73, S. 22 c, 23 a

(6)

Seit dem vergangenen Freitag ist die Affäre Steiner dem *Watergate-Skandal* ähnlicher geworden. Denn erstmals verdichtete sich der Verdacht, Kriminelles sei im Spiel.

Spiegel 31/1973 v. 30.07.73, S. 17 c, 18 a

(7)

Was man heute mit dem Stichwort "*Watergate*" bezeichnet, entspricht wirklich dem, was altmodisch "Verschwörung" heißt. Leute, die keine andere Loyalität kannten als die zu ihrem Behördenchef, kein Gesetz als den Erfolg, keine andere politische Praxis als die, die man braucht, um ein neues und ganz überflüssiges Waschmittel zu verkaufen - diese Leute waren ja nicht aus dem Nichts aufgestiegen.

Roland H. Wiegenstein: Mailer, Nixon und Watergate,
in: Merkur, Juli 1973, H. 302, S. 690

(8)

Doch trotz der scheinbaren Einigung ging der Grabenkrieg weiter. Die Opposition hat in die ganze Affäre einen Hauch von *Watergate* gebracht, indem sie anprangerte, daß die dem Untersuchungsausschuß von der Regierung zugeleiteten Akten zum Teil unvollständig und an wichtigen Stellen geschwärzt sind.

Carl-Christian Kaiser: Guillaume-Ausschuß. Ein Hauch von Watergate? Ausschußvorsitzender Walter Wallmann, rechts von Dregger, aber unpolitisch,
in: Zeit 35/1974 v. 23.08.74, S. 2 d

(9)

Verbissen wie Richard Nixon kämpft Hans Gerling zur Zeit um sein Überleben. Doch Eingeweihte zweifeln nicht mehr daran, daß der Kölner Versicherungs-Chef am Ende einer langen und vermutlich gnadenlosen Treibjagd der Herstatt-Geschädigten auf das Gerling-Vermögen sein *Watergate* erleben wird.

Hans Otto Eglau: Hans Gerlings Watergate. Warum der Kölner Konzernchef den Kampf um die Alleinherrschaft verlieren muß,
in: Zeit 35/1974 v. 23.08.74, S. 25 b

(10)

Ein Hauch von *Watergate* weht durch das Land.
Zugegeben, es ist ein *Watergate* ohne Nixon, ohne Einbrüche, ohne angezapfte Telephone. Der Sumpf treibt hierzulande andere Blasen. Indessen verbreiten sie nicht weniger Gestank. Sie zeigen an, daß unser System nicht minder fäulnisanfällig ist. Hinter dem Skandalon erhebt sich die Frage nach der selbstreinigenden Kraft unserer Institutionen, nach der Verantwortlichkeit ihrer Diener, nach den Kontrollmöglichkeiten republikanischer Öffentlichkeit.

[Artikel über drei Skandale in der BRD, den Fall des SPD-Fraktionsgeschäftsführers Karl Wienand, die Guillaume-Affäre und den Mannheimer Gefängnisskandal, bei dem es um den mysteriösen Tod eines Untersuchungshäftlings ging]

Theo Sommer: Ein Hauch von Watergate. Drei Skandale überschatten unsere Demokratie,
in: Zeit 36/1974 v. 30.08.74, S. 1 a

Wiedervereinigung

Syn./Var.: deutsche Frage

Wiedervereinigung ist ein perennierendes Schlagwort, das ab 1967 mit der -> neuen Ostpolitik der -> Großen Koalition und der ostpolitischen Initiative der sozialliberalen Regierung neue Aktualität gewinnt.

Dabei sind Inhalt und Programm des Schlagwortes nicht eindeutig, sondern variieren bei den verschiedenen Schlagwortbenutzern.

***Wiedervereinigung* meint entweder die Wiederherstellung des Deutschen Reiches in den Grenzen von 1937 oder aber die Vereinigung von BRD, DDR und Berlin.**

Seit Bestehen der Bundesrepublik war die Wiedervereinigung ein zentrales Thema der Politik, dem sich alle Politiker verpflichtet fühlten, zumal das Grundgesetz in seiner Präambel zur Vollendung der Einheit und Freiheit Deutschlands auffordert. Dementsprechend betrachteten alle Regierungen bis zur Großen Koalition Wiedervereinigung als vorrangiges Ziel, das eine Bedingung für Entspannung zwischen Ost-Berlin und Bonn darstelle.

Zum Beginn der sechziger Jahre stellte sich jedoch immer deutlicher heraus, daß eine derartige Politik der Stärke, wie sie Adenauer offensiv verfochten hatte, nicht zum gewünschten Erfolg führte, sondern die BRD immer mehr von ihren westlichen Verbündeten isolierte[1]. Die Große Koalition unter Kurt Georg Kiesinger zog daraus die Konsequenz, Fragen der Entspannung auch unabhängig von der deutschen Frage behandeln zu wollen. Sie akzeptierte, "daß es zu einer Wiedervereinigung nur *nach* und *als Ergebnis* der Entspannung kommen könne"[2].

Dementsprechend erhält in der Regierungserklärung Kiesingers vom 13.12.66 das Bekenntnis zum Frieden Priorität vor der Wiedervereinigungsforderung, ohne jedoch den gegebenen status quo anzuerkennen[3].

Die sozialliberale Koalition ging demgegenüber noch weiter, indem sie ausdrücklich die bestehenden Realitäten in Europa (zumindest de facto) anerkannte. Sie betrachtete die Wiedervereinigung Deutschlands nicht mehr als in absehbarer Zeit erreichbares Ziel[4], sondern als spätere Möglichkeit, die sich aus einer umfassenden Entspannungspolitik in ganz Europa ergeben könne[5]. Eine Wiedervereinigung zu einem Deutschland in den Grenzen von 1937 wurde von ihren führenden Vertretern jedoch als irreal

---

1 Vgl. Baring, S. 207 ff, Haftendorn, S. 53, Hanrieder, S. 48 ff, Hildebrand, S. 323 f, Schmid, S. 13 ff.

2 Griffith, S. 184, Hervorhebungen von mir. Vgl. auch Niclauß, S. 54 f.

3 Vgl. Meissner, S. 161 ff.

4 Vgl. Jüttner, S. 345.

5 Vgl. Bracher, Jäger, Link, S. 167, Schmid, S. 92 ff.

abgelehnt[6], da sie auf friedlichem Wege schlechterdings nicht zu erreichen sein werde.

Die öffentliche Diskussion um die Wiedervereinigung wurde in enger Anlehnung an das Schlagwort -> Anerkennung der DDR geführt. Zumeist wurde eine Anerkennung der DDR als endgültiger Verzicht auf eine Wiedervereinigung Deutschlands angesehen. Befürworter der Wiedervereinigung sahen in diesem Verzicht nicht nur einen Verfassungsbruch, sondern auch eine moralisch nicht akzeptable Haltung, die es hinnehme, daß die Bürger der DDR kein Selbstbestimmungsrecht hätten und unter einem diktatorischen Regime leben müßten[7]. Aus diesem Grunde diene eine Wiedervereinigung Deutschlands nicht machtpolitischen Interessen, sondern sei auch im Sinne der Deutschen in der DDR geboten.

Eine umfassende Ablehnung der Wiedervereinigung Deutschlands findet sich kaum in der Diskussion[8]. Immerhin gibt es skeptische Stimmen, die darauf hinweisen, daß der Begriff *Wiedervereinigung* präzisiert werden muß und daß es nicht ausreicht, ständig die Wiedervereinigung im Munde zu führen, ohne realistische Konzepte zu ihrer Verwirklichung zu erarbeiten[9]. Die naive Vorstellung eines wiedervereinigten Deutschland, in dem das politische und wirtschaftliche System der BRD einfach auf die DDR übertragen werde, sei jedenfalls kein ernstzunehmendes Konzept von Wiedervereinigung, da es die entscheidenden Probleme, die sich bei der Zusammenführung der gegensätzlichen gesellschaftlichen Systeme von BRD und DDR zwangsläufig ergeben müßten, einfach ausklammere.

Durchaus typisch für die Diskussion um Wiedervereinigung ist, daß meist nicht präzisiert wird, welche Konzeption der Wiedervereinigung gemeint ist. Besondere emotionale Bedeutung dürfte das Schlagwort noch zusätzlich aufgrund der - durch die unmenschlichen Grenzanlagen deutlich manifestierten - Abgrenzungspolitik der DDR erhalten, die eine Wiedervereinigung als kaum vorstellbar erscheinen ließ.

Dennoch wird im Bearbeitungszeitraum das Anliegen der Wiedervereinigung fast generell noch befürwortet, wenn auch die zu überwindenden, vielfältigen Schwierigkeiten betont werden.

So zeigen auch die Belege, daß die *Wiedervereinigung* nicht als leicht zu erreichendes Ziel gesehen wird (Belege 1, 7, 9, 12). Demgegenüber wird die Taktik einiger Politiker kritisiert, von Wiedervereinigung zu reden, ohne daß klar wird, wie und zu welchen Konditionen diese Wiedervereinigung erreicht werden soll (Belege 2, 5, 7, 8, 9, 11, 13 a). Ebenfalls kritisch angemerkt wird, daß *Wiedervereinigung* offensichtlich

---

6 Vgl. Bracher, Jäger, Link, S. 183.

7 Vgl. Gradl, S. 305 f; so auch Kiesinger in seinem "Bericht zur Lage der Nation im geteilten Deutschland" am 17.06.69; abgedruckt in: Meissner, S. 357 ff.

8 Vgl. Schmid, S. 100 f.

9 Vgl. Brandt, S. 156 ff.

häufig als Anschluß der DDR an die BRD vorgestellt wird (Belege 2, 3, 6). In diesem Zusammenhang finden sich auch kritische Töne, die eine solche Art der Wiedervereinigung ablehnen (Belege 2, 3, 6).

Nach dem Abschluß der Ostverträge verliert das Schlagwort *Wiedervereinigung* zwar vorübergehend an Bedeutung, seit der Öffnung der Grenzen der DDR am 09.11.89 ist es jedoch wieder ein zentrales Thema der öffentlichen Diskussion[10]. Mit der Wiederherstellung der Einheit Deutschlands am 03.10.90 bleibt dem Schlagwort allein historische Bedeutung.

10 Vgl. etwa die Titelgeschichte des Spiegel 51/1989 v. 18.12.89, S. 16 - 25: In Angst vor der Einheit.

Literatur

Baring, Arnulf: Machtwechsel. Die Ära Brandt-Scheel, Stuttgart [4]1983

Blessing, Otto: Wiedervereinigung und Abrüstung, Troisdorf [2]1967 [Schriftenreihe für die Ost-West-Begegnung, Arbeitsheft Nr. 53, hg. vom Arbeits- und Sozialminister des Landes NRW]

Bracher, Karl Dietrich, Jäger, Wolfgang, Link, Werner: Republik im Wandel. 1969 - 1974. Die Ära Brandt, Stuttgart, Mannheim 1986 (Geschichte der Bundesrepublik Deutschland, hg. von K. D. Bracher [u. a.], Bd. 5/I)

Brandt, Willy: Erinnerungen, Frankfurt/M. 1989

Gradl, J[ohann] B[aptist]: Stets auf der Suche. Reden, Äußerungen und Aufsätze zur Deutschlandpolitik, Köln 1979

Griffith, William E.: Die Ostpolitik der Bundesrepublik Deutschland, Stuttgart 1981

Haftendorn, Helga: Abrüstungs- u. Entspannungspolitik zwischen Sicherheitsbefriedigung und Friedenssicherung. Zur Außenpolitik der BRD 1955 - 1973, Baden-Baden 1983

Hanrieder, Wolfram: Fragmente der Macht. Die Außenpolitik der Bundesrepublik, München 1981

Hildebrand, Klaus: Von Erhard zur großen Koalition 1963 - 1969, Stuttgart, Wiesbaden 1984 (Geschichte der Bundesrepublik Deutschland, hg. von K. D. Bracher [u. a.], Bd. 4)

Hillgruber, Andreas: Deutsche Geschichte 1945 - 1975. Die "deutsche Frage" in der Weltpolitik, Frankfurt [3]1978

Jacobsen, Hans-Adolf und Stenzl, Otto: Deutschland und die Welt. Zur Außenpolitik der Bundesrepublik 1949 - 1963, München 1964

Jaspers, Karl: Freiheit und Wiedervereinigung. Über Aufgaben deutscher Politik, München 1960

Jüttner, Alfred: Die deutsche Frage. Eine Bestandsaufnahme, Köln [u. a.] 1971

Meissner, Boris (Hrsg.): Die deutsche Ostpolitik 1961 - 1970. Kontinuität und Wandel. Dokumentation, Köln 1970

Niclauß, Karlheinz: Kontroverse Deutschlandpolitik. Die politische Auseinandersetzung in der Bundesrepublik Deutschland über den Grundlagenvertrag mit der DDR, Frankfurt/M. 1977 [Dokumente zur Deutschlandpolitik. Beihefte, Bd. 3, hg. vom Bundesministerium für innerdeutsche Beziehungen]

Schlüter, Werner Hilmar: Die Wiedervereinigung Deutschlands. Ein zeitgeschichtlicher Leitfaden, 6., durchges. u. erg. Aufl., Bad Godesberg 1967

Schmid, Günther: Politik des Ausverkaufs? Die Deutschlandpolitik der Regierung Brandt/Scheel, München [2]1979

Schulz, Eberhard: An Ulbricht führt kein Weg mehr vorbei. Provozierende Thesen zur deutschen Frage, Hamburg 1967

Siegler, Heinrich von: Wiedervereinigung und Sicherheit Deutschlands. Eine dokumentarische Diskussionsgrundlage (2 Bde), 6., erw. Aufl., Bonn - Wien - Zürich 1967

Sommer, Theo (Hrsg.): Denken an Deutschland. Zum Problem der Wiedervereinigung - Ansichten und Einsichten, Hamburg 1966

Spiegel 51/1989 v. 18.12.89

Venohr, Wolfgang (Hrsg.): Die deutsche Einheit kommt bestimmt, Bergisch Gladbach 1982

Lexikographische Erfassung

DWB (1984), WDG (1977), WDS (1981): n.a.SchW

BHE XX (1974) 309: "Seit etwa 1960 traten in der Bundesrep. Dtl. immer stärkere Zweifel an der Realisierbarkeit der W. auf."
GBH (1981), MEL (1979), MNL (1981), NBH (1985): n.a.SchW
NDL (1984): 00

BEC n.a.SchW
NUN 00

Belege

(1)

Die *Wiedervereinigung* ist, wie die Westdeutschen in zunehmendem Maße begreifen, zugleich das wichtigste und unabdingbarste nationale Ziel und - angesichts der eisernen Entschlossenheit der Sowjets, nicht einmal in eine Erörterung darüber einzutreten - auch dasjenige, dessen Erreichung in absehbarer Zukunft kaum zu erhoffen ist.

William E. Griffith: Die Kernfrage. Deutsche Probleme in amerikanischer Sicht,
in: Der Monat, März 1966, H. 210, S. 7 a

(2)

Im Munde führen die Politiker die *Wiedervereinigung*. Aber ihre ganze Energie ist auf einen gesamtdeutschen Staat gerichtet, in dem es keine Kommunisten gibt, keine SED. Alles zielt darauf, nicht einen nichtkommunistischen, sondern einen antikommunistischen deutschen Einheitsstaat zu schaffen. Das Vorhaben ist nicht ehrenwert und kann auch nicht glükken. (67 c) [...]
Der Begriff *Wiedervereinigung* ist nicht mehr das, was zur Diskussion steht. Dieser terminus technicus ist von den Ereignissen etwas überholt worden. Insofern also, da ich nicht für unmögliche Sachen bin, bin ich auch, wenn Sie so wollen, nicht für die *Wiedervereinigung*. (73 a)

Deutschland - zum Bösen geneigt von Jugend auf?
Vortrag von Rudolf Augstein mit anschließender Podiumsdiskussion auf Einladung der "Studentischen Arbeitsgemeinschaften beider Hochschulen Zürich" am 4. Mai 1966 in der Eidgenössischen Technischen Hochschule, in: Spiegel 25/1966 v. 13.06.66, S. 67 c, 73 a

(3)

[H.]: "Aber was versteht man drüben und hüben unter *Wiedervereinigung?*"
[Sch.]: "Man versteht drüben gewiß nicht eine Art Anschluß darunter. Von diesem Gedanken sollte man sich auch auf unserer Seite trennen. Beide Teile sollten, wenn sie wieder zusammenwachsen, die besseren Errungenschaften ihrer Systeme in das neue Ganze einbringen und sich von den schlechteren trennen."

Werner Höfer: "Die DDR darf nicht Ausland werden."
Nüchterne Einsichten beim Kuratorium - Ein Gespräch mit Wilhelm Wolfgang Schütz,
in: Zeit 44/1966 v. 28.10.66, S. 3

(4)

Brandt dämpfte die Furcht vor deutschen Kraftakten: "Wir werden unser Ziel der *Wiedervereinigung* nicht aufgeben, aber es so vertreten, daß wir uns zu keinem vernünftigen Bemühen um die Entspannung in Gegensatz bringen.

[Willy Brandt auf einer Nato-Konferenz in Paris, der ersten Veranstaltung im Ausland, an der er als Außenminister der BRD teilnehmen konnte.]
Spiegel 52/1966 v. 19.12.66, S. 34 b

(5)

Auch die neue Bundesregierung wagt es nicht, sich der Frage zu stellen, ob sie welche Art von *Wiedervereinigung* will, und das heißt, mit Handlungen (und nicht mit Deklarationen) betreiben will. [...]
Das wäre eine Politik: Bonn verzichtet auf Handlungen, die zur sogenannten "*Wiedervereinigung*" führen können. Bonn kümmert sich um die West-Berliner [...], nicht aber um jene Leute, die [...] aus Mitteldeutschen amtlicherseits in Ostdeutsche umgestuft worden sind. [...]
CDU und SPD könnten sich unsterbliche Verdienste erwerben, wenn sie sich selbst einmal vor Augen brächten, ob sie eine *Wiedervereinigung* nach bisherigem Ritus ("Wahlen zur Nationalversammlung") wollen, oder eine Konföderation im Rahmen einer europäischen Annäherung, oder keins von beiden.

Rudolf Augstein: Was sie könnten, was sie müßten,
in: Spiegel 3/1967 v. 09.01.67, S. 12 b, c

(6)

Wocker*: [...] Wenn *Wiedervereinigungs-* und Deutschland-Politik nicht nur Anti-SED-Politik ist, sondern das Gesamte der Deutschland-Politik angeht [...] (47 c)
Augstein: Ich bin [...] der Meinung, daß die *Wiedervereinigung* gar nicht ein oberstes, primäres, höchstes Ziel ist - oder wie immer sie es ausdrükken wollen. (54 c)

[*Dr. Karl Heinz Wocker: Londoner Korrespondent für den Westdeutschen und den Norddeutschen Rundfunk]

Fragen nach Deutschland. Ein "literarisch-politisches Hearing", bei dem Rudolf Augstein über Deutschland-Politik befragt werden sollte, wurde im Dritten Programm des Norddeutschen Rundfunks und des Senders Freies Berlin übertagen [am 23.11.66, 20:05 - 21:10 h]
abgedruckt in: Spiegel 3/1967 v. 09.01.67, S. 47 c, 54 c

(7)

Die beauftragten Medizinmänner haben heute alles auf die Zauberformel "*Wiedervereinigung*" abgestellt, ohne sich an der mangelnden Gelegenheit zu ihrer Verwirklichung zu stoßen, ja ohne einzusehen, daß zu dieser - so leicht nicht zu erlangenden - *Wiedervereinigung* niemand im Osten oder

Westen, einschließlich beider Sorten von Deutschen, etwas Wesentliches vorab zu leisten gewillt ist.

Hellmut Jaesrich: Deutsche und Bundesdeutsche,
in: Der Monat, Januar 1967, H. 220, S. 25 b

(8)

Junge Leute nennen ja als Beispiele dafür, daß die Wahrheit nicht gesagt wird, Oder-Neiße, *Wiedervereinigung*, Vietnam.
Joachim Raffert, SPD, in der Bundestagsdebatte am 14. März 1968

[zitiert von Martin Walser in einem Bericht über die Vietnam-Debatte des Bundestages]

Spiegel 12/1968 v. 18.03.68, S. 185

(9)

Wer im Augenblick von *Wiedervereinigung* als einem erreichbaren Ziel spricht, ist entweder ein Heuchler oder ein Dummkopf. Die beiden Staaten sind so unterschiedlich organisiert, daß sie sich auf absehbare Zeit gar nicht miteinander vereinigen können, es sei denn durch Okkupation, durch Gewalt [...]

Fritz Reichert: Keine Nation zwischen Rhein und Elbe,
in: Der Monat, Juli 1967, H. 226, S. 20 a

(10)

Die Prinzipien der neuen Ostpolitik sind "Entspannung durch Annäherung" und "*Wiedervereinigung* durch Entspannung", - nicht mehr wie zu Adenauers und Erhards Zeiten "Entspannung durch *Wiedervereinigung*", - eine unselige Formel, die unausweichlich zur verhängnisvollen Erstarrung der westdeutschen Ostpolitik geführt hat. [...] Entspannung durch Annäherung heißt: neben den politischen Bemühungen wie diplomatischen Beziehungen, Gewaltverzichtserklärungen und anderen, muß geistige Begegnung ermöglicht werden.

Ulrich Spinnarke / Friedrich Mager: Kunst zwischen Ost und West.
I. Kulturaustauch mit der Tschechoslowakei,
in: FH 01/1968, S. 33

(11)

Während bald zwanzig Jahren hatte das Wort "*Wiedervereinigung*" keine andere Funktion als die der Wahlkampf-Vernebelung. Wie in Sachen Wirtschaftspolitik, so haben wir auch in der Deutschland-Politik die Rechnungen zu begleichen, die Konrad Adenauer und Ludwig Erhard offengelassen haben.

Günter Grass: Die angelesene Revolution,
in: Der Monat, März 1969, H. 246, S. 38 b

(12)

Kanzler Willy Brandt redet nicht mehr davon, Herbert Wehner glaubt nicht mehr daran, und selbst Kurt Georg Kiesinger fand: "Richtig ist, daß für absehbare Zeit eine *Wiedervereinigung* der Deutschen in Freiheit nicht vorauszusagen ist."
Die Berliner Dienststelle des Bundesministeriums für innerdeutsche Beziehungen (ehedem Bundesministerium für Gesamtdeutsche Fragen) hingegen hält trotz der programmatischen Namensveränderung an altem Gedankengut fest. Dort ist die "*Wiedervereinigung* Deutschlands", so der Leiter des Ministerbüros, Edgar Goerke, 61, noch "ein Hauptanliegen".

Spiegel 9/1970 v. 23.02.70, S. 60 a

(13)

Mit der "*deutschen Frage*" haben wir unseren Frieden noch immer nicht gemacht. Wenn es eines Beweises bedurfte, die unrühmliche Ratifizierung der Ostverträge hat ihn erbracht.

Gilbert Ziebura: Nachhutgefechte. Vergebliche Ehrenrettung der "deutschen Frage",
in: Zeit 24/1972 v. 16.06.72, S. 19 d

(13 a)

Durch den Kalten Krieg und dessen Nachwirkungen gefördert, gerann die "*Wiedervereinigung*" zur spezifischen Lebenslüge der zweiten deutschen Republik.

In der Bundesrepublik Deutschland wurde über *Wiedervereinigung* weniger nachgedacht als geredet. Oder anders geredet als gedacht.

Willy Brandt: Erinnerungen,
Frankfurt/M. 1989, S. 157

Nachwort

Betrachtet man rückblickend die öffentliche Diskussion der Jahre 1966 bis 1974 in der Bundesrepublik, so fallen einem spontan, ohne die Geschichtsbücher zu bemühen, einige Stichworte ein, die im folgenden kurz erwähnt werden sollen.

Die innenpolitische Auseinandersetzung in den Jahren ab 1966 drehte sich einerseits um die anhaltende wirtschaftliche Rezession und die Maßnahmen zu ihrer Überwindung wie um die Vor- und Nachteile einer Großen Koalition. Nachdem diese Große Koalition tatsächlich gebildet worden war, bestimmten immer mehr die Studentenunruhen und ihre Auswirkungen die Diskussion. Dies änderte sich erst mit der Regierungsübernahme Willy Brandts im Jahre 1969, in deren Folge zahlreiche Reformprojekte in der Öffentlichkeit diskutiert wurden, die man grob unter dem Slogan "Mehr Demokratie wagen" zusammenfassen kann. Über diese Themen hinaus blieben die ostpolitischen Bemühungen der Großen wie auch der sozialliberalen Koalition und ihre Bemühungen um die "deutsche Frage" immer im Mittelpunkt des Interesses.

Vergleicht man nun dieses groben Anhaltspunkte mit den hier im Wörterbuch behandelten Schlagwörtern, so läßt sich mühelos feststellen, daß sich in den Schlagwörtern die wesentlichen Punkte der öffentlichen Diskussion wiederspiegeln: Wirtschaft (*Konzertierte Aktion*), Probleme einer Großen Koalition (*Große Koalition, Notstandsgesetze*), Ostpolitik (*Anerkennung der DDR, Wiedervereinigung*), Studentenunruhen und die mit ihnen verknüpften Themen (*APO, Antiautoritäre Erziehung, Dutschke, Drittelparität, Establishment, Langer Marsch durch die Institutionen, Neue Linke, Vietnamkrieg*) schlugen sich in den Schlagwörtern dieser Jahre nieder. Das gleiche gilt ganz offensichtlich für die Themen, die während der Regierungszeit der sozialliberalen Koalition im Mittelpunkt des Interesses standen: vor allem sind hier neben der schon erwähnten Ostpolitik die zahlreichen Reformbemühungen zu nennen, die sich in Schlagwörtern wie *Demokratisierung, Demokratischer Sozialismus, Innere Reformen, Lebensqualität, Mitbestimmung, Paragraph 218* kristallisieren. Nicht vergessen werden darf hier natürlich die zeitweise alles übertönende Diskussion um den Terrorismus (*Baader-Meinhof-Gruppe, Neue Linke, Isolationsfolter*). Über diese rein politischen Auseinandersetzungen hinaus sei an die Diskussion um kulturelle Phänomne wie *Gammler, Happening, Pop-Art* und *Sexwelle* erinnert sowie an an international diskutierte Probleme wie *Lebensqualität (quality of life), Umweltschutz (environmental protection)* und *Watergate.*

Somit erfüllt dieses Schlagwörterbuch einerseits seinen Zweck, den öffentlichen Diskurs der Bundesrepublik in den Jahren 1966 bis 1974 noch einmal vor Augen zu führen; andererseits kann der Benutzer mit seiner Hilfe Schlagwörter als solche erkennen und die in ihnen kristallisierten Programme identifizieren.

Daß die meisten Schlagwörter immer nur in einem bestimmten Zeitraum aktuell sind und teilweise sogar recht kurzlebig sind, hat zur Folge, daß die Schaffung eines Wörterbuches, das zeitlich an Ladendorf anschließt und bis in die Gegenwart reicht, kaum zu erwarten ist, zumal hier eine unüberschaubare Menge an Textmaterial ausgewertet werden müßte. Dies gilt natürlich erst recht für ein - dennoch sinnvolles und notwendiges - internationales Schlagwörterbuch.

Trotz dieser nicht gerade ermutigenden Lage bleibt zu hoffen, daß doch immer mehr unerforschte Gebiete von der Schlagwortforschung erschlossen werden.

V. Anhang

1. Zweifelsfälle

Alleinvertretungsanspruch

(1)

[H.]: "[...] Wie halten Sie's mit dem *Alleinvertretungsanspruch*?"
[Sch.]: "Ich bin für den *Alleinvertretungsanspruch* in dem Sinne, daß wir die DDR niemals als Ausland anerkennen dürfen, weil damit eine Nichteinmischungspflicht verbunden wäre, die uns hindern würde, zur Politik, die in diesem Gebiet getrieben wird, überhaupt noch ein Wort zu sagen [...] Ich bin hingegen dafür, daß wir dem *Alleinvertretungsanspruch* eine Wendung ins Humane und ins Praktische geben, indem wir respektieren und unter Umständen sogar fördern, was unsere Landsleute aus Mitteldeutschland an außerideologischen Anstrengungen außerhalb Deutschlands unternehmen."

Werner Höfer: "Die DDR darf nicht Ausland werden."
Nüchterne Einsichten beim Kuratorium - Ein Gespräch mit Wilhelm Wolfgang Schütz,
in: Zeit 44/1966 v. 28.10.66, S. 3 d

(2)

M.: Ich habe tatsächlich nach sehr gründlichen Vorarbeiten die Feststellung getroffen, daß wir den *Alleinvertretungsanspruch* möglicherweise nur noch interpretieren können als die alleinige Legitimation, die die Bundesregierung als einzige frei gewählte deutsche Regierung besitzt - daß wir ihn aber nicht verstehen können als Anspruch auf Machtausübung in ganz Deutschland...
Sp.: ...was die DDR-Propaganda uns immer als Aggressionsgelüste ankreidet.

"Die Wähler wollen keinen wilden Haufen"
Spiegel-Gespräch mit dem FDP-Bundesvorsitzenden Dr. Erich Mende,
in: Spiegel 15/1967 v. 03.04.67, S. 32 b, c

(3)

Wehner: Die DDR eine Realität? Natürlich. Ost-Berlin wirft uns vor, den berühmten *Anspruch auf Alleinvertretung* aufrechtzuerhalten, die Anmaßung ganz Deutschland zu repräsentieren. Ich persönlich habe dieses Wort niemals gebraucht und werde es niemals in den Mund nehmen, denn es bedeutet eine Absurdität.

[Herbert Wehner, Bundesminister für Gesamtdeutsche Fragen, in einem Interview mit der liberalen französischen Monatszeitschrift "Réalités", zit. in:]
Spiegel 7/1968 v. 12.02.68, S. 18 a

Bürgerinitiative

(1)

Bürgerinitiativen in der Bundesrepublik sind im Moment Mode, sind "in". Berichte über ihre Aktivitäten füllen die Tagesnachrichten. Und wenn man Politiker auf das Thema *Bürgerinitiativen* anspricht, hört man in den allermeisten Fällen nur Lobesworte.

Luc Jochimsen: Plädoyer für eine Bürgerrechtsbewegung,
in: FH 03/1972, S. 165

(2)

Günter Grass hat kürzlich einmal geschrieben, die siebziger Jahre würden im Zeichen der *Bürgerinitiativen* stehen. Die Entwicklung der beiden letzten Jahre scheint ihm recht zu geben. Überall schießen solche Initiativen wie Pilze aus dem Boden.

Hans-Jochen Vogel: Wenn Bürger was wollen. Auch Bürgerinitiativen haben ihre Grenzen,
in: Zeit 23/1972 v. 09.06.72, S. 58 a

(3)

Immer mehr Menschen artikulieren ohne Zutun der politischen Parteien, wo sie der Schuh drückt; überall nehmen es Bürger selber in die Hnad, für ihre Lebensinteressen zu streiten [...], sei es in "Komitess" oder "Ini-

tiativkreisen", "Adhoc-Gruppen" oder "Aktionsgemeinschaften". [...] Und SPD-Wahlhelfer Günter Graß [!] ist sicher: "Die siebziger Jahre stehen im Zeichen der *Bürgerinitiativen.*" (55 a, 57 a)
Fortschrittsglaube und Maschinenstürmerei, Kirchtumdenken und Gruppeninteressen - die Gründe, die Bürger in Bewegung bringen, sind mannigfach. Rar hingegen scheinen gemeinsame Merkmale der neuen Formen politischer Aktivität: Einheitliche Konzepte oder Strategien fehlen, ebenso starre Statuten und, zumeist, auch Mitgliedsbeiträge.
Durchweg beschränken sich *Bürgerinitiativen* auf ein einziges Ziel [...] Sie sind zumeist frei von ideologischer Festlegung, lassen Spielraum für Spontaneität und erfassen - wenn auch unterschiedlich stark - alle Bevölkerungsgruppen und -schichten. (58 a, b)

Spiegel 48/1972 v. 20.11.72, S. 55 a, 57 a, 58 a, b

Chancengleichheit

(1)

Chancengleichheit ist das Stichwort unserer Zeit, die Norm sozialer Gerechtigkeit.

Christian Graf Krockow: Die Illusion der Chancengleichheit. Ein unbequemes, provokatives Buch aus Frankreich,
in: Zeit 7/1972 v. 18.02.72, S. 44 a

(2)

Chancengleichheit, Schlag- und Reizwort gegen Ende des 20. Jahrhunderts, geprägt mit dem politischen und somit systemstabilisierenden Ziel, das angeschwängerte Ressentiment der sogenannten sozial schwachen Gruppen abbröckeln zu lassen und in selbigen das Feuer einer Illusion zu entfachen [...]

Bertram Thiel, 18 Jahre [Leserbrief]

Zeit 42/1974 v. 11.10.74, S. 60 e

Emanzipation

(1)

"Der Mann meines Lebens" hat sich zwar zum Supermann bondisiert, geblieben aber ist er der alte Fetisch für das Lebensglück. Früher träumten die Mädchen mit 17 von der Liebe, heute träumen sie von der großen Liebe. Vive la différence - den Unterschied nennt man nun *Emanzipation*.

Georg Jappe: Der Kampf der Frau. Emanzipation: gibt's die überhaupt? Schwieriger Fortschritt - Wenn aus gescheiten gescheiterte Mädchen werden,
in: Zeit 22/1970 v. 29.05.70, S. 51 b

(2)

Nun, da sie die Organisierung kennengelernt hatten, taten sich die Mädchen in einigen Großstädten zu Women's Liberation oder der "Dollen Mina" zusammen. Von provokanten Auftritten - Begutachtung der Beine verdutzter Bauarbeiter, Entführung von Männern im Auto an den Stadtrand, Sprengung einer Mißwahl als "Zuchttierschau" - bis zur Einrichtung von Kinderhorten und Arbeitsvermittlung sind das ernstzunehmende - und gleichzeitig spektakuläre Versuche. Deshalb sind plötzlich alle Illustrierten voll von *Emanzipation*. Aber geschrieben wird da über eine winzige aktive Minderheit. Der kleine Journalist hat einen - besonders optisch - schönen Stoff, und außerdem findet er es richtig. Und der Chef sagt sich: Je öfter wir über *Emanzipation* reden, desto weniger kann das in zwei Jahren noch irgend jemand hören. Devise: Was man nicht unterdrücken kann, muß man breittreten. (1035) [...]
Und wie die romantische, wird auch diese *Emanzipation* zum Konsumkitsch entwertet werden, Pop heißt dann die Weltflucht, wenn es der *Emanzipation* nicht gelingt, klare Zielvorstellungen zu entwickeln, und das heißt zuvorderst: Das Verhältnis zur Emotion, das Verhältnis zur Leistung und das Verhältnis zur Verantwortung genau zu bestimmen. (1039)

Georg Jappe: Emanzipation - vielleicht Männersache?
in: Merkur, November 1970, H. 271, S. 1035, 1039

(3)

Es ist charakteristisch für die politischen Debatten der Gegenwart, daß sie von Schlüsselbegriffen beherrscht werden, die den Nachdenklichen in beträchtliche Verlegenheit stürzen. *Emanzipation* ist einer dieser Begriffe. Er ist kraft seiner normativen Substanz unentbehrlich für den, der von Demokratie sprechen will, aber er ist zugleich von einer Unschärfe, die analytisches Denken sehr erschwert.

Peter Graf Kielmansegg: Demokratie und Tugend,
in: Merkur, Februar 1972, H. 286, S. 110

Mengenlehre

(1)

Die "Süddeutsche Zeitung" glossierte das derzeitige deutsche Eltern-Thema Nummer eins: Es sei "auf Parties einer der am häufigsten im Vorübergehen aufgeschnappten Wortfetzen '...*enlehre* .. ach ... bloß auf damit!'" [...] Noch immer aber hat der Protest gegen die *Mengenlehre* seinen Gipfel nicht erreicht. [...] In jedem Bundesland ist die *Mengenlehre* auch zum politischen Thema geworden.

Spiegel 10/1974 v. 04.03.74, S. 60 b, c

(2)

Auf den Unterrichtspflichtstoff *Mengenlehre* geht derzeit ein Platzregen von Vorwürfen ("intellektuelle Notzucht", "Pervertierung", "verfassungswidrig") nieder.

Ute Blaich: Wie sollen Kinder lesen lernen? Mit der Mengenlehre wieder in der Kontroverse: die Ganzwortmethode,
in: Zeit 11/1974 v. 08.03.74, S. 13 b

(3)

Bundesbürger aller Klassen und aller Grade von Bildung, in allen Parteien und in allen Provinzen empören sich über ein Schulfach, das "Neue Mathematik" heißt und als "*Mengenlehre*" verdammt wird, am liebsten in alle Ewigkeit. [...] Daß die *Mengenlehre* weder christlich noch sozialistisch ist, zeigen die Debatten in den Landtagen. Fast überall ist die Opposition, gleich ob CDU oder SPD, lautstark dagegen, und die jeweilige Regierung ist nur so vorsichtig dafür, daß sie notfalls noch auf Gegenkurs gehen kann. (62 c) [...]

Die *Mengenlehre* beschäftigt und empört mehr Eltern als irgendein anderes Schulthema. (63 a) [...]
Kaum noch Gehör finden Lehrer und Eltern, die den Volkszorn dämpfen und die *Mengenlehre* verteidigen wollen. (65 a) [...] Hektik und Hysterie kennzeichnen die Atmosphäre. "Bild", "Bunte", "Schule" und andere Massen- und Elternblätter übertrumpfen einander mit immer neuen Losungen wie "Grober Unfug mit der *Mengenlehre*" oder "Wie lange noch *Mengenlehre*, Herr Minister?" (65 c)

Spiegel 13/1974 v. 25.03.74, S. 62 c, 63 a, 65 a, c

Starfighter

(1)

Die Katastrophen-Nachrichten aus Deutschlands *Starfighter-Luftflotte* machten Schlagzeilen und füllten Meinungsspalten. Böse Worte wie "Witweenmacher", "fliegender Sarg" und "schöner Tod" (so hatten US-Piloten schon vor Jahren den *Starfighter* getauft) tauchten in Balkenüberschriften wieder auf. Die "Hamburger Welt" nannte es Ende Dezember die "*Starfighter-Tragödie*" und fügte hinzu: "Die Unfallserie ist zur öffentlichen Angelegenheit geworden. Sie gehört vor das Parlament." [...] (22 c, 25 a)
So wog das bundesdeutsche *Starfightermodell* [...] am Ende fast ein Drittel mehr als der amerikanische Vorläufer. [...] Gerade in diesem Umstand aber wurzelt, was später in Schlagzeilen und Bonner Korridorgesprächen als "*Starfighter-Skandal*" gewürdigt wurde. (28 a)

Spiegel 5/1966 v. 24.01.66, S. 22 c, 25 a, 28 a

(2)

Sp.: Es gibt das Schlagwort "*Starfighter-Psychose*". Wie wirkt sich die Diskussion in der Öffentlichkeit auf die Stimmungslage der Piloten aus?
P.: [...] Manche Äußerungen in der Öffentlichkeit waren nicht sehr hilfreich.

"Ich mache mir Gedanken"
Spiegel-Interview mit Generalleutnant Werner Panitzki, Inspekteur der Luftwaffe,
in: Spiegel 5/1966 v. 24.01.66, S. 24 c

(3)

Wohl kein Waffensystem der Bundeswehr hat die westdeutsche Öffentlichkeit so nachhaltig alarmiert wie der Überschalljäger F 104 G *Starfighter*. Die bisweilen heftigen Erörterungen erreichten ihren ersten Höhepunkt im vergangenen Jahr. [...] Seitdem hat die Unfallhäufigkeit bei den *Starfightern* so zugenommen, daß selbst die sonst eher zurückhaltende Frankfurter Allgemeine Zeitung von einer "besorgniserregenden Absturz-Serie" (6.11.65) sprach. Die Erregung eines beträchtlichen Teils der westdeutschen Öffentlichkeit wuchs ständig, ganz im Widerspruch zu den beschwichtigenden Erklärungen des Bundesverteidigungsministeriums. [...] Der öffentliche Protest war somit unüberhörbar geworden.

Kurt Johannson: Starfighter und Mirage. Militärpublizistik in der Bundesrepublik und in der Schweiz,
in: Der Monat, April 1966, H. 211, S. 26 a, b

2. Textkorpus / Verzeichnis ausgewerteter Quellen

A) Textkorpus

Frankfurter Hefte, Frankfurt (ab 1970: Darmstadt u. Neuwied), 1966 -1970, 1972, 1974

Merkur, Köln - Berlin (ab 1968: Stuttgart), 1966 - 1970, 1972, 1974

Der Monat, Berlin (ab 1969: Hamburg), 1966 - 1971

Der Spiegel, Hamburg, 1966 - 1970, 1972, 1974

Die Zeit, Hamburg, 1966 - 1970, 1972, 1974

B) Reden und Interviews

Bundeskanzler Brandt: Reden und Interviews (2 Bde), hg. vom Presse- und Informationsamt der Bundesregierung, (o. O., o. J.)

Kiesinger, Kurt Georg: Die Große Koalition 1966 - 1969. Reden und Erklärungen des Bundeskanzlers. Hg. von Dieter Oberndörfer, Stuttgart 1979

C) Memoiren

Apel, Hans: Bonn, den... Tagebuch eines Bundestagsabgeordneten, Köln 1972

Brandt, Willy: Begegnungen und Einsichten, Hamburg 1976

Ders.: Erinnerungen, Frankfurt/M. 1989

Schmidt, Helmut: Menschen und Mächte, Berlin 1987

Strauß, Franz Josef: Die Erinnerungen, Berlin ^{2}1989

3. Verzeichnis der Wörterbücher und Enzyklopädien

A) Wörterbücher

Brockhaus Wahrig. Deutsches Wörterbuch in 6 Bänden. Hg. von Gerhard Wahrig (+), Hildegard Krämer und Harald Zimmermann, Wiesbaden, Stuttgart 1980 ff

Duden. Das Große Wörterbuch der deutschen Sprache. Hg. und bearbeitet vom wissenschaftlichen Rat und den Mitarbeitern der Dudenredaktion unter der Leitung von Günther Drosdowski (6 Bde), Mannheim/Wien/Zürich 1976 ff

Wörterbuch der deutschen Gegenwartssprache. Hg. von Ruth Klappenbach und Wolfgang Steinitz (6 Bde), Berlin 1964 ff

B) Enzyklopädien

Brockhaus Enzyklopädie in zwanzig Bänden. 17., völlig neubearbeitete Aufl. des Großen Brockhaus [nebst 3 Ergänzungsbänden], Wiesbaden 1966 ff

Brockhaus Enzyklopädie in vierundzwanzig Bänden. 19., völlig neubearbeitete Auflage, Mannheim 1986 ff

Der Große Brockhaus in zwölf Bänden. 18., völlig neubearbeitete Auflage, Wiesbaden 1977 ff

Meyers Enzyklopädisches Lexikon in 25 Bänden nebst Ergänzungsband und Atlas, 9., völlig neubearbeitete Auflage, Mannheim/Wien/Zürich 1971 ff

Meyers Neues Lexikon in 8 Bänden mit Atlasband und Jahrbüchern. Hg. und bearbeitet von der Lexikonredaktion des Bibliographischen Instituts, Mannheim/Wien/Zürich 1978 ff

Der Neue Brockhaus. Lexikon und Wörterbuch in fünf Bänden und einem Atlas, 7., völlig neubearbeitete Auflage, Wiesbaden 1984 f

Das Neue Duden-Lexikon in 10 Bänden. Hg. und bearbeitet von den Lexikonredaktionen des Bibliographischen Instituts Mannheim/Wien/Zürich 1984

C) Spezialwörterbücher

Beck, Reinhart: Sachwörterbuch der Politik, 2., erw. Aufl., Stuttgart 1986

Koplin, Raimund: Sprachführer durch die Revolution, München 1968

Nunn, A. David: politische schlagwörter in deutschland seit 1945. ein lexikographischer und kritischer beitrag zur politik, Gießen 1974

Weigt, Peter: Revolutionslexikon. Taschenbuch der außerparlamentarischen Opposition, Frankfurt 1968

Weiss, Andreas von: Schlagwörter der Neuen Linken. Die Agitation der Sozialrevolutionäre, München, Wien 1974 [Gesellschaft und Staat, Bd. 179/180]

4. Verzeichnis der Siglen und Abkürzungen

A) Siglen

AVW = Weiss, Andreas von: Schlagwörter der Neuen Linken. Die Agitation der Sozialrevolutionäre, München, Wien 1974 [Gesellschaft und Staat, Bd. 179/180]

BEC = Beck, Reinhart: Sachwörterbuch der Politik, 2., erw. Aufl., Stuttgart 1986

BHE = Brockhaus Enzyklopädie in zwanzig Bänden. 17., völlig neubearbeitete Aufl. des Großen Brockhaus [nebst 3 Ergänzungsbänden], Wiesbaden 1966 ff

Brockhaus Enzyklopädie in vierundzwanzig Bänden. 19., völlig neubearbeitete Auflage,Mannheim 1986 ff

DWB = Brockhaus Wahrig. Deutsches Wörterbuch in 6 Bänden. Hg. von Gerhard Wahrig (+), Hildegard Krämer und Harald Zimmermann, Wiesbaden, Stuttgart 1980 ff

GBH = Der Große Brockhaus in zwölf Bänden. 18., völlig neubearbeitete Auflage, Wiesbaden 1977 ff

KOP = Koplin, Raimund: Sprachführer durch die Revolution, München 1968

MEL = Meyers Enzyklopädisches Lexikon in 25 Bänden nebst Ergänzungsband und Atlas, 9., völlig neubearbeitete Auflage, Mannheim/Wien/Zürich 1971 ff

MNL = Meyers Neues Lexikon in 8 Bänden mit Atlasband und Jahrbüchern. Hg. und bearbeitet von der Lexikonredaktion des Bibliographischen Instituts, Mannheim/Wien/Zürich 1978 ff

NBH = Der Neue Brockhaus. Lexikon und Wörterbuch in fünf Bänden und einem Atlas, 7., völlig neubearbeitete Auflage, Wiesbaden 1984 f

NDL = Das Neue Duden-Lexikon in 10 Bänden. Hg. und bearbeitet von den Lexikonredaktionen des Bibliographischen Instituts Mannheim/Wien/Zürich 1984

NUN = Nunn, A. David: politische schlagwörter in deutschland seit 1945. ein lexikographischer und kritischer beitrag zur politik, Gießen 1974

WDG = Wörterbuch der deutschen Gegenwartssprache. Hg. von Ruth Klappenbach und Wolfgang Steinitz (6 Bde), Berlin 1964 ff

WDS = Duden. Das Große Wörterbuch der deutschen Sprache. Hg.und bearbeitet vom wissenschaftlichen Rat und den Mitarbeitern der Dudenredaktion unter der Leitung von Günther Drosdowski (6 Bde), Mannheim/Wien/Zürich 1976 ff

WEI = Weigt, Peter: Revolutionslexikon. Taschenbuch der außerparlamentarischen Opposition, Frankfurt 1968

B) Abkürzungen

00 Das Wort ist nicht verzeichnet.

FH Frankfurter Hefte

SchW Das Wort wird als Schlagwort behandelt. Dabei muß es nicht ausdrücklich als solches bezeichnet werden. Wesentlich ist vielmehr die Charakterisierung als Schlagwort.

n.a.SchW Das Wort ist verzeichnet, wird jedoch nicht als Schlagwort behandelt.

-> Verweis innerhalb eines Wortartikels auf einen anderen Artikel dieser Arbeit.

5. Zeittafel

Hauptquellen:

Baring, Arnulf: Machtwechsel. Die Ära Brandt-Scheel, Stuttgart [4]1983

Benz, Wolfgang: Deutschland seit 1945. Entwicklungen in der Bundesrepublik und in der DDR. Chronik, Dokumente, Bilder, München 1990 [Sonderausgabe der Bundeszentrale für politische Bildung]

Borowsky, Peter: Deutschland 1963 - 1969, Hannover 1983

Ders.: Deutschland 1970 - 1976, Hannover 1980

Bracher, Karl Dietrich, Jäger, Wolfgang, Link, Werner: Republik im Wandel. 1969 - 1974. Die Ära Brandt, Stuttgart, Mannheim 1986 (Geschichte der Bundesrepublik Deutschland, hg. von K. D. Bracher [u. a.] Bd. 5/I)

Deuerlein, Ernst: Deutschland 1963 - 1970, Hannover [10]1981

Hildebrand, Klaus: Von Erhard zur großen Koalition. 1963 - 1969, Stuttgart, Wiesbaden 1984 (Geschichte der Bundesrepublik Deutschland, hg. von K. D. Bracher [u. a.] Bd. 4)

Jäger, Wolfgang, Link, Werner: Republik im Wandel. 1974 - 1982. Die Ära Schmidt, Stuttgart, Mannheim 1987 (Geschichte der Bundesrepublik Deutschland, hg. von K. D. Bracher [u. a.], Bd. 5/II)

Kabinette im Zeitraum von 1966 bis 1974

Seit 1963 (Wiederwahl 1965): CDU/CSU-FDP-Koalition unter Ludwig Erhard (CDU),
Vizekanzler: Erich Mende (FDP),
Außenminister: G. Schröder (CDU),
Innenminister: H. Höcherl (CSU) / seit 1965: P. Lücke (CDU),
Finanzminister: R. Dahlgrün (FDP) / ab 04.11.66: K. Schmücker (CDU),
Wirtschaftsminister: K. Schmücker.

01.12.1966: CDU/CSU-SPD-Koalition unter Kurt Georg Kiesinger (CDU),
Vizekanzler: Willy Brandt (SPD),
Außenminister: W. Brandt,
Innenminister: P. Lücke (CDU) / ab 02.04.68: E. Benda (CDU),
Finanzminister: F. J. Strauß (CSU),
Wirtschaftsminister: K. Schiller (SPD).

21.10.1969: SPD/FDP-Koalition unter Willy Brandt (SPD),
Vizekanzler: Walter Scheel (FDP),
Außenminister: W. Scheel,
Innenminister: H.-D. Genscher (FDP),
Finanzminister: A. Möller (SPD) / ab 13.05.71: K. Schiller (SPD) / ab 07.07.72: H. Schmidt (SPD),
Wirtschaftsminister: K. Schiller.

15.12.1972: SPD/FDP-Koalition unter Willy Brandt (SPD),
Vizekanzler: Walter Scheel (FDP),
Außenminister: W. Scheel,
Innenminister: H.-D. Genscher (FDP),
Finanzminister: H. Schmidt (SPD),
Wirtschaftsminister: H. Friderichs (FPD).

16.05.1974: SPD/FDP-Koalition unter Helmut Schmidt (SPD),
Vizekanzler: H.-D. Genscher (FDP),
Außenminister: H.-D. Genscher,
Innenminister: W. Maihofer (FDP),
Finanzminister: H. Apel (SPD),
Wirtschaftsminister: H. Friderichs (FDP).

1966

07.03.66 Austritt Frankreichs aus der militärischen NATO-Integration zum 01.07.66

18.03.66 Die SPD beantwortet einen Brief des Ersten Sekretärs der SED, Walter Ublricht, vom 07.02.

21. - 23.03.66	Bundesparteitag der CDU. Konrad Adenauer wird zum Ehrenvorsitzenden, Ludwig Erhard zum Vorsitzenden gewählt.
14.04.66	Die SPD spricht sich für den Rederaustausch mit der SED aus.
12.05.66	Israel erkennt die Oder-Neiße-Linie als endgültige Grenze zwischen Deutschland und Polen an.
13.05.66	Der Bundeskongreß des DGB lehnt jede Notstandsgesetzgebung ab.
26.05.66	Gemeinsames Kommuniqué von SED und SPD zur Durchführung des Redneraustausches.
23.06.66	Das "Gesetz über die befristete Freistellung von der deutschen Gerichtsbarkeit" ("Handschellengesetz") wird beschlossen, um DDR-Politikern die Teilnahme am geplanten Redneraustausch zu ermöglichen, ohne eine Verhaftung in der BRD fürchten zu müssen.
29.06.66	Die SED sagt den Redneraustausch wegen des "Handschellengesetzes" ab.
10.07.66	Landtagswahl in NRW: SPD 49,5 %, CDU 42,8 %, FDP 7,4 %.
25.07.66	Franz Meyers (CDU) wird erneut Ministerpräsident von NRW mit einer CDU/FDP-Koalition.
12. - 25.08.66	"Generalskrise": Rücktritt des Generalinspekteurs der Bundeswehr, Trettner, des Inspekteurs der Luftwaffe, Panitzki, und des Befehlshabers im Wehrbereich III, Pape.
15.09.66	Bundesminister Ludger Westrick, Leiter des Bundeskanzleramtes, bittet Ludwig Erhard um seine Entlassung.
24.10.66	FDP lehnt Steuererhöhungen ab.
27.10.66	Rücktritt der FDP-Minister Scheel, Mende, Dahlgrün, Bucher wegen Meinungsverschiedenheiten über den Ausgleich des Bundeshaushaltes.

06.11.66	Landtagswahl in Hessen: SPD 51,0 %, CDU 26,4%, FDP 10,4 %, NPD 7,9 %.
08.11.66	Der Bundestag spricht Ludwig Erhard indirekt das Mißtrauen aus.
10.11.66	Die CDU/CSU-Bundestagsfraktion benennt Kurt Georg Kiesinger als Kanzlerkandidaten und bildet eine Kommission für Koalitionsverhandlungen.
20.11.66	Landtagswahl in Bayern: CSU 48,1 %, SPD 35,8 %, NPD 7,4 %, FDP 5,1 %.
26./27.11.66	Die Verhandlungskommissionen von SPD und CDU/CSU einigen sich auf die Bildung einer Großen Koalition.
30.11.66	Rücktritt des Bundeskanzlers Ludwig Erhard.
01.12.66	Bildung einer Großen Koalition aus CDU/CSU und SPD. Wahl Kurt Georg Kiesingers zum Bundeskanzler. SPD und FDP schließen in NRW eine Koalitionsvereinbarung ab.
08.12.66	Franz Meyers, Ministerpräsident von NRW, wird durch ein konstruktives Mißtrauensvotum gestürzt, und Heinz Kühn (SPD) zu seinem Nachfolger gewählt. Bildung einer SPD/FDP-Koalition.

1967

01.01.67	Gründung der Kommune I in Berlin.
31.01.67	Aufnahme diplomatischer Beziehungen zwischen der BRD und Rumänien.
12.03.67	Wahl des Abgeordnetenhauses Berlin: SPD 56,9 %, CDU 32,9 %, FDP 7,1 %.
14.02.67	Erstes Zusammentreffen der "Konzertierten Aktion".
22.02.67	Tod Fritz Erlers (SPD).

05.04.67	Mitglieder der Kommune I werden wegen eines geplanten Attentats auf den Vizepräsidenten der USA, Hubert Horatio Humphrey, festgenommen. Der vermeintliche Sprengstoff erweist sich bald als Pudding.
06.04.67	Bildung einer sozialliberalen Koalition unter Heinrich Albertz in Berlin.
19.04.67	Tod Konrad Adenauers.
23.04.67	Landtagswahlen in Schleswig Holstein (1) und Rheinland- Pfalz (2). (1): CDU 46,0 %, SPD 39,4 %, FDP 5,9 %, NPD 5,8 %. (2): CDU 46,7 %, SPD 36,8 %, FDP 8,3 %, NPD 6,9 %.
10.05.67	Ein Brief des Ministerpräsidenten der DDR, Willi Stoph, wird am 11.05. im Bundeskanzleramt angenommen.
22.05.67	Von Terroristen wird ein Brandanschlag auf ein Kaufhaus in Brüssel verübt.
22./23.05.67	Kurt Georg Kiesinger wird zum Vorsitzenden der CDU gewählt.
24.05.67	Fritz Teufel und Rainer Langhans verteilen in Berlin ein Flugblatt mit der Überschrift "Wann brennen die Berliner Kaufhäuser?"
27.05.-04.06.67	Der iranische Kaiser Schah Reza Pahlewi besucht die BRD.
02.06.67	Der Student Benno Ohnesorg wird von Kriminalobermeister Karl Heinz Kurras während einer Anti-Schah-Demonstration erschossen.
04.06.67	Landtagswahl in Niedersachsen: SPD 43,1 %, CDU 41,7 %, NPD 7,0 %, FDP 6,9 %.
05. - 10.06.67	Sechs-Tage-Krieg zwischen Israel und arabischen Staaten.
09.06.67	Im Anschluß an einen Trauermarsch für B. Ohnesorg findet in Hannover die Veranstaltung "Hochschule und Demokratie" statt.

13.06.67	Bundeskanzler Kiesinger beantwortet den Brief von Willi Stoph.
21.07.67	Tod Thomas Dehlers (FDP).
03.08.67	Die BRD und die CSSR vereinbaren die Einrichtung von Handelsvertretungen.
26.09.67	Nach anhaltenden Unruhen tritt der Regierende Bürgermeister von Berlin, Heinrich Albertz, von seinem Amt zurück.
01.10.67	Wahl zur Bremischen Bürgerschaft: SPD 46,0 %, CDU 29,5 %, FDP 10,5 %, NPD 8,8 %.
19.10.67	Klaus Schütz (SPD) wird zum neuen Regierenden Bürgermeister Berlins gewählt.
24.12.67	Rudi Dutschke wird in der Kaiser-Wilhelm-Gedächtnis-Kirche in Berlin von einem Gottesdienstbesucher tätlich angegriffen und verletzt.

1968

01.01.68	Einführung der Mehrwertsteuer in der BRD.
30.01.68	Walter Scheel wird nach Erich Mende Vorsitzender der FDP.
31.01.68	Die BRD und Jugoslawien geben eine gemeinsame Erklärung zur Wiederaufnahme diplomatischer Beziehungen ab.
21.03.68	Willy Brandt wird erneut zum Vorsitzenden der SPD gewählt.
28.03.68	Bundesinnenminister Paul Lücke (CDU) tritt wegen Verschiebung der Wahlrechtsreform zurück.
31.03.68	Der amerikanische Präsident Lyndon B. Johnson verzichtet auf eine weitere Präsidentschaftskandidatur.

31.03.68	In Süd-Vietnam beginnt die "Tet-Offensive" der Vietcong, die bis Saigon vordringen und die Kaiserstadt Hue besetzen.
02.04.68	Ernst Benda (CDU) wird neuer Bundesinnenminister.
02./03.04.68	In der Nacht werden Brandanschläge auf zwei Kaufhäuser in Frankfurt verübt, bei denen Sachschaden entsteht. A. Baader, G. Ensslin, Th. Proll und H. Söhnlein werden festgenommen.
04.04.68	Pastor Martin Luther King, Bürgerrechtler, wird in Memphis (Tennessee) ermordet.
10.04.68	Die Ständige Konferenz der Kultusminister beschließt Grundsätze für die strukturelle Neuordnung des Hochschulwesens.
11.04.68	Der Anstreicher Josef Bachmann verübt in Berlin ein Attentat auf Rudi Dutschke, der durch drei Kugeln schwer verletzt wird. Nach Bekanntwerden dieses Anschlags kommt es an den Ostertagen zu zahlreichen Demonstrationen in der BRD, die sich z. T. gezielt gegen Einrichtungen der Springer-Presse richten. In München finden dabei der Photoreporter Klaus Frings und der Student Rüdiger Schreck den Tod.
28.04.68	Landtagswahl in Baden-Württemberg: CDU 44,2 %, SPD 29,0 %, FDP/DVP 14,4 %, NPD 9,8 %.
10.05.68	Beginn der Besprechungen in Paris zwischen Amerika und Vietnam zur Beendigung des Vietnamkrieges.
11.05.68	Sternmarsch auf Bonn, veranstaltet vom "Kuratorium Notstand der Demokratie".
13.05.68	Höhepunkt der Mai-Unruhen in Paris.
15.05.68	Willi Stoph, Vorsitzender des Ministerrates der DDR, fordert Bundeskanzler Kiesinger auf, die Arbeit an den Notstandsgesetzen einzustellen.
29.05.68	Der Bundestag verabschiedet die Reform des politischen Strafrechts.

30.05.68	Der Bundestag beschließt die Annahme des Gesetzes zur Änderung des Grundgesetzes ("Notstandsverfassung"), des Gesetzes zur Beschränkung des Brief-, Post- und Fernmeldegeheimnisses und der sogenannten Vorsorge- und Sicherstellungsgesetze.
06.06.68	US-Senator Robert Kennedy wird in Los Angeles ermordet.
11.06.68	Die DDR führt die Paß- und Visapflicht für Transitreisen nach West-Berlin ein.
01.07.68	Der Vertrag über die Nichtverbreitung von Kernwaffen ("Atomwaffensperrvertrag") wird in London, Moskau und Washington unterzeichnet.
03.07.68	Leonid Breschnew, Staatsoberhaupt der UdSSR, verkündet eine Erklärung über die "Geschlossenheit und Einheit der sozialistischen Gemeinschaft".
12.07.68	Veröffentlichung eines zweijährigen deutsch-sowjetischen Notenwechsels zum Gewaltverzicht.
Juli 1968	Papst Paul VI. veröffentlicht die Enzyklika "Humanae Vitae".
21.08.68	Beendigung des "Prager Frühlings" durch Einmarsch von Truppen des Warschauer Paktes in die CSSR.
26.09.68	Bekanntgabe der Gründung der "Deutschen Kommunistischen Partei" (DKP).
14.10.68	Bundespräsident Heinrich Lübke kündigt seinen vorzeitigen Rücktritt zum 30.06.69 an.
07.11.68	Auf dem CDU-Parteitag in Berlin ohrfeigt Beate Klarsfeld Bundeskanzler Kiesinger.
12.11.68	Verkündigung der "Breschnew-Doktrin" über die begrenzte Souveränität sozialistischer Länder.
19.11.68	Beschluß der Bundesregierung, die DM nicht aufzuwerten.
24.12.68	Das US-Raumschiff "Apollo 8" umkreist als erstes bemanntes Raumschiff den Mond.

1969

20.01.69	Richard M. Nixon wird neuer US-Präsident.
23.01.69	Rücktritt des Bundestagspräsidenten Eugen Gerstenmaier (CDU) mit Wirkung zum 31.01.69.
05.02.69	Kai Uwe von Hassel (CDU) wird zum neuen Bundestagspräsidenten gewählt.
26./27.02.69	Richard M. Nixon, Präsident der USA, besucht Bonn und Berlin.
02. - 20.03.69	Grenzkrieg zwischen der UdSSR und China.
05.03.69	Gustav Heinemann wird zum Bundespräsidenten gewählt.
27.03.69	Staatsvertrag der Länder zur Hochschulreform.
12./13.04.69	Gründungsparteitag der DKP in Essen.
28.04.69	Rücktritt des französischen Staatspräsidenten de Gaulle.
08.05.69	Kambodscha erkennt die DDR an.
09.05.69	Das Strafrechtsreformgesetz wird verabschiedet. Der Bundestag beschließt, die DM nicht aufzuwerten.
04.06.69	Die Bundesregierung beschließt, die diplomatischen Beziehungen zu Kambodscha einzufrieren.
11.06.69	Kambodscha bricht die diplomatischen Beziehungen zur BRD ab.
12.06.69	Der Bundestag verabschiedet das Lohnfortzahlungsgesetz, das eine Gleichbehandlung von Arbeitern und Angestellten im Krankheitsfall vorsieht.
15.06.69	Georges Pompidou wird neuer französischer Staatspräsident.
26.06.69	Der Bundestag billigt das 9. Strafrechtsänderungsgesetz, dem zufolge die Verjährung bei Mord von 20 auf 30 Jahre hinaufgesetzt wird, Völkermord und Vollstreckung von Strafen wegen Völkermordes unverjährbar werden.

04.07.69	Wiederaufnahme des deutsch-sowjetischen Notenwechsels zum Gewaltverzicht.
20.07.69	Erste Mondlandung durch N. Armstrong und E. A. Aldwin und M. Collins mit "Apollo 11".
25.07.69	Beginn der "Vietnamisierung", der zufolge die Länder Asiens ihre Konflikte selbst austragen sollen.
28.09.69	Wahl zum 6. Deutschen Bundestag: CDU/CSU: 46,1 %, SPD 42,7 %, FDP 5,8 %, (NPD 4,3 %).
29.09.-15.10.69	Koalitionsverhandlungen zwischen SPD und FDP wie zwischen CDU und FDP.
03.10.69	Die FDP beschließt, eine Koalition mit der SPD einzugehen.
21.10.69	Willy Brandt wird zum Bundeskanzler gewählt.
24.10.69	Die neue Bundesregierung beschließt die Aufwertung der DM um 8,5 % ab dem 27.10.
28.10.69	Erste Regierungserklärung Willy Brandts.
30.10.69	Bundesaußenminister Walter Scheel empfängt den sowjetischen Botschafter in Bonn und vereinbart Wiederaufnahme der Gespräche zum Gewaltverzicht.
17./18.11.69	Kurt Georg Kiesinger wird erneut zum Vorsitzenden der CDU gewählt.
25.11.69	Die Bundesregierung bietet der polnischen Regierung Gespräche ohne Vorbedingungen an.
28.11.69	Die BRD tritt dem Atomwaffensperrvertrag bei.
08.12.69	Beginn von Sondierungsgesprächen zwischen der BRD und der UdSSR über Gewaltverzicht und Verbesserung des Verhältnisses.
18.12.69	Brief Ulbrichts an Heinemann, in dem vorgeschlagen wird, Verhandlungen zum beigefügten "Entwurf zu einem Vertrag über die Aufnahme gleichberechtigter Beziehungen" aufzunehmen.

1970

01.01.70	Die Lohnfortzahlung für Arbeiter im Krankheitsfall tritt in Kraft. Arbeitgeber müssen sechs Wochen lang den Bruttolohn zahlen.
14.01.70	Bundeskanzler Brandt unterbreitet dem Bundestag den Bericht zur Lage der Nation.
21.01.70	Prof. Kurt Biedenkopf (CDU) überreicht dem Bundeskanzler den Bericht der Mitbestimmungskommission.
22.01.70	Bundeskanzler Brandt schlägt dem Vorsitzenden des Ministerrates der DDR, Stoph, in einem Schreiben Verhandlungen über den Austausch von Gewaltverzichtserklärungen vor.
30.01.-18.02.70	Egon Bahr, Staatssekretär im Bundeskanzleramt, führt in Moskau erste Gespräche über einen Gewaltverzichtsvertrag zwischen der BRD und der UdSSR.
05./06.02.70	Ferdinand Duckwitz, Staatssekretär im Auswärtigen Amt, führt in Warschau erste vertrauliche Gespräche mit der polnischen Regierung über Fragen des deutsch-polnischen Verhältnisses.
28.02.-21.03.70	Weitere Gespräche Bahrs in Moskau zum Gewaltverzichtsvertrag.
05.03.70	Der Atomwaffensperrvertrag wird von 43 Staaten ratifiziert und tritt damit in Kraft.
09. - 11.03.70	F. Duckwitz setzt seine Gespräche in Warschau fort.
19.03.70	Der Vorsitzende des Ministerrates der DDR, W. Stoph, und Bundeskanzler W. Brandt treffen in Erfurt zu ihrem ersten Gespräch über die Beziehungen zwischen den beiden deutschen Staaten zusammen.
22.03.70	Wahlen zur Hamburger Bürgerschaft: SPD 55,3 %, CDU 32,8 %, FDP 7,1 %.
26.03.70	Die Botschafter der drei Westmächte in der BRD und der sowjetische Botschafter in der DDR nehmen Ver-

	handlungen zu einem Vier-Mächte-Abkommen über Berlin auf.
22. - 24.04.70	Dritte Gesprächsrunde zwischen F. Duckwitz und Vertretern der polnischen Regierung in Warschau.
12. - 22.05.70	Letzte Gespräche E. Bahrs in Moskau über ein Gewaltverzichtsabkommen. Formulierung des "Bahr-Papiers".
14.05.70	U. Meinhof, I. Schubert, I. Goergens und G. Ensslin befreien A. Baader aus Justizgewahrsam. Dabei wird der Institutsangestellte G. Linke schwer verletzt.
16.05.70	Aufhebung des Freistellungsgesetzes, das bisher als Grundlage für die Verhaftung von DDR-Funktionären beim Betreten der BRD gedient hatte.
21.05.70	Bundeskanzler Brandt und Willi Stoph treffen in Kassel zu weiteren Gesprächen zusammen.
22.05.70	Inkrafttreten des 3. Strafrechtsreformgesetzes. Das Demonstrationsrecht wird liberalisiert. Zugleich tritt ein Straffreiheitsgesetz für Demonstrationsdelikte nach dem alten Recht in Kraft. Beide Gesetze werden von Regierung und Öffentlichkeit als Versuch verstanden, den "inneren Frieden" mit kompromißwilligen Teilen der APO wiederherzustellen.
12.06.70	Teile des "Bahr-Papiers" werden der Öffentlichkeit zugespielt und in der *Bild-Zeitung* abgedruckt.
14.06.70	Landtagswahlen in NRW (1), im Saarland (2) und in Niedersachsen (3). (1): CDU 46,3 %, SPD 46,1 %, FDP 5,5 %. (2): CDU 47,8 %, SPD 40,8 %. (3): SPD 46,3 %, CDU 45,7 %.
18.06.70	Verabschiedung von Änderungen des Grundgesetzes (u.a. Herabsetzung des Wahlalters).
23.06.70	Unterzeichnung eines Abkommens zwischen der BRD und der Volksrepublik Polen über Warenverkehr und wirtschaftliche Zusammenarbeit.
01.07.70	*Quick* und *Bild-Zeitung* veröffentlichen das Bahr-Papier vollständig.

26.07.-07.08.70	Offizielle Verhandlungen über den deutsch-sowjetischen Vertrag in Moskau zwischen den Außenministern der BRD und der UdSSR, Walter Scheel und Andrej Gromyko.
11. - 13.08.70	Besuch Bundeskanzler Brandts in der Sowjetunion: Unterzeichnung des deutsch-sowjetischen Vertrages am 12.08.
17.09.70	Die Bundesregierung legt das "Sofortprogramm für den Umweltschutz" vor.
29.09.70	Drei Banküberfälle in Berlin, bei denen DM 220.000 erbeutet werden, schreibt die Polizei der Baader-Meinhof-Gruppe zu.
30.10.70	Der sowjetische Außenminister A. Gromyko trifft sich mit Außenminister W. Scheel zu einem informellen Meinungsaustausch in Kronberg im Taunus.
03. - 13.11.70	Offizielle Verhandlungen über den deutsch-polnischen Vertrag in Warschau zwischen den Außenministern der BRD und Polens, Scheel und Jedrychowski.
08.11.70	Landtagswahlen in Hessen: SPD 45,9 %, CDU 39,7 %, FDP 10,1 %.
09.11.70	Tod des ehemaligen französischen Staatspräsidenten Charles de Gaulle.
13.11.70	Paraphierung des deutsch-polnischen Vertrages in Warschau.
14.11.70	Abgrenzungsbeschluß der SPD vom Kommunismus.
22.11.70	Landtagswahlen in Bayern: CSU 56,4 %, SPD 33,3 %, FDP 5,5 %.
27.11.70	Beginn von Verhandlungen zwischen dem Staatssekretär im Bundeskanzleramt Bahr und dem DDR-Staatssekretär Kohl über Verkehrsfragen.
07.12.70	Unterzeichnung des deutsch-polnischen Vertrages ("Warschauer Vertrag") in Warschau. Bundeskanzler Brandt legt am Denkmal des Unbekannten Soldaten und an der Gedenkstätte des Warschauer Ghettos Kränze nieder.

08.12.70 Nach Mitteilung der Bundesanstalt für Arbeit hat die Zahl der ausländischen Arbeitnehmer die Zwei-Millionen-Grenze überschritten.

1971

25. - 27.01.71 Der 18. Bundesparteitag der CDU in Düsseldorf verabschiedet das Berliner Programm, 2. Fassung.

28.01.71 Bericht zur Lage der Nation.

14.03.71 Wahl des Abgeordnetenhauses von Berlin: SPD 50,4 %, CDU 38,2 %, FDP 8,5 %.

21.03.71 Landtagswahl in Rheinland-Pfalz: CDU 50,0 %, SPD 40,5 %, FDP 5,9 %.

24.03.71 Bundeskanzler Brandt nennt im Bundestag die Ziele der Reformpolitik der sozialliberalen Koalition.

25.04.71 Landtagswahl in Schleswig-Holstein: CDU 51,9 %, SPD 41,0 %.

03.05.71 Rücktritt Walter Ulbrichts vom Amt des Ersten Sekretärs des Zentralkomitees der SED; Erich Honecker wird sein Nachfolger.

13.05.71 Bundesfinanzminister Alex Möller tritt wegen der Haushaltslage zurück. Der bisherige Bundeswirtschaftsminister Karl Schiller wird Bundesminister für Wirtschaft und Finanzen.

15.06.71 Bei einer Schießerei mit Polizeibeamten wird in Hamburg die Terroristin Petra Schelm tödlich getroffen.

01.09.71 Das Bundesausbildungsförderungsgesetz (BAföG) tritt in Kraft.

03.09.71 Die Botschafter der vier Siegermächte unterzeichnen in West-Berlin das Vier-Mächte-Rahmenabkommen ("Berlin-Abkommen"). Beginn der Verhandlungen zwischen BRD und DDR zur Vorbereitung eines allgemeinen Verkehrsabkommens für beide Staaten.

05.09.71	Inkrafttreten des Gesetzes über die Förderung des wissenschaftlichen Nachwuchses an den Hochschulen (Graduiertenförderungsgesetz).
11.09.71	Tod des ehemaligen sowjetischen Generalsekretärs Chruschtschow.
16. - 18.09.71	Treffen zwischen Bundeskanzler Brandt und Generalsekretär Breschnew in Oreanda auf der Krim.
29.09.71	Verabschiedung eines Umweltprogramms durch die Bundesregierung.
30.09.71	Abschluß des Post- und Fernmeldeabkommens zwischen der BRD und der DDR; Verbesserungen im Fernsprechverkehr.
04./05.10.71	Der 19. Bundesparteitag der CDU in Saarbrücken wählt den Vorsitzenden der CDU/CSU-Bundestagsfraktion Rainer Barzel als Nachfolger von Kurt Georg Kiesinger zum neuen CDU-Bundesvorsitzenden.
10.10.71	Wahl der Bremischen Bürgerschaft: SPD 55,3 %, CDU 31,6 %, FDP 7,1 %.
20.10.71	Bundeskanzler Willy Brandt wird in Oslo der Friedensnobelpreis 1971 zugesprochen.
22.10.71	In Hamburg wird der Polizist Norbert Schmid von Terroristen erschossen.
25. - 27.10.71	22. ordentlicher Bundesparteitag der FDP in Freiburg. Verabschiedung der "Freiburger Thesen". Karl-Hermann Flach wird in das neu geschaffene Amt des Generalsekretärs gewählt.
29.11.71	Der CDU-Vorsitzende Rainer Barzel wird von einer gemeinsamen Kommission der CDU und der CSU zum Kanzlerkandidaten nominiert.
04.12.71	In Berlin wird bei einer Fahndungsaktion der Polizei der zur Terroristen-Szene zählende Student Georg von Rauch erschossen.

08.12.71	Der frühere Bundesinnenminister Ernst Benda (CDU) wird neuer Präsident des Bundesverfassungsgerichtes als Nachfolger von Gebhard Müller (CDU).
10.12.71	Bundeskanzler Willy Brandt wird der Friedensnobelpreis verliehen.
11./12.12.71	Außerordentlicher Bundeskongreß der Jungsozialisten in Hannover.
17.12.71	Die Hamburger Bürgerschaft stimmt einer Grundsatzentscheidung des Senats zu, nach dem Extremisten nicht zu Beamten auf Lebenszeit ernannt werden dürfen. Der Staatssekretär im Bundeskanzleramt, Bahr, und der Staatssekretär beim Ministerrat der DDR, Kohl, unterzeichnen in Bonn das von ihnen ausgehandelte Abkommen über den Transitverkehr von der Bundesrepublik nach West-Berlin.
22.12.71	Bei einem von Terroristen begangenen Banküberfall in Kaiserslautern wird der Polizist Herbert Schoner getötet.

1972

27.01.72	Beratung der Ständigen Konferenz der Innenminister und Senatoren unter dem Vorsitz von Bundesinnenminister Hans-Dietrich Genscher über den Entwurf eines Extremisten-Beschlusses.
28.01.72	Die Regierungschefs von Bund und Ländern verabschieden in einer Konferenz unter Leitung von Bundeskanzler Willy Brandt "Grundsätze über die Mitgliedschaft von Beamten in extremen Organisationen" - den sog. Extremistenbeschluß bzw. Radikalenerlaß.
02.02.72	Sprengstoffanschlag auf den britischen Yachtclub in Berlin-Gatow; der Bootsbauer Erwin Beelitz kommt dabei ums Leben. Die "Bewegung 2. Juni" meldet sich als Täter.
04.02.72	Bundeskanzler Willy Brandt appelliert in einer Fernsehansprache an die Bevölkerung und die Sicherheitsorgane, der terroristischen Gewalttätigkeit Einhalt zu gebieten.

23.02.72	Bericht zur Lage der Nation.
23. - 25.02.72	Der Bundestag berät in erster Lesung die Ratifikationsgesetze zu den Verträgen von Moskau und Warschau.
29.02.72	Bundeskanzler Brandt erhält die Ehrenbürgerschaft seiner Heimatstadt Lübeck. Fraktionsaustritt von Herbert Hupka (SPD), später Eintritt in die CDU/CSU-Fraktion.
02.03.72	Fraktionsaustritt von Franz Seume (SPD), später Eintritt in die CDU/CSU-Fraktion als Gast. Bei einer Fahndung nach Mitgliedern der Baader-Meinhof-Gruppe in Augsburg wird Carmen Roll festgenommen, Thomas Weisbecker erschossen. In Hamburg werden Manfred Grashof und Wolfgang Grundmann nach einem Schußwechsel mit der Polizei festgenommen. Der Polizist Hans Eckardt erliegt am 22.03. seinen Verletzungen.
10.03.72	Oppositionsführer Rainer Barzel spricht vor der Presse in Bonn von der Möglichkeit eines Konstruktiven Mißtrauensvotums.
15.03.72	Rücktritt von Bundeswissenschaftsminister Hans Leussink (parteilos); Nachfolger wird Klaus von Dohnanyi (SPD).
29.03.72	West-Berliner dürfen nach sechs Jahren erstmals wieder nach Ost-Berlin.
06.04.72	Tod von Altbundespräsident Heinrich Lübke.
07.04.72	Paraphierung des deutsch-sowjetischen Handelsabkommens in Moskau.
11. - 14.04.72	In Oberhausen findet ein Kongreß der IG-Metall "Aufgabe Zukunft: Qualität des Lebens" statt.
12.04.72	Der sowjetische Außenminister A. Gromyko erläutert vor beiden außenpolitischen Ausschüssen des Obersten Sowjet den deutsch-sowjetischen Vertrag vom 12.08.70.
12.04.72	Gromyko setzt die Ausschußmitglieder über den Brief zur deutschen Einheit in Kenntnis.
15.04.72	Tod des IG-Metall-Vorsitzenden Otto Brenner. Nachfolger wird Eugen Loderer.

23.04.72	Mit dem Austritt von Wilhelm Helms aus der FDP verliert die soziallliberale Koalition faktisch die absolute Mehrheit im Bundestag. Landtagswahlen in Baden-Württemberg: CDU 52,9 %, SPD 37,6 %, FDP/DVP 8,9 %. Damit verliert die sozialliberale Koalition faktisch auch die absolute Mehrheit im Bundesrat.
24.04.72	Die CDU/CSU-Fraktion beschließt, das Konstruktive Mißtrauensvotum gegen Bundeskanzler Willy Brandt zu beantragen und den CDU-Vorsitzenden Rainer Barzel zum neuen Bundeskanzler zu wählen.
26.04.72	Staatssekretär Bahr und der Staatssekretär beim Ministerrat der DDR, Kohl, schließen in Ost-Berlin ihre Verhandlungen über einen Verkehrsvertrag zwischen der BRD und der DDR erfolgreich ab.
27.04.72	Der Bundestag stimmt über das von der CDU/CSU-Fraktion gegen Bundeskanzler W. Brandt beantragte Konstruktive Mißtrauensvotum ab. Es verfehlt die notwendige absolute Mehrheit um 2 Stimmen und ist damit abgelehnt.
28.04.72	Bei der Abstimmung im Bundestag über den Kanzleretat 1972 ergibt sich erstmals ein Patt zwischen Regierung und Opposition; der Kanzlerhaushalt wird mit 247 zu 247 Stimmen abgelehnt.
09.05.72	Eine von allen Bundestagsfraktionen gebildete Redaktionskommission einigt sich auf den Entwurf einer gemeinsamen Entschließung zu den Ostverträgen. Diese Resolution soll den vier Siegermächten zugeleitet werden. Der sowjetische Botschafter in der BRD, V. Falin, wird den Entschließungsantrag nach am selben Tag zur Übermittlung nach Moskau übergeben.
11.05.72	Bombenanschlag auf das Hauptquartier des V. amerikanischen Armeecorps in Frankfurt/Main. Oberst Paul A. Blomquist wird getötet, 13 weitere Personen werden verletzt. Ein "Kommando Petra Schelm" übernimmt die Verantwortung für die Tat.
12.05.72	Paraphierung des Verkehrsvertrages zwischen der BRD und der DDR.

15.05.72	Anschlag auf den Wagen des mit Ermittlungen gegen die Baader-Meinhof-Gruppe beschäftigten Bundesrichters Wolfgang Buddenberg; dessen Frau wird schwer verletzt. Der CDU-Bundesvorstand gibt die Abstimmung über die Ostverträge frei; die CDU/CSU-Abgeordneten sollen nach ihrem Gewissen entscheiden.
16.05.72	In der CDU/CSU-Bundestagsfraktion kommt es in der Frage der Abstimmung über die Ostverträge zu heftigen Auseinandersetzungen.
17.05.72	Die CDU/CSU-Bundestagsfraktion entscheidet sich am Vormittag für die Enthaltung bei der Abstimmung über die Ostverträge. Fraktionsausschluß von Günther Müller (SPD), später Eintritt in die CDU/CSU-Fraktion. Der Bundestag beschließt die Ratifizierungsgesetze zu den Verträgen mit Moskau und Warschau: der Moskauer Vertrag wird mit 248 gegen 10 Stimmen bei 238 Enthaltungen, der Warschauer Vertrag mit 248 gegen 17 Stimmen bei 231 Enthaltungen ratifiziert. Die gemeinsame Entschließung zu den Ostverträgen wird mit 491 Stimmen bei 5 Enthaltungen gebilligt.
18.05.72	Außenminister Walter Scheel spricht sich öffentlich für Neuwahlen im Herbst aus.
18./19.05.72	Koalitionspolitiker schlagen Neuwahlen vor, die Opposition fordert den Rücktritt des Bundeskanzlers.
19.05.72	Bei einem Bombenanschlag auf das Springer-Hochhaus in Hamburg werden 17 Personen verletzt. Der Bundesrat verabschiedet - bei Stimmenthaltung der CDU/CSU-Mehrheit - die Ostverträge. Bundeskanzler Brandt und Außenminister Scheel erklären gegenüber den Vorsitzenden der drei Bundestagsfraktionen ihre Bereitschaft zu Neuwahlen.
23.05.72	Die Bundesregierung schlägt eine Vereinbarung zwischen Koalition und Opposition dahingehend vor, daß der Kanzler die Vertrauensfrage stellen, die Opposition auf ein weiteres Mißtrauensvotum verzichten solle; nach Ablehnung der Vertrauensfrage könne der Bundespräsident sodann den Bundestag auflösen und Neuwahlen ausschreiben. Eine Grundgesetzänderung mit dem Ziel, ein

Selbstauflösungsrecht des Bundestags zu nominieren, wird nicht befürwortet.
Bundespräsident Gustav Heinemann unterzeichnet die Ratifikationsgesetze zu den Ostverträgen.

24.05.72 Anschläge auf das europäische Hauptquartier der amerikanischen Armee in Heidelberg. Drei Soldaten werden getötet. Ein "Kommando 15. Juni - Rote Armee Fraktion" bekennt sich zu den Anschlägen.

26.05.72 Staatssekretär E. Bahr und Staatssekretär M. Kohl unterzeichnen in Ost-Berlin den Verkehrsvertrag zwischen BRD und DDR.

31.05.72 Das Bundeskabinett beauftragt Staatssekretär E. Bahr, Gespräche mit Staatssekretär M. Kohl über die Möglichkeit eines Vertrages über die Grundlagen der Beziehungen zwischen BRD und DDR aufzunehmen.

01.06.72 Drei führende Mitglieder der Baader-Meinhof Gruppe, A. Baader, H. Meins und J.-C. Raspe, werden festgenommen. Wenige Tage später Festnahme von G. Ensslin (07.06.) und U. Meinhof (15.06.).

03.06.72 Mit dem Austausch der Ratifikationsurkunden in Bonn tritt der Warschauer Vertrag in Kraft; zugleich erfolgt die Aufnahme diplomatischer Beziehungen.
Der Moskauer Vertrag tritt in Kraft.
Das Berlin-Abkommen tritt in Kraft.

03./04.06.72 Besuch des sowjetischen Außenministers A. Gromyko in der BRD.

04. - 06.06.72 Besuch Gromykos in der DDR.

09.06.72 Verabschiedung eines Gesetzes zur Änderung des Bundeswahlgesetzes (u. a. Herabsetzung des Wahlalters).

15.06.72 In Ost-Berlin werden die Verhandlungen über den deutsch-deutschen Grundlagenvertrag aufgenommen.

23.06.72 Der Bundestag beschließt durch Gesetz die Verkürzung der Grundwehrdienstzeit von 18 auf 15 Monate.

24.06.72	Bundeskanzler W. Brandt teilt dem Parteirat mit, er strebe gemeinsam mit Außenminister W. Scheel für November 1972 Neuwahlen an.
25.06.72	Bei einer Fahndung nach Terroristen wird der britische Handelsvertreter Ian McLeod, angeblich Kontaktmann der Baader-Meinhof-Gruppe, von Polizisten erschossen.
29.06.72	Das Bundeskabinett beschließt gegen den Willen von Bundeswirtschafts- und -finanzminister Karl Schiller Devisenkontrollen.
05.07.72	Unterzeichnung eines deutsch-sowjetischen Abkommens über den Handel und die wirtschaftliche Zusammenarbeit zwischen beiden Ländern.
07.07.72	Rücktritt von Bundeswirtschafts- und -finanzminister Karl Schiller. Kabinettsumbildung: der bisherige Verteidigungsminister Helmut Schmidt übernimmt Schillers Doppelressort, der bisherige Verkehrs- und Postminister Georg Leber übernimmt das Verteidigungsressort und der amtierende Städtebauminister Lauritz Lauritzen übernimmt zusätzlich das Ressort für Verkehr und Post.
14. - 28.07.72	Der Vorsitzende des Auswärtigen Ausschusses des Bundestages, Gerhard Schröder, reist als erster prominenter Politiker der BRD in die Volksrepublik China.
09.08.72	Das Bundeskabinett erteilt Staatssekretär E. Bahr den Auftrag, mit Staatssekretär M. Kohl über den Abschluß eines Grundvertrages zwischen beiden deutschen Staaten zu verhandeln und beschließt Richtlinien für die Verhandlungsführung.
14.08.72	Beginn deutsch-chinesischer Verhandlungen über die Aufnahme diplomatischer Beziehungen.
26.08.-11.09.72	XX. Olympische Sommerspiele in München und Kiel.
05.09.72	8 Mitglieder der Terrororganisation "Schwarzer September" überfallen im Olympischen Dorf das Quartier der israelischen Mannschaft, ermorden 2 Sportler und nehmen 9 Geiseln, um die Freilassung von 200 arabischen Häftlingen in Israel zu erpressen. Bei dem Versuch der Polizei, die Geiseln vor ihrem Abflug aus der Gewalt

der Terroristen zu befreien, werden sie von den Terroristen erschossen.

06.09.72	Finnland und die DDR nehmen diplomatische Beziehungen auf.
13./14.09.72	Besuch des polnischen Außenministers S. Olszowski in der BRD. Am 14.09. wird zwischen Olszowski und der Bundesregierung vereinbart, die Handelsvertretungen beider Länder in Warschau und in Köln in Botschaften umzuwandeln.
20.09.72	Bundeskanzler Willy Brandt stellt die Vertrauensfrage.
22.09.72	Bei der Abstimmung über die Vertrauensfrage des Bundeskanzlers sprechen 233 Abgeordnete der Koalition dem Kanzler das Vertrauen aus. 248 Abgeordnete der Opposition stimmen mit "Nein". Die Kabinettsmitglieder bleiben der Abstimmung fern, ein Abgeordneter enthält sich der Stimme. Auf Vorschlag des Bundeskanzlers löst Bundespräsident Gustav Heinemann den 6. Deutschen Bundestag auf und schlägt den 19. November für Neuwahlen vor. Der Bundestag stimmt ohne Gegenstimmen bei 9 Enthaltungen (CDU/CSU) der Ratifizierung des Verkehrsvertrages zwischen der BRD und der DDR zu.
29.09.72	Die deutsch-chinesischen Gespräche über die Aufnahme diplomatischer Beziehungen werden in Bonn erfolgreich abgeschlossen.
02.10.72	Die Regierung der DDR gibt bekannt, daß zukünftig an West-Berliner Berechtigungsscheine für den mehrmaligen Empfang eines Visums ausgegeben werden können.
04.10.72	Bundesaußenminister Walter Scheel hält sich zu Gesprächen mit UN-Generalsekretär Kurt Waldheim über die UNO-Mitgliedschaft beider deutscher Staaten in New York auf.
10. - 14.10.72	Besuch Außenminister Scheels in der Volksrepublik China.
12./13.10.72	5. außerordentlicher Bundesparteitag der SPD in Dortmund. Verabschiedung eines Wahlprogramms "für Frieden, Sicherheit und eine bessere Qualität des Lebens".

07.11.72	Richard Nixon als amerikanischer Präsident wiedergewählt.
08.11.72	Paraphierung des Grundlagenvertrages zwischen der BRD und der DDR.
19.11.72	Wahlen zum 7. Deutschen Bundestag: SPD 45,8 %, CDU/CSU 44,9 %, FDP 8,4 %.
23.11.-08.12.72	Koalitionsverhandlungen zwischen SPD und FDP.
13.12.72	Bei der Konstituierung des neuen Bundestages wird mit Annemarie Renger (SPD) erstmals eine Frau zur Bundestagspräsidentin gewählt.
14.12.72	Willy Brandt wird vom Bundestag erneut zum Bundeskanzler gewählt.
15.12.72	Vorstellung des neuen Kabinetts.
18. - 30.12.72	Ausweitung der Luftangriffe der USA in Nord-Vietnam (nördlich des 20. Breitengrades).
21.12.72	Unterzeichnung des Grundlagenvertrages zwischen der BRD und der DDR zur Normalisierung der gegenseitigen Beziehungen.

1973

15.01.73	Die USA stellen alle Kriegshandlungen gegen Nord-Vietnam ein.
17.01.-16.02.73	Hungerstreik der Baader-Meinhof-Häftlinge gegen die "Isolationshaft". Am 17.05. lehnt das Bundesverfassungsgericht die Beschwerde der BM-Häftlinge wegen der Haftbedingungen ab. Die den Gefangenen auferlegten Beschränkungen seien mit dem Grundgesetz vereinbar.
18.01.73	Regierungserklärung von Bundeskanzler Brandt. Der Wille zur Kontinuität (aktive Friedenssicherung und Weiterführung der Reformpolitik), aber auch zur Erneuerung wird betont.

27.01.73	In Paris wird das Abkommen über die Beendigung des Krieges und die Wiederherstellung des Friedens in Vietnam von den USA und Nord-Vietnam paraphiert.
31.01.73	Beginn von Vorgesprächen für eine Konferenz über Sicherheit und Zusammenarbeit in Europa (KSZE) in Helsinki.
17.03.73	Bundeskanzler W. Brandt droht vor dem Parteirat mit seinem Rücktritt.
29.03.73	Die letzten amerikanischen Truppen verlassen Vietnam.
05.04.73	Unterzeichnung des Verifikationsabkommens zum Atomwaffensperrvertrag in Brüssel.
09.05.73	Rücktritt des CDU/CSU-Vorsitzenden Rainer Barzel wegen der beabsichtigten Ablehnung des Beitritts zu den Vereinten Nationen durch die CDU/CSU-Fraktion.
15.05.73	R. Barzel verzichtet auf eine erneute Kandidatur für den CDU-Parteivorsitz.
17.05.73	Wahl von Carl Carstens zum Vorsitzenden der CDU/CSU-Fraktion als Nachfolger von R. Barzel.
19.05.73	Unterzeichnung des deutsch-sowjetischen Abkommens über die Entwicklung der wirtschaftlichen, industriellen und technischen Zusammenarbeit. Unterzeichnung des deutsch-sowjetischen Abkommens über kulturelle Zusammenarbeit.
24.05.73	Bei einer Fahndung in München wird der im Kassiber eines inhaftierten Terroristen genannte Taxifahrer Günter Jendrian von der Polizei erschossen.
29.05.73	Der Präsident des Bundesamtes für Verfassungsschutz, Günter Nollau, unterrichtet Innenminister Hans-Dietrich Genscher vom Spionageverdacht gegen den Kanzlerreferenten Günter Guillaume.
30./31.05.73	Der SPD-Bundestagsfraktionsvorsitzende Herbert Wehner trifft in Ost-Berlin mit Vertretern der SED-Fraktion der DDR-Volkskammer zusammen. Am 31.05. wird er gemeinsam mit dem FDP-Bundestagsfraktionsvorsitzen-

	den Wolfgang Mischnick vom 1. Sekretär des ZK der SED, Erich Honecker empfangen.
Juni/Juli 73	Steiner/Wienand-Affäre.
12.06.73	Die CDU wählt auf einem Sonderparteitag den rheinland-pfälzischen Ministerpräsidenten Helmut Kohl zu ihrem neuen Bundesvorsitzenden. Zum neuen Generalsekretär wird Kurt Biedenkopf gewählt.
15.06.73	Verabschiedung des Bildungsgesamtplans durch die Bund/Länder-Kommission. Einsetzung eines Untersuchungsausschusses zur Steiner/Wienand-Affäre. Die Bundesregierung beantragt gemäß den mit der DDR im Grundlagenvertrag getroffenen Vereinbarungen bei der UNO den Beitritt der BRD.
20.06.73	Paraphierung des Vertrages über die gegenseitigen Beziehungen zwischen der BRD und der CSSR in Bonn.
22.06.73	Unterzeichnung des amerikanisch-sowjetischen Abkommens zur Verhinderung eines Atomkriegs.
30.06.73	Offizielle Übergabe des restaurierten Reichstagsgebäudes in Berlin an den Deutschen Bundestag.
01.07.73	Durch gesetzliche Regelung steht der zivile Ersatzdienst fortan gleichberechtigt neben dem Wehrdienst.
03. - 08.07.73	Eröffnungssitzung der KSZE auf der Ebene der Außenminister in Helsinki.
31.07.73	Das Bundesverfassungsgericht entscheidet, daß der deutsch-deutsche Grundlagenvertrag mit dem Grundgesetz vereinbar ist.
25.08.73	Tod des FDP-Generalsekretärs Karl-Hermann Flach.
18.09.73	Die BRD und die DDR werden in die Vereinten Nationen aufgenommen.
24.09.-01.10.73	Eine Bundestagsdelegation stattet der Sowjetunion einen offiziellen Besuch ab. Herbert Wehner kritisiert in Interviews von Moskau aus die Ostpolitik der Bundesregierung und den Bundeskanzler.

06.10.73	Ausbruch des vierten Nahost-Krieges (Jom-Kippur-Krieg).
17.10.73	Die Erdöl exportierenden arabischen Staaten vereinbaren, ihre Ölexporte in die westlichen Staaten einzuschränken, solange diese eine israel-freundliche Politik verfolgen.
18. - 20.10.73	Besuch Außenminister Scheels in Polen.
ab 19.10.73	Arabische Ölländer verhängen Lieferboykotts gegen die USA und die Niederlande wegen israel-freundlicher Haltung.
31.10.-03.11.73	Besuch Außenminister Scheels in Moskau.
04.11.73	Die arabischen Erdölausfuhrländer beschließen, ihre Ölförderungen um 25 % einzuschränken, bis die von Israel 1967 besetzten Gebiete befreit und die Rechte des palästinensischen Volkes wiederhergestellt sind.
08.11.73	Einsetzung der Enquête-Kommission "Frau und Gesellschaft".
09.11.73	Der Bundestag verabschiedet aus Anlaß der Ölkrise ein Energiesicherungsgesetz, das im Fall von Gefährdungen oder Störungen bei der Energieversorgung die Verordnung von Verbrauchsbeschränkungen bei Mineralöl und Erdgas erlaubt. Das Gesetz wird am 10.11. verkündet.
14.11.73	Bundespräsident Gustav Heinemann gibt bekannt, daß er aus Altersgründen für eine 2. Amtsperiode nicht kandidieren wird.
15.11.73	Die am 05.11. vom Finanzministerium der DDR angekündigte Verdoppelung des Mindestumtauschs von Zahlungsmitteln für Besucher der DDR tritt in Kraft.
19.11.73	Bundeswirtschaftsminister Friderichs verordnet für die folgenden 4 Sonntage ein Kfz-Fahrverbot sowie für die folgenden 6 Monate Geschwindigkeitsbeschränkungen auf Autobahnen (100 km/h) und auf Landstraßen (80 km/h).
23.11.73	Anwerbestopp für Gastarbeiter, deren Zahl mittlerweile 2,6 Millionen erreicht hat.

ab 25.11.73	Sonntagsfahrverbote in der BRD.
27.11.73	Erstes Umweltforum in Bonn.
09.12.73	Die arabischen Erdölausfuhrländer beschließen - mit Ausnahme des Iraks - ihre Öllieferungen um weitere 5,5 % zu verringern.
11.12.73	Bundeskanzler Brandt und Außenminister Scheel unterzeichnen in Prag den deutsch-tschechoslowakischen Vertrag: die bundesrepublikanische Handelvertretung in Prag wird in eine Botschaft umgewandelt. Zwischen der BRD und der CSSR werden diplomatische Beziehungen aufgenommen.
14.12.73	Der FDP-Vorstand nominiert einstimmig Walter Scheel als Kandidaten für die Bundespräsidentenwahl.
21.12.73	Aufnahme diplomatischer Beziehungen der Bundesrepublik mit Bulgarien, Ungarn und der Tschechoslowakei.
26.12.73	Die arabischen Ölländer beschließen, die ursprünglich auf 30 % veranschlagte Lieferbeschränkung vom 01.01.74 an auf 15 % zurückzunehmen.

1974

09.01.74	Das "Rahmenprogramm Energieforschung" zur besseren und sparsameren Verwendung von Energie wird von der Bundesregierung beschlossen. Sonntagsfahrverbote werden aufgehoben, Geschwindigkeitsbeschränkungen bleiben.
18.01.74	Das "Bundes-Immissionsschutz-Gesetz" wird vom Bundestag verabschiedet. Der SPD-Bundesvorstand beschließt, den SPD-Wahlmännern der Bundesversammlung die Wahl Walter Scheels zum Bundespräsidenten vorzuschlagen.
11. - 13.02.74	Energie-Konferenz von 13 Industrieländern in Washington; Beratungen über ein gemeinsames Vorgehen zur Bewältigung der Energiekrise.

20.02.74	Der Bundestag billigt das Ratifikationsgesetz zum Vertrag über die Nichtverbreitung von Kernwaffen. Das Bundeskabinett beschließt einen Gesetzentwurf über die Mitbestimmung der Arbeitnehmer.
28.02.74	Die BRD nimmt die diplomatischen Beziehungen mit dem Irak wieder auf.
03.03.74	Bürgerschaftswahl in Hamburg: SPD 44,9 %, CDU 40,6 %, FDP 10,9 %.
14.03.74	Staatssekretär Gaus und der stellvertretende Außenminister der DDR Nier unterzeichnen in Bonn ein Protokoll über die Errichtung "Ständiger Vertretungen".
28.03.74	Der Bundestag verabschiedet mit den Stimmen von SPD, FDP und CDU/CSU das Gesetz zur Herabsetzung des Volljährigkeitsalters von 21 auf 18 Jahre.
25.03.74	Übergabe des Umweltgutachtens 1974 durch den Rat von Sachverständigen für Umweltfragen an den Bundesinnenminister.
01.04.74	Bundeskanzler Brandt unterbreitet dem SPD-Vorstand 10 Thesen zur Position der SPD, die am 02.04. veröffentlicht werden (April-Thesen).
02.04.74	Tod des amtierenden französischen Staatspräsidenten Georges Pompidou.
25.04.74	Die Bundesanwaltschaft gibt bekannt, daß ein enger Mitarbeiter von Bundeskanzler Brandt im Kanzleramt, Günter Guillaume, unter dem Verdacht der Spionage für die DDR festgenommen worden ist.
26.04.74	Der Bundestag beschließt mit 247 gegen 233 Stimmen die Reform des § 218 des Strafrechts ("Fristenregelung").
02.05.74	In Bonn wird die "Ständige Vertretung" der DDR eröffnet.
06.05.74	Bundeskanzler Brandt erklärt im Zusammenhang mit der Spionageaffäre Guillaume seinen Rücktritt.

07.05.74 Bundespräsident Heinemann überreicht den Mitgliedern des Kabinetts Brandt die Entlassungsurkunden und fordert Außenminister Scheel auf, die Geschäfte des Bundeskanzlers und Außenministers vorerst weiterzuführen.

09.05.74 Die SPD nominiert auf Vorschlag Willy Brandts den amtierenden Bundesfinanzminister Helmut Schmidt als Kandidaten für die Wahl des neuen Bundeskanzlers am 16.05.

15.05.74 Als Nachfolger Gustav Heinemanns wird Walter Scheel von der 6. Bundesversammlung in Bonn im 1. Wahlgang mit 530 Stimmen bei 5 Stimmenthaltungen zum Bundespräsidenten gewählt. Auf den Kandidaten von CDU und CSU, Richard von Weizsäcker, entfallen 498 Stimmen.

16.05.74 Der Bundestag wählt Helmut Schmidt mit 267 von 492 abgegebenen Stimmen zum neuen Bundeskanzler. 225 Abgeordnete stimmen gegen ihn.

17.05.74 Bundeskanzler Helmut Schmidt stellt die von ihm gebildete SPD/FDP-Koalitionsregierung vor. Vor dem Bundestag gibt er die Regierungserklärung ab.

06.06.74 Der Bundestag setzt einen parlamentarischen Untersuchungsausschuß zum Fall Guillaume ein.

09.06.74 Landtagswahlen in Niedersachsen: CDU 48,8 %, SPD 43,1 %, FDP 7,0 %.

18.06.74 Bundespräsident Heinemann unterzeichnet das Gesetz zur Änderung des § 218. Infolge des Einspruchs des Bundesverfassungsgerichtes vom 21.06. gilt für eine Übergangszeit zunächst die Indikationsregelung und nicht die am 26.04. vom Bundestag beschlossene "Fristenregelung".

19.06.74 Der Deutsche Bundestag verabschiedet einstimmig ein Gesetz über die Errichtung eines Umweltbundesamtes in West-Berlin. Am 21.06. weist Regierungssprecher Klaus Bölling einen Protest des Sprechers des Außenministeriums der DDR zurück und erklärt, dieser Schritt sei nach übereinstimmender Auffassung der Drei Mächte und der Bundesregierung kein Verstoß gegen das Vier-Mächte-Abkommen.

20.06.74	Der Bundestag ratifiziert mit 232 gegen 190 Stimmen den Prager Vertrag.
01.07.74	Verabschiedung des bisherigen Bundespräsidenten Gustav Heinemann und Amtseinführung des neuen Bundespräsidenten Walter Scheel.
04.07.74	Der Bundesminister für wirtschaftliche Zusammenarbeit, Erhard Eppler, tritt zurück. Als Nachfolger wird Egon Bahr ernannt.
10.07.74	Ratifizierung des Vertrages über die gegenseitigen Beziehungen zwischen der BRD und der CSSR vom 11.12.73 durch den Deutschen Bundestag.
12.07.74	Der Bundesrat billigt das Gesetz über die Errichtung eines Umweltbundesamtes in West-Berlin.
18. - 20.07.74	Der tschechoslowakische Außenminister Bohuslav Chnoupek hält sich zu einem Besuch in Bonn auf; am 19.07. werden die Ratifikationsurkunden zum Vertrag über die gegenseitigen Beziehungen zwischen der BRD und der CSSR vom 11.12.73 ("Prager Vertrag") ausgetauscht.
20.07.74	Türkische Truppen landen auf der Insel Zypern. Es kommt zwischen ihnen und der Nationalgarde, die am 15.07. Staatspräsident Makarios gestürzt hatte, zu heftigen Kämpfen.
31.07.74	Eine UN-Friedenstruppe beginnt (gemäß dem auf der Genfer Zypern-Konferenz ausgehandelten Abkommen), die streitenden Parteien auf Zypern zu trennen und die bisherigen Kampfschauplätze aus der Luft zu kontrollieren.
07.08.74	Die BRD nimmt die diplomatischen Beziehungen mit Syrien wieder auf, die seit dem Mai 1965 unterbrochen waren.
09.08.74	Der amerikanische Präsident Richard M. Nixon tritt zurück, nachdem er bereits am 05.08. zugegeben hatte, an der Vertuschung der Beteiligung eines seiner Mitarbeiter an einem Einbruch im Hauptquartier der Demokratischen Partei während des Wahlkampfes von 1972 mitgewirkt zu haben ("Watergate-Affäre").

09.08.74	Der bisherige Vizepräsident der USA, Gerald R. Ford, wird als 38. Präsident der Vereinigten Staaten vereidigt.
21.08.74	Die Bundesrepublik wird Mitglied der Genfer UN-Abrüstungskonferenz.
27.09.74	Die DDR-Volkskammer beschließt ein Gesetz zur Ergänzung und Änderung der Verfassung mit Wirkung vom 7. Oktober. Durch die Änderungen werden u. a. die Formel "Getragen von der Verantwortung, der ganzen deutschen Nation den Weg in die Zukunft des Friedens und des Sozialismus zu weisen" gestrichen und der Begriff "sozialistischer Staat deutscher Nation" durch "sozialistischer Staat der Arbeiter und Bauern" ersetzt.
30.09.-02.10.74	FDP-Bundesparteitag in Hamburg. Hans-Dietrich Genscher wird als Nachfolger Walter Scheels zum neuen Parteivorsitzenden gewählt.
26.10.74	Die DDR-Nachrichtenagentur ADN teilt mit, daß der verbindliche Mindestumtausch von Zahlungsmitteln für Besucher der DDR aus nichtsozialistischen Ländern ab 15.11.74 auf 13 Mark pro Tag und Person gesenkt wird.
27.10.74	Landtagswahlen in Hessen (1) und Bayern (2). (1): CDU 47,3 %, SPD 43,2 %, FDP 7,4 %. (2): CSU 62,1 %, SPD 30,2%, FDP 5,2 %.
09.11.74	In der Haftanstalt Wittlich/Eifel stirbt das Mitglied der Baader-Meinhof-Gruppe Holger Meins an den Folgen eines Hungerstreiks. In mehreren Städten kommt es daraufhin zu Protestdemonstrationen und Anschlägen.
10.11.74	Mitglieder der "Bewegung 2. Juni" ermorden den Präsidenten des Berliner Kammergerichts, Günter von Drenkmann.
29.11.74	Die RAF-Mitglieder Horst Mahler und Ulrike Meinhof werden in Berlin zu 14 bzw. 8 Jahren Gefängnis verurteilt.
09.12.74	Die DDR gibt offiziell die Befreiung der Rentner vom verbindlichen Mindestumtausch bekannt. Die Regelung tritt am 20.12.74 in Kraft.

09./10.12.74	Konferenz der Staats- bzw. Regierungschefs der EG in Paris. Sie beschließen, dreimal jährlich als Rat der Gemeinschaft und im Rahmen der Politischen Zusammenarbeit zusammenzutreten (Gründung des "Europäischen Rats").
18.12.74	Gesetzliche Regelungen für die Ausschließung von Verteidigern in Strafverfahren werden verkündet und treten am 01.01.75 in Kraft.

6. Wortregister

Die fett gedruckten Wörter sind durch einen Artikel im Wörterbuch vertreten.